辽宁省优秀自然科学著作

柞蚕种质
资源创新与利用研究

Research on Innovation and Utilization of
Antheraea Pernyi Germplasm Resources

徐　亮　李喜升　王凤成　**主编**

辽宁科学技术出版社
·沈阳·

◎ 内容简介

本书从柞蚕种质资源收集、整理、引进、鉴定评价和创新利用方面进行了全面介绍。全书共14章，2个附录，涵盖了柞蚕种质资源研究的各个方面。第1章介绍了中国柞蚕种质资源研究概论，包括柞蚕种的起源与传播、柞蚕种质资源的种类与分布及技术进步等内容；第2章介绍了柞蚕种质资源应用基础研究，包括表型性状、数量性状、生理生化特性和分子生物学等方面的研究；第3章介绍了柞蚕种质资源的研究方法及性状鉴定；第4章介绍了柞蚕育种理论与方法；第5章至第12章全面介绍各种类型柞蚕种质资源创新与利用情况；第13章介绍了柞蚕杂种优势的研究与利用；第14章介绍了柞蚕良种繁育形式与具体要求；附录中介绍了柞蚕种质资源描述规范和柞蚕种质资源保存与鉴定技术规程。

本书既体现了柞蚕种质资源创新与利用研究的理论与方法，又有理论指导实践的具体实际操控，是柞蚕种质资源研究者、柞蚕育种工作者和柞蚕良种繁育技术工作者的良好指导工具书。

图书在版编目（CIP）数据

柞蚕种质资源创新与利用研究 / 徐亮，李喜升，王凤成主编 . —沈阳：辽宁科学技术出版社，2023.11
（辽宁省优秀自然科学著作）
ISBN 978-7-5591-3185-0

Ⅰ.①柞…　Ⅱ.①徐…　②李…　③王…　Ⅲ.①柞蚕—种质资源—研究　Ⅳ.①S885.121

中国国家版本馆CIP数据核字（2023）第159788号

出版发行：辽宁科学技术出版社
　　　　　（地址：沈阳市和平区十一纬路25号　邮编：110003）
印 刷 者：辽宁鼎籍数码科技有限公司
经 销 者：各地新华书店
幅面尺寸：185 mm × 260 mm
印　　张：26.75
字　　数：585千字
出版时间：2023年11月第1版
印刷时间：2023年11月第1次印刷
责任编辑：陈广鹏
封面设计：周　洁
责任校对：栗　勇

书　　号：ISBN 978-7-5591-3185-0
定　　价：158.00元

联系电话：024-23280036
邮购热线：024-23284502
http://www.lnkj.com.cn

编委会

主　编：徐　亮　李喜升　王凤成

副主编：谌苗苗　张　博　陈俊山　钟　亮　刘佩锋　陈凤林

编　委：焦　阳　李青峰　陈　欣　吴　艳　历红达　李　宏

　　　　仝振祥　朱有敏　赵春山　宿桂梅　戚　俐　冀万杰

　　　　孟宪民　何　龙　赵　贺　刘书禹　姜晓旭　沈金宇

　　　　赵　娜　李世龙　石淑萍　程国辉　马彦辉　闫　东

　　　　梁红年　滕雪莹　徐　洋　左佳翊

前言

柞蚕（*Antheraea Pernyi*）是我国特有的一种生物资源，在我国有着3000多年的发展历史，世界上柞蚕茧和柞蚕丝绸总量的90%出自中国。中国柞蚕种质资源和柞树资源丰富，分布辽阔，南起云贵高原，北至黑龙江，东自山东半岛，西至甘肃河西走廊，都有柞树分布，大部分地区气候资源适合柞蚕生长发育，多数省份都有饲养柞蚕的历史。随着科学技术的进步，中国的柞蚕业正在走向一个新的发展阶段。人们追求的目标已经超越了传统柞蚕业的局限，力求在更深的层次上挖掘柞蚕种质资源的潜力，创造柞蚕业更大的经济效益和社会效益。

在提高柞蚕生产水平的诸多因素中，优良柞蚕新品种的选育和利用是最主要的技术支撑之一。柞蚕种质资源是柞蚕遗传改良的物质基础，种质资源的研究、创新是选育柞蚕优良新品种的基础保障工作，优异特性种质资源的发掘和利用将为育成突破性品种提供必备的物质条件，柞蚕育种所取得的跨越性进展无不与优异种质资源的发现、创新与利用密切相关。例如，20世纪50年代，青黄1号和青6号等实用型柞蚕品种的选育和利用，实现了我国第一次柞蚕品种的更新换代；20世纪末21世纪初，高饲料效率品种大三元、9906和抗病品种抗大的选育和利用，实现了我国第二次柞蚕品种的更新换代。因此，种质资源是柞蚕品种改良研究的"创新源""原动力"和"助推器"，直接决定着柞蚕品种改良研究的发展速度与创新水平。

在我国柞蚕业历史上，很长时期没有明确的品种称谓，到了近代，也仅以化性、产地与幼虫体色来区别柞蚕种群并予以命名。从20世纪50年代起，全国各柞蚕主产区搜集了散落在民间的众多农家品种进行整理和改良，育成了许多实用柞蚕品种。这些品种构成了我国现代柞蚕育种的基础。此后60多年来，伴随着科学技术的进步和社会的发展，柞蚕育种技术方法亦有了长足的进步与发展。由单一的混合选种，发展到系统选种、杂交育种、辐射育种、遗传标记和分子标记辅助育种等多种方法，还有各种生物学与物理化学检测、鉴定技术的运用，都极大地丰富了柞蚕育种研究技术方法，提高了柞蚕育种研究的选择效果与研究水平，创造了类型丰富、用途广泛的柞蚕种质资源，使我国柞蚕育种研究取得令人瞩目的进展。特别是 20 世纪 70 年代以后，柞蚕多丝量品种、白茧品种、抗柞蚕核型多角体病毒（NPV）病（俗称脓病）品种、抗柞蚕病毒性软化病（FV）品种、高饲料效率品种，以及一些具有特殊性状品种的育成，极大地丰富了我国柞蚕品种资源和遗传资源。

中国的柞蚕产业，历经 3000 多年，至今生生不息，原因在于这项产业资源配置和经济效果、生态维护的合理性。"柞林青叶壮蚕魄，山茧素绸平世穷"是中国柞蚕业内容与功能的形象写照。在举世公认的"四大发明"以外，作为中国丝绸文化的一个组成部分，柞蚕人工放养技术的发明创造也是中华民族对人类文明的又一个杰出贡献。

目前，中国柞蚕业的科学技术正在进入一个新的发展阶段，追求的目标已经超越了传统柞蚕业的局限，力求在更深的层次、更广的领域，挖掘柞蚕业自然、社会和技术资源的潜力，在新的起点上，主要通过技术集约创造更大的经济、生态和社会效益，进而推动这项中国传统产业的持续发展。

由于柞蚕种质资源研究进展迅速，研究成果更新较快，且编者水平和时间有限，疏漏之处在所难免，敬请读者批评指正。

《柞蚕种质资源创新与利用研究》编写委员会

2023 年 3 月

目 录

1 中国柞蚕种质资源研究概论

中国是世界柞蚕业的发源地。柞蚕种质资源和柞树资源丰富，分布辽阔，好多省区都有柞蚕放养的历史。在柞蚕业发展进程中，经历了漫长的蚕农自养自育阶段。由于积累自然变异和自然选择的作用，又经过长期的人工选择培育，逐渐形成了许多具有不同特征特性，适宜于各种不同气候条件下饲养的农家种。这些农家种成为现代柞蚕品种改良的物质基础。伴随着社会与科学技术的进步，柞蚕品种改良工作也不断深入、发展，各地区之间蚕种交换渐多，又经不同系统、不同品种间杂交，发现了有利变异类型，进而育成了许多符合社会发展要求和人类经济利益的柞蚕品种。

为进一步科学合理地开发、利用柞蚕种质资源，推进我国柞蚕遗传育种研究，促进柞蚕业持续稳定的发展，本章将对我国柞蚕种的起源与传播、柞蚕品种资源的地理分布、柞蚕种质资源研究与利用技术进步状况等做较系统的整理与介绍。

1.1 柞蚕种的起源与传播

1.1.1 柞蚕种的起源

柞蚕起源于中国。史学界曾有人认为，中国柞蚕与家蚕有着同样悠久的历史。古文献中关于柞蚕的最早记载，当属西晋崔豹所撰《古今注》记载："（汉）元帝永光四年（前40年），东莱郡东牟山，有野蚕成茧，茧生蛾，蛾生卵，卵著石，收得万余石，民以为蚕絮。"是说在今山东省牟平区一带，柞蚕结了大批硕大的茧子，人们采回制作丝绵。

此后，古文献中记载柞蚕结茧的还有许多。诸如《三国志·吴大帝本纪》记载"黄龙三年（231年）夏，野蚕成茧大如卵"；同年，《江宁府志》（江宁也作南京）记载"有野蚕成茧大如卵"；《宋书·符瑞志》还记载南朝宋文帝元嘉十六年（439年），"宣城宛陵县（今安徽宣城）野蚕成茧大如雉卵，弥漫林谷，年年转盛"；此后还有"生野蚕三百余里"的记载。

上述史料说明，至少在 2000 多年前的汉代，中国的若干地方已有柞蚕自生自育于山林野谷之中。我国古文献中关于"野蚕成茧"的记载不下数十处。这些记载，虽然不都是指柞蚕，但其中形容"野蚕成茧大如卵"者，当系指柞蚕。在人们对柞蚕尚未自觉地驯化以前，当然还谈不到柞蚕种，然而，山林中延续存在的野生柞蚕，却是中国柞蚕的种质资源。

清代以前，虽然没有人工放养柞蚕的确切记载，但据《宋书·符瑞志》所载：东汉光武帝建武初年（25 年），"野茧、谷充给百姓。其后耕、蚕稍广……"。又《后汉书》所载："建武二年（26 年）十二月，野蚕成茧，被于山阜，人收其利焉。"还有《晋书》所载："太康七年（286 年），东莱（今山东莱州市）山蚕遍野，成茧可四十里，土人缫丝织之，名曰山绸。"再加上南北朝时一个宛陵县已经"弥漫林谷，年年转盛"，宋代元符元年（1098 年）一个深泽县（今河北境内）已能利用野蚕茧"织纴成万匹"（《宋史·五行志》）等史实，至少可以说明，当时从官府到民间，已经重视野蚕生产，对柞蚕的管理和利用已经初具规模。明代中叶以后，文献中关于"野蚕成茧"的记载逐渐减少，以至不再作为祥瑞的征兆热衷于上报、表贺，则说明对柞蚕的认识和利用逐渐走向成熟。

对柞蚕人工放养的较详细记载，始于清代。清顺治八年（1651 年），明朝旧臣孙廷铨在其《南征纪略》中写了一篇《山蚕说》，记述了山东省诸城市石门村农民在槲树林中放养柞蚕的情景和当地农民掌握的一套柞蚕人工放养技术和捻线等方法；也是在顺治年间，张纲孙在题为《蒙阴》的诗中生动地记述了蒙阴县（今山东境内）农民放养柞蚕的情景。该县清代碑文还曾记载："饲罢春蚕又饲秋，一年生计此中求，槲林更比桑林广，何必争先拜马头。"

清代画家徐扬于乾隆二十四年（1759 年）作《盛世滋生图》，通过描绘苏州当时的繁荣景象来颂扬"乾隆盛世"。图中有一家丝绸店，五间门面上方横额有"山东沂水茧绸发客不误"十个大字。

这些史料都说明，当时山东省的诸城、蒙阴、沂水等地，柞蚕人工放养技术，包括选种、留种技术及柞蚕茧制丝技术已达到相当高的水平。柞蚕丝绸业已发展成为当地一项重要的产业。鲁中南地区自然成为我国柞蚕种与柞蚕丝绸业的发源地。以后，这里的蚕种及放养技术直接或间接地传播到其他地区。

确切地说明柞蚕起源于中国，除了有上述史料依据以外，1956—1993 年相继在河南省的 3 个县都发现绿色的野生柞蚕，则成为柞蚕起源于中国的实物证据。

1.1.2 柞蚕种的传播

直到目前，我们还没有在古文献中找到有关柞蚕品种的记载，只是在明清时期的一些古蚕书中看到零星的选种和制取蚕种的论述。从中可对我国柞蚕品种演变的历史及传播的脉络有一个粗略的了解。

1.1.2.1　中国古代柞蚕种的第一个传播中心——山东

经过人工放养的柞蚕种，首先在我国山东省鲁中南地区出现。该地区处于北纬 35°～36°，属于柞蚕化性不稳定区。柞蚕种有一化性和二化性两种，一化性蚕种又分为一化青和一化黄两种不同幼虫体色的种群，二化性蚕种称为二化黄。清代以后，最出名的蚕种有客岭庄、艾山庄、胶州庄。自柞蚕放养业兴起后，鲁中南地区的柞蚕种及柞蚕放养技术首先在山东省内向胶东地区传播。其他省份由于有丰富的柞蚕食料资源，大约自 17 世纪的明末清初起，由政府或民间陆续从山东引进柞蚕种，并请蚕师、织师，教民养蚕，柞蚕业从而逐渐发展起来。在此期间，经过各地的长期自然选择和人工选择，逐渐形成了具有不同生理、遗传特性和区域适应性的柞蚕品种。因此，山东省是我国古代经人工驯化柞蚕种的第一个传播中心，各省则得益于山东。这是山东省劳动人民对我国柞蚕业兴起与发展所做出的重大历史性贡献。同时，也是对人类文明和社会进步所做出的一个重大历史性贡献。

实际上，柞蚕自从进入人工放养开始，就有一个养蚕留种的问题需要解决。对此，清代养蚕人已有了明确的认识，并予以足够的重视。光绪年间，山东宁海（今牟平区）人王元綎在所著《野蚕录》中写道："育蚕莫要于择种，种不佳，则蚕不旺，而收成亦歉，……""择种之法，于育蚕时，即剔其硕大无病者，凑置一二树，留心饲养，下茧后，先以两指捏之，试其厚薄。次举而摇之，……惟摇之在似动、非动、不轻、不重之间，方为合用。""或饲养时未及留种，则于下茧后择其坚实者收储之。"这些记述表明我国清代蚕农已注意从所放养的蚕群中选择体大无病的蚕，单独放养，留作蚕种。

另据《山蚕辑略》记载："育蚕最要之事，在选善良种子。按蚕籽如高粱粒大，其色如嫩高粱粒，淡水红者佳……而其要总在选蚕，选蚕时，要蚕身健强……""按母蛾腹大者不佳，产卵后一二日即死；腹小而健强者佳，产卵后十余日才死。以是知蛾之寿命延长，即可知蛾之精明强悍。吾前言选种，固以选蚕为主，又当以选蛾为要。"从中可以看出，到了 19 世纪末期，选种时已注意到对柞蚕 4 个变态期进行选择。此时，还注意选树择叶育种，"预备作种，蚕初出时，不破嫩叶，而破老树头……此中之挫折，亦非一日，名曰拷蚕。拷蚕日久，而蚕身健固，……"上述资料说明，古代在选种时十分重视强健性的选择和自然选择的作用，以此为基本准则实施以选蚕、选蛾为主，同时采用老叶饲蚕以充分发挥自然选择的作用，达到留强汰弱，确保蚕种强健，提高产茧量的目的。

清代张钟峰在《山蚕谱》序中说："登莱山蚕，盖自古有之，特前次未知饲养之法，任其自生自育于林谷之中。"山东半岛地区在清代以前，尚无人工放养柞蚕的记载。这里的柞蚕放养技术是清代康熙年间由诸城、青州人传授给当地农民的。《野蚕录》中称："吾宁僻处东鄙，初不知有野蚕，康熙丙戌（1700 年）学政王汝岩，始自青州募人来，教民蚕，并督民植柞，民间以为不急之务，颇病之，数年而后，蚕业大兴，家食其利。"另据清代光绪五年（1879 年）重修的《栖霞县志》记载："自康熙三十年（1691 年），诸城人教植柞树，饲山蚕成茧。"1858 年烟台被辟为通商口岸后，柞蚕丝绸由此出口，刺激了当地的农民，以养蚕业、种柞为本。依此山茧，以为养生之源，广种柞树，大量饲养柞蚕，使胶东地区柞蚕放养业迅猛发展。到 19 世纪末，胶东地区柞蚕茧产量大增，已远远超过鲁中南地区。其中，地区适应性强、丰产性好的客岭庄、艾山庄，后来又有胶州庄，发挥了重要作用。

1.1.2.2　中国古代一化性柞蚕种的又一传播中心——河南

河南与山东相邻，该省柞蚕种最初由山东传入。清乾隆九年（1744 年）九月，河南巡抚硕色奏称："近有东省（山东省）民人携带柞蚕茧来豫，伙同放养，具已得种得法。"又乾隆八年（1743 年）河南编修成的《鲁山县志》载："鲁邑……以多山林，近有放山蚕者。"上述资料说明河南所用柞蚕种和放养柞蚕的方法都是从山东省引进的。

河南柞蚕业兴起以后，经过累代选择，形成自己的地方性品种——鲁山种。以后河南柞蚕种又向其他一化性柞蚕区传播。乾隆十一年（1746 年）传入陕西。道光二年至十七年（1822—1837 年）贵州曾先后 4 次至河南引种，购置蚕具，以发展遵义地区的柞蚕放养业。光绪三十一年（1905 年），河南的柞蚕种及养蚕、缫丝法传入湖南。光绪三十三年（1907 年）又传入湖北的应山、襄阳，并相继传入安徽的凤阳、霍邱、滁县等地。可见，河南系我国古代又一柞蚕种传播中心，对推动一化性柞蚕区柞蚕放养业的发展做出了重要贡献。

1.1.2.3　西南及南方各省柞蚕种的传播

西南及南方的一些省份，柞蚕的人工放养发展较晚。有的省份虽然也有利用野蚕成茧获利的史实，但是蚕种和放养技术大多还是从山东、河南引进或辗转传入的。

据《皇朝经史文续篇》卷 35 记载："乾隆初，嘉兴徐阶平官贵州正安吏目，悯其土瘠民贫，无以谋生，偶见橡树中野蚕成茧，自以携来织具，织成绸匹，令民制织具，而令妻教之，其地渐成集市，大获其利。"这一资料表明，在清代乾隆初年，贵州人已利用当地柞林中野生柞蚕茧织绸，并逐渐形成集市进行柞蚕丝绸交易，从中获利以谋生；也说明在 1736 年以前，贵州尚无人工放养柞蚕。

另据文献记载：乾隆三年（1738 年），山东历城人陈玉璧任贵州遵义知府，经两次引种失败后，于乾隆六年（1741 年）冬第三次派人回历城购买柞蚕茧种，并请山东蚕师、织师来黔，于 1742 年春终于引种试养成功。因陈氏不知柞蚕化性，前两次从山东引二化性柞蚕种而告失败，第三次则引一化性种方获成功。此后，再次去山东引种，至乾隆八年（1743 年）秋蚕获茧 800 万粒。继而在遵义、正安、兴义等地传播发展。后经刘宪祖、徐玉章、黄宝中等地方官员的积极倡导，贵州省柞蚕放养业有了较大发展，成为我国西南地区柞蚕主产区。后来，该省农家还曾培育出一化性的黄蚕湄潭种。

在贵州柞蚕业发展过程中，又将柞蚕种和放养技术传入与该省邻界的四川省綦江、合江地区，并于 19 世纪又传到云南。就此而言，贵州省属我国西南地区柞蚕放养业中心亦非枉言。

四川放养柞蚕始于清代乾隆年间。乾隆五年（1740年）山东胶州人王隽任大邑县知县，从山东引进柞蚕种茧数万粒，散发于民间，教民放养。与此同时，山东聊城人安洪德任四川绵竹县令时，也由山东引种，指导农民养蚕，颇见成效。此后，山东青州人王紫绪于乾隆十二年（1747年）任四川鄞都县知县时，著有《蚕说》一书，以教民放养柞蚕。上述3县柞蚕业均由山东引种而发展起来。处于川黔交界处的綦江、合江两县柞蚕则由贵州引进。清代中期该地区柞蚕放养业已具相当规模，为四川柞蚕放养业最发达地区。至道光年间，綦江已发展成为我国西南地区的重要丝市。

安徽柞蚕放养始于清代乾隆年间。山东潍县人韩理堂乾隆二十二年（1757年）任来安县知县时，从山东引进柞蚕种茧，教民养蚕，并于1767年著《养蚕成法》一书。书中对柞蚕制种、养蚕、柞树种类、植柞，以及捻线与织绸等方法都作了通俗简明的叙述，是一本较好的柞蚕放养技术指导书。此后，广东香山人郑基任寿州知州，也从山东引进柞蚕种茧，在寿州放养。

1875年在安徽凤阳设立柞蚕传习所，该所为我国最早创办的柞蚕技术传授机构，对推动安徽省柞蚕业的发展起到了重要作用。1902年山东王元铤在凤阳提倡柞蚕生产并著有《野蚕录》一书，后缩编为《柞蚕简法》，还有前述《养蚕成法》等专著，都是为发展安徽省柞蚕业所编著的柞蚕技术书。同时，这些专著也为我国柞蚕业的发展及其技术进步起到了重要作用。

陕西的柞蚕业始于清代康熙三十七年（1698年）。当时山东诸城人刘棨任陕西宁羌州（今宁强县）知州时，从山东引柞蚕一化性种几万粒至宁羌，分发给农民，并招募蚕师和织绸工匠，在宁羌教民养蚕织绸，陕西从此开始发展柞蚕生产。宁羌人为纪念刘棨在发展柞蚕业上的功绩，将柞丝绸称为刘公绸。

此后，雍正三年（1725年），陕西兴平县人杨双山从山东买柞蚕种在终南山麓放养，以后"岁岁养之，生发不穷，其利不可胜言"，并将柞蚕放养法和纺柞茧（丝）法编入他所著《豳风广义》之中。乾隆九年（1744年）陕西巡抚陈宏谋发动农民养蚕，到山东购种，请蚕师并分发养蚕技术资料，以指导农民放养柞蚕。当时陕西省的郿县、盩厔、汧阳、商县、同官、兴安、略阳、汉阴等十余个县均放养柞蚕，且"已收茧织绸，著有成效"。

浙江的柞蚕业发展更晚一些，到清代末年才开始放养。据1909年《农工杂志》载："现在农工商矿局所委员吴大使雁声赴严州（辖境相当今浙江建德、淳安、桐庐等县）调查者，勘定严州地方约数百亩，柞林甚多，堪以放蚕，因与山主订立合同，一面禀请局宪试办，派员赴河南购买种子雇聘来浙，先行试办，以为模范，俟成效既著，推行自易。"又载："赴河南南阳办得柞蚕种子五筐，每筐约可得种子五万以上，因时令已届，急命乘轮赴严州就山放养。"

1.1.2.4 我国现代柞蚕种的传播中心——辽宁

据《金史·太宗本纪》载："天会三年七月，锦州野蚕成茧，奉其丝绵来献，命赏其长史。"这一史料表明，辽宁早在公元 1125 年时已有柞蚕成茧。辽宁锦州地处北纬 41° 以北，冬季寒冷，柞蚕滞育，蛹难以越冬存活，后来的文献中又未见辽宁林谷中野生柞蚕自生自育的记载。据分析，锦州野蚕成茧，乃由山东经陆路过山海关传入的柞蚕种。

现在辽宁的柞蚕，系以山东蚕种由水路引到辽南地区而延续下来的。清代，山东柞蚕种由山东农民经渤海由水路带到辽南地区放养，柞蚕业从此兴起。嘉庆至道光年间，柞蚕业又从盖平（今盖州市）、复州（今瓦房店市）、海城等地向辽东扩展，后又传至辽北的西丰、清原等县。此后柞蚕业在辽宁省迅速发展，成为我国柞蚕茧生产第一大省。

乾隆十七年（1752 年），奉天（今辽宁省部分地区）的地方政府决定将流寓在辽宁养蚕和缫丝织绸的人编定保甲，使之定居。当时政府官员给乾隆的奏章说："奉省所属锦（州）、熊（岳）、盖（州）等处，沿山滨海，山多柞树，可以养蚕、织造茧绸。现在山东流寓民人搭盖窝棚，俱以养蚕为业，春夏两季，放蚕食叶，分界把持。蚕事毕，则捻线度日。"这说明当时政府已有组织地把在辽宁养蚕织绸的山东人编入当地村屯，以发展柞蚕和丝绸生产。

由于柞蚕业效益可观，当地人争相仿效，因此迅速发展起来。乾隆四十五年（1780 年），在盛京（今沈阳）、牛庄等六城已办"官山茧税"，说明当时柞蚕生产已具相当大的规模。到了同治年间（1862—1874 年），柞蚕放养逐渐遍及整个辽东半岛和辽河流域，茧丝集散地也由牛庄、大孤山等地转移到辽东，即今丹东一带。

辽宁地处北温带气候区，光照充足，雨热同步，柞林资源丰富，土壤肥沃。柞树以辽东栎和蒙古栎为优势树种，柞叶营养价值高，柞蚕种茧质优良，蛹质饱满。19 世纪中期，二化性的青黄蚕暖阳种由农家育成后，山东蚕农便转而到辽东地区购种，称为关东种。此后由于暖阳种种质好，抗性强，适应范围广，丰产性高，颇受各地蚕农欢迎。特别是 20 世纪 50 年代又以青黄种为材料育成青黄 1 号和青 6 号等一批新品种后，我国各地均到辽宁引种。同时，辽宁柞蚕种还传播到朝鲜和东欧各国。于是，辽宁省成为我国现代柞蚕业的传播中心。

1.1.2.5 柞蚕种向吉林、黑龙江省及内蒙古自治区的传播

光绪三十三年（1907 年），许鹏翊、傅敏湘等人发现吉林群山柞树丛生，资源丰富，认为"山蚕确有可兴之利"，提倡养蚕并在巴虎门外设山蚕总局，磐石县设山蚕分局。同时开办讲习所传授养蚕知识，又编辑《柞蚕新篇》《养蚕简明法》等技术书籍，指导农民养蚕，1911—1931 年间，又有山东、辽宁养蚕人携带柞蚕种到吉林养蚕，养蚕面积迅速扩大，产茧量增加，并相继在柳河、东辽、伊通等地建立缫丝作坊。

1905 年，马桂林在黑龙江省的宾州府（今宾县）设立蚕丝公司，供应柞蚕种给农民放养柞蚕，后因屡遭霜害而中止。1927 年从旅顺蚕业试验场引柞蚕种卵至哈尔滨地区

试养又告失败。1931 年又在宁安、牡丹江地区试养亦以失败告终。1951 年密山县试养一化性柞蚕。1953 年在尚志、东宁试养二化性柞蚕，因遭晚霜绝收。1956 年，穆棱县从辽宁西丰县引进春蚕种茧试养秋蚕获成功；1958 年以后，养蚕面积逐渐扩大。到了 20 世纪 60 年代，该省解决了柞蚕种茧长期低温保护的技术难题，全面实行二化一放配套技术，使密山、东宁、林口、五常、牡丹江、鸡西、宾县、龙江、伊春、北安以及地处北纬 48° 43′ 的德都等市县都发展了柞蚕生产。

内蒙古自治区的柞蚕生产也是从 1958 年起，由辽宁引种试养，实行二化一放以后逐年发展起来的。现在集中分布于呼伦贝尔市和昭乌达盟等地。由此，中国的柞蚕放养业从吉林省的磐石向北推移了 5.5 个纬度。

我国柞蚕业以山东省鲁中南地区为发源地，到明末清初柞蚕人工放养技术日渐完善成熟，并迅速由山东向其他各省区传播、发展。其中蚕种的传播是最重要的形式。鸦片战争以后，已逐步形成了辽宁、山东、河南、贵州四大柞蚕区，其产茧量以辽宁为最多。清末至民国初年，柞蚕丝、绸已成为我国主要出口商品之一。又由于政府采取扶植措施，提倡使用良种，老蚕区养蚕面积不断增加，新蚕区随之不断扩大，柞蚕茧产量在 1921 年创历史最高纪录，达到 9.35 万 t。1931 年后，由于日本帝国主义侵略我国和世界经济危机，柞蚕业萎缩，蚕茧产量急剧下降。新中国成立后，各级政府均鼓励、扶植农民养蚕，推广柞蚕良种，使柞蚕业逐渐得到恢复，并且走上持续稳定发展的道路。

中国柞蚕作为重要的农业生物资源，除在国内传播以外，还陆续向国外传播。其中以传入朝鲜为最早，然后于 1877 年又传入日本，1924 年传入苏联，20 世纪 50 年代后期起，中国柞蚕又相继传入捷克斯洛伐克、匈牙利、保加利亚、罗马尼亚、阿尔巴尼亚等东欧国家。

1.2　柞蚕种质资源的种类与分布

1.2.1　中国柞蚕种质资源与地理分布相关的生物学特性

柞蚕（Antheraea pernyi）属于鳞翅目（Lepidoptera）、大蚕蛾科（Saturniidae）、柞蚕属的吐丝昆虫。

柞蚕是完全变态的昆虫。其一生中经历形态结构与生理功能各异的 4 个虫期，即卵、幼虫（蚕）、蛹、成虫（蛾）期。柞蚕唯有幼虫期摄取食物，积累营养物质，以供各虫期生长发育所需，也只有幼虫期是在野外柞园中的自然条件下放养的。

柞蚕在长期系统演化过程中，为了种族的生存、延续与发展，形成了与环境条件相适应的生物学特性。其中柞蚕的食性、滞育性与对温度等气象因子的适应性，对柞蚕种质资源的地理分布起着特别重要的作用。

柞蚕以食柞树叶而得名。近代对柞蚕食性研究的结果表明，柞蚕虽可以取食 11 科 37

种植物的叶子，但柞蚕对饲料植物仍具有相当严格的选择性。能使蚕既喜食又能完成生长发育、繁衍后代、延续种族的饲料植物，种类并不多，其中占绝对优势地位的仅有 5 种柞树。

柞树（Oak tree）属于双子叶植物纲（Dicotyledoneae）、壳斗目（Fagales）、山毛榉科（Fagaceae）、栎属（Quercus）。在诸多柞树种类中，以辽东栎（Q. liaotungensis）、蒙古栎（Q. mongolica）、麻栎（Q. acutissima）、栓皮栎（Q. uariabilis）和槲柞（Q. dentata）等为柞蚕喜食的饲料树种。以其饲养柞蚕，不仅能使蚕幼虫期顺利完成生长发育，而且可以使柞蚕具有较强的抗逆性，获得较优良的蛹质、茧质和较高的产茧量。因此，柞蚕饲养业的地理分布首先取决于上述树种的自然地理分布。

柞蚕以蛹滞育，这种滞育性受遗传与生态条件的支配和影响。1938 年，据顾青虹研究，在柞蚕放养的环境条件中，光照时间与强度对柞蚕滞育有决定性的影响。柞蚕幼虫四五龄期短日照，日照时间在 13h 以内，蛹期滞育；四五龄期长日照，日照时间在 15h 以上，则柞蚕蛹期不滞育；特别是五龄期日照时数对柞蚕滞育性产生决定性影响。在日照时间处于 14h 中间状态条件下，温度对柞蚕蛹期滞育性亦有一定影响，低温可加深滞育，高温则相反。小蚕期高温，大蚕期低温，则柞蚕蛹滞育率最高；柞蚕五龄期短日照，五龄后期与前蛹期低温，则可加深柞蚕蛹滞育程度。据宫剑云等人的研究，在烟台地区，用卵期控光处理方法，长光照可以获得滞育蛹，短光照则获得非滞育蛹。

柞蚕蛹期的滞育特性决定了柞蚕品种的化性表现，从而决定了不同化性柞蚕种质资源的地理分布。一化性种质资源分布在短日照的华中、江南各省，二化性种质资源则分布在长日照的东北各省及内蒙古自治区。山东省内，则一化性、二化性种质资源均有分布。

柞蚕幼虫体色是对日照、温度等自然环境条件的适应性产物。柞蚕长期在不同的自然气候条件下，经自然选择和人工选择，形成不同体色系统。现代柞蚕品种按体色不同，分为黄蚕系统、青黄蚕系统、蓝蚕系统和白蚕系统。柞蚕品种幼虫体色不同，对温度等自然环境条件的适应能力亦不相同。黄蚕系统各品种，幼虫体色对太阳光谱中偏热光具有较强反射作用，在低纬度高温自然条件下，有利于降低蚕体温度。因而，黄蚕品种适宜于在低纬度高温环境条件下完成蚕期生长发育和变态，利于存活和发展。所以，黄蚕系统的品种多分布在较低纬度的亚热带至暖温带气候区内。而青黄蚕系统各品种，幼虫体色呈青绿色，对太阳光谱中偏热光具有较强的吸收作用，因而有利于在较低温度条件下吸收热量以提高蚕体温度，以适应高纬度秋季低温条件。所以，青黄蚕系统的品种多分布于高纬度中温带大陆性气候区。

1.2.2　中国柞蚕种质资源地理分布状况

辽宁、吉林、黑龙江省及内蒙古自治区，地处北纬 38º 43′ ~ 53º 42′，多属中温带季风气候区。柞蚕场主要分布在大、小兴安岭，长白山南延的吉林哈达岭，龙岗山脉和千山山脉两侧的低山丘陵，海拔 150 ~ 400m 的中、下坡位，是典型的柞蚕二化性区域。青黄蚕系统种质资源主要分布在该区域内。柞蚕茧平均年产量约占全国柞蚕茧年产量的 80%。

辽宁省是我国柞蚕第一主产省，地处北纬 38°43′ ~ 43°26′，属于中温带大陆性气候区，气候特点是雨热同步，日照充足，四季分明，温差较大。年平均气温 4.6 ~ 10.3℃，春柞蚕放养期平均气温 16.4℃，秋柞蚕放养期平均气温 22.25℃；活动积温（≥ 10℃，下文同）为 2731.2 ~ 3674.3℃，变幅 15% ~ 20%；无霜期 150 ~ 160d；全年日照时数为 2254.1 ~ 2963.3h，日照百分率 54% ~ 66%。

该省柞蚕种质资源多属二化性，也有一化性的，并以青黄蚕系统种质资源居多。柞蚕茧平均年产量约占全国柞蚕茧年产量的 70%。

山东、陕西、山西、甘肃等省，地处北纬 31°42′ ~ 42°40′，属于中温带 – 暖温带气候区，是我国柞蚕一化性与二化性过渡区域。该区域内既有一化性种质资源，又有二化性种质资源；既有黄蚕系统种质资源，又有青黄蚕系统种质资源。该区域柞蚕场主要分布在燕山、山东丘陵和太行山、秦岭等山脉，海拔 100 ~ 500m 的中、下坡位。柞蚕茧平均年产量约占全国柞蚕茧总产量的 6%。

山东省地处北纬 34°30′ ~ 38°15′，属于暖温带半湿润季风气候区。其特点是夏季多雨，冬季晴朗干燥，气候温和，年平均气温 11 ~ 14.5℃；春柞蚕放养期平均气温 18.4℃，秋柞蚕放养期平均气温 22.9℃；活动积温 3800 ~ 4500℃，变幅 15% 左右；无霜期 190 ~ 220 d；全年日照时数为 2290 ~ 2890h，日照百分率 50% 左右，其中鲁中南地区地处北纬 34° ~ 36°，年平均气温 13.8℃，无霜期在 200d 左右，全年日照时数 2690h。鲁中南地区是柞蚕化性不稳定区域，然而却是中国柞蚕种的发源地。

河南、安徽、湖北等省，地处北纬 29°05′ ~ 36°22′，是我国典型的一化性柞蚕区。该地区柞蚕种质资源为一化性，多属黄蚕系统。柞蚕茧平均年产量约占全国柞蚕茧年产量的 12%。

该地区柞蚕场主要分布在伏牛山、桐柏山、大别山及江南丘陵北端，海拔 150 ~ 500m 丘陵的中、下坡位。

我国柞蚕生产的第二大省河南省，地处北纬 31°23′ ~ 36°22′，属于暖温带 – 亚热带、湿润 – 半湿润季风气候区。年平均气温 12 ~ 16℃，柞蚕放养期平均气温 17.4℃；活动积温 4600 ~ 5300℃，变幅 15% 左右，年日照时数 1800 ~ 2500h，日照百分率 45% 左右；年降水量 600 ~ 1200mm，变幅 30% 左右。该省是我国一化性柞蚕主产区，柞蚕种质资源多属黄蚕系统，一化性。

贵州、四川、广西、云南、湖南、江苏、浙江等省、自治区，地处北纬 21°08′ ~ 35°07′，属于暖温带 – 亚热带湿润季风气候区，年平均气温 16 ~ 21℃；活动积温 4000 ~ 6500℃，年日照时数 800 ~ 3300h，日照百分率 20% 左右，年降水量

1100～1800mm。该地区亦属于一化性柞蚕区，柞蚕茧平均年产量约占全国柞蚕茧年产量的1%。

这个区域的柞蚕场主要分布在江南丘陵、云贵高原，海拔高度50～300m的山地丘陵处，属于一化性柞蚕区，分布着黄蚕系统中的淡黄色种质资源。

柞蚕分布较多的贵州省，是我国20世纪50年代前四大柞蚕区之一，地处我国西南云贵高原东北部，北纬24°30′～29°13′，属亚热带湿润气候区，是典型的高海拔、低纬度区。冬无严寒，夏无酷暑，多阴雨天气。年平均气温10～20℃，柞蚕放养期平均气温13.6℃，活动积温3500～5000℃。全年日照时数1100h左右，日照百分率25%左右，年降水量900～1500mm，变幅为40%左右。柞蚕品种属于一化性淡黄色品种。

中国柞蚕一化性与二化性种质资源的地理分布状况大体为：从山东省费县（北纬35°35′），向西经由河南省嵩县（北纬34°05′），西至甘肃省天水（北纬34°25′），从东北微偏西南走向构成一条线，为一化性柞蚕地理分布北界线。在其以南的河南、江苏、浙江、安徽、湖北、湖南、贵州、四川、广西、云南等省区放养的柞蚕品种均为一化性，故把这些省区称为一化性柞蚕区。

从山东省泰安（北纬36°09′），向西经由河南省林县（北纬36°03′），西至甘肃省平凉（北纬35°25′），从东北起微偏西南走向构成的一条线，为二化性柞蚕地理分布南界线。在其以北的山东、河北、辽宁、吉林、黑龙江及内蒙古等省、自治区，柞蚕品种均为二化性，故称该地区为二化性柞蚕区。

柞蚕一化性北界线与二化性南界线之间，从东向西走向构成柞蚕化性不稳定地带，是柞蚕一化性与二化性过渡区域。在该区域内，既分布有一化性种质资源，又分布有二化性种质资源；既有黄蚕系统，又有青黄蚕系统种质资源。在柞蚕种质资源幼虫体色性状上，亦呈过渡区域特点。当然，柞蚕化性的稳定性是相对而言的，因而，柞蚕种质资源化性的区域分布亦是相对的。同一个品种在不同化性区域中，其化性表现也不同。一化性柞蚕区内的一化性品种，引种到二化性柞蚕区内放养，当年就有10%以上个体，蛹期不滞育，表现为二化性。以此继代，连年在二化性柞蚕区放养，则可演变成二化性品种。与此相反，如将辽宁省的二化性柞蚕品种引种到河南等一化性柞蚕区放养，当年就有15%以上个体，蛹期滞育，表现为一化性。以滞育蛹继代，连年在一化性柞蚕区放养，则演变成一化性品种。山东省沂水地区，地处北纬35°～36°，柞蚕营茧时间又处于芒种前后，该地区的柞蚕品种在不同年份其化性表现不同，有些年份蛹期滞育，呈一化性，而有些年份则蛹期不滞育，呈二化性。在历史上，该地区育成了一化性与二化性两类化性不同的品种，并应用于柞蚕生产中。

1956年在河南省嵩县黄水村发现野生柞蚕，以蛹滞育越冬，春季并不羽化。滞育期10～20个月，少数个体滞育期长达30个月，出现隔年羽化现象。该县地处北纬34°05′，属暖温带气候区，年平均气温12.4～14.2℃，活动积温4500℃，年日照时数2389.4h，年降水量 704.3mm。1960 年在该省信阳、1993 年又在新县发现野生柞蚕。该地区地处北纬 32°07′，是北亚热带边缘区域。年平均气温 15.2～16.2℃，活动积温 4800～4900℃，年日照时数 2112h，年降水量 1200mm。该地区野生柞蚕群体间有一化和二化两种化性。其中 85% 的个体蛹期不滞育，表现为二化性。然而夏季蛹期特长，恰好通过当地的高温季节，秋季的柞蚕幼虫才得以在比较适宜的自然温度条件下完成发育过程。另有 15% 的个体蛹期滞育，表现为一化性。嵩县与信阳、新县野生柞蚕的化性表现，进一步说明了柞蚕化性表现受遗传与生态条件所支配，并因品种不同而异；同时也说明我国柞蚕原始种群中有一化性和二化性两种类型。

柞蚕实用品种具有时间与空间局限性。它的性状表现是在特定的时间历程与自然环境条件下，经过自然选择与人工选择所形成的。所以，柞蚕品种只有在其适应的区域内，优良性状方能得以充分发挥，才可能获得最佳效益。

1.3　柞蚕种质资源的研究内容与方法

1.3.1　柞蚕种质资源与种质资源研究的概念

种质资源又称遗传资源。种质是指生物体亲代传递给子代的遗传物质，它往往存在于特定品种之中。如古老的地方品种、新培育的推广品种、重要的遗传材料，都属于种质资源的范围。

柞蚕种质资源又称遗传资源、基因资源，是蕴藏在柞蚕各品种品系类型及野生种中的全部基因遗产。柞蚕种质资源可以为人类提供生活资料，包括特殊营养品、生活用品和药品。为人类提供生产资料尤为重要的是培育新品种和生物技术研究需要的丰富的柞蚕基因资源。柞蚕种质资源研究就是对所有柞蚕品种和它们的近缘种、野生种进行收集整理、保全、鉴定、评价、交换、利用和创新，这是一个繁杂的研究系统。具体来说，收集整理是对外来资源进行引入与分类的过程，它是通过调研考察，对柞蚕种质资源进行征集、采集或互换，经过整理把资源依照性状特点分类，目的在于丰富种质资源的遗传基础。保全是指在继代保存过程中，保持现有种质资源遗传变异范围或遗传信息的完整性，防止"遗传漂变"或"基因丢失"。鉴定与评价是发现并挖掘具有经济价值或学术价值的珍稀资源的手段，主要通过对资源材料的生物学性状特点的全面研究来完成。交换是指两个相关地区或国家的资源保存单位、育种机构进行的品种资源的交流互换，大多是为了一定的育种和生产目的；资源利用是将经过鉴定评价筛选出的优良资源材料用于柞蚕育种或生产的过程。创新则是指遗传种质的再创造，即采用各种育种手段对现有资源材料进一步加工改造，最终育成新的特异种质资源材料。品种资源研究诸环节当中，收集保存是基础，评价鉴定是手段，而创新利用才是资源工作的最终目的。

1.3.2　柞蚕种质资源研究的重要性和紧迫性

柞蚕种质资源和其研究之所以重要，主要有以下两个方面：

第一是具有不可再生和不可创造性。柞蚕种质资源与其他生物资源一样，由于生态环境千差万别，几千年来在各环境中形成的基因多种多样。尽管现代生物科学技术取得了长足发展，但人类还不能创造功能基因，只能运用一定的载体和手段，对功能基因进行剪切、移动、嫁接和拼装，物种的消亡就意味着这个物种所携带基因的消亡。某种基因一旦从地球上消失，就难以用任何先进方法再创造出来，因此抢救、研究和保护那些濒临灭绝的品种资源已迫在眉睫。

第二是具有重要的经济、社会价值。柞蚕种质资源是柞蚕育种、生物技术和一切生物科学发展的基础。纵观国内柞蚕育种成就，几乎无一不与关键性的品种资源的发掘利用有关。如20世纪50年代辽宁省蚕业科学研究所从农家品种中通过系统分离选育成的柞蚕实用品种青黄1号，具有生产性能好、抗逆性强、适应范围广等优良特性，先后在全国16个省、自治区投产使用，应用面积曾占全国柞蚕生产总面积的70%，改变了当时农家种性状驳杂、产量低的生产窘况，促进了柞蚕产业发展，提高了国家的丝绸创汇能力。20世纪50—60年代，该品种还曾被波兰、罗马尼亚、阿尔巴尼亚、匈牙利和苏联等国引去并开展研究与利用。20世纪70年代以后，柞蚕多丝量品种、白茧品种、抗柞蚕核型多角体病毒（NPV）病（俗称脓病）品种、抗柞蚕病毒性软化病（FV）品种、高饲料效率品种及一些具有特殊性状品种的育成，极大地丰富了我国柞蚕品种资源和遗传资源，满足了市场对柞蚕品种的需求，解决了山区蚕民的就业和经济来源等问题，经济效益、社会效益显著。柞蚕育种要有所突破必须要有丰富的遗传种质做保障。育种工作愈向高级发展，资源的作用愈加突出。

1.3.3　柞蚕种质资源研究的内容与方法

广泛收集（有目的引进）、妥善保存、深入研究、积极创新、充分利用是柞蚕品种资源的工作内容。我国是世界柞蚕业的发源地，柞蚕种质资源丰富，一些特异的种质资源已经引起了柞蚕育种工作者和学术研究的重视。广泛收集的原则就是在已有的基础上，收集漏征品种、找回丢失品种、抢救濒危品种、挖掘稀有珍贵品种。要侧重收集原始资源、野生资源和不被人们重视的资源。积极创造和利用一切条件，强化继代种群保护与静态贮藏能力建设，认真编目、记载、编排制种、饲养与静态保护区（库）位图，建立健全资源出入库管理的规章制度。深入研究是指对柞蚕种质资源的整理认知和评价，是有效利用种质资源的基础。这是一项艰苦细致、耗资费时的工作，也是柞蚕种质资源研究的核心。积极创新是种质资源研究的继续和深化。柞蚕种质资源的创新主要是指利用多种目的基因聚合法、大群类型优选法、分子或同工酶标记等技术手段，育成遗传组成清楚、含有独特优异种质基因的种质资源材料用于育种。充分利用是对柞蚕种质资源在不同的层次水平上利用，如对评价出的优异种质资源直接利用，对含有特殊性状的种质资源材料可直接作为育种基础材料，开发创新含有特殊营养或特殊用途的柞蚕品种，以满足社会需求。

1.4　柞蚕种质资源研究与利用的技术进步

1.4.1　中国柞蚕品种研究概况

在我国柞蚕业历史上，很长时期没有明确的品种称谓。到了近代，也仅以化性、产地与幼虫体色来区别柞蚕种群并予以命名。其中有同种异名，也有异种同名。山东、河南、贵州等省，历史上通常以产地命名。如产于山东省客岭地区的柞蚕种称客岭庄，产于艾山地区和胶州地区则分别称为艾山庄和胶州庄；产于河南省鲁山地区的柞蚕种称鲁山种；产于贵州省湄潭县的柞蚕种称湄潭种。辽宁省有以产地命名的柞蚕种，如产于凤城市叆阳地区的柞蚕种称叆阳种；同时又有以蚕体色与体形命名的柞蚕种，蚕体呈青绿色的称作青皮种，其中把蚕体长 10cm 的种群称大青皮，体长 8cm 者则称小青皮。此外，还有青黄、靛蓝、青银白、黄银白、灰银白等种类之分。

这些蚕种，都是各地农家通过混合选择的方法培育出来的。这类选种方法往往特别重视对蚕种地区适应性和生产性能的选择，并强调自然选择的作用，难以使柞蚕种达到较高的纯度。这不仅使农家种性状改进缓慢，更使其性状表现驳杂。因此，我国柞蚕农家种具有较强的杂种性。这种杂种性对处于自然蚕场中放养的柞蚕来说，倒是有利的，容易在多变的自然条件下获得较高的产茧量及维持柞蚕种的延续。与此同时，农家在长期选种实践中不断积累有利变异，从而形成更丰富的柞蚕种质资源或遗传资源，成为我国柞蚕品种改良的珍贵物质基础。

从 20 世纪 50 年代起，全国各柞蚕主产区搜集了散落在民间的众多农家品种进行整理和改良，育成了许多实用蚕品种。这些品种构成了我国现代柞蚕育种的基础。此后 60 多年来，伴随着科学技术的进步和社会的发展，柞蚕育种技术方法亦有了长足的进步与发展。由单一的混合选种发展到系统选种、杂交育种、辐射育种、遗传标记和分子标记辅助育种等多种方法，还有各种生物学与物理化学检测、鉴定技术的运用，都极大地丰富了柞蚕育种研究技术方法，提高了柞蚕育种研究的选择效果与研究水平，创造了类型丰富、用途广泛的柞蚕种质资源，使我国柞蚕育种研究取得令人瞩目的进展。特别是在 20 世纪 70 年代以后，柞蚕多丝量品种、白茧品种、抗柞蚕核型多角体病毒（NPV）病（俗称脓病）品种、抗柞蚕病毒性软化病（FV）品种、高饲料效率品种，以及一些具有特殊性状品种的育成，极大地丰富了我国柞蚕品种资源和遗传资源。

1.4.2 中国柞蚕农家品种的整理与改良

新中国成立后，政府十分重视柞蚕品种改良和种质资源研究工作。20世纪50年代，柞蚕业尚处于恢复时期，政府就在各柞蚕区相继建立了以柞蚕研究为主的省级蚕业科学研究所或试验场（站），并以柞蚕品种改良作为当时恢复柞蚕业的关键技术项目。这些蚕业科学研究所、试验场（站）广泛搜集散落在民间的柞蚕农家种，抓紧整理与改良，在短短几年里，相继育成了一批既适应于当地自然气候条件和放养技术水平，又较原农家种优良的新品种，并迅速地推广普及到柞蚕生产之中，从此结束了我国柞蚕人工放养业依赖农家种的历史。这标志着我国柞蚕育种研究步入现代技术研究领域。

原辽东省五龙背蚕业试验场，1949年从凤城暖阳搜集农家青黄种，先行混合选择，后经系统选择，于1954年育成了"青黄1号"。这是我国育成的第一个柞蚕新品种。1950年该场又一次于凤城市征集农家种。以蚕体色作为表型标记，进行色系分离、系统选择，1956年经辽宁省农业厅组织专家鉴定命名为"青6号"。为了进一步巩固和提高种性，1963—1964年原沈阳农学院植保系柞蚕研究室对其整理，于1965年移交西丰县松树柞蚕种场，经继续整理和选择，各项经济性状有了明显提高，于1975年起，重新在辽宁和吉林、黑龙江、内蒙古等省、自治区大面积应用。

五龙背蚕业试验场还于解放初期从宽甸县鼓楼子区征集农家种"灰狗子"，采取混合选择法进行整理，育出又一个新品种，定名为"银白"，曾在鸭绿江沿岸气候湿润地区应用。1952年，原辽东省西丰柞蚕试验场还从山东省荣成农村引进农家种，进行整理与选择，育成了茧层较厚、丝量较多的二化性青黄蚕系统新品种"克青"，曾在辽宁、山东省部分蚕区应用。此外，对农家种"水青""宽青""清河1号"等也曾进行搜集整理，然后在局部地区应用。

山东省蚕业改进所胶东分所以原辽东省安东（今丹东）地区早年引进的青黄种进行整理，于1953年转入方山柞蚕原种场继续选育，1958年建立4个品系，并命名为"黄安东"（后更名为"青黄"）。该品种二化性，产量稳定，适应性强，茧质优良。此外，还育成了"胶蓝"等品种。

1950年，河南省农业厅柞蚕改良所从南召县南河店征集农家种，经过多年整理、系统选育而成"河41"，适宜于雨量充沛、以麻栎为主要树种的大别山区放养。1953年，河南省农业厅柞蚕改良所搜集河南一化性农家种，以高茧层率和虫蛹统一生命率为主要目标，经6代整理与选择，育成了黄蚕系统、一化、中熟性品种"33"和"39"，后来成为河南省主要生产品种。其中"33"被贵州、四川、湖北、陕西等省一化性柞蚕区引种并应用于柞蚕生产中。1954年该场又以鲁山县下汤乡农家种为材料，经4代系统选择，整理成黄蚕系统、一化、中熟性品种"鲁松"。该品种茧丝品质好，纤度细，适应于豫西春季干旱的自然气候条件，在南召、鲁山、方城、南阳等县柞蚕生产中应用。1954年，又从镇平县老庄乡征集农家种，经4代系统选择，定名为"镇玉"。该品种食性强，易放养。1969年从方城县拐河乡搜集农家种，经8代系统整理，育成一化早熟性品种"豫早1号"。该品种主要特点是早熟，蚕期生长发育快，食性强，蛹期积温少，适应性强。

1952年，贵州省遵义蚕业试验站从遵义县海龙乡征集到湄潭县农家湄潭种，曾用名为"遵义黄一化"，采用系统选择法进行整理，经9代选择培育，定名为"101"。该品种一直是贵州省柞蚕生产主要用种。1958年，该试验站又从习水县、桐梓县征集当地农家种，经整理选择，1963年，遵义蚕业科学研究所分别育成了"125""128""130"3个一化性黄蚕品种。

吉林省蚕业科学研究所于20世纪50年代初从辽东地区征集农家青黄种，以早熟为主要目标，经多年系统选择，于1960年育成二化、早熟性青黄蚕品种"小黄皮"。

上述品种，均是各省征集农家种，采用混合选择或系统分离选择法，以巩固和提高农家种对当地自然条件的适应能力与生产性能为主要目标，经过多年整理与选择育成的。这些品种，除保留了原农家种对当地自然气候条件的较强适应性外，生产性能和综合经济性状也都有了明显的提高和改进。于是，很快在柞蚕大面积生产中得到普及，取代了农家种，成为当时各地柞蚕生产主要用种。

1.4.3　中国柞蚕的杂交育种

随着科学技术特别是生物科学技术的进步与发展，我国柞蚕育种技术在传统的混合选种、系统选种的基础上，还吸纳了现代遗传学理论，采用杂交育种方法，选育柞蚕新品种。

贵州省遵义蚕业科学研究所采用杂交育种法，先后育成了"6406""78-3""79-4"3个一化性杂交固定种；河南省南召蚕业试验场育成了一化性杂交固定种"白一化""豫5号""豫6号"；山东省蚕业研究所、栖霞方山柞蚕原种场育成了杂交固定种"杏黄""781""789""方山黄"4个黄蚕系统二化性品种；辽宁省西丰柞蚕试验站和辽宁省蚕业科学研究所先后育成了"双青""柞早1号""抗病2号""三里丝""多丝4号""404""405""抗大""金凤""墨玉"等青黄蚕和黄蚕系统二化性杂交固定种；吉林省蚕业科学研究所（院）育成了"多丝2号""吉柞889""多丝5号"等品种；内蒙古自治区呼伦贝尔市蚕业科学研究所育成"扎兰2号""青辽"等青黄蚕系统二化性品种。

这些采用杂交技术育成的品种，在亲本选择上，大多采用对当地自然条件具有较强适应性、生产性能好的当地现行品种作为母本，同时，往往选用既具有某种突出特点又符合或接近育种目标性状，而且与母本生态、生理特性差异较大或地理远缘的品种作为父本进行杂交，以使育成的品种既对当地自然条件具有较强适应能力并有高产性能，又能通过基因重组使其具有父本某一特点，使新品种具有更优良的生物学与经济学性状。

20世纪50年代，我国柞蚕育种工作受到选择性受精理论影响，在杂交育种中以两个或多个品种作父本，采用多雄交配，试图育成具有多个亲本品种优良性状的新品种。

1955 年，辽宁省西丰柞蚕试验站以"青黄 2 号"为母本，以"克青""青皮""银白"为父本进行杂交，1962 年育成了"辽青"；1956 年，中国农业科学院蚕业研究所以"鲁红"为母本，以"青黄""杏黄"和"黄安东"为父本进行杂交，后转到中国农业科学院柞蚕研究所，于 1962 年育成了二化性、黄蚕多丝量品种"三里丝"。1963 年，山东省方山柞蚕原种场以多品种作父本育成了"鲁杂 2 号"；后来，山东省蚕业研究所又育成了"鲁青""781"等品种。河南省南召蚕业试验场以同样杂交方式育成了"豫 6 号""豫 7 号"等多丝量新品种。从上述品种性状表现看，并没有出现人们所预想的那样在新品种身上集多个父本优良性状；与单杂交所育成新品种相比，也看不出其优越性。

1.4.4　中国柞蚕的诱变育种

我国柞蚕育种工作者于 20 世纪 70 年代后期，曾探索过采用辐射诱变技术培育柞蚕新品种，取得了一定进展，育成了几个新品种。1977 年春，辽宁省蚕业科学研究所采用氮分子等 4 种激光光源，分别照射处理蛹、成虫和卵，第二代从氮分子激光蛹期处理第 9 能量密度区中发现变异个体，经 12 年 24 代选择培育，育成了二化、青黄蚕系统新品种"多丝 3 号"。山东省蚕业研究所 1977 年秋以二氧化碳作激光光源照射柞蚕卵，1985 年育成了"C66"，该品种属黄蚕系统、二化性、早熟，全龄期经过春蚕期 44～46d，秋蚕期 35～36d；1990 年又育成了"789""烟 6"两个新品种。

1.4.5　中国柞蚕的化性改造育种

我国东北各省区柞林资源丰富，光照充足，土壤肥沃，柞树叶质优良，发展柞蚕茧生产有着很大潜力。然而黑龙江、吉林、内蒙古等省、自治区地处寒温带气候区，无霜期短，春柞蚕常遭晚霜危害，秋蚕常遭早霜危害，难以完成春秋两季养蚕。为了开发利用东北北部柞树资源，发展高纬度寒温带地区和东北南部高山区柞蚕茧生产，从 20 世纪 60 年代开始，人们探索在长日照二化性柞蚕区，选育一化性品种的可能性。

1965 年，辽宁省蚕业科学研究所以二化性品种"青黄 1 号"春蚕滞育蛹为材料，大蚕期在 6 月份自然长日照条件下，筛选滞育蛹留种继代，于 1974 年育成了一化性品种"四青"，春养一化率达 95%，早秋养一化率达 99%；此后，该所又育成了"883""932""辽四""辽 8"等品种。1964 年黑龙江省蚕业科学研究所利用夏季高温长日照的自然条件，从二化性"青黄 1 号"中选择滞育蛹留种继代，于 1972 年育成了一化性品种"龙青 1 号"，一化率达 95%；吉林省蚕业科学研究所以一化性品种"松黄""日照"为亲本进行杂交，在当地长日照条件下筛选滞育蛹继代，经 15 代定向选择，于 1987 年育成了一化性品种"吉黄一化"。与此相反，1959 年河南省南召蚕业试验场探索在一化性柞蚕区选育二化性品种，以便利用秋茧作为原料茧获得更高经济效益。该试验场选用本省一化性品种

"39"为父本、山东省二化性品种"胶蓝"为母本杂交，从杂交后代中选择活性蛹继代，在短日照条件下逐代选择活性蛹留种，经 7 年 14 代选择培育，在一化性柞蚕区育成了二化率达 98% 左右的"蓝二化"和"白二化"两个新品种。

此外，在河南省信阳与新县发现的"信阳野柞蚕"中，有 85% 的个体蛹期不滞育，表现为二化性，15% 的个体蛹期滞育，表现为一化性。这些事实表明生态条件对柞蚕化性影响的局限性，同时也说明在长日照条件下筛选滞育蛹留种继代，选育一化性品种，在短日照条件下筛选活性蛹留种继代，选择二化性品种是可能的。

1.4.6　中国柞蚕的茧丝质改良育种

20 世纪 50 年代对农家品种整理与改良所育成的品种和 20 世纪 60 年代以来以杂交育种所育成的品种，其中大多数具有较好的生产性能和较强的适应性，对恢复柞蚕生产和提高柞蚕茧产量起到了重要作用。但是这些新品种在茧丝质上并未有突出的改进和提高。随着国民经济的发展，对提高原料茧的产丝量及其品质的要求日益强烈。于是，各省、自治区相继开展了柞蚕多丝量品种选育研究，以提高育成种的效益，先后育成了一批多丝量新品种。

20 世纪 50 年代，河南省农业厅柞蚕改良所育成一化黄蚕系统多丝量品种"河 41"，茧层量 1.23g，茧层率 14.11%，鲜茧出丝率 7.6%，茧丝长 1125m；20 世纪 80 年代初育成"741"，茧层量达 1.28g，层率达 14.38%；河南省南召蚕业试验场育成"豫 6 号"，茧层量 1.30g，茧层率 14.0%，鲜茧出丝率 8.0%，茧丝长 1292m；此后，又育成了"豫 7 号"，茧层量 1.3g，茧层率 16.2%，鲜茧出丝率 11.3%，茧丝长 1336m。上述的一化、黄蚕系统多丝量品种的育成，使河南省现行柞蚕品种茧层量提高了 0.2~0.4g，茧层率提高了 1.6~4.8 个百分点，鲜茧出丝率提高到 7.6%~11.3%，茧丝长提高到 1300m 左右。特别是"豫 7 号"的育成，首次使我国一化地区黄蚕品种茧层率超过 16.0%，出丝率超过 10.0% 大关，一化性柞蚕多丝量品种选育有了突破性进展。

山东省蚕业研究所于 1985 年育成了二化性、黄蚕系统多丝量新品种"C66"，茧层量为 1.03g，茧层率为 12.64%，鲜茧出丝率为 6.9%；此后于 1990 年又育成了"烟6"，茧层量 1.13g，茧层率 13.42%，鲜茧出丝率 8.1%；同年育成了"789"，茧层量 1.2g，茧层率 14.29%，鲜茧出丝率 8.1%，茧丝长 1037m；1989 年山东省方山柞蚕原种场育成"方山黄"，茧层量 1.27g，茧层率 14.94%，鲜茧出丝率 8.8%，茧丝长 1160m。上述育成的二化性、黄蚕系统多丝量品种，特别是 90 年代初育成的新品种，使二化性柞蚕区的山东省柞蚕品种茧层量提高了 0.41~0.43g，茧层率提高了 3.1~3.6 个百分点，鲜茧出丝率提高了 1.3~2.5 个百分点。

中国农业科学院柞蚕研究所于 1962 年育成了二化性、黄蚕系统多丝量品种"三里丝"，茧层量 1.14g，茧层率 12.68%，鲜茧出丝率 7.4%，茧丝长 1200~1400m；辽宁省蚕业科学研究所 1981 年育成黄蚕品种"辽柞 1 号"，茧层量 1.1g，茧层率 12.19%，鲜茧出丝率 7.3%；1988 年育成了"多丝 3 号"，属二化性青黄蚕系统多丝量品种，茧层量 1.23g，茧层率 13.96%，鲜茧出丝率 7.7%，茧丝长 1077m；同年育成了黄蚕系统多丝量品种"多丝 4 号"，茧层量 1.25g，茧层率 15.1%，鲜茧出丝率 7.2%，从而辽宁省柞蚕茧层量提高了 0.25 ~ 0.33g，茧层率提高了 2.4 ~ 4.1 个百分点，出丝率提高到 7.2% 以上。

上述一化与二化性多丝量品种选育所取得的各项研究成果，使柞蚕品种茧丝量有了较大改进与提高。这些新品种的推广应用，已经收到了显著的经济效益。

柞蚕白茧品种的选育则是着眼于茧丝品质的改良，这一研究工作始于 20 世纪 70 年代后期。柞蚕茧固有色泽为褐色或黄褐色，这种褐色来源于柞叶中的生色物龙胆酸，在有水和空气的条件下与茧丝蛋白发生共价结合，使茧丝褐化，成为褐茧、褐丝，从而增强了柞蚕茧丝对化学作用的抵抗性，导致柞蚕茧解舒和染色困难，生丝白度低。柞蚕育种工作者运用遗传育种理论与技术，从育种角度减少蚕体内生色物龙胆酸含量，并阻止与茧丝蛋白交联过程的发生，选育柞蚕白茧品种以改良柞蚕茧丝品质。

1978 年起，辽宁省蚕业科学研究所与西丰县松树柞蚕种场合作，以褐茧品种"青 6 号"茧群中的淡褐色茧为基础材料，采用系统选择方法，特别是选用了荧光选茧技术，经 9 年 18 代选择培育，于 1986 年首次育成了二化性、青黄蚕系统白茧品种"白茧 1 号"；此后又着手选育了"白茧 825""白茧 8711""白茧 7819""白茧 7882""白茧 8712"等 5 个柞蚕白茧品种。1990 年黑龙江省蚕业科学研究所育成早秋用白茧品种"华白 1 号"；河南省云阳蚕业试验场以"豫 6 号"和"39"为材料，通过杂交、系统分离，于 1991 年育成一化性、黄蚕系统白茧品种"云白"；内蒙古自治区呼伦贝尔市蚕业科学研究所，以"扎兰屯 3 号"为基础材料，于 1993 年育成了二化性早秋用白茧品种"8344"，后又育成了"大白 1 号"。

柞蚕白茧品种的茧丝品质比褐茧品种具有明显优越性。白茧茧层中胶杂质含量少，易解舒，解舒剂耗量比褐茧减少 25% ~ 40%，生丝白度高 14 度以上，易染色。经紫外光与荧光光谱检测，结果表明，柞蚕白茧茧丝蛋白中虽含有极微量生色物龙胆酸，但从其吸收峰强度看，白茧茧丝蛋白与龙胆酸胶联强度、龙胆酸含量均显著低于柞蚕褐茧，且吸收峰接近于家蚕白茧。此外，白茧茧丝蛋白中仅含少量的游离态龙胆酸糖苷，而不含有游离态龙胆酸，若将游离态龙胆酸糖苷含量换算成龙胆酸，仅为褐茧中龙胆酸含量的 25%。同时，在个别白茧中并未检测到有龙胆酸及其糖苷的存在。这一结果说明，柞蚕白茧品种选育若进一步改进育种技术手段，运用新技术，提高选择效果，可望育成比现行白茧品种品质更优良的白茧新品种，具有良好的发展前景。

1.4.7　中国柞蚕的抗病育种

柞蚕幼虫期在自然蚕场中放养，易受到生物与非生物因子的影响而发病，降低产茧量，虽然柞蚕防病与放养技术在不断改进，柞蚕发病率有所下降，但在各省、自治区柞蚕生产中，柞蚕核型多角体病毒病和柞蚕病毒性软化病仍是制约柞蚕原料茧产量和质量的重要因素。这一事实引起柞蚕育种工作者的注意并予以足够重视。1978年，辽宁省蚕业科学研究所搜集25份柞蚕品种资源进行抗性检测鉴定，从中筛选抗性基因资源作为柞蚕抗病育种亲本材料，进而通过近交加以纯化，经鉴定后选抗核型多角体病毒能力强与耐低温饥饿能力强的亲本进行杂交，并从其杂交后代中选择培育抗病品种，于1989年育成了抗柞蚕核型多角体病毒病兼抗柞蚕空胴病的品种"抗病2号"；此后，又通过对16个品种的抗性鉴定，筛选抗软化病基因资源作为育种材料，育成了抗软化病新品种"H8701"。

1.4.8 中国柞蚕的杂种优势利用

中国柞蚕业的杂种优势利用起步较晚，优良杂交种选育始于20世纪50年代后期。河南省南召蚕业试验场于50年代选用河南省和贵州省一化性改良品种杂交，育成一化性、黄蚕系统杂交种"豫杂1号"。20世纪70年代，河南省南召蚕业试验场育成"豫杂2号"和"豫杂3号"，后者茧层量1.28g，茧层率14.17%，增产15%~20%。20世纪80年代末，河南省云阳蚕业试验场育成的三元杂交种"豫杂4号"，茧层量1.23g，茧层率13.08%，鲜茧出丝率8.2%，增产20%~30%。

山东省以"青黄""鲁青""杏黄""胶蓝""方山黄"等为对交品种，组配成"青黄×胶蓝""青黄×杏黄""青黄×方山黄""胶蓝×杏黄""胶蓝×方山黄""胶蓝×鲁青""杏黄×鲁青"及其反交组合等不同系统品种间的二元杂交种，春蚕放养一代杂交种，增产14%~20%，秋蚕放养二代杂交种增产10%左右；组配成黄蚕系统内"789×杏黄""789×C66"的二元杂交种，在生产中亦表现出一定增产效果。组配成的三元杂交种有"（青黄·胶蓝）F_1×杏黄""（青黄·杏黄）F_1×胶蓝""（胶蓝·青黄）F_1×杏黄""（胶蓝·方山黄）F_1×青黄"；四元杂交种有"（胶蓝·青黄）F_1×（烟6·789）F_1""（杏黄·胶蓝）F_1×（烟6·789）F_1""（杏黄·青黄）F_1×（烟6·789）F_1"，增产幅度在15%~30%。

辽宁省蚕业科学研究所于20世纪70年代先后育成了"柞杂1号""柞杂2号""柞杂3号"；20世纪80年代初先后育成了"柞杂4号""柞杂5号"；20世纪90年代初又育成了"柞杂7号"和"柞杂9号"及多元杂交种多元多丝1号、辽双1号和大三元等。沈阳农业大学与海城市林业局合作，于1988年育成"柞杂6号"；1992年育成了"柞杂8号"。该所于2015年和2020年又相继育成了"辽蚕5821"和"辽蚕988"。

在河南省等一化性柞蚕区，只应用杂交一代于生产之中。而山东与辽宁等省二化性柞蚕区，应用二元杂交种，多采取春蚕混合放养正反交一代，秋蚕放养二代。二代增产效果虽不及一代，但简单、方便、易于普及，并具有一定增产效果。同时，也适合该地区春季生产种茧，秋季生产工业原料茧的特点。此外，同系统不同品种间的杂交种，由于亲本品种血缘关系较近，生理遗传差异较小，因此杂种优势表现不明显，增产幅度多数为 10% 左右。与此相反，采用不同血统品种间的杂交，由于血缘关系较远，生理遗传差异较大，杂种优势表现较明显，增产效果较好，增产幅度多数为 15% ~ 20%。

1.4.9　中国柞蚕种质资源的其他研究

随着社会的发展，人们对柞蚕品种生物学及经济性状不断提出新的要求。只有不断育成具有特殊性状的新品种，形成柞蚕品种的多样性，方能适应社会经济发展的需要。辽宁省蚕业科学研究所于 1990 年起，对保育品种进行饲料效益普查，发掘高饲料效益的种质资源，作为柞蚕高饲料效益品种选育基础材料。通过对品种、品系、蛾区及个体饲料效益的评价、鉴定，获得了高饲料效益的育种素材，经选择获得了饲料效益比现行品种高 15% 的个体，并建立了高饲料效益选育系。

近 20 年来，为了适应柞蚕茧综合利用的需要，全国各柞蚕研究机构相继研究开发了大茧型、蛹体重的育种素材，并育成了诸多品种。如吉林省蚕业科学研究院选育“选大”系列品种，河南省蚕业科学研究院育成的“豫大 1 号”品种等。辽宁蚕业科学研究所经几年研究，已育成了雌性茧全茧量达 15g 以上，雄性茧全茧量达 13g 以上的新品系。此外，还育成单蛾产卵量达 350 粒以上的新品系。通过远缘杂交、异源核酸诱导等技术，开发新的育种素材的工作也取得一定进展。

柞蚕品种资源研究随着柞蚕育种研究的不断深入和发展亦做了许多新的工作。特别是 20 世纪 80 年代以后，对保育品种进行了抗逆性、抗病性、茧丝品质、小蚕人工饲料摄食性、品种饲料效益等主要生物学及经济学性状的深入调查，从中发现了一些具有特点的种质资源，为柞蚕品种资源科学、合理的开发利用提供了有价值的信息。从对保育品种血液、酯酶、同工酶和分子标记的研究结果了解到柞蚕品种间的亲缘关系。柞蚕品种性状遗传学的研究将进一步丰富柞蚕品种资源的研究内容。

步入 21 世纪，辽宁省蚕业科学研究所在全国蚕种质资源共享试点项目及辽宁省科委的柞蚕种质资源共享平台建设项目的资金支持下，开展了柞蚕种质资源数字化、规范性标准研究，制定了《柞蚕种质资源描述规范》，以及《柞蚕种质资源保存与鉴定技术规程》，其技术内容详见附录 1 和附录 2。初步建成了柞蚕种质资源数据库及其共享平台，为实现我省乃至全国柞蚕种质资源信息及实物资源共享，为提高资源的利用率和利用效率奠定了基础。

总之，我国丰富多彩的柞蚕品种资源和遗传资源已成为我国生物资源中的一个重要组成部分，正在为我国经济建设发挥重要作用。

2　柞蚕种质资源应用基础研究

◇◇

　　遗传和变异是生物界最普遍和最基本的两个特征。人类在生产活动中早就认识到遗传和变异现象及其相互关系。俗语说："种瓜得瓜，种豆得豆。"优良品种可以获得较多的收成，这种亲代与子代相似的现象就是遗传。但是，遗传并不意味着亲代与子代完全相像。事实上，亲代与子代之间、子代个体之间，总是存在着不同程度的差异。大型茧柞蚕品种可能产生小型茧个体；同一蛾区中的柞蚕茧在大小上也有或多或少的差异；甚至一卵双生的兄弟也不可能完全一模一样，这种现象就是变异。遗传是相对的、保守的，而变异是绝对的、发展的。没有遗传，不可能保持性状和物种的相对稳定性；没有变异，不会产生新的性状，也就不可能有物种的进化和新品种的选育。遗传和变异这对矛盾不断地运动，经过自然选择，才形成形形色色的物种。同时经过人工选择，才育成符合人类需要的各种品种。所以说，遗传、变异和选择是生物进化和新品种选育的三大因素。

　　遗传和变异的表现都与环境具有不可分割的关系。生物与环境的统一，这是生物科学中公认的基本原则。因为任何生物都必须具有必要的环境，并从环境中摄取营养，通过新陈代谢进行生长、发育和繁殖，从而表现出性状的遗传和变异。所以，研究生物的遗传和变异，必须密切联系其所处的环境。柞蚕的遗传学研究就是以柞蚕为对象，研究它们的遗传和变异。

2.1　柞蚕表型性状的遗传学研究

　　在遗传学实验中通常将可识别的等位基因称为遗传标记，并用来研究基因遗传和变异的规律。等位基因是在染色体上占据同一座位的基因的不同形式，也是在生物群体中遗传多态性的表现形式。

　　遗传学研究中所采用的遗传标记是随着遗传学，特别是基因概念的发展而发展的。20世纪初，孟德尔以豌豆为材料，详细地研究了 7 对相对性状的遗传，由于这些性状都具有典型的外部形态特征，很容易识别，因而使得孟德尔可以对杂种后代的不同个体的性状进行分组和归类，从而超越他所处的时代，提出了生物性状遗传的"遗传因子"假说和两个遗传定律——分离规律和独立分配规律。正是由于形态性状在外部特征上所具有的鲜明性而使之可以用作一种遗传标记来研究性状间的相互关系。因此，形态标记就是一种特定的肉眼可见的外部特征。带有形态标记性状的遗传材料被称为标记基因材料，它们是遗传学研究的宝贵财富。标记基因材料的收集、保存和利用历来受到各国研究者的重视。由自然突变或物理化学诱变均可获得具有特定形态特征的遗传标记材料。例如在诱变育种过程中经常出现大量的变异材料，其中不乏在形态特征或生理特性上具有特殊表现的个体，经过选择，就可获得稳定遗传的形态标记材料。然后，利用已知基因座位的标记材料与之杂交，通过连锁遗传分析就可能将其变异特性定位到染色体上，这个变异材料就成为一种新的标记基因材料。在柞蚕种质资源中，目前已有的标记基因材料，大多是经过精心选育获得的。有的仅带有一个标记基因，有的则是经过不同标记基因材料的相互杂交和选择而获得的带有多个标记基因的材料。

2.1.1　柞蚕幼虫刚毛的遗传

柞蚕幼虫刚毛分为长刚毛正常型和短刚毛突变型两种，长刚毛和短刚毛在幼虫体壁的着生部位及数量相同，短刚毛的粗细相当于长刚毛基部的粗细，长度约为长刚毛的1/3，短刚毛幼虫体壁均着生短刚毛。

以正常型品种小杏黄（正常型、长刚毛）和短刚毛品种204（突变型、短刚毛）为材料，配制小杏黄×204正反交F_1、小杏黄×204正反交F_2及回交种B_1（204·小杏黄）×204、204×（204·小杏黄）、（204·小杏黄）×小杏黄、小杏黄×（204·小杏黄），4龄期调查计数长短刚毛个体数。小杏黄×204正反交F_1代均表现短刚毛，F_2代短刚毛和长刚毛的比例为13:3，204与F_1回交正反交均表现短刚毛，小杏黄与F_1回交正反交短刚毛和长刚毛比例为1:1（刘治国等，1992）（表2-1）。

表2-1　柞蚕幼虫刚毛长短遗传试验结果

杂交方式	幼虫（头）			
	短刚毛	长刚毛	合计	比例
204P_1	780		780	
小杏黄 P_2		780	780	
204×小杏黄 F_1	368		368	
小杏黄×204F_1	273		273	
204×小杏黄 F_2	597	144	741	12.45:3
小杏黄×204F_2	203	47	250	12.96:3

续表

杂交方式	幼虫（头）			
	短刚毛	长刚毛	合计	比例
204 ×（204·小杏黄）B$_1$	463		463	
（204·小杏黄）× 204B$_1$	801		801	
小杏黄 ×（204·小杏黄）B$_1$	359	343	702	1.05 : 1
（204·小杏黄）× 小杏黄 B$_1$	376	362	738	1.04 : 1

设长刚毛（long bristle）基因符号为 Lb，长刚毛抑制（inhibitor of long bristle）基因符号为 I–Lb；短刚毛基因型为 I–Lb·I–Lb/+^{Lb}·+^{Lb}，长刚毛基因型为 +$^{I-Lb}$·+$^{I-Lb}$/Lb·Lb，则：

P　　　 I–Lb·I–Lb/+^{Lb}·+^{Lb}（短刚毛，P$_1$）× +$^{I-Lb}$·+$^{I-Lb}$/Lb·Lb（长刚毛，P$_2$）

↓

F$_1$　　　　　　　　　　 I–Lb·+$^{I-Lb}$/Lb·+^{Lb}（短刚毛）

↓

F$_2$　　 I–Lb·I–Lb/Lb·Lb　　　　1　　　短刚毛

　　　 I–Lb·I–Lb/Lb·+^{Lb}　　　　2　　　短刚毛

　　　 I–Lb·I–Lb/+^{Lb}·+^{Lb}　　　1　　　短刚毛

　　　 I–Lb·+$^{I-Lb}$/Lb·Lb　　　　2　　　短刚毛

　　　 I–Lb·+$^{I-Lb}$/Lb·+^{Lb}　　　4　　　短刚毛

　　　 I–Lb·+$^{I-Lb}$/+^{Lb}·+^{Lb}　　　2　　　短刚毛

　　　 +I–Lb·+$^{I-Lb}$/Lb·Lb　　　　1　　　长刚毛

　　　 +I–Lb·+$^{I-Lb}$/Lb·+^{Lb}　　　2　　　长刚毛

　　　 +I–Lb·+$^{I-Lb}$/+Lb·+^{Lb}　　　1　　　短刚毛

　　　 短刚毛 : 长刚毛　　　 =　　　　13 : 3

F$_1$ 与 P$_1$ 回交：

F$_1$ × P$_1$　　　 I–Lb·+$^{I-Lb}$/Lb·+^{Lb}（短刚毛）× I–Lb·I–Lb/+^{Lb}·+^{Lb}（短刚毛）

↓

B$_1$　　　 I–Lb·I–Lb/Lb·+^{Lb}　　　　1　　　短刚毛

　　　 I–Lb·I–Lb/+^{Lb}·+^{Lb}　　　1　　　短刚毛

　　　 I–Lb·+$^{I-Lb}$/Lb·+^{Lb}　　　1　　　短刚毛

　　　 I–Lb·+$^{I-Lb}$/+^{Lb}·+^{Lb}　　　1　　　短刚毛

F$_1$ 与 P$_2$ 回交：

F$_1$ × P$_2$　　　 I–Lb·+$^{I-Lb}$/Lb·+^{Lb}（短刚毛）× +$^{I-Lb}$·+$^{I-Lb}$/Lb·Lb（长刚毛）

↓

B$_2$	I–Lb · +$^{\text{I-Lb}}$/Lb · Lb	1	短刚毛
	I–Lb · +$^{\text{I-Lb}}$/Lb · +^{Lb}	1	短刚毛
	+$^{\text{I-Lb}}$ · +$^{\text{I-Lb}}$/Lb · Lb	1	长刚毛
	+$^{\text{I-Lb}}$ · +$^{\text{I-Lb}}$/Lb · +^{Lb}	1	长刚毛

柞蚕幼虫刚毛性状受 2 对主基因控制，刚毛的基础基因为 Lb，表现为长刚毛，等位基因为 +^{Lb}，表现为短刚毛；另一对基因为 I–Lb 和 +$^{\text{I-Lb}}$。I–Lb 对 Lb 基因有抑制作用，当显性基因 Lb 和抑制基因 I–Lb 同时存在时，Lb 基因作用受抑制表现为短刚毛；I–Lb 基因不存在时，Lb 基因表现为长刚毛。

家蚕蚁蚕短刚毛纯合体生活力弱，常发育成不蜕皮或半蜕皮蚕而死亡，成虫生殖器官发育不健全而不能生殖。柞蚕短刚毛类型蚕的生命力一般稍低于正常刚毛类型蚕，推测柞蚕短刚毛蚕是中性突变，在柞蚕育种中可作为标记性状。

2.1.2　柞蚕幼虫体色的遗传

柞蚕幼虫体色不仅是一种标记性状，而且与体质及代谢相关。体色不同对温度等环境条件的适应能力不同，黄体色品种幼虫对太阳光谱中偏热光有较强的反射作用，在低纬度高温条件下有利于维持蚕体温度，多分布于气温较高的地区；青黄蚕品种对太阳光谱中的偏热光有较强的吸收作用，有利于在较低温度条件下吸收热量以提高蚕体温度，因此适应高纬度秋季低温，多分布于高纬度地区。柞蚕幼虫体色种类繁多，纯种体色大致可分为青绿、青黄、黄、红（5 龄蚕）、蓝、白等 6 种，杂交 F$_2$ 代更难区分体色，较难得出明确的遗传结论。

罗玉功（1994）采用柞蚕青黄蚕系统的四青和黄蚕系统的 33 杂交，正反交的分离结果均为 F$_1$ 体色为中间型，即黄绿色的杂合型；F$_2$ 体色分离为与双亲和 F$_1$ 相同的表现型，即绿色（青黄色）、黄绿色、黄色，适合性测验表明体色基因独立分离。沈阳农业大学（2006）以青黄蚕系统选大 1 号与黄蚕系统沈黄 1 号为材料研究表明，正反交 F$_1$ 代幼虫体色为黄绿色，性状不分离；F$_2$ 代幼虫体色有 3 种表现型，即青黄色、淡青黄色和黄色，比例为 1∶2∶1；F$_1$ 代正反交与亲本的回交后代体色只有两种，即 F$_1$ 代体色和回交亲本的体色，表明柞蚕幼虫青黄体色和黄体色杂交 F$_1$ 代的性状为双亲中间型，F$_2$ 及回交后代表现型与基因型一致，属不完全显性遗传。

刘治国、任兆光等（1991）以多丝 2 号、小白蚕、鲁红为亲本，开展了柞蚕幼虫体色杂交试验。

通过对多丝 2 号 × 小白蚕正反交 F$_1$ 及 F$_2$、（小白蚕·多丝 2 号）× 小白蚕 B$_1$ 和（小白蚕·多丝 2 号）× 多丝 2 号 B$_1$ 幼虫体色的调查，查明了多丝 2 号 × 小白蚕正反交 F$_1$ 均为淡绿色，F$_2$ 有 3 种表现型，即黄绿色、淡绿色和白色，比例为 1∶2∶1；（小白蚕·多丝 2 号）× 小白蚕 B$_1$ 有淡绿色和白色 2 种表现型，比例为 1∶1；（小白蚕·多丝 2 号）× 多丝 2 号 B$_1$ 有黄绿色和淡绿色两种表现型，比例为 1:1。

表 2-2　多丝 2 号 × 小白蚕幼虫体色杂交试验结果（引自刘治国、任兆光等，1991）

杂交方式	饲养时期	幼虫体色（头）		
		黄绿色	淡绿色	白色
多丝 2 号 × 小白蚕 F$_1$	春		745	
小白蚕 × 多丝 2 号 F$_1$	春		442	
多丝 2 号 × 小白蚕 F$_1$	秋		404	
小白蚕 × 多丝 2 号 F$_1$	秋		333	
多丝 2 号 × 小白蚕 F$_2$	秋	34	70	36
小白蚕 × 多丝 2 号 F$_2$	秋	63	142	68
（小白蚕·多丝 2 号）× 小白蚕 B$_1$	春		84	78
（小白蚕·多丝 2 号）× 多丝 2 号 B$_1$	春	87	83	

根据表 2-2 结果，设多丝 2 号幼虫体色基因型为 GG，小白蚕的基因型为 gg，则：

P　　　GG（黄绿色，P$_1$）×gg（白色，P$_2$）

↓

F$_1$　　　　　　　Gg（淡绿色）

↓

F$_2$　　　GG（1）：Gg（2）：gg（1）

　　　黄绿色　　淡绿色　　白色

F$_1$ 与 P$_1$ 回交：

　　F$_1$×P$_1$　　Gg（淡绿色）×GG（黄绿色）

↓

　B$_1$　　　　GG（1）：Gg（1）

　　　　黄绿色　　淡绿色

F$_1$ 与 P$_2$ 回交：

　　F$_1$×P$_2$　　Gg（淡绿色）×gg（白色）

↓

　B$_1$　　　　Gg（1）：gg（1）

　　　　淡绿色　　白色

通过鲁红 × 小白蚕正反交 F$_1$ 及其红蚕、黄蚕类型 F$_2$ 幼虫体色的调查（详见表 2-3），查明了鲁红 × 小白蚕正反交 F$_1$ 幼虫体色表现型有红色和黄色两种，比例为 1:1；其中红蚕类型自交 F$_2$ 的表现型有红色、黄色、浅绿色和白色 4 种，比例为 18:9:9:12；而黄蚕类

型自交 F_2 的表现型有黄色、黄绿色和白色 3 种，比例为 9:3:4。

表 2-3 鲁红 × 小白蚕幼虫体色杂交试验结果（引自刘治国、任兆光等，1991）

杂交方式	幼虫体色（头）				
	红色	黄色	黄绿色	白色	合计
鲁红 × 小白蚕 F_1	238	276			514
小白蚕 × 鲁红 F_1	206	197			403
鲁红 × 小白蚕（红）F_2	101	43	44	66	254
小白蚕 × 鲁红（红）F_2	86	39	35	47	207
鲁红 × 小白蚕（黄）F_2		106	39	57	202
小白蚕 × 鲁红（黄）F_2		107	30	48	185

设红色基因为 R，白色基因为 g。鲁红的基因型为 RrYYGG，小白蚕的基因型为 rryygg，则：

$$P \quad RrYYGG（红色）\times rryygg（白色）$$

$$\downarrow$$

$$F_1 \quad RrYyGg \qquad rrYyGg$$
红色（1） 黄色（1）

红色（RrYyGg）F_1 自交：

F_2 基因型

R_Y_G_	rrY_G_	R_yyG_	rryyG_	R_Y_gg	R_yygg	rrY_gg	rryygg
27	9	9	3	9	3	3	1

其中致死个体及存活个体基因型：

RRY_G_	rrY_G_	RRyyG_	rryyG_	RRYYgg	RRyygg	rrY_gg	rryygg
9（死）	9（活）	3（死）	3（活）	3（死）	1（死）	3（活）	1（活）

RrY_G_	RryyG_	RrY_gg	Rryygg
18（活）	6（活）	6（活）	2（活）

红色	黄色	黄绿色	黄绿色	白色	白色	白色	白色
18	9	9		12			

黄色（rrY_G_）F_1 自交：

F_2 基因型	rrY_G_	rryyG_	rrY_gg	rryygg
	9	3	3	1
表现型	黄色	黄绿色	白色	白色
	9	3	4	

推测 G 为幼虫体色基本色泽基因，表现型为黄绿色。缺少 G 基因时，即当等位隐性基因 g 存在时，表现型为白色，Y、G 共存时，表现型为黄色；R、Y、G 共存时，表现型为红色；红体色基因 R 为纯合子时致死，致死作用表现在卵期。

鲁红（红）× 鲁红（红）有 18% 死卵，鲁红（黄）× 鲁红（黄）F_1 无死卵；鲁红（红）× 鲁红（黄）F_1 也无死卵。说明红蚕为杂合子（RrYYGG），纯合子（RRYYGG）致死，死卵与蚁蚕期死蚕合计约占 25%。鲁红 × 小白蚕 F_1 代卵的孵化率接近 100%，说明 Rr 杂合子不致死；鲁红 × 小白蚕正反交 F_1 代分离的红蚕类型 F_2 代孵化率为 87% 左右，而 F_1 代分离的黄蚕类型 F_2 代孵化率接近 100%，说明 RR 纯合体致死，理论比例为 25%，即孵化率为 75%，实际调查高于 75%，但 RR 纯合体在 1 龄期也能致死（表 2-4）。

表 2-4 柞蚕鲁红 × 鲁红与鲁红 × 小白蚕卵的孵化率

杂交方式	总卵数（粒）	死卵数（粒）	孵化率（%）
鲁红（红）× 鲁红（红）F_1	4428	767	82.6
鲁红（黄）× 鲁红（黄）F_1	1339	11	99.2
鲁红（红）× 鲁红（黄）F_1	542	2	99.6
鲁红（红）× 小白蚕 F_1	1252	0	100.0
［鲁红（红）× 小白蚕］F_2（红）	4025	847	78.9

鲁红（红）× 鲁红（红）F_1 有红色和黄色两种表现型，比例为 2∶1；鲁红（黄）× 鲁红（黄）F_1 表型为黄色；鲁红（红）× 鲁红（黄）F_1 有红色和黄色两种表现型，比例为 1∶1。鲁红（红）× 鲁红（红）F_1 分离的红蚕 F_2 代有红色和黄色两种表现型，比例为 2∶1；而鲁红（红）× 鲁红（红）F_1 分离的黄蚕类型 F_2 代均为黄色；鲁红（红）× 鲁红（黄）F_1 分离的红蚕类型 F_2 代有红色和黄色两种表现型，比例为 2∶1；鲁红（红）× 鲁红（黄）F_1 分离的黄蚕类型 F_2 代均为黄色；鲁红（红）× 鲁红（红）及鲁红（红）× 鲁红（黄）的 F_1 代分离的红蚕与鲁红（黄）杂交，后代均有红色和黄色两种表现型，比例为 1∶1；［鲁红（红）× 鲁红（红）］F_1 代分离的黄蚕与鲁红（黄）回交和［鲁红（红）× 鲁红（黄）］F_1 代分离的黄蚕与鲁红（黄）杂交，后代均为黄色（表 2-5）。

表 2-5 鲁红幼虫体色分离试验（引自辽宁省蚕业科学研究所，2003）

杂交方式	幼虫体色（头）	
	红色	黄色
鲁红（红）× 鲁红（红）F_1	1305	649
鲁红（黄）× 鲁红（黄）F_1	0	419
鲁红（红）× 鲁红（黄）F_1	350	341

续表

杂交方式	幼虫体色（头）	
	红色	黄色
鲁红（红）×鲁红（红）F₁（红）F₂	544	269
鲁红（红）×鲁红（红）F₁（黄）F₂	0	365
鲁红（红）×鲁红（黄）F₁（红）F₂	298	167
鲁红（红）×鲁红（黄）F₁（黄）F₂	0	248
[鲁红（红）×鲁红（红）]F₁（红）×鲁红（黄）	350	341
[鲁红（红）×鲁红（红）]F₁（黄）×鲁红（黄）	0	251
[鲁红（红）×鲁红（黄）]F₁（红）×鲁红（黄）	301	320
[鲁红（红）×鲁红（黄）]F₁（黄）×鲁红（黄）	0	264

P RrYYGG（红色）×RrYYGG（红色）

$\downarrow$

F_1 RRYYGG 1 死

RrYYGG 2 红色

rrYYGG 1 黄色

F_1 的黄蚕和红蚕杂交：

$F_1 \times P_1$ rrYYGG（黄色）×RrYYGG（红色）

$\downarrow$

B_1 RrYYGG 1 红色

rrYYGG 1 黄色

F_1 的黄蚕自交：

$F_1 \times F_1$ rrYYGG（黄色）×rrYYGG（黄色）

$\downarrow$

F_2 rrYYGG 1 黄色

rrYYGG 1 黄色

F_1 的红蚕自交：

$F_1 \times F_1$ RrYYGG（红色）×RrYYGG（红色）

$\downarrow$

F_2 RRYYGG 1 死

RrYYGG 2 红色

rrYYGG 1 黄色

F_1 的红蚕和黄蚕杂交：

$$F_1 \times F_1 \qquad RrYYGG\ (红色) \times rrYYGG\ (黄色)$$

$$\downarrow$$

B_1	RrYYGG	1	红色
	rrYYGG	1	黄色

鲁红（红）×青6号 F_1 代，表现型为红色和黄色两种，比例为1:1；［鲁红（红）×青6号］F_1（红）的 F_2 代，有红色、黄色和黄绿色3种表现型，比例为2:1:1；［鲁红（红）×青6号］F_1（黄）的 F_2 代，有黄色和黄绿色两种表现型，比例为3:1；［鲁红（红）×青6号］F_1（红）×青6号的 B_1，有红色、黄色和黄绿色3种表现型，比例为1:1:2；［鲁红（红）×青6号］F_1（黄）×青6号的 B_1 代，有黄色和黄绿色两种表现型，比例为1:1（表2-6）。

表2-6 柞蚕鲁红×青6号杂交幼虫体色分离结果（引自辽宁省蚕业科学研究所，2003）

杂交方式	不同体色幼虫（头）		
	红色	黄色	黄绿色
鲁红（红）×青6号 F_1	558	557	
［鲁红（红）×青号］F_1（红）F_2	216	109	104
［鲁红（红）×青号］F_1（黄）F_2		277	90
［鲁红（红）×青6号］F_1（红）×青6号 B_1	106	103	214
［鲁红（红）×青6号］F_1（黄）×青6号 B_1		219	217

其理论解释如下：

设鲁红（红）的基因型为 RrYYGG、青6号的基因型为 rryyGG，则：

$$P \qquad RrYYGG\ (红色，P_1) \times rryyGG\ (黄绿色，P_2)$$

$$\downarrow$$

F_1	RrYyGG	1	红色
	rrYyGG	1	黄色

红蚕色（RrYyGG）F_1 自交：

F_2 基因型	R_Y_GG	rrY_GG	R_yyGG	rryyGG
	9	3	3	1

其中致死个体及存活个体基因型

RRY_GG	rrY_GG	RRyyGG	rryyGG
3（死）	3（活）	1（死）	1（活）

RrY_GG		RryyGG	
6（活）		2（活）	

红色	黄色	黄绿色	黄绿色
6	3	2	1

红色:黄色:黄绿色存活个体之比为 2:1:1。

F_1 的红色个体与青 6 号回交：

$F_1 \times P_1$　　RrYyGG（红色）× rryyGG（黄绿色）

↓

B_1　　　RrYyGG　　1　　红色

rrYyGG　　1　　黄色

RryyGG　　1　　黄绿色

rryyGG　　1　　黄绿色

红色:黄色:黄绿色存活个体之比为 1:1:2。

F_1 的黄色个体与青 6 号回交：

$F_1 \times P_1$　　rrYyGG（黄色）× rryyGG（黄绿色）

↓

B_1　　　rrYyGg　　1　　黄色

rryyGG　　1　　黄绿色

柞蚕育种中还发现，青黄蚕系统中幼虫头壳颜色有黑色和黄褐色两种，将黄褐头色和黑头色杂交，正反交 F_1 均为黄褐头色；同蛾区交配繁育的 F_2 代，幼虫头壳黄褐色和黑色的比例为 3:1，推测柞蚕幼虫头色受一对主基因控制。

2011—2014 年，王凤成、张博等以辽宁省蚕业科学研究所保存的柞蚕品种胶蓝（体背瀑布蓝色，体侧甸子蓝色，记作蓝色）、青皮（体背玉髓绿色，体侧深琉璃色，记作青绿色）为研究目标体色品种材料，分别以柞蚕品种小白蚕（体背月白色，体侧浅海天蓝色，记作白色，基因型 rryygg）和青 6 号（体背橄榄黄绿色，体侧深橄榄黄绿色，记作黄绿色，基因型 rryyGG）为对交体色材料，配制胶蓝 × 小白蚕、青皮 × 小白蚕、胶蓝 × 青 6 号和胶蓝 × 青皮的正反交 F_1、F_2、F_3（部分）和 BC_1 等组合，各组合均单蛾收蚁饲养至少 3 个蛾区。蚕期采用室内育与野外纱网罩把育相结合，以利保苗防混杂，5 龄期以幼虫的体背及体侧颜色为基准，调查不同体色类型的幼虫数量，统计体色分离比例，分别窝茧。

2011 年秋季、2012 年春季连续 2 季进行小白蚕 × 胶蓝（正反交）F_1、F_2 及回交（BC_1）试验，幼虫体色调查与统计结果见表 2-7。

表2-7　柞蚕品种胶蓝（P_1）与小白蚕（P_2）杂交及回交群体的幼虫体色分离调查结果

杂交方式	年份－季节	不同体色幼虫数量（头）			体色分离比	x^2
		蓝色	淡蓝色	白色		
胶蓝（蓝色）× 小白蚕（白色）F_1	2011–秋	0	270	0		
	2012–春	0	232	0		
小白蚕（白色）× 胶蓝（蓝色）F_1	2011–秋	0	245	0		
	2012–春	0	245	0		
胶蓝（蓝色）× 小白蚕（白色）F_2	2011–秋	58	119	49	1∶2∶1	0.831
	2012–春	95	198	81	1∶2∶1	2.195
小白蚕（白色）× 胶蓝（蓝色）F_2	2011–秋	60	96	61	1∶2∶1	2.463
	2012–春	69	157	63	1∶2∶1	2.161
（胶蓝·小白蚕）（淡蓝色）× 小白蚕（白色）BC_1	2011–秋	0	125	103	1∶1	1.934
	2012–春	0	216	201	1∶1	0.470
（胶蓝·小白蚕）（淡蓝色）× 胶蓝（蓝色）BC_1	2011–秋	166	178		1∶1	0.352
	2012–春	181	161	0	1∶1	1.056
（小白蚕·胶蓝）（淡蓝色）× 胶蓝（蓝色）BC_1	2011–秋	156	124	0	1∶1	3.432
	2012–春	146	128	0	1∶1	1.055
（小白蚕·胶蓝）（淡蓝色）× 小白蚕（白色）BC_1	2011–秋	0	200	177	1∶1	1.403
	2012–春	0	120	99	1∶1	1.826

注：$\chi^2_{0.05,\ 1} = 3.84$；$\chi^2_{0.05,\ 2} = 5.99$。

P　　　　　　　　　　　　　　rryyggBB（P_1）　　rryyggbb（P_2）
　　　　　　　　　　　　　　（蓝色　Blue）　×　（白色　White）
　　　　　　　　　　　　　　　　　　　　↓
F_1　　　　　　　　　　　　　　　　rryyggBb
　　　　　　　　　　　　　　　　（淡蓝色　Nattier blue）
　　　　　　　　　　　　　　　　　　　　↓⊗
F_2　　　　　　　rryyggBB　　　　　rryyggBb　　　　　　rryyggbb
　　　　　　　（蓝色　Blue）　（淡蓝色　Nattier blue）　（白色　White）

（分离比1∶2∶1　Segregation ratio 1∶2∶1）

F_1与双亲回交：　　　　　　rryyggBB　　　　rryyggBb　　　　　rryyggbb
F_1 backcross with parents　（蓝色　Blue）×（淡蓝色　Nattier blue）×（白色　White）
BC_1　　　　　rryyggBB　　　　rryyggBb　　　　　　rryyggBb　　　　　　rryyggbb
　　　　　　（蓝色　Blue）　（淡蓝色　Nattier blue）　（淡蓝色　Nattier blue）　（白色　White）

（分离比1∶1　Segregation ratio 1∶1）　　　（分离比1∶1　Segregation ratio 1∶1）

图2-1　柞蚕品种胶蓝（P1）与小白蚕（P2）杂交及回交群体的幼虫体色分离模式

　　杂交试验结果表明，胶蓝 × 小白蚕 F_1 正、反交幼虫体色均为淡蓝色，正交体色略深于反交；F_2 正反交体色呈现蓝色、淡蓝色和白色 3 种表型，分离比为 1:2:1；4 个 BC_1 群体的幼虫体色均呈回交亲本体色和 F_1 体色 2 种表型，分离比为 1:1。据此推测柞蚕幼虫蓝体色与白体色性状控制基因有 1 对差异基因，蓝色对白体色为不完全显性。他们设定蓝体色显性基因为 B，其等位基因为 b，则胶蓝幼虫体色的基因型为 rryyggBB，与小白蚕杂交 F_1 的幼虫体色基因型为 rryyggBb，表型为淡蓝色，其分离模式如图 2-1 所示。

　　从表 2-7 的调查数据还可以看出，杂交分离出的白体色柞蚕幼虫数量相对较少，根据多年的品种继代保育经验，认为这主要是由于白蚕的体质较弱、遗失率高所致。

　　2014 年进行青皮 × 小白蚕的正反交及回交试验。春季 F_1 的幼虫体色全部呈青绿色，较青皮的幼虫体色略淡；F_2 体色分离，呈深青绿色、青绿色、淡青绿色（略偏黄绿）、黄绿色、淡绿色和蓝色、淡蓝色以及白色 8 种表型。为了便于调查与统计，将深青绿色、青绿色、淡青绿色归为青绿色（系），黄绿色、淡绿色归为黄绿色（系），蓝色、淡蓝色归为蓝色（系），则体色调查与统计结果见表 2-8。F_2 所分离出的 4 种体色类型比例为 9:3:3:1；F_1 回交青皮的幼虫体色为深浅不一的青绿色，F_1 回交小白蚕的幼虫体色类型为青绿色、黄绿色（淡）、蓝色（淡）和白色，符合 1:1:1:1 分离比。

表 2-8　柞蚕品种青皮（P_1）与小白蚕（P_2）杂交及回交群体的幼虫体色分离调查结果

杂交方式	年份-季节	不同体色幼虫数量（头）				体色分离比	x^2
		青绿色	黄绿色	蓝色	白色		
青皮（青绿色）× 小白蚕（白色）F_1	2014-春	443	0	0	0		
小白蚕（白色）× 青皮（青绿色）F_1	2014-春	304	0	0	0		
青皮（青绿色）× 小白蚕（白色）F_2	2014-春	356	102	106	28	9:3:3:1	4.306
	2014-秋	417	133	139	37	9:3:3:1	1.620
小白蚕（白色）× 青皮（青绿色）F_2	2014-秋	593	203	215	63	9:3:3:1	1.244
（青皮·小白蚕）（青绿色）× 青皮（青绿色）BC_1	2014-春	1198	0	0	0		
（小白蚕·青皮）（青绿色）× 青皮（青绿色）BC_1	2014-秋	987	0	0	0		
（青皮·小白蚕）（青绿色）× 小白蚕（白色）BC_1	2014-春	330	308	270	297	1:1:1:1	5.864
（小白蚕·青皮）（青绿色）× 小白蚕（白色）BC_1	2014-秋	160	135	127	128	1:1:1:1	4.865

注：$\chi^2_{0.05,\ 3} = 7.81$。

此外，春季 F_2 不同体色类型的自交（F_3）结果表明，深青绿色自交的 8 个蛾区的幼虫体色表型为深青绿色、青绿色和蓝色，比例为 2:1:1；淡青绿色自交的 3 个蛾区的幼虫体色表型为淡青绿色、青绿色和黄绿色，比例为 2:1:1；在青绿色自交的 7 个蛾区中，有 2 个蛾区的幼虫体色表型为略有色差的青绿色，其余 5 个蛾区的幼虫体色表型与 F_2 相同，说明在随机交配、留种的蛾区中，有杂合型自交及杂合型与纯合型互交 2 种形式，而纯合型自交形式因试验蛾区数量太少未被抽取；淡绿色自交的 3 个蛾区的幼虫体色表型为淡绿色、黄绿色和白色，比例为 2:1:1；淡蓝色自交的 3 个蛾区的幼虫体色表型为淡蓝色、蓝色和白色，比例为 2:1:1；黄绿色和白色群体分别自交继代，F_3 的体色不分离。综合上述试验结果，推断青皮的基因型为 rryyGGBB。按照经典遗传学理论分析，青皮 × 小白蚕的 F_2 幼虫体色应分离出 9 种基因型，其中 rryyGgBB 表现为深青绿色，rryyGgBb、rryyGGBB 表现为青绿色，rryyGGBb 表现为浅青绿色，rryyGGbb 和 rryyGgbb 表现为黄绿和淡绿色，rryyggBB 和 rryyggBb 表现为蓝色和淡蓝色，rryyggbb 表现为白色。

2013 年秋和 2014 年春以胶蓝和青 6 号为材料进行杂交和回交试验，从表 2-9 的调查数据可以看出，胶蓝 × 青 6 号 F_1 正反交幼虫体色一致，均为青绿色（rryyGgBb），表明控制 2 个亲本幼虫体色的基因型均为同质型；F_2 正反交幼虫体色类型与分离比同青皮 × 小白蚕。4 个 BC_1 群体的幼虫体色均呈回交亲本色（系）和青绿色（系）2 种类型，分离比 1:1。将 2013 年秋季胶蓝 × 青 6 号 F_2 分离出的深青绿色（rryyGgBB）和淡青绿色（rryyGGBb）材料，于 2014 年春自交各饲养 3 个蛾区，深青绿色自交分离呈深青绿色（365 头）、青绿色（185 头）和蓝色（192 头），3 种体色分离比为 2:1:1；淡青绿色自交分离呈淡青绿色（358 头）、青绿色（187 头）和黄绿色（172 头），3 种体色分离比为 2:1:1。

表 2-9 柞蚕品种胶蓝（P_1）与青 6 号（P_2）杂交及回交群体的幼虫体色分离调查结果

杂交方式	年份-季节	不同体色幼虫数量（头）				体色分离比	x^2
		青绿色	黄绿色	蓝色	白色		
胶蓝（蓝色）× 青 6 号（黄绿色）F_1	2013- 春	351	0	0	0		
	2014- 秋	540	0	0	0		
青 6 号（黄绿色）× 胶蓝（蓝色）F_1	2013- 春	423	0	0	0		
	2014- 秋	680	0	0	0		
胶蓝（蓝色）× 青 6 号（黄绿色）F_2	2013- 春	134	44	42	15	9:3:3:1	0.077
	2014- 秋	336	108	122	43	9:3:3:1	1.377
青 6 号（黄绿色）× 胶蓝（蓝色）F_2	2013- 春	203	66	64	21	9:3:3:1	0.128
	2014- 秋	381	117	132	42	9:3:3:1	0.836

杂交方式	年份 – 季节	不同体色幼虫数量（头）				体色 分离比	x^2
		青绿色	黄绿色	蓝色	白色		
（胶蓝·青6号）（青绿色）× 青6号（黄绿色）BC₁	2013– 春	102	115	0	0	1:1	0.664
	2014– 秋	260	242	0	0	1:1	0.576
（胶蓝·青6号）（青绿色）× 胶蓝（蓝色）BC₁	2013– 春	170	0	200	0	1:1	2.273
	2014– 秋	375	0	360	0	1:1	0.267
（青6号·胶蓝）（青绿色）× 胶蓝（蓝色）BC₁	2013– 春	98	0	113	0	1:1	0.929
	2014– 秋	361	0	375	0	1:1	0.230
（青6号·胶蓝）（青绿色）× 青6号（黄绿色）BC₁	2013– 春	90	100	0	0	1:1	0.426
	2014– 秋	366	358	0	0	1:1	0.068

注：$\chi^2_{0.05,\ 1} = 3.84$；$\chi^2_{0.05,\ 3} = 7.81$。

2013 年春季胶蓝 × 青皮正反交 F_1 的幼虫体色为深青绿色，秋季 F_2 的 3 个蛾区的幼虫体色分离，呈深青绿（59 头）、青绿（28 头）和蓝（31 头）3 种体色，比例为 2:1:1；以胶蓝回交的 BC_1 群体的幼虫体色表现为深青绿色（52 头）和蓝色（52 头），比例为 1:1；以青皮回交的 BC_1 群体的幼虫体色为深青绿色（61 头）和青绿色（57 头），比例为 1:1。

2014 年春季青 6 号 × 青皮 F_1 正反交的幼虫体色为淡青绿色，F_2 代 3 个蛾区的幼虫体色分离，呈淡青绿（379 头）、青绿（195 头）和黄绿色（189 头）3 种体色，比例为 2:1:1；以青 6 号回交的 BC_1 群体的幼虫体色均为淡青绿色和黄绿色，比例为 1:1；以青皮回交的 BC_1 群体的幼虫体色均为淡青绿色和青绿色，比例为 1:1。

上述验证结果表明，柞蚕幼虫体色属不完全显性遗传，蓝体色性状基因 B 与青黄体色性状基因 G 分别位于不同连锁群，为独立遗传；当体色基因 B 与 G 共存（rryyG_B_）时，柞蚕幼虫体色表型为青绿色，而且有着明显的剂量效应，即当基因型为 rryyGgBB 时，表型呈深青绿色，而基因型为 rryyGgBb 和 rryyGGBB 时，表型呈青绿色，后者体色略深。以上结果说明，隐性体色基因对柞蚕幼虫体色起着淡化作用。

2.2 柞蚕数量性状的遗传学研究

数量遗传学是根据遗传学原理，运用适宜的遗传模型和数理统计的理论和方法，探讨生物群体内个体间数量性状变异的遗传基础，研究数量性状遗传传递规律及其在生物改良中应用的一门理论与应用科学。

2.2.1　数量性状的遗传学基础

2.2.1.1　数量遗传学的概念与发展

　　传统的数量遗传学（classical quantitative genetics）是以微效多基因假说为前提，采用数理统计学方法，对表型测量数据进行分析，建立了一系列的数量遗传分析理论与方法。微效多基因假说认为：数量性状是受位于染色体上的基因所控制，其遗传传递服从孟德尔遗传规律，这些基因数量多、效应微小，效应大小相等、易受环境影响，因此必须采用统计学方法进行研究，传统的数量遗传学指导动植物育种取得了一系列成就。

　　现代数量遗传学（modern quantitative genetics），又称分子数量遗传学，采用数量统计学方法对分子标记和表型测量的数据组合进行分析，现代数量遗传学在分子水平上揭示数量变异的遗传基础和遗传规律。现代数量遗传学否定了微效多基因假说中控制数量性状的基因很多（事实上不一定很多）和效应相等（事实上经常不相等）的假设，却证明了数量性状确实受位于染色体上的基因所控制，这些基因遵从孟德尔遗传规律。现代数量遗传学证明并沿用了传统数量遗传学的基本理论和方法，并在原有基础上进一步发展，由于采用了分子标记和现代化的计算设备与结合分子标记和表型测量数据的统计分析方法，使人类对数量性状的研究得以细化和深化。从下面的例子可以看出数量遗传学的发展过程（表2-10）。

表2-10　世代方差对比分析、主－多基因分析与QTL分析所估计的遗传方差

性状	F₂方差		主基因－多基因遗传分析		QTL定位分析		
	F₂表型方差（V_p）	F₂总遗传方差（V_G）	主基因方差	多基因方差	QTL	QTL方差（VQi/VG）	剩余QTL方差
比强度	5.83	3.00(100%)	2.79（2对）（88.85%）	0.35（11.15%）	Q1	1.21（38.54%）	
					Q2	0.69（21.97%）	
					Q3	0.60（19.11%）	0.64（20.38%）
总伸长率	0.46	0.23(100%)	0.093（2对）（38.27%）	0.15（61.73%）		2.5（79.62%）	
					Q1	0.088（36.21%）	0.155（63.79%）

　　世代方差对比分析利用不分离世代方差的对比估计出 F_2 代总遗传方差，但不能估计控制数量性状基因的数目，也无从知道有关基因位于何处。

　　主－多基因分析把总遗传方差分剖为主基因遗传方差和多基因遗传方差两部分，说明控制数量性状的基因中存在效应较大的数量基因，并估计出主基因和多基因各解释多少遗传变异。主－多基因分析还估计了可能存在的主基因数目，但不知主基因位于何处。

QTL 分析把控制数量性状的基因（染色体片段）寻找出来，估计其位置和数目，并估计每个 QTL 解释的遗传变异。

可以认为：世代方差分析、主 – 多基因分析和 QTL 定位反映出数量性状遗传研究的 3 个层次，在此基础上进一步完成数量基因的精细定位，即可逐步找到控制数量性状的基因甚至核苷酸，进而实施分子标记辅助选择的遗传控制和育种。

2.2.1.2　数量性状的特点

数量性状与质量性状的区别：

（1）质量性状（孟德尔性状）

①受单基因或寡基因控制，分离世代形成间断性或类型间变异。

②不存在基因间互作（上位性）。

③基因表现不因环境而异。

④性状表现型（P）可直接推断基因型（显隐性、共显性）。

（2）数量性状（复杂性状）

①受少数主基因或多基因或主基因多基因共同控制，表现为数量上或程度上的连续变异。

②多基因的效应不是累加的，存在基因间的上位性。

③基因在不同环境下特异表达，存在基因型与环境的互作（GE）。

④存在基因的多效性（pleiotropy）和异质性（heterogeneity）（多因一效）。

⑤较低的外显率（penetrance），是指同一基因在群体中表现的百分率。

⑥随机机误影响较大。

⑦统计分析功效较低。

⑧性状表现型（P）= 基因型（G）– 环境（E）+ 基因型 × 环境（GE）+ 随机机误（e）

2.2.1.3　数量性状的遗传效应与遗传模型

（1）数量性状的遗传效应

①基因的加性效应（A）：是指基因位点内等位基因的累加效应，是上下代遗传可以固定的分量，又称为"育种值"。

②显性效应（D）：是指基因位点内等位基因之间的互作效应，是可以遗传但不能固定的遗传因素，是产生杂种优势的主要部分。

③上位性效应（I）：是指不同基因位点的非等位基因之间相互作用所产生的效应。

上述遗传效应在数量性状遗传改良中的作用：

由于加性效应部分可以在上下代得以传递，选择过程中可以累加，且具有较快的纯合速度，具有较高加性效应的数量性状在低世代选择时较易取得育种效果。显性效应则与杂种优势的表现有着密切关系，杂交一代中表现尤为强烈。但这种显性效应会随着世代的递增和基因的纯合而消失，且会影响选择育种中早代选择的效果，故对于显性效应为主的数量性状应以高代选择为主（图 2-2）。上位性效应是由非等位基因间互作产生的，也是控制数量性状表现的重要遗传分量。其中加性 × 加性上位性效应部分也可在上下代遗传，并经选择而被固定；而加性 × 显性上位性效应和显性 × 显性上位性效应则与杂种优势的表现有关，在低世代时会在一定程度上影响数量性状的选择效果（图 2-3）。

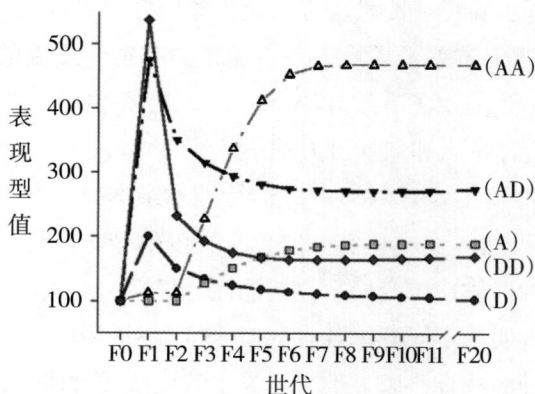

图 2-2　不同遗传效应的选择效果

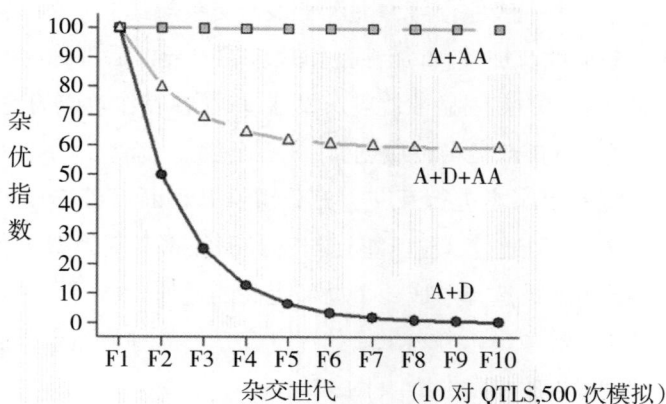

图 2-3　不同遗传效应的杂优指数表现

（2）遗传模型

①加性 - 显性遗传模型（AD 模型）。

y（表型值）=μ（均值）+E（环境）+A（加性）+D（显性）+AE（互作）+DE（互作）+B（区组）+e（机误）

注：分析需要 2 个世代（P、F_1 或 F_2）

②加性 - 显性 - 加加上位性遗传模型（AD+AA 模型）。

y（表型值）=μ（均值）+E（环境）+A（加性）+D（显性）+AA（加加上位）+AE（互

作）+DE（互作）+AAE（互作）+B（区组）+e（机误）

注：分析需要 3 个世代（P、F_1 和 F_2）

2.2.1.4 数量遗传学在育种中的应用

数量性状往往是重要的农艺性状，如产量和品质，研究数量性状的遗传变异规律，对于品种改良及其利用具有十分重要的意义。

（1）动植物种质资源主要经济性状遗传变异和育种潜力的研究

数量遗传学中关于遗传方差、环境方差、遗传力和遗传进度的概念为种质资源数量性状遗传变异及其潜力估计提供了有效方法。

（2）育种群体遗传变异特点和选择潜力的估计

育种中常用的育种群体主要有两类：一类是纯系亲本间杂交，然后自交或先回交再自交的群体；另一类是天然异交或具有一定近交程度的亲本间形成的随机交配群体，数量遗传学提供了估计各种群体遗传变异，包括加性、显性、上位性变异等遗传方差组成的方法，从而使育种工作者明确不同群体各自的遗传特点和利用方式，以加性变异为主的性状或群体适宜于家系品种的选育，以显性变异为主的性状或群体适宜于杂种品种的利用。

（3）亲本配合力与杂种品种及家系品种的选育

数量遗传学明确了一个育种材料（自交系）本身的表现与其用作亲本所产生后代的表现的关系，前者称为一般配合力，决定于该自交系与其他一系列自交系间基因加性效应的差异，即基因的加性及加性 × 加性互作效应的差异，后者称为特殊配合力，决定于该自交系与个别自交系间的基因显性效应及显性 × 显性互作效应的差异。

（4）轮回选择、群体改良与种质创新

轮回选择是将一组亲本进行互交，充分重组并不断打破连锁，从而产生出优良的基因型（个体与配子），又通过试验、鉴定与选择淘汰不良基因型，在降低不良基因或基因频率的基础上再重组，再选择形成一个循环提高的过程，从而改良整个群体，使群体由新的优良重组型组成，从中可以分离出新的优良家系、品种或品系，通过轮回选择可以改良育种性状本身，也可以改良配合力（图 2-4）。

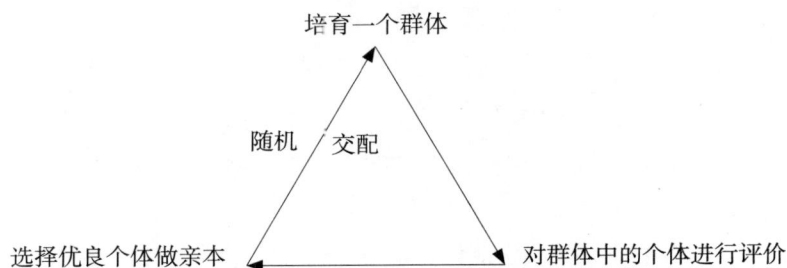

图 2-4 轮回选择

数量性状通过基因反复重组与选择可得到全新的种质，轮回选择是数量性状种质创新的最重要手段，鉴于轮回选择的创新效果，有人认为，轮回选择是未来数量性状种质创新的最重要手段，也是数量遗传理论应用于育种的范例。

（5）选择方法与育种策略

数量遗传学对于育种群体的研究，为群体的育种处理方法提供了理论依据。

①育种工作中的选择单位，有个体、小区（蛾区）和重复小区等，根据遗传力的定义，不同选择单位具有不同大小的误差，选择单位越大，遗传力越高，因而可以根据不同性状，不同大小的选择单位，遗传力的高低，安排性状选择的重点世代。

②不同家系类型（半同胞家系、全同胞家系、近交家系等）具有不同的遗传方差组成，可以根据基础群体遗传特点选用适当的家系类型进行轮回选择。

③改进育种效率的因素。育种材料数与选择强度，用于杂交重组的亲本控制，一年多代的加代技术，降低试验误差提高试验精确度等，在性状相关选择的基础上，通过选择指数提供了多个目标性状的综合选择。

（6）育种试验布局与品种稳定性

育种家根据基因型与环境互作的概念，对基因型 × 地点、基因型 × 年份、基因型 × 年份 × 地点的方差做了广泛的研究，根据所获信息帮助解决区域试验的设置问题，包括作物区域试验的设置数量及每一试验的合理地域、范围、试验点的布置、试验点数与年份的确定。

育种工作者都希望尽早推出新品种，因而有人提出增加试验数以补偿年份数的不足。

2.2.1.5 数量遗传学的发展对育种的指导作用

（1）经典数量遗传学与常规育种（表2-11）

表2-11 经典数量遗传学与常规育种

20世纪40年代以前	20世纪50—60年代	20世纪70年代至今
基于表现型的分析及选择	基于简单遗传效应的分析及选择	基于复杂遗传效应的分析及选择
简单均值和方差分析 系谱选择	双列杂交分析，选择加性显性效应	混合线性模型分析，选择加性、显性、上位性、环境互作效应
选择需观察表型值，无须统计分析	选择需观察表型值，需统计分析	选择需观察表型值，需复杂统计分析

（2）分子数量遗传与分子育种（表 2-12）

表 2-12　分子数量遗传与分子育种

20 世纪 80 年代至 21 世纪初	21 世纪初及未来
基于有限分子标记的 QTL 定位及标记选择	基于高通量测序的 QTX 定位及基因选择
QTL 定位分析，QTL 相邻标记辅助选择	QTX 定位分析，选择 QTS、QTT、QTP、QTM
选择无须表型值和统计分析，标记间接选择 / 图位克隆	选择无须表型值和统计分析，直接选择 QTX，无须基因克隆

2.2.1.6　数量遗传学研究的基本内容

根据数量性状的研究目标，数量遗传提出以下几个方面内容：群体的遗传变异、群体的遗传参数估计，性状遗传力、遗传改良、遗传相关性研究，QTL 定位和克隆方法，基因型的鉴别与选择，QTL 的稳定性和适应性，性状（基因型）与环境的互作研究等。归纳起来，数量性状的遗传研究主要包括以下几个方面。

（1）群体的交配制度与遗传结构

特定的遗传群体有特定的遗传结构，即特定的基因频率和基因型频率。群体的遗传结构决定着群体的平均水平和遗传变异程度，进而决定着群体的利用潜力和利用方式，而一个封闭群体的遗传结构决定于该群体内个体间的交配方式（如杂交、自交、回交等），研究数量性状遗传之前，首先必须十分明确地定义所使用的群体，包括作物种类、交配方式、群体大小及其遗传结构，数量变异研究的结果只对所研究的群体（参考群体）有意义。

（2）群体的数据结构与遗传模型

个体表型值的数据结构为：表型值 = 基因型值 + 环境偏差 + 基因型 × 环境偏差 + 误差。研究某性状基因型值所含遗传效应的理论组成称之为遗传模型：如加性 - 显性遗传模型、加性 - 显性 - 上位性遗传模型、主基因 - 多基因遗传模型等。研究者必须根据所研究性状的遗传特点，写出可能的遗传模型（一种或多种），然后根据实际的试验结果对可能的遗传模型进行配合与检验，并以一定的概率把握选择合适的遗传模型，所选择的遗传模型应该在最大限度上反映群体内所研究性状的基因型值最可能的遗传组成。如某种子性状的表达理论上可能受自身基因型、母体基因型和细胞质基因型 3 套遗传系统的控制，但经检验，其细胞质效应并不显著，则应认为该种子性状的遗传模型应只包括自身基因型效应和母体基因型效应两部分，只有在合适的遗传模型下所估计的遗传参数（各种遗传效应和遗传方差）才是有意义的。

（3）群体均值和方差的遗传组分

在一个封闭的、不受选择、迁移、突变和随机漂变影响的遗传群体内，其遗传组成决定于该群体所实施的交配制度。随机交配平衡大群体的群体均值和群体方差的遗传组成不随世代而变化。随机交配情况下，各种类型的衍生群体，如半同胞家系群体和全同胞家系群体的遗传方差组成可用随机交配群体各相应遗传方差成分的线性函数表示，由近交亲本（可为各种不同程度近交）实施随机交配后形成的随机交配群体及其衍生群体的遗传方差组成，也可用随机交配群体各相应遗传方差成分的线性函数表示，但其中含有亲本的近交系数。随机交配群体经过一定程度近交，其近交群体及其衍生群体的遗传方差组成，只有在基因频率为 0.5 时才在一些情况下与随机交配群体的遗传方差组分有一定的线性关系。两纯系亲本间杂种二代可视为基因频率等于 0.5 的随机交配群体，但其自交衍生世代的遗传方差组成与杂种二代的相应遗传方差组分不存在线性关系。一定交配制度下不同群体遗传方差的理论组成是实际遗传方差估计的理论依据。

遗传群体内亲属（亲子、半同胞、全同胞等）之间，由于遗传缘源上的关系具有一定程度的遗传相似性。亲属间的遗传相似程度可用亲属个体基因型值间的协方差来度量，而亲属的基因型值由加性、显性和上位性等遗传效应组成，因而亲属间协方差亦由相应的遗传方差组分（加性、显性和上位性遗传方差）所构成。利用亲属间协方差估计各种遗传方差是数量变异分析的一种重要手段。

（4）遗传交配设计和遗传方差与协方差成分估计

为了判断实际育种或遗传群体改良利用的方式与利用前景，在对群体基本特征了解的基础上，需通过群体遗传参数的估计进一步深入揭示群体的遗传特性。估计遗传参数需采用一定的遗传交配设计。

所谓遗传交配设计就是从所要研究的基础群体（又称参照群体）内随机抽取样本，通过适当的交配方式产生一定的亲属间关系，构成实验群体，通过实验群体与参照群体遗传组分的线性关系，由试验群体的实测方差和协方差估计出参照群体的遗传方差和协方差组分，进而估计遗传率和遗传相关等群体遗传参数。有多种遗传交配设计方法可供利用，如单因素遗传设计，纯系亲本的双亲杂交类型遗传交配设计，NC I、NC II 和 NC III 遗传交配设计，TTC 遗传交配设计，双列杂交及永久 F_2 设计等。

（5）遗传率估计

遗传率从遗传变异和环境变异两方面描述性状遗传特点，说明遗传和非遗传对于性状表达的相对重要性。遗传率的大小不仅决定于遗传与环境的特点，而且受选择单位的影响。以不同单位估算的遗传率缺乏可比性。可通过同胞相关和亲子回归的原理估算遗传率，还可通过不同世代的对比估算遗传。广义遗传率和狭义遗传率可应用于选择响应的预测，而实现遗传率不具有预测选择响应的功能，只具有描述实际选择效果的功能。分析并掌握影响遗传率估计的因素并加以有效控制是提高数量遗传方法在育种中应用效果的关键环节。

（6）遗传相关估计

性状表型值间的相关有其遗传原因和环境原因，采用恰当的遗传交配设计估计性状间的遗传方差和协方差，可进一步获得遗传相关估计，遗传相关分为基因型相关和育种值相关，二者含义不同，应用也有区别，遗传相关对于相关选择效应的预测和选择指数的构建具有重要的作用。

（7）数量性状的选择改良

数量遗传学的原理和方法对于数量性状的遗传改良具有重要作用。数量遗传学的原理和方法有效地指导着人类育种的两大领域：选择育种和杂种优势利用。

数量性状的选择改良是利用群体内优良基因的累加效应。数量性状的选择改良包括单性状直接改良、单性状间接改良和构建选择指数进行多性状同步改良，以及通过轮回选择进行长期的群体改良等选择方案。增加基础群体的遗传变异、提高遗传率和恰当掌握选择强度可提高选择改良的效果。遗传相关的有效估计对于提高间接选择响应和有效地构建选择指数具有重要作用。

利用群体遗传参数的估计结果，估算各种选择方案的预期选择响应，为选择有效的育种方案提供依据，是数量遗传学理论方法对育种的重要贡献之一。利用测验种帮助选择可同时积累群体内有利的加性和非加性基因。利用遗传标记进行标记辅助选择育种（MAS）可以有效地提高选择效率。

（8）杂种优势利用及亲本配合力分析

近交衰退和杂种优势是生物界普遍存在的现象。人类利用杂种优势于农业生产已有悠久的历史。关于杂种优势机制的假说有许多，从群体内交配方式的改变引起基因型频率改变的角度分析，可以较好地解释近交衰退与杂种优势现象。由杂种优势的研究和利用而提出的亲本配合力分析，使人们认识到亲本具有两方面的特征：一方面是其自身的表现；另一方面是作为亲本其后代的表现，即亲本的配合力。自交系的改良不仅要求自身性状好，以利于自身的繁殖和制种，更要求配合力高以提高杂种在所需性状上的水平。亲本的配合力又分为一般配合力和特殊配合力。杂交种的实际水平既需利用基因的累加性效应（一般配合力），又需利用亲本组配的非加性效应（特殊配合力）。配合力育种是数量遗传理论和方法对育种的又一重大贡献。配合力分析需借助一定的遗传交配设计。

利用多种相似系数可研究遗传材料的多样性；利用表型值、共祖系数和分子标记等数据进行遗传距离与聚类分析可以把不同来源的遗传材料划分为不同的杂种优势群，以利于选取最适合的杂种优势模式。通过伴侣杂交种的间作可以有效地克服杂种二代种子性状的衰退，提高杂交种产量和提高籽粒品质。

（9）基因型与环境互作及其利用

基因型、环境和基因型与环境互作是构成作物表型值的三大决定因素。作物育种不仅要求优良的基因型，而且要求高而稳定的基因型与环境互作，即要求基因型利用环境的能力要强。对于某些特殊的环境，则要求基因型有较好的特殊适应性。

基因型 × 年份和基因型 × 年份 × 地点的互作有时很大，这提示品种的气候适应性和品种在某地区的气候适应性，需在品种试验和推广中认真对待并加以利用。应进一步分析影响气候的主要因素，并在育种中加以注意。如温度是主要因子，就应加强品种抗寒性的选择和鉴定，对于基因型 × 地点互作的研究有利于品种区域试验范围的确定和品种推广范围的划分。

（10）数量变异的遗传基础分析

何谓数量变异的遗传基础？从当前国内外的研究报道看，数量变异的遗传基础研究主要是指寻找控制数量性状的物质基础，即基因。具体说就是探索控制数量性状基因在染色体上的位置、数目、作用方式和效应大小。目前已在遗传标记的研发利用、作图群体的创造、遗传标记图谱的构建和数量性状位点（QTL）的染色体定位等方面取得重大进展。限于作图群体、试验精度和统计技术等水平，目前绝大部分定位只是定到了染色体上的一小段片段，还要找到控制数量性状的基因（QTG），最终要找到控制数量性状的核苷酸（QTN），做到彻底破译控制数量性状的遗传物质基础。关于数量性状遗传体系和主 - 多基因的研究是在寻找控制数量性状的基因并估计其效应；关于杂种优势遗传基础的研究是在寻找控制杂种优势表现的基因的位置、数目、作用方式及效应大小。

2.2.2 数量遗传理论在柞蚕育种上的应用

20 世纪初哈德和温伯格证明了群体的遗传平衡法则后，统计学的原理和方法被引入遗传学的研究，并在育种实践上得到广泛应用。配合力分析合理评判了亲本的优劣，提高了组合选配的预见性。遗传力和重复力分析能客观反映不同性状的特点，有助于对不同家系施加相应的选择强度。相关和通径分析揭示了杂种后代性状表现的内在关系，为选择策略的实施提供了依据。稳定性分析综合评价了基因型跨越生态环境的产量潜力和适应程度，有利于育成新品种的推广和布局。聚类分析从多维空间显示亲本组合或品种的相似性，可以作为亲本选配和后代选择的辅助手段。

2.2.2.1 应用配合力分析评价亲本及其组合

在柞蚕育种实践中，评价亲本和杂交组合的优劣，往往以亲本的表现、育种群体的入选率和育成品种的数量为依据。由于柞蚕杂合性较高，重组类型多，加上环境和选择的随机性，使入选率和育成品种常有一定的偶然性。因此，单纯以亲本表现来选配组合，具有较大的盲目性和片面性。应用双列杂交遗传设计技术，通过后代群体的遗传方差组分来估算亲本的一般配合力（gca）和特殊配合力（sca），能合理评判亲本和组合的优劣，较迅速而准确地了解亲本的遗传特点和育种潜力，为杂交组合的选配提供依据。现以徐亮等试验示例如下：

（1）试验材料

2015 年春选择 7 个二化性柞蚕品种（系）为亲本（表 2–13），其中辽蚕 582 为晚熟品种，对微粒子病有较强的抵抗性，全茧量和千粒茧重重，丰产稳产性好，茧质优良，抗逆性强；9906 为中熟品种，饲料转化效率高，生命力强；抗大为中熟品种，对柞蚕脓病有较强的抵抗性；H8701 为中早熟品种，对柞蚕软化病有较强的抵抗性；黑蛾为中熟二化性品系，成虫体色为黑色，全茧量和千粒茧重略轻；黑头为中熟二化性品系，幼虫头壳色为黑色，抗逆性弱，全茧量和千粒茧重轻；宽青为早熟二化性品种，龄期短，千粒茧重轻。

表 2-13　亲本来源及特征、特性描述

缩写	品种（系）	来源	特征、特性
P_1	辽蚕 582	辽宁省蚕业科学研究所	晚熟、二化、青黄蚕血统，抗性强，全茧量、千粒茧重重，茧质优
P_2	9906	辽宁省蚕业科学研究所	中熟、二化、青黄蚕血统，饲料效率高，生命力强
P_3	抗大	辽宁省蚕业科学研究所	中熟、二化、青黄蚕血统，对柞蚕脓病有较强的抵抗性
P_4	H8701	辽宁省蚕业科学研究所	中早熟、二化、青黄蚕血统，对柞蚕软化病抵抗性强
P_5	黑蛾	辽宁省蚕业科学研究所	中熟、二化、青黄蚕血统，成虫体色为黑色，全茧量和千粒茧重略轻
P_6	黑头	辽宁省蚕业科学研究所	中熟、二化、青黄蚕血统，幼虫头壳色为黑色，蛹颅顶板黑色，抗逆性弱
P_7	宽青	辽宁省蚕业科学研究所	早熟、二化、青黄蚕血统，龄期短，千粒茧重轻

（2）试验设计

以上述 7 个柞蚕品种（系）为亲本，按双列杂交设计，组配成 21 个杂交组合及 7 个亲本材料（表 2-14），每个杂交组合及亲本材料各设 3 次重复，每次重复 3g 卵量，蚁蚕室内保护育，起青后于野外放养，采取随机区组设计，树种和养蚕管理技术一致，收获后调查产量、收蚁结茧率、千粒茧重、全茧量、茧层量、茧层率，待柞蚕茧中的蛹羽化后，调查产卵数和产卵量。

表 2-14　7 个柞蚕品种（系）双列杂交设计

群体	辽蚕 582 P_1	9906 P_2	抗大 P_3	H8701 P_4	黑蛾 P_5	黑头 P_6	宽青 P_7
P_1	P_{11}	F_{12}	F_{13}	F_{14}	F_{15}	F_{16}	F_{17}
P_2		P_{22}	F_{23}	F_{24}	F_{25}	F_{26}	F_{27}
P_3			P_{33}	F_{34}	F_{35}	F_{36}	F_{37}
P_4				P_{44}	F_{45}	F_{46}	F_{47}
P_5					P_{55}	F_{56}	F_{57}

群体	辽蚕582	9906	抗大	H8701	黑蛾	黑头	宽青
	P_1	P_2	P_3	P_4	P_5	P_6	P_7
P_6						P_{66}	F_{67}
P_7							P_{77}

（3）试验结果

①7个柞蚕亲本主要性状的遗传差异。对7个柞蚕亲本主要性状（包括：产卵数、产卵量、产量、收蚁结茧率、千粒茧重、全茧量、茧层量、茧层率）进行方差分析，结果如表2-15所示。

表2-15　7个柞蚕亲本8个性状的方差分析

品种（系）	产卵数（粒）	产卵量（g）	产量（g）	收蚁结茧率（%）	千粒茧重（kg）	全茧量（g）	茧层量（g）	茧层率（%）
辽蚕582	315[a]	2.77[a]	313.55[a]	36.58[a]	9.065[a]	9.58[a]	0.86[a]	9.01[b]
9906	286.33[b]	2.44[b]	234.58[b]	28.89[b]	8.705[ab]	8.88[b]	0.77[b]	8.70[c]
抗大	276[c]	2.48[b]	174.45[c]	23.51[c]	7.585[cd]	7.88[c]	0.70[c]	8.88[bc]
H8701	271[cd]	2.26[c]	142.51[cd]	17.95[d]	7.400[cd]	7.88[c]	0.69[c]	8.75[c]
黑蛾	276[c]	2.46[b]	122.56[de]	16.21[d]	8.035[bc]	7.92[c]	0.67[c]	8.41[d]
黑头	261.67[d]	2.23[c]	107.57[e]	19.38[cd]	6.880[de]	7.15[d]	0.58[d]	8.11[e]
宽青	197.33[e]	1.38[d]	158.74[c]	20.32[cd]	6.130[e]	5.56[e]	0.52[d]	9.35[a]

注：a，b，c，d，e表示5%显著水平。

方差分析结果表明：7个不同类型的柞蚕品种在产卵数、产卵量、产量、收蚁结茧率、千粒茧重、全茧量、茧层量、茧层率等8个性状上的差异均达到了显著水平。

②春柞蚕主要性状的配合力方差分析。利用DPS数据处理系统对7个柞蚕品种的杂种F_1代的主要性状进行配合力方差分析，结果如表2-16所示。

表2-16　7个柞蚕品种杂种F_1代8个主要性状的配合力方差分析

变异来源	自由度	产卵数	产卵量	产量	收蚁结茧率	千粒茧重	全茧量	茧层量	茧层率
区组间	2	65.06	10.64	0.06	0.09	0.03	0.13	0.86	0.98
处理间	27	46.97**	16.57**	5.67**	5.01**	4.8**	37.35**	21.08**	7.16**
一般配合力	6	53.95**	40.95**	6.77**	4.06**	15.33**	121.99**	52.54**	24.1**

续表

变异来源	自由度	产卵数	产卵量	产量	收蚁结茧率	干粒茧重	全茧量	茧层量	茧层率
特殊配合力	21	44.97**	9.60**	5.36**	5.27**	1.79**	13.17**	12.09**	2.32**

注：** 表示 1% 显著水平。

由表 2-16 可知，不同柞蚕品种及组合间的 8 个性状在一般配合力和特殊配合力上存在极显著差异，因此有必要做进一步的配合力效应分析。

③7 个柞蚕亲本卵期性状一般配合力效应的比较与亲本评价。以产卵数和产卵量为例，对 7 个柞蚕亲本卵期性状的一般配合力效应值进行分析，结果见表 2-17。

表 2-17　7 个柞蚕品种（系）产卵数和产卵量的一般配合力效应值

品种（系）	产卵数	产卵量
辽蚕 582	15.13[A]	0.194[A]
9906	2.53[B]	0.053[B]
抗大	−0.84[B]	0.036[BC]
H8701	−6.06[C]	−0.063[D]
黑蛾	3.23[B]	0.068[B]
黑头	−1.03[B]	−0.032[CD]
宽青	−12.95[D]	−0.256[E]

注：A，B，C，D 表示 1% 显著水平。

由表 2-17 可知，柞蚕品种辽蚕 582 产卵数的一般配合力效应值最高为 15.13，其次是黑蛾和 9906，一般配合力的效应值分别为 3.23 和 2.53，再次是抗大和黑头，一般配合力的效应值分别为 −0.84 和 −1.03，而 H8701 和宽青产卵数的一般配合力效应值最小，分别为 −6.06 和 −12.95。由此可见，若想改良产卵数的生产性能，以辽蚕 582 为亲本可获得较为理想的效果。

产卵量一般配合力效应值最高的品种是辽蚕 582，为 0.194，其次是黑蛾、9906 和抗大，它们的一般配合力效应值为正，分别为 0.068、0.053 和 0.036，而 H8701、黑头和宽青的一般配合力效应值为负值，其中宽青的一般配合力效应值最小，为 −0.256。因此，以辽蚕 582 为亲本可有望提高后代的产卵量。

④不同杂交组合卵期性状的育种值和特殊配合力效应与组合选配。将各杂交组合卵期性状的育种值、特殊配合力和均值列于表 2-18。

表 2-18　卵期性状的特殊配合力分析结果

杂交组合	卵期性状					
	产卵数			产卵量		
	育种值	特殊配合力	均值	育种值	特殊配合力	均值
辽蚕 582×9906	17.66	−0.889	307	0.247	−0.059	2.643
辽蚕 582×抗大	14.29	6.482	311	0.230	0.017	2.703
辽蚕 582×H8701	9.07	−17.296	282	0.131	−0.127	2.460
辽蚕 582×黑蛾	18.36	−3.593	305	0.262	−0.028	2.690
辽蚕 582×黑头	14.10	14.667	319	0.162	0.212	2.830
辽蚕 582×宽青	2.18	11.593	304	−0.062	0.126	2.520
9906×抗大	1.69	−11.926	280	0.089	−0.038	2.507
9906×H8701	−3.53	3.296	290	−0.010	0.044	2.490
9906×黑蛾	5.76	8.667	305	0.121	0.067	2.643
9906×黑头	1.50	13.259	305	0.021	0.089	2.567
9906×宽青	−10.42	5.519	285	−0.203	0.147	2.400
抗大 ×H8701	−6.90	14.667	298	−0.027	0.120	2.550
抗大 ×黑蛾	2.39	9.370	302	0.104	0.076	2.637
抗大 ×黑头	−1.87	−4.370	284	0.004	−0.081	2.380
抗大 ×宽青	−13.79	10.889	287.33	−0.220	0.010	2.247
H8701×黑蛾	−2.83	−1.741	285.67	0.005	0.052	2.513
H8701×黑头	−7.09	−3.482	279.67	−0.095	−0.082	2.280
H8701×宽青	−19.01	18.778	290	−0.319	0.129	2.267
黑蛾 ×黑头	2.20	−12.778	279.67	0.036	−0.213	2.280
黑蛾 ×宽青	−9.72	41.482	322	−0.188	0.302	2.570
黑头 ×宽青	−13.98	45.741	322	−0.288	0.408	2.577

由表 2-18 可知，产卵数育种值较高的组合为辽蚕 582× 黑蛾和辽蚕 582×9906，育种值较低的组合为 H8701× 宽青和黑头 × 宽青，从表中可以看出，凡是和辽蚕 582 杂交的组合均具有较高的育种值，凡是和宽青杂交的组合均具有较低的育种值，但并不是育种值越高，其产卵数就越高，这还取决于特殊配合力的效应值，只有育种值和特殊配合力效应值之和最大才表现出最高的产卵数，产卵数特殊配合力较高的组合为黑蛾 × 宽青和黑头 × 宽青，特殊配合力较低的组合为辽蚕 582×H8701 和黑蛾 × 黑头，从该表我们可以看出，凡是与宽青杂交的组合均具有较高的特殊配合力效应值。

产卵量育种值较高的组合为辽蚕 582× 黑蛾、辽蚕 582×9906 和辽蚕 582× 抗大，而育种值较低的组合为 H8701× 宽青和黑头 × 宽青，从表中可以看出，凡是和辽蚕 582 杂交的组合，均具有较高的育种值，而凡是和宽青杂交的组合，其育种值均较低；而特殊配合力较高的组合为黑头 × 宽青和黑蛾 × 宽青，最低的组合为黑蛾 × 黑头，单就育种值或特殊配合力效应值的高低，不能决定均值的大小，只有二者之和才能最终决定均值的大小，当二者之和最大时，其产卵量就最高，如辽蚕 582× 黑头；当二者之和最小时，其产卵量就最低，如抗大 × 宽青。

2.2.2.2 应用性状相关和通径分析确定选择策略

由于基因的多效性和连锁，使得柞蚕的许多性状之间存在着不同程度的相关，一般来说，品质、龄期与产量呈负相关。育种者在探讨性状间关系深层次遗传原因的同时，采用相关分析的手段研究分析数量性状间的关系，并逐渐认识到，数量性状表型值间的关联既有遗传上的原因，又受环境因素的影响。探讨性状间关系的成因和表现，对于柞蚕育种具有如下几方面重要意义：第一，通过性状间的关系分析，可以把总的表型相关剖分为由遗传原因引起的遗传相关和由环境原因引起的环境相关两部分，比较遗传原因和环境原因对于性状相关的相对重要程度，并对遗传相关和环境相关作出量的估计，从而指导对遗传材料的育种和生产利用。第二，由于种种原因有的性状不能直接选择改良而只能通过间接选择进行改良，在此情况下遗传相关可用于估算选择的相关响应，帮助人们认识一个性状的改良是如何引起另一个性状的改变。第三，柞蚕育种的目标往往是多方面的，性状间的遗传相关可用于构建改良多性状综合育种值的选择指数，进行多性状改良。由于环境引起的相关不能遗传，多数情况下环境相关应通过试验设计等手段加以控制。

相关分析揭示了性状间关系的密切程度，通径分析则定量地将性状间关系区分为直接效应和间接效应，能比较客观地评价各性状对产量或其他性状的相对贡献大小。

（1）柞蚕主要经济性状的相关分析示例

①试验材料。徐亮等以 8 个柞蚕品种为材料在秋蚕期进行试验，每个品种饲养 5 个重复区（单蛾育），随机区组设计，调查单蛾产卵量、收蚁结茧率、千粒茧重、孵化率及单蛾产量成绩。

②统计方法。

根据 $h_B^2 = \delta_g^2 / (\delta_g^2 + \delta_e^2) \times 100\%$，可求得各性状的遗传力（注：$\delta_g^2$ 为遗传方差，δ_e^2 为环境方差）。

根据公式 $GCV = (\delta_g / \bar{y}) \times 100\%$，可求得遗传变异系数（注：$\delta_g$ 为遗传标准差，$\bar{y}$ 为平均值）。

③结果与分析。

a.方差分析与遗传力的估算。对 8 个品种的 5 个性状进行方差分析，分析结果见表 2-19。

由表 2-19 分析结果表明，除孵化率之外，各品种间的单蛾产茧量、单蛾产卵量、收蚁结茧率、千粒茧重均达到显著或极显著水平，说明不同品种的同一性状（除孵化率外）存在显著差异，可见基因型不同是造成这一差异的根本原因，即选择出单蛾产茧量、单蛾产卵量、收蚁结茧率、千粒茧重高的品种是可能的，千粒茧重的 F 值为最高达 82.51，说明各品种间千粒茧重的差异尤其明显，同时也证明在后代选择千粒茧重的可靠性。一般认为，品种的性状值是由基因型和环境共同作用的结果，为考察各性状的遗传传递能力及变异幅度的大小，现对各性状的遗传传递能力进分析（由于孵化率的 F 值小于 1，所以无须进行遗传分析），结果见表 2-20。

表 2-19　方差分析表

变异来源	品种（V）	误差（E）	F 值	$F_{0.05}$	$F_{0.01}$
自由度（DF）	7	28			
单蛾产茧量（MS_0）	684 902.8	52 227.32	13.114**	2.32	3.25
单蛾产卵量（MS_1）	7361.586	738.9518	9.962**		
收蚁结茧率（MS_2）	100.0429	42.442	2.357*		
千粒茧重（MS_3）	36.0537	0.437	82.51**		
孵化率（MS_4）	21.751	26.58	0.82		

表 2-20　遗传参数分析（%）

遗传力参数	单蛾产茧量	单蛾产卵量	收蚁结茧率	千粒茧重
遗传力（h_b^2）	70.784	64.189	21.35	94.22

由表 2-20 分析结果表明，各性状的遗传力大小依次为：千粒茧重＞单蛾产茧量＞单蛾产卵量＞收蚁结茧率。对于不同的性状，要注意选择时期，千粒茧重应在早期世代进行选择，效果较为明显，而对于收蚁结茧率，则要在多代的连续选择中才能加以固定。

b. 相关分析。为了考察各性状间的相互关系，对各性状进行遗传相关分析，分析结果见表 2-21。

表 2-21　各性状间的遗传相关关系

性状	遗传相关		
	单蛾产茧量	单蛾产卵量	收蚁结茧率
单蛾产卵量	0.8523**		
收蚁结茧率	0.7647**	0.4296**	
千粒茧重	0.901**	0.678**	0.4632**

环境相关			
性状	单蛾产茧量	单蛾产卵量	收蚁结茧率
单蛾产卵量	0.4328**		
收蚁结茧率	0.562**	−0.204	
千粒茧重	0.2078	0.049	0.074
表型相关			
性状	单蛾产茧量	单蛾产卵量	收蚁结茧率
单蛾产卵量	0.7232**		
收蚁结茧率	0.5627**	0.058	
千粒茧重	0.7742**	0.542**	0.2253

注：** 表示 1% 显著水平。

　　由表 2-21 相关分析的结果表明，单蛾产卵量与单蛾产茧量的表型相关系数、遗传相关系数、环境相关系数分别为：0.7232、0.8523、0.4328，均达极显著水平，说明单蛾产卵量与单蛾产茧量呈明显的正相关，并且主要是遗传因素所致，同时环境影响也不能忽视；收蚁结茧率与单蛾产茧量的表型相关系数、遗传相关系数、环境相关系数分别为：0.5627、0.76466、0.562，均达极显著水平，说明收蚁结茧率与单蛾产茧量呈明显的正相关，但由于环境相关系数较大，且收蚁结茧率的遗传力较低（h_b^2=21.35%），所以收蚁结茧率受环境影响较大（包括气候、叶质及饲养技术等条件）；千粒茧重与单蛾产茧量的表型相关系数、遗传相关系数、环境相关系数分别为：0.7742、0.901、0.2078，除环境相关外，其余均达极显著水平，说明千粒茧重与单蛾产茧量呈明显的正相关，且主要是遗传因素的影响，受环境条件的影响较小。收蚁结茧率与单蛾产卵量的表型相关系数、遗传相关系数、环境相关系数分别为：0.0579、0.4296、−0.2039，可见，二者并无明显的相关关系，虽然遗传相关系数达正的极显著，但收蚁结茧率的遗传力较低，且环境相关系数为负值，从而抵消了遗传相关的影响；千粒茧重与单蛾产卵量的表型相关系数、遗传相关系数、环境相关系数分别为：0.5424、0.678、0.0579，除表型相关和遗传相关达极显著水平外，环境相关系数很小，说明千粒茧重与单蛾产卵量呈明显的正相关关系，主要是遗传原因所致，几乎不受环境的影响；千粒茧重与收蚁结茧率的表型相关系数、遗传相关系数、环境相关系数分别为：0.2253、0.4632、0.074，只有遗传相关达极显著，其余二者皆不显著，说明千粒茧重与收蚁结茧率的相关性不明显，虽然遗传相关达极显著，但由于收蚁结茧率的遗传力较低，故而表型相关不明显。

　　（2）秋柞蚕产茧量及构成因素的逕径分析示例

　　①试验材料。2015 年秋徐亮等以 10 个纯种（品系）即辽蚕 582、辽蚕 426、8821、8822、9906、H8701、H6、宽青、黑头、黑蛾及其组配的 21 个 F_2 代杂交组合为试验材料。

②试验方法。每个品种（品系）或组合各 3 次重复，产卵后自然温感温 24h，然后于冷藏箱中 7～8℃冷藏，使所有的试验材料感温相同。按计划取出所有试验材料感温并调查单蛾产卵数，并于 7 月 30 日按随机区组设计进行收蚁，收蚁 48h 后取回产卵袋，并于收蚁 5d 后调查死胚数，不受精卵数及 2d 后余蚕，计算收蚁率，蚕期管理及蚕场条件保持一致，收茧后调查结茧率、发病率、千粒茧重和单蛾产茧量，并利用 DPS 数据处理系统进行统计分析。

③试验结果。

表 2-22　秋柞蚕产茧量及构成因素的表现

产量区间（g）	品种数（个）	纯种占比（%）	单蛾产卵数（粒）	收蚁率（%）	结茧率（%）	发病率（%）	千粒茧重（kg）	单蛾产茧量（g）
$x \leqslant 600$	3	33.33	262.33	91.10	36.18	33.96	8.55	456.70
$600 < x \leqslant 800$	4	50.00	282.95	95.92	38.10	26.78	9.33	687.66
$800 < x \leqslant 1000$	13	46.15	282.99	96.64	42.42	18.13	9.85	917.92
$1000 < x \leqslant 1200$	8	12.50	301.02	97.82	44.66	14.29	9.77	1086.77
$1200 < x$	3	0.00	301.60	97.13	56.80	18.43	10.18	1355.22
平均值			287.44	96.36	43.23	19.82	9.67	929.47
标准差			25.12	4.03	7.27	9.16	0.84	244.11
变异系数（%）			8.70	4.20	16.80	46.20	8.70	26.30

a. 秋柞蚕产茧量及构成因素的表现及变异（表 2-22）。尽管相关系数在一定程度上反映了各变量之间的相关程度，但要弄清各变量对产量作用的大小，还必须作进一步的通径分析，通径分析可以将相关系数分解为直接作用和间接作用，从而更加清晰地显示各因素的相关关系的大小和相对重要性，通径分析结果见表 2-23。

表 2-23　秋柞蚕产茧量与各构成因素的通径系数

变量	相关系数	直接系数	通过单蛾产卵数	通过结茧率	通过发病率	通过千粒茧重
单蛾产卵数	0.418	0.365		−0.018	−0.062	0.134
结茧率	0.738	0.677	−0.010		0.105	−0.034
发病率	−0.514	−0.346	0.066	−0.206		−0.027
千粒茧重	0.453	0.353	0.138	−0.065	0.027	

b. 产量构成因素与产茧量的通径分析。由表 2-23 可以看出，产茧量各构成因素对产茧量的贡献有正有负，说明各因素对产量的影响存在较大差异，按直接通径系数的大小依

次为：结茧率＞单蛾产卵数＞千粒茧重＞发病率。结茧率对单蛾产茧量的直接作用最大，直接通径系数达 0.677，结茧率通过其他 3 个性状的间接作用较小，尤其通过单蛾产卵数和千粒茧重的间接作用甚微，最终使结茧率对单蛾产茧量的总体效应值为 0.738。

单蛾产卵数和千粒茧重对单蛾产茧量的直接作用相当，直接通径系数分别为 0.365 和 0.353，其中单蛾产卵数通过千粒茧重对单蛾产茧量的间接作用较大（0.134），而通过结茧率和发病率对单蛾产茧量的间接作用微小（–0.018 和 –0.062）；千粒茧重通过单蛾产卵数对单蛾产茧量的间接作用较大（0.138），而通过结茧率和发病率对单蛾产茧量的间接作用微小（–0.065 和 0.027）。

发病率对单蛾产茧量的直接作用最小，且为负值，直接通径系数为 –0.346，该性状通过结茧率对单蛾产茧量的间接作用绞大（–0.206），而通过单蛾产卵数和千粒茧重对单蛾产茧量的间接作用微小（0.066 和 –0.027）。

分析说明结茧率对产量的贡献最大，同时提高结茧率会降低发病率，这对产量的提高具有积极的促进作用。

2.2.2.3　遗传力在柞蚕育种中的应用

遗传力是说明遗传变异和非遗传变异相对重要性的重要指标，是重要的遗传和育种参数，应该充分认识遗传力的表现及其在育种中的应用特点。

遗传力的表达具有一定的规律性可供育种利用：在相同环境条件下不同性状遗传率的高低相对稳定，遗传力随近交世代的递增而提高，随估算单位的增大而提高，遗传力高低随环境和误差的控制水平而变化，有效的环境和误差控制可提高遗传力。

遗传力分析有助于育种方法的决策：h_N^2 高时，表现型与基因型的相关程度高，采用混合选择较好；h_N^2 低时，表现型不能很好地说明上下代的相似程度，重点应放在系谱法及后裔鉴定上，必要时也可采用间接选择法或综合选择法；h_B^2 和 h_N^2 均高时，应培育自交系利用杂种优势；当 h_B^2 高而 h_N^2 低时，应优先考虑利用杂种优势；当上位性方差 V_I 高时，应采用家系选择固定上位性方差所产生的效应。如果基因型与环境互作的方差相当大，则育种计划应该是为每个生态区培育不同的具有特殊适应性的品种。

遗传力高低标志着选择的难易程度。h_N^2 决定着亲属间相似程度，决定着由表型值预测育种值的可靠程度，当某性状的遗传力高时，这不仅说明该性状的遗传受环境影响小，而且说明上下代的相似程度高，因而由表现型判断基因型及由上代判断下代的命中效率高，因而选择容易见效，反之，若遗传力低，则选择不易见效。

遗传力高低有助于确定性状选择的世代早晚和饲养规模的大小。h^2 高时可在早代选择，且种植规模可较小，h^2 低时宜在较晚世代选择且种植规模宜较大。遗传力可用于估计选择响应。

（1）柞蚕茧质性状的遗传效应分析示例

①试验材料有。2003 年秋徐亮等以 9906 和 H043 为亲本杂交得 F_1，2004 年春进行亲

本自交、双亲杂交、F₁自交和回交产生 P₁、P₂、F₁、F₂、B₁、B₂ 6 个世代材料。

②试验方法。为减少野外环境的干扰，采取蚁蚕室内育，起青后上山，选择树种、树龄、坡向一致的蚕场条件，并施以相同的饲养技术。化蛹后，雌雄茧分开，P₁、P₂、F₁雌雄茧分别随机抽取 20 粒，F₂ 雌雄茧分别随机抽取 60 粒，B₁、B₂ 雌雄茧分别随机抽取 40 粒，单粒调查全茧量、茧层量，计算茧层率。按照 Mather 等的方法对茧质性状进行尺度测验，根据 Gamble 的方法对 6 种遗传效应值进行估算，按照公式：$h^2_B = (\delta^2_g / \delta^2_p) \times 100\%$、$GCV = (\delta_g / \bar{x}) \times 100\%$，计算广义遗传力和遗传变异系数。

③试验结果。以 9906 和 H043 为杂交亲本所产生的 6 个世代的茧质性状调查结果列于表 2–24。

表 2-24　柞蚕茧 6 个世代茧质性状调查结果

世代	性别	个体数（粒）	全茧量（g）	茧层量（g）	茧层率（%）
P₁ （9906）	♂	20	7.530	0.718	9.521
	♀	20	9.763	0.741	7.562
P₂ （H043）	♂	20	5.953	0.744	12.537
	♀	20	7.437	0.700	9.463
F₁	♂	20	6.956	0.797	11.502
	♀	20	8.920	0.844	9.472
F₂	♂	60	6.352	0.684	10.677
	♀	60	7.855	0.670	8.511
B₁	♂	40	6.878	0.761	11.062
	♀	40	8.232	0.684	8.296
B₂	♂	40	6.289	0.786	12.509
	♀	40	7.643	0.715	9.350

由表 2-24 可以看出：F₁ 代的全茧量介于两亲本之间，而茧层量则高于任一亲本，茧层率表现为略高于两亲平均值；F₂ 代全茧量、茧层量、茧层率均低于 F₁ 代；B₁ 代除全茧量高于 B₂ 代之外，茧层量和茧层率均低于 B₂ 代，并且 B₁ 代和 B₂ 代的茧质性状表现为低于 F₁ 代而高于 F₂ 代。

a. 加性 – 显性遗传模型的检验。加性 – 显性遗传模型在数量遗传与作物育种中被广泛应用，这一模型所依据的假定是基因位点间不存在上位互作，为求证这一模型对柞蚕茧质性状合适与否，对其按 Mather 等的 ABC 尺度进行检验，结果列于表 2–25。

表 2-25　柞蚕茧质性状 ABC 尺度检验结果

性状	性别	A	t	B	t	C	t
全茧量	♂	−0.73**	2.704	−0.331	1.058	−1.987**	3.919
	♀	−2.219**	6.198	−1.071**	2.803	−3.62**	5.197
茧层量	♂	0.007	0.142	0.031	0.553	−0.32**	3.068
	♀	−0.073	1.443	−0.155**	2.815	−0.449**	4.454
茧层率	♂	1.101**	2.338	0.979	1.618	−2.354**	3.001
	♀	−0.442	1.254	−0.235	0.579	−1.925*	2.551
自由度（DF）		77		77		116	

注：**：差异极显著，$P \leqslant 0.01$；*：差异显著，$P \leqslant 0.05$。

　　由表 2-25 可以看出，茧质性状中的 3 个性状，无论雌雄，A、B、C 3 个尺度中至少有 1 个与零存在显著差异，说明这些性状的遗传均不符合简单的加性 – 显性遗传模型，也就是说，在这些性状中存在着一定的基因互作效应。

　　b.基因效应估计。由于加性 – 显性遗传模型不能描述茧质性状的遗传特点，故引入加性 – 显性 – 上位性遗传模型，对各性状的加性效应、显性效应和 3 类互作效应进行了估值和显著性测验，结果列于表 2-26。

表 2-26　茧质性状基因效应估计值

性状	性别	M	a	d	aa	ad	dd
全茧量	♂	6.352**	0.589**	1.141	0.926	−0.200	0.135
	♀	7.855**	0.589**	0.650	0.330	−0.574*	2.960**
茧层量	♂	0.684**	−0.025	0.424**	0.358**	−0.012	−0.396*
	♀	0.670**	−0.031	0.242*	0.118	−0.052	0.213
茧层率	♂	10.677**	−1.447**	4.907**	4.434**	0.061	−6.514**
	♀	8.511**	−1.054**	2.208**	1.248	−0.104	−0.571

注：**：差异极显著，$P \leqslant 0.01$；*：差异显著，$P \leqslant 0.05$，a 为加性效应，d 为显性效应，aa、ad、dd 分别为加性 × 加性、加性 × 显性、显性 × 显性 3 类基因互作效应。

　　在六参数模型中，性状杂种优势表现取决于 d、dd、ad、aa 4 个遗传效应的符号和大小。由表 2-26 可以看出：全茧量中雄性个体的加性效应极显著，显性效应及 3 类互作效应均不显著，而雌性个体除加性效应显著外，还有两类互作效应达到显著和极显著水平，说明全茧量的杂交优势主要是由于雌性个体的基因互作效应造成的；茧层量中的雄性个体的显性效应显著，并有两类互作效应达到显著和极显著水平，而雌性个体只有显性效应达到显著水平，3 类互作均不显著，说明茧层量的杂交优势主要是由于显性效应和雄性个体的基因互作效应而产生的；茧层率中的雄性个体除加性效应、显性效应达到极显著水平外，还有部分互作效应达到极显著水平，而雌性个体只有加性效应和显性效应达到极显著水平，说明茧层率的杂交优势是由于显性效应和雄性个体的基因互作效应而产生的。由此可见，茧质性状的杂交优势表现较为复杂，不同的性状其杂交优势的成因不同，即使是同一性状，不同性别其杂交优势的成因也不相同。从各性状互作的情况来看，全茧量往往表现出增效基因的互补，除增效基因本身的效应之外，彼此还相互作用，更进一步增加基因效应；而茧层量和茧层率则相反，往往表现增效基因的重叠，正是由于上位性的存在，使茧质性状的遗传变得较为复杂。

c. 遗传参数的估计。对 6 个世代材料的 3 个茧质性状进行遗传参数分析，结果列于表2–27。

表 2-27　柞蚕茧质性状的遗传参数估值

性状	性别	环境方差	遗传方差	广义遗传力 (%)	遗传变异系数 (%)	F
全茧量	♂	0.449	0.494	52.39	11.07	0.160
	♀	0.598	0.588	49.58	9.76	0.233
茧层量	♂	0.009	0.022	70.32	21.58	0.003
	♀	0.012	0.012	49.59	16.49	0.008
茧层率	♂	0.771	1.582	67.23	11.78	1.077
	♀	0.661	0.801	54.79	10.52	0.176

由表 2–27 可以看出，各性状的广义遗传力多在 50% ~ 70%，可见各个性状受环境条件的影响较大，所以对于茧质性状的选择需要多代的连续选择才能加以固定。同时，我们发现除全茧量的广义遗传力雌雄个体之间无明显差别之外，茧层量和茧层率的遗传力雌雄个体之间则开差较大，主要表现为雄性个体的遗传力要高于雌性个体。从 3 者的遗传力比较来看：雌性个体的全茧量、茧层量、茧层率的广义遗传力较接近，均在 50% 左右；而雄性个体的广义遗传力按大小顺序为茧层量（70.32%）＞茧层率（67.23%）＞全茧量（52.39%）。从遗传变异系数来看，茧层量的遗传变异系数为最大，雌雄个体的遗传变异系数分别为 16.49% 和 21.58%，全茧量和茧层率的遗传变异系数则略低，且较接近，均在 10% 左右，但总的趋势是雄性个体的遗传变异系数略高于雌性个体的遗传变异系数。由于各个性状的 F 值均大于零，说明从大亲本 9906（P_1）来源的基因具有更多部分显性超过从小亲本 H043（P_2）来源的等位基因。

（2）柞蚕全茧量主基因 – 多基因混合遗传分析示例

①试验材料。选择柞蚕全量差异较大的两个柞蚕品种辽蚕 582 和宽青进行杂交，分别

配制 P_1、P_2、F_1 和 F_2 4 世代群体。

②试验方法。于 2007 年秋饲育，全龄饲以麻栎，良叶饱食，其他管理按常规进行，收获后调查各世代的全茧量。根据盖钧镒、章元明和王建康建立的 24 种遗传模型（1 对主基因、2 对主基因、多基因、1 对主基因 + 多基因、2 对主基因 + 多基因），利用 AIC 检验及相应模型适合性检验来确定最适遗传模型。

③试验结果。

a. 柞蚕全茧量 4 世代的次数分布。杂交组合的亲本为辽蚕 582（P_1）和宽青（P_2），其中 P_1 为全茧量高值亲本，P_2 为全茧量低值亲本，由于雌雄个体之间全茧量差异较大，所以进行单独分析，结果见表 2-28。

表 2-28　柞蚕辽蚕 582× 宽青的 4 世代全茧量的次数分布

性别	世代	5.5~6.0	6.0~6.5	6.5~7.0	7.0~7.5	7.5~8.0	8.0~8.5	8.5~9.0	9.0~9.5	9.5~10.0	10.0~10.5	10.5~11.0	11.0~11.5	11.5~12.0	12.0~12.5	12.5~13.0	13.0~13.5	13.5~14.0	14.0~14.5	>14.5	平均值
雌	P_1											1	4	2	5	4	7	5	3	2	12.987
	F_1										5	2	4	7	11	9	5	1			12.095
	P_2				1	2	6	7	5	7	2	3	2								9.239
	F_2								3	5	8	16	15	13	6	22	11	6	3	2	11.660
雄	P_1						5	5	3	7	9	4	1								9.639
	F_1			1	1	4	8	8	6	9	4	3	1								9.076
	P_2	2	4	7	14	3	2	2													7.052
	F_2	2	2	9	14	16	19	34	34	20	15	4	2	2							8.753

从表 2-28 可以看出，F_2 代雌性个体表现为双峰分布，雄性个体为偏峰分布，可见全茧量的遗传可能存在主基因的控制。

b. 遗传模型。利用主基因 - 多基因混合遗传模型的 4 世代联合分析方法，分别算得 1 对主基因（A）、2 对主基因（B）、多基因（C）、1 对主基因 + 多基因（D）和 2 对主基因 + 多基因（E）等 5 类 24 种遗传模型的最大似然函数值和 AIC 值，结果发现：雌性个体全茧量的 E-3、E-4、E-6 和雄性个体全茧量的 E-4、E-5、E-6 模型的 AIC 值较小，初步认为全茧量的遗传是由 2 对主基因控制。并将其中 3 个最小 AIC 值的模型列于表 2-29。

表 2-29　不同模型的极大似然函数值和 AIC 值

性别	模型	极大似然函数值	AIC 值	性别	模型	极大似然函数值	AIC 值
	E-3	−372.7956	751.5911		E-4	−426.1237	856.2474
雌	E-4	−373.2625	750.5250	雄	E-5	−426.1171	858.2342
	E-6	−373.5489	751.0977		E-6	−426.0687	856.2342

　　从表 2-29 可以看出，在雌性个体全茧量的遗传中，E-4 模型的 AIC 值最小，在雄性个体全茧量的遗传中，E-6 模型的 AIC 值最小，进一步对 2 个模型进行检验，结果见表 2-30。

表 2-30　E-4 和 E-6 模型的适合性检验

性别	模型	群体	U_1^2	U_2^2	U_3^2	$_nw^2$	D_n
雌	E-4	P_1	0.052 (0.819)	0.000 (0.999)	0.788 (0.375)	0.0378 (> 0.05)	0.0941 (> 0.05)
		F_1	0.026 (0.872)	0.001 (0.978)	0.542 (0.462)	0.1365 (> 0.05)	0.1180 (> 0.05)
		P_2	0.115 (0.735)	0.152 (0.697)	0.061 (0.806)	0.0457 (> 0.05)	0.0197 (> 0.05)
		F_2	0.055 (0.814)	0.194 (0.660)	0.725 (0.395)	0.1135 (> 0.05)	0.1151 (> 0.05)
雄	E-6	P_1	0.005 (0.944)	0.216 (0.642)	2.524 (0.112)	0.1259 (> 0.05)	0.1493 (> 0.05)
		F_1	0.085 (0.770)	0.000 (0.984)	1.463 (0.227)	0.0727 (> 0.05)	0.1142 (> 0.05)
		P_2	0.052 (0.819)	0.563 (0.453)	4.476 (0.034) *	0.2035 (> 0.05)	0.1771 (> 0.05)
		F_2	0.195 (0.659)	0.147 (0.702)	0.032 (0.859)	0.096 (> 0.05)	0.0621 (> 0.05)

注：*：5% 水平上差异显著。

　　通过 U_1^2、U_2^2、U_3^2、$_nw^2$ 和 D_n 的适合性检验，选择统计量达到显著水平个数较少的模型作为最优模型，其中 E-4 模型中的统计量都不显著，E-6 模型中，除了 P_2 的均匀性检验值 U_3^2 外，其他统计量都不显著。因此认为 E-4 模型为雌性全茧量的最适模型，E-6 模型为雄性全茧量的最适模型，即雌性全茧量符合 2 对等加性主基因 + 加显多基因模型，雄性全茧量符合 2 对等显性主基因 + 加显多基因模型。由于 F_2 雌性群体的全茧量为两个正态分布的混合，且两峰值相对差异较大，说明主基因的加性效应明显，雄性群体全茧量有两个峰值相差甚微，几乎相等，说明多基因对分布有较大影响。

　　c. 遗传参数的估计。由表 2-31 可见，全茧量主基因的加性方差均为正值，多基因的加性方差雄为正值，雌为负值，多基因的显性方差，雌为正值，显性较大，雄为负值，显性较小。雄性个体的遗传力略高于雌性个体的遗传力，分别为 50.82% 和 49.54%，但多基因对雄性个体的影响较大，对雌性个体的影响较小，多基因遗传力分别为 26.47% 和 0.53%，同时全茧量受环境条件的影响也较大，雌性个体的全茧量以主基因遗传为主，而雄性个体的主基因遗传和多基因遗传相当，分别为 24.35% 和 26.47%。

表 2-31　全茧量的遗传参数估计

性别	成分分布平均数	估计值	一级遗传参数	估计值	二级遗传参数	估计值
雌	U1	12.9869	m	11.1130	表型方差	2.096
	U2	12.0954	d	1.0135	主基因方差	1.0272
	U3	9.2391	[d]	−0.1532	多基因方差	0.0112
	U41	13.6312	[h]	0.9824	环境方差	1.0576
	U42	12.6177	[h]/[d]	6.414	主基因遗传力（%）	49.01
	U43	11.6042			多基因遗传力（%）	0.53
	U44	10.5906				
	U45	9.5771				
雄	U1	9.6390	m	8.3454	表型方差	1.3384
	U2	9.0765	d	0.4661	主基因方差	0.3259
	U3	7.0518	[d]	0.3614	多基因方差	0.3542
	U41	9.1770	[h]	−0.2011	环境方差	0.6583
	U42	8.2448	[h]/[d]	0.5565	主基因遗传力（%）	24.35
	U43	7.3126			多基因遗传力（%）	26.47

2.2.2.4　聚类分析有助于提高育种效率

　　遗传聚类分析是在育种工作特别是亲本选配中使用较多的一种分析方法。育种工作者常把遗传差异的大小，作为杂交育种中选配亲本的重要依据之一，但是，由于育种中经常遇到的性状多为数量性状，同时性状间又存在着不同程度的联系，因而增加了按遗传差异选配亲本的困难。过去，育种工作者往往根据地理差异或表现型差异选配亲本，但大量的研究都证明地理差异与遗传差异并无必然联系。Bhatt 认为在不同环境下的选择和遗传漂移所引起的差异，可以比地理上远距离所引起的遗传差异还要大。有的研究也指出，即使同一杂交组合的杂种后代，其遗传差异也可能比地理上远距离所引起的差异大。因此，有必要利用数量遗传学原理，对具有遗传差异的品种进行遗传聚类分析。现就"基于聚类分析的 12 个柞蚕品种的综合评价"示例如下：

　　（1）试验材料

　　2016 年以 12 个柞蚕品种（品系）黑蛾、黑头、H8701、辽蚕 426、8821、9906、辽蚕 582、辽蚕 527、8822、抗大、青 6 号、辽蚕 516 为试验材料。

　　（2）试验方法

　　每个品种（品系）3 次重复，随机区组设计，调查产卵量、孵化率、收蚁结茧率、发病率、千粒茧重、产卵量和千克卵收茧量，利用 DPS 数据处理系统进行聚类分析。

（3）试验结果

表 2-32　12 个柞蚕品系主要经济性状的表现（春秋平均）

品种	产卵量（粒）	孵化率（%）	收蚁结茧率（%）	发病率（%）	千粒茧重（kg）	产卵量（g）	千克卵收茧量（kg）
黑蛾	258	84.06	31.74	15.87	8.43	2.61	206.78
黑头	206	98.1	40.94	10.09	7.19	1.90	304.90
H8701	254	97.57	30.07	21.31	7.61	2.31	213.53
辽蚕 426	288	98.79	17.32	25.82	8.45	2.72	134.32
8821	297	87.21	24.97	25.58	8.56	2.96	175.55
9906	263	91.71	27.46	21.29	8.72	2.45	151.45
辽蚕 582	304	98.87	16.42	21.78	9.14	3.00	140.41
辽蚕 527	279	98.95	32.2	13.24	8.8	2.66	254.84
8822	259	94.99	21.92	13.23	8.23	2.41	173.14
抗大	296	94.78	19.99	19.83	9.01	2.91	164.4
青 6 号	279	93.58	20.73	27.83	8.16	2.74	142.94
辽蚕 516	301	94.48	22.97	14.45	9.13	2.92	191.44
平均	273	94.42	25.56	19.19	8.45	2.63	187.81

从表 2-32 可以看出，产卵量最高的品系是 8821（297 粒）、辽蚕 582（304 粒）、抗大（296 粒）和辽蚕 516（301 粒），而产卵量最低的品系是黑头（206 粒）；孵化率最高的品系是辽蚕 426（98.79%）、辽蚕 582（98.87%）和辽蚕 527（98.95%），孵化率最低的品系是黑蛾（84.06%）；收蚁结茧率最高的品系是黑头（40.94%）和辽蚕 527（32.2%），收蚁结茧率最低的是辽蚕 582（16.42%）和辽蚕 426（17.32%）；发病率最低的品系是黑头（10.09%）、辽蚕 527（13.24%）和 8822（13.23%），发病率最高的是青 6 号（27.83%）；千粒茧重最重的品系是辽蚕 582（9.14g）、抗大（9.01g）和辽蚕 516（9.13g），千粒茧重最轻的是黑头（7.19g）和 H8701（7.61g）；千克卵收茧量最高的品系是黑头（304.9kg）和辽蚕 527（254.84kg），千克卵收茧量最低的品系是辽蚕 426（134.32kg）和青 6 号（142.94kg）。

综上分析：各经济性状表现优良的品系是辽蚕 527，其次是黑头，但该品系的繁殖系数和千粒茧重较低，各经济性状表现不佳的品系为辽蚕 426 和青 6 号。

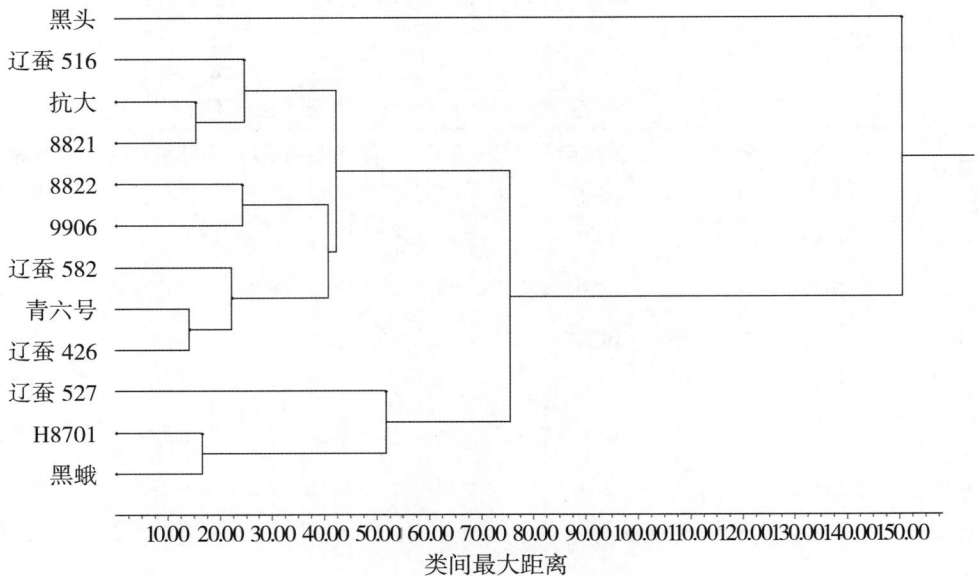

图 2-5　聚类分析

　　通过对各性状进行主成分转换，计算欧氏距离，并采用 UPGMA（类平均法）进行系统聚类，可将 12 个品种（系）分成四大类群（图 2-5）：第 1 类，黑头单独成为一类，该类主要表现为高产、茧型小，且形态特征明显，幼虫期头壳、气门、前足和臀板均为黑色，蛹期卢顶板为黑色，成虫的足和触角均为黑色；第 2 类，包括 8 个品系，分别是辽蚕 516、抗大、8821、8822、9906、辽蚕 582、青 6 号和辽蚕 426，该类主要表现为茧型偏大、产量中等，除 8822 外，均为青黄蚕，品种（系）间形态特征差异不大；第 3 类，辽蚕 527 单独成为一类，该类主要表现为高产、茧型偏大，抗病抗逆性强；第 4 类，包括 2 个品种（系），分别为黑蛾和 H8701，该类群主要表现为茧型小，产量中等，成虫的形态特征有别于其他品系，其中黑蛾成虫雌雄个体的体色均为黑色，蛹为黑色，蚁蚕头壳为黑色，而 H8701 成虫的前翅前缘翅脉为黑色或深褐色。

2.2.2.5　柞蚕品种适应性与稳定性评价

　　新品种跨越不同地点和年份的区域试验是育种程序的后期选择阶段。由于各个地点树种、坡向、叶质营养、气候条件的不同，对新品种的性状尤其是产量性状的效应各异。育种实践证明，区域试验中的基因型 - 环境互作一般都很显著。因此，为了确定新品种的产量潜力和适应范围，需要对品种跨越地点和年份的稳定性进行分析，来评价新品种在不同生态环境中的综合表现。品种区域试验是柞蚕品种选育过程中评定参试品种和推广优良品种的一个重要环节。分析品种产茧量的丰产性、稳定性和年份鉴别力，对推动育种、推广工作意义重大。由于环境效应、基因与环境的互作效应的普遍存在，育种工作中很难准确地对基因型进行鉴定。因此，育种工作者采用了各种方法对基因、环境及其互作效应进行分析，包括互作的联合回归分析法、平均等级法、生态评价法、主效可加互作可乘模型（additive main effects and multiplicative interaction，AMMI）等。其中 AMMI 分析法是通过从加性模型的残差中分离模式与噪声，提高估计的准确性，并且借助于偶图可以直观地描绘和分析基因型与环境互作的模式。该方法综合了方差分析和主成分分析的优点，并以性状参数为指标对品种稳定性进行评价，被广泛应用于各种动植物试验分析中，在区域试验分析中具有较大的应用价值。现以"基于 AMMI 模型的二化地区部分一化性柞蚕品种产茧量性状的稳定性分析"示例如下：

（1）试验材料

供试材料为一化性柞蚕品种辽四、辽 8、四青、883、932、吉黄、松黄、鲁黄、F-F。

（2）试验方法

9 个柞蚕品种于 2013—2015 年在辽宁省凤城市四台子村进行 3 年 6 季的饲养，每个品种 5 个重复，调查千克卵产茧量。如表 2-33 所示试验地点 3 年的平均温度为 21.16℃，平均湿度为 77.92%，其中以 2013 年平均温度、平均湿度最高，分别为 21.58℃和 80.00%，2015 年的平均温度、平均湿度最低，分别为 20.88℃和 74.50%。

表 2-33 试验地点温度和湿度调查结果

年份	项目	月份				平均
		5	6	7	8	
2013	温度（℃）	16.80	21.10	24.20	24.20	21.58
	湿度（%）	68.00	79.00	88.00	85.00	80.00
2014	温度（℃）	15.80	21.20	23.70	23.40	21.03
	湿度（%）	71.00	81.00	84.00	81.00	79.25
2015	温度（℃）	16.20	20.20	23.70	23.40	20.88
	湿度（%）	58.00	80.00	76.00	84.00	74.50
平均	温度（℃）	16.27	20.83	23.87	23.67	21.16
	湿度（%）	65.67	80.00	82.67	83.33	77.92

（3）试验结果

①不同品种的产茧量分析。9 个一化性柞蚕品种连续 3 年产茧量的方差分析表明，同一年份不同品种之间的平均产茧量存在显著差异，说明不同基因型间存在真实的遗传差异，不同品种 3 年平均产茧量由高到低依次为辽四、辽 8、松黄、F-F、吉黄、四青、鲁黄、932、883。不同品种在不同年份之间产茧量波动较大，说明环境的差异对柞蚕品种的产茧量有着较大影响，并且不同品种受环境的影响效果和程度各不相同（表 2-34）。

表 2-34　年份与平均产量两向列表

品种	年份			平均
	2013	2014	2015	
辽四	235.73 ± 28.61a	225.95 ± 11.01a	264.07 ± 26.77a	241.92 ± 16.07a
辽 8	226.17 ± 13.34a	216.31 ± 16.32a	210.79 ± 18.73b	217.76 ± 16.10ab
四青	162.60 ± 10.98c	176.89 ± 13.70cd	200.94 ± 11.16b	180.14 ± 11.61cde
883	140.75 ± 9.35d	174.71 ± 9.21d	162.82 ± 11.93d	159.42 ± 12.45e
932	158.69 ± 7.51cd	181.65 ± 9.83bcd	154.70 ± 12.96d	165.01 ± 16.78de
吉黄	201.68 ± 19.28b	178.59 ± 7.85bcd	168.63 ± 11.35cd	182.97 ± 25.24cde
松黄	193.35 ± 13.82b	179.52 ± 11.73bcd	207.20 ± 36.81b	193.36 ± 13.16bc
鲁黄	148.25 ± 6.14cd	192.20 ± 4.15b	192.51 ± 11.83bc	177.65 ± 18.03cde
F-F	158.63 ± 12.46cd	191.43 ± 7.09bc	212.48 ± 22.81b	187.52 ± 18.83bcd

平均值 ± 标准差，同行相同字母表示差异不显著（$P < 0.05$）。

②一化性柞蚕品种产茧量变异来源分析。对 3 年 9 个一化性柞蚕品种的产茧量进行联合方差和 AMMI 分析，基因型间、不同年份的环境因素间以及基因型与不同年份环境互作的效应均达到极显著水平（$P < 0.01$），其中基因型即品种平方和占总平方和的 55.85%，环境平方和占总平方和的 4.34%，而基因型与环境互作的平方和占总平方和的 17.98%。因此有必要利用 AMMI 模型对柞蚕产茧量进行稳定性分析，尽管基因型间的变异占了主要部分，但交互作用所占的比率达 17.98%，说明交互作用对产茧量的影响较大。互作的主成分分析结果表明，IPCA1 和 IPCA2 均达到了极显著水平，分别解释了 66.08% 和 33.92% 的基因型与环境交互作用的平方和，二者共解释了基因型与环境互作平方和的 100%。由此可见，主成分分析比较透彻地分析了交互作用的信息（表 2-35）。

表 2-35　一化性柞品种产茧量性状的方差分析和 AMMI 模型分析

方法	变异来源	自由度	平方和	均方	F 值	P 值
方差分析	总计	134	143419.418	1070.294		
	处理	26	112102.633	4311.640	14.869	0.000
	基因型	8	80098.178	10012.272	34.529	0.000
	环境	2	6218.952	3109.476	10.723	0.0001
	误差	108	31316.785	289.970		

续表

方法	变异来源	自由度	平方和	均方	F 值	P 值
AMMI 模型分析	交互作用	16	25785.504	1611.594	5.558	0
	PCA1	9	17039.636	1893.293	6.529	0
	PCA2	7	8745.868	1249.410	4.309	0.0003
	残差	0	0.000	0.001		

③一化性柞蚕品种稳产性、丰产性和年份鉴别力分析。根据 IPCA1 和 IPCA2 的主成分值计算各基因型的 D_i 值。D_i 对品种和年份的意义不同，对品种而言，D_i 越小表明其基因型的稳定性越好；对年份而言，D_i 越小，鉴别力越低，大多数参试品种对其具有较好的适应性，D_i 越大，鉴别力越高，要求品种具有特殊适应性。品种生产稳定性排在前 3 位的依次为四青、883、松黄，排在后 3 位的依次为辽四、932、吉黄。产茧量排在前 3 位的依次为辽四、辽 8、松黄，排在后 3 位的依次为鲁黄、932、883。综上分析，辽 8 和松黄的丰产性、稳定性较好（表 2-36）。

根据年份 IPCA1 和 IPCA2 的综合得分 D_i 进行排序（表 2-37），从高到低依次为 2013年、2015 年、2014 年，说明 2013 年的环境条件对品种的鉴别力最强，要求品种具有更强的适应性，其次是 2015 年，而 2014 年的环境条件对品种的鉴别力最弱，说明大部分品种对 2014 年的环境条件有较好的适应性。

表 2-36 品种与环境条件交互作用的主成分值及稳定性参数

品种	千克卵产茧产量（kg）	离差	IPCA1	IPCA2	D_i	生产稳定性排序	产茧量排序
辽四	241.9183	52.4211	−0.591	3.4454	3.50	7	1
辽 8	217.491	27.9937	2.9133	−0.1308	2.92	4	2
四青	180.1423	−9.3549	−1.8601	1.266	2.25	1	6
883	159.4243	−30.0729	−0.894	−2.5011	2.66	2	9
932	165.0107	−24.4866	1.4472	−3.2512	3.56	8	8
吉黄	182.9647	−6.5326	4.6894	0.1135	4.69	9	5
松黄	193.3547	3.8574	0.6734	2.7724	2.85	3	3
鲁黄	177.6523	−11.8449	−2.9006	−1.9393	3.49	6	7
F–F	187.517	−1.9803	−3.4775	0.2251	3.48	5	4

表2-37 基因型与年份环境条件交互作用的主成分值

年份	千克卵产茧产量 (kg)	离差	IPCA1	IPCA2	D_i	D_i 排序	产茧量排序
2013	180.5604	−8.9368	5.8523	−1.8013	6.1233	1	3
2014	190.8048	1.3075	−1.0869	5.1995	5.3119	3	2
2015	197.1266	7.6293	−4.7654	−3.3982	5.8529	2	1

绘制 AMMI 双标,如图 2-6 所示。图中 g1、g2、g3、…、g9,分别代表辽四、辽 8、四青、…、F-F 9 个一化性柞蚕品种,e1、e2、e3 分别代表 2013 年、2014 年、2015 年 3 个不同的年份。如果以 IPCA1=0 作一条水平线,基因型(g)与年份(e)在同侧,表明该品种在该年份中的交互作用为正,如果基因型(g)与年份(e)在异侧,表明交互作用为负。g2、g5、g6、g7 与 2013 年(e1)的互作为正,表示 2013 年的环境特点对这 4 个品种产茧量的提高有促进作用,与 2014 年(e2)和 2015 年(e3)的互作为负。同理,g1、g3、g4、g8、g9 与 2013 年(e1)的互作为负,表明 2013 年的环境特点对这 5 个品种产茧量的提高有削弱作用,与 2014 年(e2)和 2015 年(e3)的互作为正。

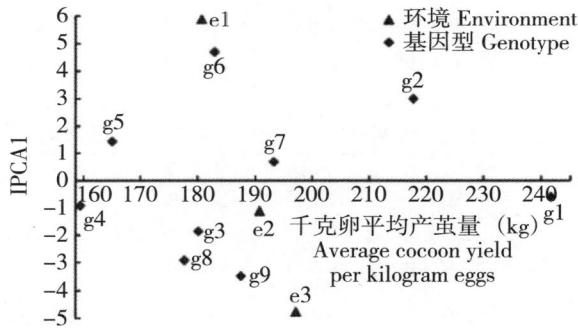

g1—辽四,g2—辽 8,g3—四青,g4—883,g5—932,g6—吉黄,g7—松黄,g8—鲁黄,g9—F-F。e1、e2、e3 分别代表 2013 年、2014 年、2015 年 3 个年份

图 2-6 AMMI 双标图

④一化性柞蚕品种的适应性分析。交互作用对一化性柞蚕品种理论产茧量的影响趋势,以 IPCA1 的主成分值为横坐标,以 AMMI 分析的柞蚕品种理论产茧量为纵坐标绘制 AMMI 品种适应性分析图。每一品种对应一条直线,处于最上端的直线对应的柞蚕品种即为有最佳适应性的品种,适应性分析表明,辽四和辽 8 两个品种对环境(年份)的适应性最佳。在参试的环境(年份)范围内,随着互作效应的增加,理论产茧量增幅最大的品种为吉黄和辽 8,其次为 932,其他品种随着互作效应的增加,出现产茧量减幅现象,其中 F-F 和鲁黄产茧量减幅最大(图 2-7)。

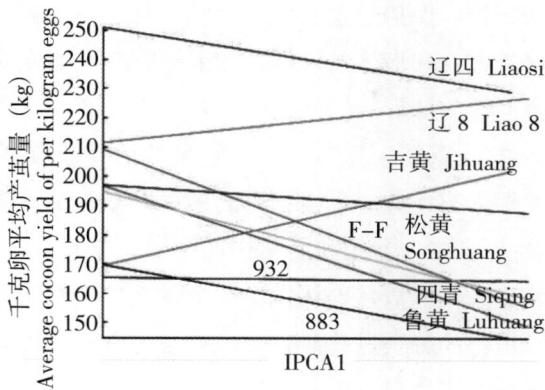

图 2-7　一化性柞蚕品种适应性分析

2.2.2.6　柞蚕种质资源的遗传多样性分析

遗传多样性是生物多样性的重要组成部分。广义的遗传多样性是指地球上生物所携的各种遗传信息的总和。这些遗传信息储存在生物个体的基因之中。因此，遗传多样性也就是生物的遗传基因的多样性。任何一个物种或一个生物个体都保存着大量的遗传基因，因此，可被看作是一个基因库。一个物种所包含的基因越丰富，它对环境的适应能力越强。基因的多样性是生命进化和物种分化的基础。

狭义的遗传多样性主要是指生物种内基因的变化，包括种内显著不同的种群之间以及同一种群内的遗传变异。此外，遗传多样性可以表现在多个层次上，如分子、细胞、个体等。在自然界中，对于绝大多数有性生殖的物种而言，种群内的个体之间往往没有完全一致的基因型，而种群就是由这些具有不同遗传结构的多个个体组成的。

在生物的长期演化过程中，遗传物质的改变（或突变）是产生遗传多样性的根本原因。遗传物质的突变主要有两种类型，即染色体数目和结构的变化以及基因位点内部核苷酸的变化。前者称为染色体的畸变，后者称为基因突变（或点突变）。此外，基因重组也可以导致生物产生遗传变异。

对遗传多样性的研究具有重要的理论和实际意义。首先，物种或居群的遗传多样性大小是长期进化的产物，是其生存适应和发展进化的前提。一个居群或物种遗传多样性越高或遗传变异越丰富，对环境变化的适应能力就越强；容易扩展其分布范围和开拓新的环境。理论推导和大量实验证据表明，生物居群中遗传变异的大小与其进化速率成正比。因此对遗传多样性的研究可以揭示物种或居群的进化历史（起源的时间、地点、方式），也能为进一步分析其进化潜力和未来的命运提供重要的资料，尤其有助于物种稀有或濒危原因及过程的探讨。

其次，遗传多样性是保护生物学研究的核心之一，不了解种内遗传变异的大小时空分布及其与环境条件的关系，就无法采取科学有效的措施来保护人类赖以生存的遗传资源基因，来挽救濒于绝灭的物种，保护受到威胁的物种。对于不了解的对象，我们是无法保护的。对珍稀濒危物种保护方针和措施的制定，如采样策略迁地或就地保护的选样等等都有赖于我们对物种遗传多样性的认识。

再者，对遗传多样性的认识是生物各分支学科重要的背景资料。古老的分类学或系统学几百年来都在不懈地探索描述和解释生物界的多样性，并试图建立能反映自然或系统发育关系的阶层系统，以及建立一个便利而实用的资料（信息）存取或查寻系统。对遗传多样性的研究无疑有助于人们更清楚地认识生物多样性的起源和进化，尤其能加深人们对微观进化的认识，为动植物的分类进化研究提供有益的资料，进而为动植物育种和遗传改良奠定基础。

检测遗传多样性的方法随生物学尤其是遗传学和分子生物学的发展而不断提高和完善。从形态学水平、细胞学（染色体）水平、生理生化水平、逐渐发展到分子水平。然而不管研究是在什么层次上进行，其宗旨都在于揭示遗传物质的变异。目前任何检测遗传多样性的方法，或在理论上或在实际研究中都有各自的优点和局限，还找不到一种能完全取代其他方法的技术。因此，包括传统的形态学、细胞学以及同工酶和 DNA 技术在内，各种方法都能提供有价值的资料，都有助于认识遗传多样性及其生物学意义。现以"39份二化性柞蚕品种资源主要数量性状的遗传多样性分析"示例说明数量性状遗传多样性分析方法。

（1）试验材料

39 份供试二化性柞蚕品种资源包括了 4 种体色血统（1 份蓝蚕、1 份白蚕、11 份黄蚕和 26 份青黄蚕），由辽宁省蚕业科学研究所保存。

（2）试验方法

参照农业行业标准《柞蚕种质资源保存与鉴定技术规程》中规定的方法，对供试柞蚕品种的产卵数量、产卵量、克卵粒数、实用孵化率、全茧量、茧层量、茧层率 7 项数量性状连续 5 年的春蚕期和秋蚕期进行统一调查。每个品种 10 个饲养小区，每个小区卵量为 3.5g。数量性状的等级划分按各性状的平均值（$\bar{x_i}$）和标准差（s），以 $x_i = \bar{x_i} \pm ks$（k=0、0.5、1、1.5、2）将每一个性状的观测值划分为 10 个等级；分布频率 $P_i = n_i / n$，P_i 表示某性状第 i 个等级的分布频率，n_i 表示第 i 个等级所含材料（品种）数量，n 表示材料总数量；利用 EXCEL 进行 Shannon-Weaver 多样性指数 $H' = -\sum P_i \ln(P_i)$ 的计算，各性状的遗传参数及聚类分析利用 DPS8.01 数据处理系统进行计算。

（3）试验结果

① 39 份柞蚕品种资源主要数量性状的表型观测值。从表 2–38 显示 39 份二化性柞蚕品种资源 7 项数量性状连续 5 年的表型观测值可见：总体平均产卵数量为 233 粒，平均产卵数量最少的品种为小白蚕（156 粒），最多的品种为金凤 A 系（286 粒），有 24 个品种的产卵数量高于平均水平；总体平均产卵量为 2.09g，平均产卵量最少的品种为小白

蚕（1.42g），最多的品种为金凤C系（2.69g），有22个品种的产卵量高于平均水平；总体平均克卵粒数为113.29粒，平均克卵粒数最少的品种为丰（105粒），最多的品种为胶蓝（129粒），有18个品种的克卵粒数高于平均水平；总体平均实用孵化率为97.42%，有28个品种的实用孵化率高于平均水平，实用孵化率最高的品种为金凤C系（99.45%），最低的品种为鲁红（78.37%）；总体平均全茧量为9.15g，有24个品种的全茧量高于平均水平，全茧量最低的品种为小白蚕（6.61g），最高的品种为丰（10.58g）；总体平均茧层量为1.06g，有25个品种的茧层量高于平均水平，茧层量最低的品种为小白蚕（0.72g），最高的品种为多丝4号（1.29g）；总体平均茧层率为11.61%，有13个品种的茧层率高于平均水平，茧层率最低的品种为青皮（10.09%），最高的品种为H04（14.30%）。

表2-38　39份二化性柞蚕品种资源7项数量性状的表型成绩

编号	品种	春季				秋季		
		产卵数（粒）	产卵量（g）	克卵粒数（粒）	实用孵化率（%）	全茧量（g）	茧层量（g）	茧层率（%）
1	64	233	2.11	112	98.42	9.11	1.03	11.3
2	701	240	2.16	113	98.96	9.36	1.06	11.29
3	741	231	2.09	112	98.78	8.87	1.01	11.35
4	781	240	2.08	116	98.39	8.93	1.03	11.49
5	786	246	2.23	112	98.59	9.54	1.08	11.35
6	825	246	2.22	112	98.98	9.5	1.11	11.71
7	941	216	1.86	118	97.77	8.35	1.01	12.06
8	981	232	2.13	110	97.91	9.28	1.1	11.84
9	8423	241	2.17	113	98.42	9.43	1.08	11.42
10	8712	248	2.19	115	97.39	9.95	1.2	11.97
11	H04	228	1.93	120	98.67	8.83	1.26	14.3
12	定州1号	243	2.17	113	95.97	9.59	1.08	11.3
13	短刚毛	196	1.74	115	98.32	8.01	0.87	10.87
14	多丝3号	253	2.32	110	97.08	9.62	1.18	12.25
15	多丝4号	234	2.02	117	98.99	9.36	1.29	13.75
16	方山黄	227	1.91	120	98.48	8.52	1.14	13.38
17	丰	259	2.48	105	98.42	10.58	1.23	11.6
18	海青	235	2.17	109	98.43	9.78	1.09	11.15
19	黄安东	235	2.19	108	96.96	9.58	1.09	11.39

编号	品种	春季				秋季		
		产卵数（粒）	产卵量（g）	克卵粒数（粒）	实用孵化率（%）	全茧量（g）	茧层量（g）	茧层率（%）
20	胶蓝	220	1.74	129	94.97	7.92	0.83	10.41
21	抗病 2 号	249	2.27	112	98.54	9.55	1.1	11.51
22	宽青	216	1.91	115	98.32	8.86	0.98	11.01
23	辽青	230	2.20	106	94.99	9.75	1.08	11.07
24	辽柞 1 号	239	2.07	116	98.55	9.19	1.27	13.84
25	鲁红	176	1.48	120	78.37	8.02	0.95	11.81
26	鲁杂 2 号	238	2.17	111	97.37	9.21	1.01	10.98
27	青 6 号	235	2.23	107	94.12	9.96	1.09	11.04
28	青黄 1 号	258	2.40	108	96.61	9.81	1.07	10.9
29	青皮	191	1.59	122	97.68	8.15	0.82	10.09
30	清河 1 号	248	2.25	112	98.69	9.57	1.09	11.36
31	三里丝	235	2.09	115	98.52	9.4	1.16	12.28
32	双青	247	2.15	116	98.72	9.57	1.09	11.45
33	水青	201	1.78	114	96.48	8.12	0.83	10.26
34	小白蚕	156	1.37	116	98.49	6.61	0.72	10.83
35	小杏黄	205	1.86	112	98.14	8.74	1.06	12.14
36	柞早 1 号	207	1.86	114	98.69	8.57	0.97	11.3
37	金凤 A 系	286	2.67	108	98.83	10.01	1.19	11.84
38	金凤 B 系	277	2.62	107	98.97	9.83	1.14	11.56
39	金凤 C 系	284	2.69	107	99.45	9.85	1.12	11.39
	$\bar{x}$	233	2.09	113.29	97.42	9.15	1.06	11.61
	s	26.28	0.29	4.91	3.36	0.77	0.13	0.91

② 39 份柞蚕品种资源主要数量性状表型观察值的频率分布。表 2-39 是根据 39 份二化性柞蚕品种资源 7 项数量性状表型观测值的平均值和标准差划分的 10 个等级，利用 WPS EXCEL 软件制作分布频率图，如图 2-8 所示。图 2-8 显示，只有产卵数量和产卵量 2 个性状在 10 个等级上均有分布，而克卵粒数和茧层率在 8 个等级上有分布，实用孵化率仅在 5 个等级上有分布，全茧量和茧层量在 9 个等级上有分布。产卵数量、产卵量、实用孵化率和茧层量的分布频率主要集中在第 6 等级上，克卵粒数的分布频率主要集中在第

3~7等级上，全茧量的分布频率主要集中在第6~7等级上，而茧层率的分布频率则主要集中在第4~6等级上。产卵数量、产卵量、实用孵化率和茧层量在第6等级上的分布率，分别占各等级总量的33.33%、35.90%、69.23%和41.03%，表现出了一定的集中性，呈现出近似的正态分布。7项性状的分布特征表明，产卵数量、产卵量与茧层量，克卵粒数与茧层率、全茧量存在着较高的相关性。

表2-39　39份二化性柞蚕品种资源7项数量性状表型观察值的10个等级划分

等级	产卵数（粒）	产卵量（g）	克卵粒数（粒）	实用孵化率（%）	全茧量（g）	茧层量（g）	茧层率（%）
1	<180.44	<1.51	<103.47	<90.70	<7.61	<0.80	<9.79
2	180.44~193.58	1.51~1.66	103.47~105.93	90.70~92.38	7.61~8.0	0.80~0.87	9.79~10.25
3	193.58~206.72	1.66~1.80	105.93~108.38	92.38~94.06	8.0~8.38	0.87~0.93	10.25~10.70
4	206.72~219.86	1.80~1.95	108.38~110.84	94.06~95.74	8.38~8.77	0.93~1.00	10.70~11.16
5	219.86~233	1.95~2.09	110.84~113.29	95.74~97.42	8.77~9.15	1.00~1.06	11.16~11.61
6	233~246.14	2.09~2.24	113.29~115.75	97.42~99.10	9.15~9.54	1.06~1.13	11.61~12.07
7	246.14~259.28	2.24~2.38	115.75~118.20	99.10~100.78	9.54~9.92	1.13~1.19	12.07~12.52
8	259.28~272.42	2.38~2.53	118.20~120.66	100.78~102.46	9.92~10.31	1.19~1.26	12.52~12.98
9	272.42~285.56	2.53~2.67	120.66~123.11	102.46~104.14	10.31~10.69	1.26~1.32	12.98~13.43
10	≥285.56	≥2.67	≥123.11	≥104.14	≥10.69	≥1.32	≥13.43

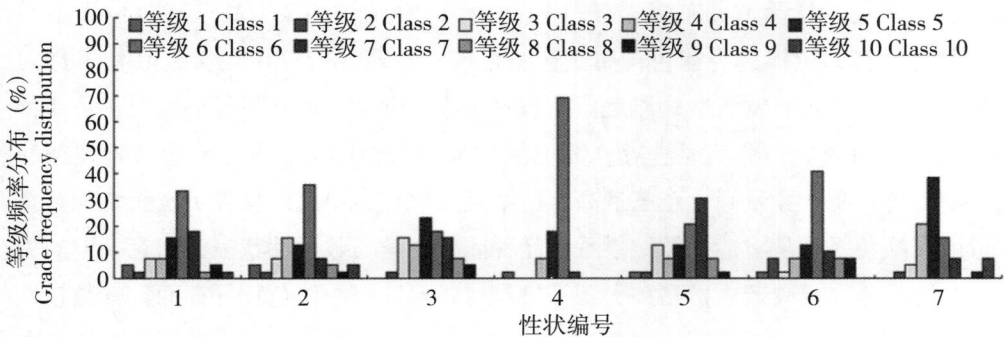

图2-8　39份二化性柞蚕品种资源7项数量性状表型观察值10个等级的分布频率

③39份柞蚕品种资源的遗传多样性。如表2-40示，实用孵化率的变异系数最小，为3.45%，说明39份品种资源的实用孵化率的整齐度较好，稳定性好，难以进行性状改良；其次是克卵粒数，变异系数为4.34%，表明该性状也具有较好的稳定性；而产卵数

量、产卵量和茧层量的变异系数较高，分别为 11.29%、13.87% 和 11.86%，稳定性稍差，易于进行改良。从 Shannon-Weaver 多样性指数来看，实用孵化率的多样性指数最小，为 0.95，说明实用孵化率的遗传多样性较低；而产卵数量、产卵量、克卵粒数、全茧量、茧层量和茧层率的遗传多样性指数较高，说明这 6 个数量性状在 39 份品种资源所组成的群体中蕴藏着较为丰富的遗传多样性，其中遗传多样性最高的性状为产卵量。

表 2-40　39 份二化性柞蚕品种资源 7 项数量性状遗传多样性的相关参数值

项目	产卵数量（粒）	产卵量（g）	克卵粒数（粒）	实用孵化率（%）	全茧量（g）	茧层量（g）	茧层率（%）
平均值	232.85	2.09	113.26	97.42	9.15	1.06	11.61
标准差	26.28	0.29	4.91	3.36	0.77	0.13	0.91
极大值	286.00	2.69	129.00	99.45	10.58	1.29	14.30
极小值	156.00	1.37	105.00	78.37	6.61	0.72	10.09
极差	130.00	1.32	24.00	21.08	3.97	0.57	4.21
变异系数（%）	11.29	13.87	4.34	3.45	8.38	11.86	7.80
多样性指数	1.94	1.96	1.93	0.95	1.89	1.84	1.72

④39 份柞蚕品种资源的聚类分析。聚类结果（图 2-9）表明，两两品种间的遗传距离最大为 28.70，最小为 0.53，根据遗传距离可将 39 个品种分为六大类群：类群I只有小白蚕 1 个品种，其幼虫体色为白色，属于白蚕血统；类群II也只有鲁红 1 个品种，其幼虫体色 5 龄前为黄色，5 龄后为红色，属于黄蚕血统；类群III有金凤 B、金凤 C 和金凤 A，其幼虫体色为黄色，属于黄蚕血统，它们实为同一品种金凤的 3 个品系；类群IV也只有胶蓝 1 个品种，其幼虫体色为蓝色，属于蓝蚕血统；类群V有 7 个品种，品种名称为青皮、柞早 1 号、小杏黄、水青、短刚毛、宽青和 941，包含青黄蚕和黄蚕血统，主要特点是产卵量低，全茧量低，龄期经过短；其他品种被归为类群VI，也主要包含青黄蚕和黄蚕血统，主要特点是产卵量高，全茧量高，龄期经过较长，由此可见青黄蚕血统和黄蚕血统有较近的亲缘关系。从上述聚类结果看，品种间的聚类与数量性状表型值有一定的关联性。如小白蚕、鲁红及胶蓝 3 份品种资源不仅具有各自独有的体色特征，而且其数量性状与其他品种差异较大，单独聚为一类；金凤的 3 个品系也聚为一个类群；H04 是以方山黄为亲本之一育成的多丝量品种，二者聚在同一类群；741 与 64 均为自朝鲜引进改良的品种，二者聚在同一类群。

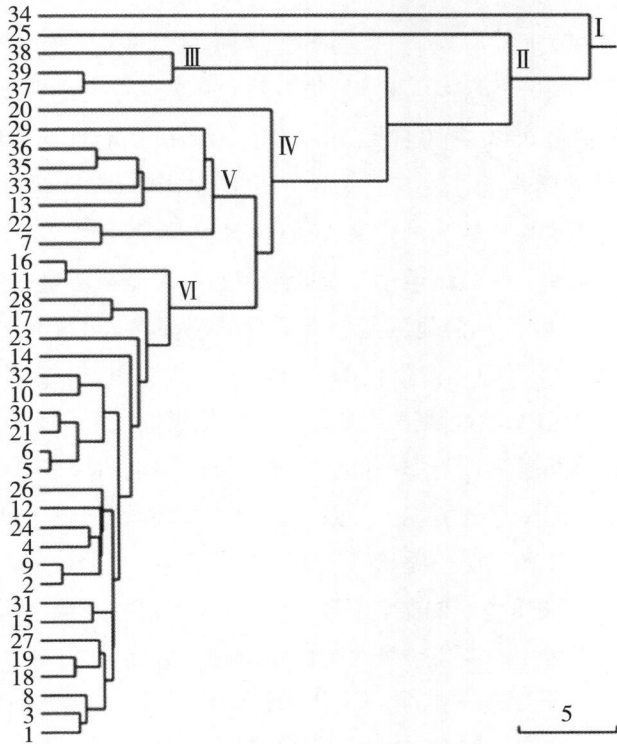

图左边种质资源编号对应的种质资源名称与表 2-38 同

图 2-9 39 份二化性柞蚕品种资源基于数量性状的聚类

2.3 柞蚕部分生化性状与经济性状的相关研究

蚕体内各种物质代谢的化学反应，几乎均由酶催化。酶的作用是一类极为重要的生物催化剂（biocatalyst）。由于酶的作用，生物体内的化学反应在极为温和的条件下也能高效和特异地进行。基因借助转录翻译出的各种专一性酶参与各自特定的代谢途径的调节，与表达出来的经济性状存在一定的相关性。饲料干物质中，蛋白质占 13% 左右，它既是蚕体组织蛋白质的来源，又是产生丝物质的基础。因此，消化液蛋白酶活性高低与蚕的生长发育及茧丝质有密切关系。目前已有通过地理差异、生理生化、数量遗传学、分子生物学等方法预测动植物杂种优势的报道。在柞蚕方面，一些学者已对其血缘关系、地理隔离、体色系统等做了研究。秦利（1996）认为杂种 F_1 代的蛋白酶活性明显高于双亲，具有杂种优势。李群测定并分析了过氧化氢酶活性与经济性状杂种优势的关系，认为过氧化氢酶活性的杂种优势在柞蚕卵、血淋巴、脂肪体、丝腺等不同材料间的表现不同。不同材料或组织中的过氧化氢酶活性与经济性状的相关性不同，丝腺过氧化氢酶活性与生命力性状（收蚁结茧率）和产量性状（单蛾结茧数、单蛾茧层量、单蛾收茧量）均呈显著正相关，而且与其杂种优势率也呈显著正相关。姜义仁分析了 5 龄幼虫的消化液淀粉酶活性与经济性状杂种优势的相关性，认为柞蚕消化液淀粉酶活性表现负向杂种优势，但其与生命力性状（收蚁结茧率）和产量性状（单蛾结茧数、单蛾茧层量、单蛾收茧量）均呈显著正相关，相关系数分别为 0.8387、0.8092、0.8228、0.8162；而且其杂种优势率与上述经济性状的杂种优势率也呈显著正相关。刘彦群分析了柞蚕 F_1 代的五龄幼虫消化液蛋白酶活性与主要经济性状的相关性，认为消化液蛋白酶活性与全茧量、茧层量、茧层率和蛹重的相关性差，与蛹期生命率、收蚁结茧率、单蛾结茧数、单蛾茧层量、单蛾收茧量均呈显著或极显著正相关。杂种 F_1 代的消化液蛋白酶活性的杂种优势率与其相关性状的杂种优势率也呈极显著正相关。F_1 代消化液蛋白酶活性的提高，是其相关性状杂种优势形成的一个原因。F_1 代消化液蛋白酶活性强度，作为一个生化指标，可用来预测 F_1 代的相关性状的优劣。刘彦群开展了酯酶活性与柞蚕部分经济性状关系的研究表明，幼虫消化液酯酶活性与中肠酯酶活性表现出一定的负相关关系，消化液酯酶活性与全茧量、蛹重存在显著正相关关系，中肠酯酶活性和茧层率性状呈显著正相关关系，卵的酯酶活性与茧质性状呈高度正相关。酯酶活性与茧质性状的杂种优势率的强弱表现也一致。因此，可以认为 F_1 代消化液酯酶和中肠酯酶活性的提高，是茧质性状杂种优势形成的原因之一。

探索柞蚕杂种优势早期预测的生理生化指标，对杂交育种中优良组合的筛选具有重要意义。在柞蚕新品种选育工作中，可以通过在室内检测相关的生化指标，筛选并淘汰低优势组合，从而减少杂交组合比较试验的规模和降低野外试验风险、缩短育种年限等。现以"酯酶活性与柞蚕部分经济性状的关系"示例如下：

（1）实验材料

选用柞蚕青黄蚕系统青 6 号（A）、选大（B）、沈抗（C）和黄蚕系统方山黄（D）4 个实用品种做杂交亲本，供试材料均由沈阳农业大学柞蚕研究室提供。配制杂交组合：青 6（A）× 方山黄（D）、选大（B）× 方山黄（D）、青 6（A）× 选大（B）、青 6（A）× 沈抗（C）及反交。经济性状调查项目包括孵化率、幼虫生命率、全茧量、茧层量、茧层率、蛹重、蛹期生命率、单蛾结茧数、收蚁结茧率、单蛾收茧量和单蛾茧层量。

（2）实验方法

①消化液采集。取 5 龄幼虫饥饿 12h，收集消化液，每品种取 10 头蚕（雌雄各 5 头）。混匀后，4000×g 离心 15min，取上清液为待测样品。

②血淋巴采集。幼虫剪去腹足收集血淋巴，蛹用针刺法取血淋巴，以苯基硫脲防氧化，4000×g 离心 15min。上清液为待测样品。

③脂肪体采集。解剖后迅速摘出脂肪体，除去杂物，蒸馏水冲洗，用滤纸吸干水分，保存于 -20℃ 冰箱中。测时在 0~4℃ 条件下解冻，加入等量蒸馏水研磨，11000×g 离心 10min，取上清液备用。

④中肠采集。解剖幼虫后摘出中肠，除去附着的气管及基底膜，在冰冷的蒸馏水中

洗涤，用滤纸吸干水分，保存于冰箱中。测定时先在 0～4℃条件下解冻，加入等量蒸馏水研磨，11000×g 离心 10min，取上清液备用。

⑤蚕卵酶液的制备。用刀片切割开卵壳，用镊子直接取出蚁蚕体，每品种 20 粒卵加 1mL 蒸馏水，研磨后 5000×g 离心 10min，取上清液为待测样品。

⑥酯酶活性测定和统计分析。按陈长琨（1993）方法进行。将 $3×10^{-4}$mol/L 浓度的 α-酸萘酯溶液 5mL，置于 25℃条件下平衡 5min，加入酶液，立刻摇匀计时，在 25℃条件下温育 25min，迅速加入显色剂 1mL（1% 固牢兰盐 B 溶液 + 5% 十二烷基磺酸钠溶液，使用前 2:5 混合），中止反应并显色，30min 后，待出现稳定的蓝绿色后，测定 OD_{600} 值。对照以（pH7.0，0.04mol/L）磷酸缓冲液代替酶液。统计分析按刘权方法进行。

（3）实验结果

①供试品种及其杂交组合的饲育成绩和杂种优势率。柞蚕不同品种、性状、杂交组合的茧质成绩及杂种优势率表现见表 2-41 和表 2-42。在供试品种范围内，综合所调查的 11 个性状的饲育成绩及其优势率，青 6 号 × 方山黄表现为强优势组合，选大 × 方山黄为中优势组合，青 6 号 × 沈抗为弱势组合。

表 2-41　供试秋柞蚕品种及杂交组合的饲育成绩

品种或组合	全茧量 (g)	蛹重 (g)	茧层率 (%)	茧层量 (g)	品种或组合	全茧量 (g)	蛹重 (g)	茧层率 (%)	茧层量 (g)
A	9.91	8.70	11.18	1.108	B	9.70	8.52	11.13	1.079
C	9.81	8.67	10.63	1.043	D	9.44	8.30	11.58	1.093
A×D	9.89	8.62	11.83	1.170	D×A	10.05	8.74	12.07	1.213
B×D	9.71	8.50	11.48	1.115	D×B	9.91	8.69	11.35	1.125
A×C	9.93	8.77	10.63	1.057	C×A	9.51	8.35	11.18	1.063
A×B	10.01	8.79	11.19	1.120	B×A	10.08	8.85	11.17	1.125

表 2-42　不同杂交组合的杂种优势率

组合	全茧量 (g)	蛹重 (g)	茧层率 (%)	茧层量 (g)	组合	全茧量 (g)	蛹重 (g)	茧层率 (%)	茧层量 (g)
A×D	2.22	6.27	3.77	1.14	D×A	3.88	10.17	5.88	2.82
B×D	1.46	2.67	0.88	1.07	D×B	3.55	3.59	0.26	3.33
A×C	0.70	−1.77	−2.57	0.92	C×A	−3.55	−1.21	2.47	−3.91
A×B	2.09	2.38	0.27	2.09	B×A	2.80	2.83	0.09	2.79

注：杂种优势率（%）=（F_1−MP）/MP×100。

②不同品种（组合）组织及发育阶段的酯酶活性。幼虫的 3 种组织中酯酶活性表现见表 2-43。在消化液中酯酶活性为青 6 号＞选大＞沈抗＞方山黄；而在中肠和血淋巴中，酯酶活性却相反，为青 6 号＜选大＜沈抗＜方山黄。尤其是消化液与中肠的酯酶活性表现相反，相关分析表明二者存在负相关关系（$r=-0.3789$），其原因可能是消化液与中肠组织对柞树叶中粗脂肪的消化功能有不同分工。

不同发育阶段的酯酶活性表现有差异。卵和蛹的血淋巴中酯酶活性大小顺序与幼虫消化液相同，即青 6 ＞选大＞沈抗＞方山黄。而血淋巴中的酯酶活性在幼虫和蛹之间表现不一致。

品种间酯酶活性差异明显。杂种 F_1 代的酯酶活性均高于两个亲本的平均值。幼虫消化液的酯酶活性杂种 F_1 代介于两个亲本之间，而幼虫血淋巴、中肠、卵、蛹血淋巴的酯酶活性有的组合超过两个亲本，有的组合介于两亲本之间。

表 2-43　柞蚕不同品种（组合）组织及不同发育阶段的酯酶活性（OD 值）

品种或组合	幼虫消化液	幼虫中肠	幼虫血淋巴	蛹血淋巴	卵
A	0.402	0.328	0.077	0.113	0.525
B	0.306	0.348	0.091	0.103	0.472
C	0.246	0.412	0.119	0.099	—
D	0.205	0.463	0.136	0.085	0.460
A×D	0.370	0.486	0.134	0.102	0.547
D×A	0.364	0.508	0.10	0.113	0.679
B×D	0.282	0.576	0.183	0.099	0.526
D×B	0.289	0.442	0.146	0.096	0.572
A×C	0.361	0.381	0.215	0.109	—
C×A	0.331	0.396	0.134	0.123	—
A×B	0.393	0.347	—	0.107	0.662
B×A	0. 381	0. 398	0. 240	0. 128	0. 757

幼虫为 5 龄第 6 日测定值，蛹为滞育前期测定值，卵为孵化前一天的测定值。

③柞蚕酯酶活性与茧质性状的相关分析。对酯酶活性（以 OD 值表示）与经济性状的相关性进行分析，结果表明酯酶活性与茧质性状（全茧量、茧层量、茧层率、蛹重）的相关系数达到显著或极显著的水平（表 2-44），而与生命力性状（孵化率、蛹期生命率、收蚁结茧率）、产量性状（单蛾结茧数、单蛾茧层量、单蛾收茧量）的相关关系不显著（表略）。

由表 2-44 可知，幼虫消化液酯酶活性与全茧量、蛹重呈显著正相关，而与茧层量、茧层率的相关不显著；幼虫中肠酯酶活性与茧层量、茧层率呈正相关，而与茧层率的相关达显著程度，但与全茧量、蛹重的相关不显著。蛹血淋巴的酯酶活性与全茧量、蛹重呈正相关，且与蛹重的相关达显著程度。卵的酯酶活性与全茧量、蛹重均呈极显著正相关，同时与茧层量的相关系数（$r=0.5234$）也较大。

表 2-44　酯酶活性与茧质性状的相关性

项目	相关系数				
	幼虫消化液	幼虫中肠	幼虫血淋巴	蛹血淋巴	卵
全茧量	0.7066*	−0.1392	0.2455	0.4209	0.8569*
茧层量	0.3132	0.4723	−0.1086	0.0935	0.5234
茧层率	0.0639	0.6191*	−0.2516	−0.1262	0.0404
蛹重	0.6548*	−0.2688	0.3105	0.5982*	0.8568*

注：* 表示 5% 显著水平。

④柞蚕酯酶活性的杂种优势分析。供试柞蚕品种的 F_1 代的酯酶活性的杂种优势率在正反交之间存在较大差异（表 2-45）。杂种优势率大小顺序在幼虫消化液和中肠上均为青6号 × 方山黄＞选大 × 方山黄＞青6号 × 选大＞青6号 × 沈抗，其杂种优势的表现与茧质性状的杂种优势率基本相一致。

表 2-45　酯酶活性的杂种优势率

测试项目	不同组合优势率							
	A×D	D×A	B×D	D×B	A×B	B×A	A×C	C×A
幼虫消化液	21.71	19.74	10.16	12.89	11.02	7.63	11.42	2.16
幼虫中肠	22.73	28.28	41.87	8.87	2.66	17.75	2.97	7.03
卵	10.95	37.73	12.88	22.75	32.76	51.70	—	—

⑤柞蚕酯酶活性杂种优势率与茧质性状杂种优势率的相关分析。对酯酶活性的杂种优势率与茧质性状的杂种优势率作相关分析，幼虫消化液酯酶活性的杂种优势率与全茧量的杂种优势率呈显著正相关（剔除选大 × 青6号的异常数据后），相关系数 $r=0.7969$（$t=2.949 > t_{0.05}=2.571$）；与蛹重的杂种优势率呈显著正相关，相关系数 $r=0.7188$；幼虫中肠酯酶活性的杂种优势率与茧层率的杂种优势率呈显著正相关（剔除数据异常的选大 × 方山黄后），相关系数 $r=0.7987$（$t=2.968 > t_{0.05}=2.571$）。卵的酯酶活性的杂种优势率与蛹重的杂种优势率呈高度正相关（$r=0.6373$），与全茧量的杂种优势率呈高度的正相关（$r=0.6116$）。

相关分析表明，茧质性状的杂种优势率强弱与幼虫消化液和中肠的酯酶活性的杂种优势率强弱相一致，即幼虫消化液和中肠酯酶活性杂种优势与茧质性状的杂种优势一致。

2.4　柞蚕分子生物学研究

分子生物学是从分子水平研究生物大分子的结构与功能从而阐明生命现象本质的科学。自 20 世纪 50 年代以来，分子生物学一直是生命科学的前沿与生长点。20 世纪 80 年代，分子生物学开始应用于柞蚕生物学研究中，在柞蚕及其病原物的生物大分子物质分离与鉴定、柞蚕激素调控、抗性酶活力测定、柞蚕核型多角体病毒表达系统构建和抗菌肽基因克隆与表达等方面取得一些成果。20 世纪末，柞蚕线粒体 DNA 研究取得一定进展，分子生物学开始应用于柞蚕的系统学研究与功能基因研究。21 世纪初，高通量测序技术的发展与应用及其家蚕基因组计划和功能基因组研究计划的实施对生命科学基础研究领域产生了巨大影响，并将对包括柞蚕在内的绢丝昆虫产业发展产生深远影响。

柞蚕是我国特有的泌丝经济昆虫。利用分子生物学技术提高柞蚕产量、品质和抗性以及开发高附加值生物新产品一直是柞蚕产业可持续发展的重要课题，而柞蚕系统学研究、基因组研究与功能基因研究则是柞蚕分子生物学的重要研究内容，是柞蚕品种资源改良与利用的重要辅助手段。

2.4.1　柞蚕种质资源的分子系统学研究

分子系统学是指通过将生物大分子（蛋白质、核酸和染色体）等作为标记，来阐明生物各类群间种群的遗传结构和分类群间的进化关系的学科。由于生物大分子所载遗传信息量大，因而分子系统学结论更具可比性和客观性，对于缺乏形态性状的生物类群，分子系统学是探讨系统演化关系最有效的方法。

分子系统学研究的主要方法是根据分子生物学数据构建生物类群的谱系发生树，依据系谱图确定生物类群的分类地位、演化关系、亲缘关系、起源等分类学问题。分子系统学第一步是确定所要分析的生物类群，选择一个合适的内类群进行研究。内类群的选择依据主要有 3 点：①结合形态学等各方面证据，选择一个单系发生的类群；②尽量选择有代表性的典型类群；③在个别系统关系不确定分支间，可通过增加分类群更好的得到可靠结论。内类群的数量以及选择依据的科学性是得到可靠结论的关键。内类群数量选择上目前观点认为，当所分析的序列长度一定时，尽量选择较多的分类群有助于获得更准确的结论。在分子系统学研究过程中还会选择一个合适的外群辅助确定内群进化的方向。根据研究内群数目及复杂程度，外类群的选择可以是单个（单一外类群），也可以是多个（复合外类群）。因此，分子系统研究进行前需要对所研究的内、外群的关系进行初步探讨，选择较为理想的外类群。最理想的外类群应该是该内群的姐妹群，因为二者间拥有较多的共近裔性状。

分子系统学的第二步是确定所要分析的目的生物大分子（包括 DNA 序列、蛋白质序列等）或它们的组合。目的基因的选择能够反映系统演化的过程，应根据分类群等级的高低选择适宜的基因标记。对于高级分类阶元（科级以上）间的系统发生分析可以选择相对较为保守的基因或基因片段，如核糖体基因（18S rRNA 基因、28S rRNA 基因）等；在较低级的分类阶元间，可以选择进化速率较快的基因或基因片断，如转录间隔区（ITS）以及一些线粒体基因（16S rRNA 和 Cytb 基因相对比较保守，COI、COII 以及 ND5 基因进化速度比较快）。线粒体基因与核基因在昆虫分类方面各具优势，线粒体基因为母系遗传、分子量小、进化速率快，可有效分析近缘物种及种内群体间的进化关系；而核基因进化速率慢，碱基位点的变异具有同质性，适合于解决高级分类阶元的分子进化问题。对于每一个研究对象，选择的标记要具体问题具体分析，选择的标记数目也可以是单个或者多个。条件允许的话，可以作多基因或多基因组合分析后寻求一致树来加以解决。对于涉及多种层次分类阶元的复杂分类群，可以采取组合分析的方法根据所推断系统树谱系的位置，选择保守的基因（基部）或进化速率适中（中段）和进化速率较快的基因（顶端）。

分子系统学的第三步是获得候选类群的目的基因序列或其他相关数据。对于具体的数据获得有两个途径：①如果所要的数据已经登记在数据库中，可通过各大数据库获得所需的序列数据。现在比较流行的 3 大数据库：美国 National Center of Biotechnology Information（NCBI）的 Genbank 数据库（https://www.ncbi.nlm.nih.gov/）、欧洲 The European Molecular Biology Laboratory（EMBL）DNA 数据库（https://www.embl.de/index.php）、日本 DNA Data Bank of Japan（DDBJ）数据库（http://www.ddbj.nig.ac.jp/index-e.html），可以从这些数据库直接得到需要的基因数据。②对于没有明确收录的序列可以通过实验手段获得。通过设计特异引物进行 PCR 扩增和序列测定获得序列数据。此外，分子标记技术也是分子系统学一个重要的手段，为某些序列的相关数据的获得提供了明确的指导。

分子标记是 DNA 水平遗传多态性的直接反映。目前在分子标记中 RAPD 标记、RFLP 标记、AFLP 标记、ISSR 标记、SSR 标记、SNP 标记研究的较为深入。

① RAPD（Randomly Amplified Polymorphic DNA）随机扩增多态性 DNA 分子标记技术采用随机合成的寡核苷酸（通常 9～10 个碱基）作为 PCR 反应的引物进行扩增，对于不同模板 DNA，用同一引物扩增相同或不同的条带。当模板 DNA 上存在两个或两个以上的与引物同源的位点，引物便能有效扩增，扩增出的位点数量的不同便是 RAPD 的多态性。该技术简便易于程序化，但影响因素较多，重复性较差。

② RFLP（Restriction Fragment Length Polymorphism）限制性片段长度多态性标记是不同物种用已知的限制性内切酶消化后，产生大小不同的酶切片段，这些多态性片段由电泳分离并通过 Southern 印迹转移到硝酸纤维膜上，用放射性标记的探针与膜上变性的酶切

DNA 进行杂交，放射自显影获得结果。虽该技术操作烦琐、检测周期长、成本高，但可测定多态性的来源亲本以及多态性来源的突变类型。

③ AFLP（Amplifted Fragment Length Polymorphism）扩增片段长度多态性就是利用 PCR 技术扩增基因组 DNA 限制性片段。基因组 DNA 先用限制性内切酶切割，然后以接头序列和相邻的限制性位点序列作为引物结合位点将双链接头连接到 DNA 片段的末端，PCR 扩增产物经放射性同位素标记、聚丙烯酰胺凝胶电泳分离，然后根据凝胶上 DNA 指纹的有无来检验多态性。该技术不仅兼顾 RAPD 技术的方便性和 RFLP 技术的稳定与可靠性，而且具有多态性强、分辨率高和样品适用性广等优点。

④ ISSR（Inter-simple Sequence Repeat）是用锚定的微卫星 DNA 为引物，即在 SSR 序列的 3′端或 5′端加上 2~4 个随机核苷酸，在 PCR 反应中，锚定引物可引起特定位点退火，导致与锚定引物互补的间隔不太大的重复序列间 DNA 片段进行 PCR 扩增。所扩增的 inter SSR 区域的多个条带通过聚丙烯酰胺凝胶电泳得以分辨，扩增谱带多为显性表现。该技术开发成本低，揭示的多态性较高，精确度较高，但特异性不强。

⑤ SSR（Simple Sequence Repeat）简单序列重复，又称微卫星 DNA（Microsatellite DNA），是一类由 1~6 个碱基组成的基序串联重复而成的 DNA 序列，其长度一般在 200bp 以下，分布于整个基因组的不同位置。根据简单重复序列两端互补序列设计引物，通过 PCR 反应扩增微卫星片段，由于核心序列串联重复数目不同，因而能够用 PCR 的方法扩增出不同长度的 PCR 产物，将扩增产物进行凝胶电泳，根据分离片段的大小决定基因型并计算等位基因频率。该技术可检测到单个的多等位基因位点，且共显性好、重复性好，但引物开发费用较高。

⑥ SNP（Single Nucleotide Polymorphism）单核苷酸多态性是指基因组上单个碱基的置换、颠换、缺失和插入形成的遗传标记。SNP 标记是一种高密度、特异性强、稳定性好的新型分子标记技术，在人类基因组上，约每 1330 个碱基就会出现 1 个 SNP，如此频繁出现的 SNP 使该标记技术非常适用于绘制高密度遗传图谱。随着高通量测序技术的发展，个人快速的基因组测序已变得切实可行，能够获得大量的 SNP 信息，结合生物信息学方法可更为经济高效的开发 SNP 标记。

分子系统学的第四步是对获得的相关数据进行比对或其他的数学处理。选择了适宜的目的基因并通过基因的扩增和序列测定后，就获得了各个目标生物类群的 DNA 序列数据，对所获得的同源 DNA 序列进行比对是分析中的关键环节。所谓比对是指通过插入间隔的方法，使不同长度的序列对齐达到长度一致，并确保序列中的同源位点都排列在同一位置。其中，间隔的处理对后续的系统学分析有明显的影响，通常采用软件和肉眼双重比对结合的方法。目前广泛使用的比对软件如：CLUSTAL 系列软件、DNAMan、DNAStar、SeqScape、NCBI 网站可进行 Blast 比对，肉眼比对则是基于某些序列结构特征的手工校正，可作为软件比对的补充手段。当遇到某些缺失位点（Indels）和多次替换位点情况时需要依个人积累的经验和相应的数学方法、设计统计学模式以估算发生多次替换的数目而加以修正。

分子系统学的第五步是基于反映 DNA 序列进化规律的数学模型构建分子系统树。得到比对后的序列结果可以用来构建系统进化树。常用的进化树构建软件有 MEGA、PHYLIP、Tree-PUZZLE、PAUP、TREEVIEW、MrBayes 等交互式软件或者 DOS 界面下的软件。根据相应计算原理不同，建树的方法也有多种选择，应用广泛的有 5 种：最早基于统计距离矩阵的非加权组平均法（Unweighted Pair Group Method with Arithmetic mean，UPGMA），基于统计特征的最大似然法（Maximum Likelihood，ML），基于生物离散特征的最大简约法（Maximum Parsimony，MP），基于进化距离的邻接法（Neighbor Joining，NJ）和基于贝叶斯推断的方法。

①非加权组平均法用来重建系统发生树时，其假定的前提条件是：在进化过程中，每一世系发生趋异的次数相同，即核苷酸或氨基酸的替换速率是均等且恒定的。通过 UPGMA 法所产生的系统发生树可以说是物种树的简单体现，在每一次趋异发生后，从共祖节点到 2 个 OTU 间的支的长度一样。因此，这种方法较多地用于物种树的重建。

②最大似然法是一种完全基于统计学的系统发生树重建方法。对进化模型下每一种进化树生成的可能性进行计算，选择最大可能性的进化树即为最大似然树。最大似然法在构建进化树的准确度方面很高。迄今的研究表明，在分类群数目较大、序列长度较长的复杂分析中，ML 法的分析结果优于其他任何方法，但是在处理大量数据时效率比较低，且对模型的依赖比较严重，同时当序列数目足够大而序列长度很小时，和 MP 法一样它也容易给出错误的拓扑结构。

③最大简约法是依据各个位置上由一条序列突变成另一条序列所需最小数量突变来进行比较分析来构建系统发生树的。就序列上的位点来说，它没有明确的假设，无须估计核苷酸替换时所用的各种数学模型，且当序列间的分化程度较小、序列长度较大且核苷酸替换率较稳定的情况下，该法能获得更为真实的拓扑结构。由于 MP 法需要比较大量的拓扑结构，当序列数目和长度较大时，运算过程非常耗时。

④邻接法是通过计算距离最近的成对分类物种组使系统发生树的进化距离之和达到最小。因 NJ 方法不用假设物种的进化速率相同，所以结果具有一定可信度。NJ 方法在进行序列合并时，既要满足待合并序列进化距离的相近，同时也要求待合并的序列与其他序列的近似距离较远。通过这一方法得出的枝长估算值不具有确定的进化意义。

⑤贝叶斯推断法的理论基础是最大后验概率原理，根据先验知识求出后验分布，用于刻画所推断发育树为真的可能性，选择具有最大后验概率的那棵树作为系统发育树的最佳估计。尽管这种方法已经成功应用于多种场合，但是由于需要估计分布的先验概率，并且需要集成各种参数，同时这种方法的计算也耗费时间，因此基于贝叶斯推断方法的应用也受到限制。

分子系统学第六步是对构建的系统树做相应的数学统计分析以检验系统树的可靠性。通过软件的计算分析得到了基于序列的系统进化树的可靠性取决于选取的数学模型、构树方法等因素。通过统计分析可以很好检验系统树的稳定性，此外性状的抽样是系统树不可靠的另一主要因素，通常使用同样的构树方法，而因取样不同往往得到不同的结果。因此基于重复抽样方法的自展法（Bootstrap method）在检测系统树精确度方面得到广泛应用。它是根据从原始数据集中随机抽样产生的自展数据集来构建多个谱系树，然后检验这些谱系树和其他方法构建的与其相对应的一致树之间各分支的支持率。在同一谱系树上，自展支持率的高低反映了该分支的稳定性。该方法具有严格的统计学背景和简洁的实现方案，现已成为最主要的系统树的可靠性分析方法。

分子系统学的研究所获得的生物类群间亲缘关系的系统发生树，大多都与物种树相吻合，有时两者之间也存在差异。Nei（1987）认为基因树和物种树之间至少存在两个方面的差异：一是基因树的分化时间早于物种树；二是基因树的拓扑结构可能与物种树不一致（两个或多个基因树之间存在差异）。Maddison（1997）认为造成两种树差异的原因是：基因重复所导致的并源而非直源关系的产生，不同生物类群间基因的水平转移，系统演化分歧事件发生后产生的分子性状的多型性引起的谱系选择等生物学因素。目前公认解决这个难题要依靠分子系统学研究中一定要选择直源基因而非并源基因，选择水平转移事件较少的树，采用基于大量独立进化的基因位点进行分析。另有研究认为，在进化过程中自然选择能导致形态的迅速分歧，即使当两个种群享有一个共同祖先或一直存在着基因交流；自然选择可引起在进化上不同祖先的种群承受着特征的趋同，造成形态上相似性，而且形态学特征也会受到环境因子如食性的影响、生物因子以及社群进化的影响。因此Geist（1991）认为形态学特征不能反映出系统进化关系，马渡峻辅也总结了分子学特征较形态学特征有更大的优越性，碱基数量大，碱基之间相互独立，容易比较它们之间的差异以及可完全排除环境因素的干扰等，因而认为分子学特征适合于分类及系统进化的研究。Patterson（1987）等也讨论了形态学同分子学不一致的原因主要是不同的样本数、不同的分析方法、同源性的估计问题以及人为误差等。分子系统学中取样问题比在形态学中更为严重，有经验的形态学家主要基于众多的样本群体的研究；而分子系统学家则被迫用有限的样本，且测定一个或两个种作为代表来产生系统树。因此选择适合的分子系统学分析方法，并且把形态学特征与分子学特征结合起来进行研究，将会对生物系统进化过程提供一个更完美的解释。

中国柞蚕（*Antheraea pernyi*）的种质资源丰富，在2000多年的柞蚕饲养历程中，由于自然变异和自然选择作用的积淀以及长期的人工选择与定向培育，逐渐形成了许多具有不同特征特性及适应不同地理区域饲养的柞蚕种质资源。现有的柞蚕种质资源研究多集中在柞蚕种质资源的分子系统学及数量性状评价方面。

在柞蚕分子系统学研究方面，以往研究多采用RAPD标记与ISSR标记技术。桂慕燕等（2001）最先采用 RAPD 技术成功利用 27 对随机引物对 5 个柞蚕品种（方黄 2、青黄、莲白、胶蓝、鲁白）的遗传差异进行比较研究，结果得出 5 个柞蚕品种间随机扩增 DNA 多态性较低（40.7%）、遗传差异相近、地理品种间分化程度低于家蚕。刘彦群等（2002）用 RAPD 标记对 4 个代表性柞蚕品种（河 41、四青、青黄 1 号、杏黄）进行了个体基因组 DNA 的多态性检测，结果得出柞蚕不同品种个体间的多态性为 80.7%，同一品种个体间的多态性为 45.8%~49.4%，同一品种个体间的遗传距离为 0.133~0.238，远大于家蚕。这表明柞蚕具有极为丰富的 DNA 多态性，有 60% 来源于品种内的个体间，而来源于品种间的部分只占 40%。宋宪军等（2004）对 8 个柞蚕生产应用品种进行的 RAPD 分析，结果证明来源相同、体色相同的品种间遗传距离小，亲缘关系较近。另有 3 个较大样本实验得出较为一致结论：刘彦群等（2006）同样采用 RAPD 技术对 68 个柞蚕品种的基因组 DNA 多态性进行分析；李敏等（2007）利用 ISSR 标记技术对 66 份柞蚕品种材料进行了遗传多样性分析，王凤成等（2009）采用 RAPD 技术对辽宁省蚕业科学研究所长期保存的 36 份柞蚕品种资源进行基因组 DNA 多态性检测（图 2-10），结果得出基因组 DNA 多

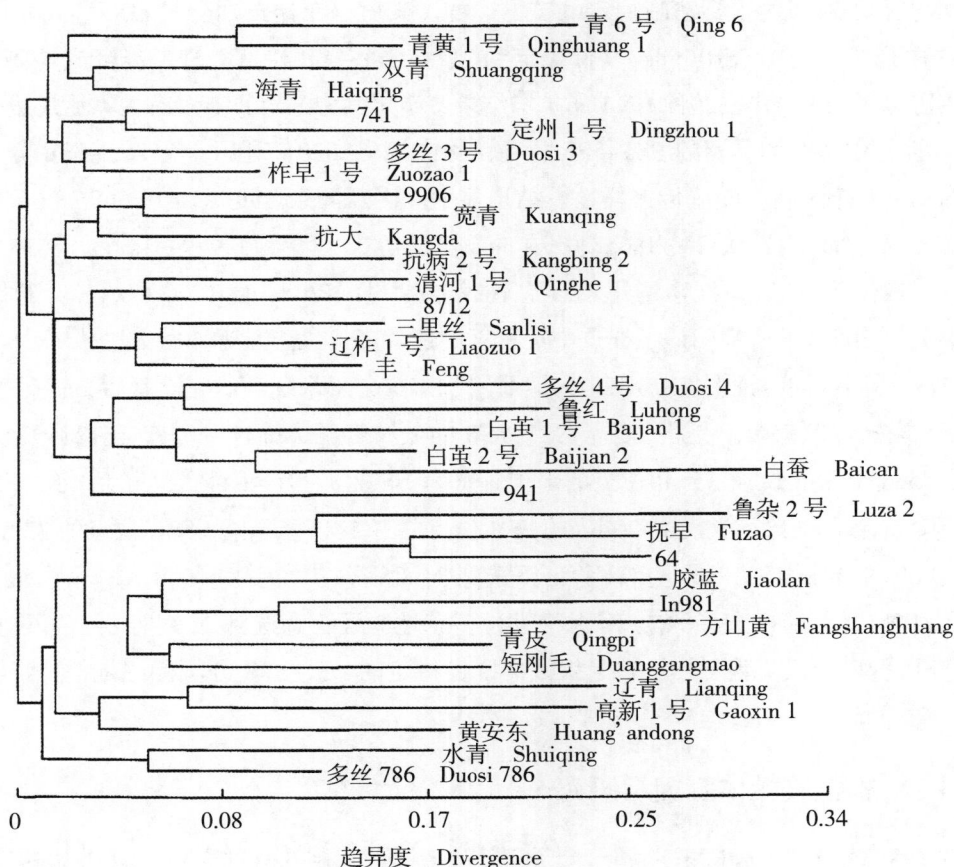

图 2-10　36 份柞蚕品种资源基于 RAPD 的聚类

态性为 90.7% ~ 92.7%，遗传一致性系数为 0.390 ~ 0.837，表明柞蚕种质资源具有丰富的遗传多样性，且长期同地保存的二化性柞蚕品种也具有丰富的遗传多样性，但供试品种间的相似度较高。NJ 与 UPGMA 聚类分析结果都表现出按目前所在地域（产地）聚类的特性，证明了柞蚕品种或品系的聚类与体色无关，而与目前地理分布（原产地）和育种亲本密切相关。刘彦群等（2006）同样采用 RAPD 技术对来源于 4 种体色的 13 个柞蚕品种进行基因组 DNA 多态性分析，为柞蚕品种资源聚类与体色无关，而与其目前的地理分布密切相关的特性提供又一有力证据。

RAPD 与 ISSR 分子标记技术虽然揭示的多态性较高，但都存在自身缺陷，很难实现对全部柞蚕品种遗传多样性的精确分析，仍需开发新的特异性强、共显性好的分子标记技术（如 SSR、SNP 标记）系统地研究柞蚕品种资源的遗传多样性与品种分化关系。

近 10 年，柞蚕 EST-SSR 标记已应用于柞蚕的分子系统学研究。湛苗苗（2014）将 50 多对家蚕 SSR 引物在柞蚕上的转移扩增效果，结果仅发现 3 对引物在柞蚕上有扩增产物。在大蚕蛾科的野蚕中，琥珀蚕（*Antheraea assama*）和蓖麻蚕均开发了 SSR 标记，将有 11 对琥珀蚕 SSR 引物在柞蚕上转移扩增，虽然柞蚕与琥珀蚕同属于柞蚕属，但结果显示仅有 1 对引物得到清晰稳定的扩增产物。其后，在柞蚕蛹全长 cDNA 文库的 1500 条 EST 序列中，利用 SSRFinder 软件鉴定到 71 个 EST-SSR 位点，进一步合成了 29 对引物，利用引物在 13 个柞蚕品种 DNA 的扩增结果鉴定出其中 8 对具有多态性，通过进一步的测序验证其中 4 对为真实的 EST-SSR 标记。钟亮等（2020）利用 4 个 EST-SSR 分子标记分析了 11 个柞蚕品系的遗传多样性。结果显示基因观测杂合度（Ho）为 0.182 ~ 0.400，期望杂合度（He）为 0.524 ~ 0.658，Shannon 信息指数（I）为 0.909 ~ 1.363，群体分化系数（Fst）均值为 0.337，群体的平均多态性信息含量（PIC）为 0.239 ~ 0.477，遗传距离为 0.085 ~ 1.305，进一步确认了柞蚕中等程度的遗传多样性，且近 60% 的遗传变异存在于品系内个体间，同时证明 EST-SSR 标记适用于柞蚕分子系统学研究。其后，钟亮等（2022）基于柞蚕体壁转录组数据分析了 EST-SSR 的分布特征，筛选到分布于 12846 条 UniGene 的 15568 个 SSR 位点。SSR 位点的出现频率为 14.72%，有 41 种重复基元，优势重复基元为单、二碱基。序列长度 ≥ 20 bp 的 SSR 位点共有 511 个，占总 SSR 位点的 3.28%，选取其中 69 对合成引物，通过 PCR 验证筛选到 31 对有效扩增引物。利用 10 个柞蚕品种的幼虫总 DNA，对随机选择的 14 对引物进行多态性验证，筛选到 12 对稳定、可重复的多态性 SSR 引物。证明基于柞蚕转录组数据开发稳定的 EST-SSR 分子标记是一种经济、有效的方法。

2.4.2　柞蚕线粒体基因组研究

线粒体 DNA（mtDNA）属于母系遗传，基因组结构相对简单，且进化速率较核基因快，具有较高研究价值，现已作为理想的分子标记应用于昆虫群体遗传学及分子系统学研究。

昆虫线粒体基因组与其他动物的基本相同，为裸露的双链超螺旋共价闭合环状分子，是动物体内唯一存在的核外遗传信息载体。昆虫纲动物线粒体基因组包括 13 个与氧化磷酸化相关蛋白质编码基因包括：编码 NADH-Q 还原酶的 7 个亚基 ND1-ND6 和 ND4L；编码细胞色素氧化酶 b 的一个亚基 CYTB；编码细胞色素氧化酶 c 的 3 个亚基 COX1-COX3；编码 ATP 合成酶的 2 个亚基 ATP6 和 ATP8；运输线粒体蛋白的 22 个 tNRA 基因，2 个 rRNA 基因 16S rRNA 和 12S rRNA 以及 1 个大的非编码区（D 环）包含复制起点控制区（A+T 富集区），其长度可变，能够充当 mtDNA 复制和转录的起始位置以及一个轻链复制区。

昆虫线粒体基因组有相对恒定的信息量，大小为 15.4 ~ 16.3 kb，分子量小，结构简单。基因间一般没有间隔序列，无内含子、转座子等复杂因素的影响。核苷酸组成有不均一性，进化速度快，是核基因进化速率的 2 ~ 9 倍、拷贝数高、易于分离纯化，基因排列具有相对稳定性。在昆虫中，鳞翅目、双翅目、半翅目、直翅目、鞘翅目的基因排列方式基本一致，而鳞翅目昆虫往往会发生 tRNA^{Met} 基因位置的改变。

昆虫线粒体基因组是昆虫系统学研究中较好的分子标记。一般认为昆虫线粒体基因组的进化主要以碱基替换为主，替换又以转换为主，发生转换（transition）频率远高于颠换（transvcrsion）频率，因此即使是在近期内趋异的物种之间也会很快地积累大量的核苷酸转换。既有利于检查出在较短时期内基因发生的变化，又能比较不同物种的相同基因之间的差别，并确定这些物种在进化上的亲缘关系。但大蚕蛾科昆虫的进化模式可能比较特殊，在柞蚕属的种间有颠换高于转换的现象，可能是由于线粒体基因组高度富含 AT 碱基，在进化上有发生颠换大于转换的趋势。昆虫线粒体基因组通常应用在一个种的存在时间内形成的可用于系统发育分析的性状，因此在确定昆虫类群的系统地位和系统发生关系方面有着重要作用。

目前对于 mtDNA 的研究表明，不同基因间的进化速率并不相同，同一基因的不同区段核苷酸保守程度也不一致。一般 tRNA 和 rRNA 基因较为保守，碱基替换率最低，而 A+T 富集区、蛋白质编码基因相对进化速率快。在鳞翅目昆虫分子系统学研究中，使用较多的基因片段有 COX1（CO I）、COX2（CO II）、ND5、16S rRNA、CYTB 以及 A+T 富集区。在这些基因中，16S rRNA 基因和 CYTB 基因相对较为保守，比较适合研究属间、种间的系统关系；另外 4 种基因进化速率相对较快，经常用于分析亲缘关系密切的种、亚种及地理种群之间的系统关系。研究发现大蚕蛾科的昆虫 16S rRNA 基因序列具有偏向使用碱基 AT 的特点，该序列的一段保守性区域可作为进化分析的依据，该区域 AT 含量丰富，已被成功用于分析鳞翅目蚕蛾和大蚕蛾科昆虫之间的进化关系。CYTB 基因进化速度适中，且在碱基组成上具有偏好，并且具有种间的差异，在昆虫中 CYTB 基因的 AT 含量明显增大。目前认为它是对动物种上和种下分类阶元进行系统进化研究较好的分子标记，适合研究种间到种内甚至科间的系统发育关系。COX1 和 COX2 基因在鳞翅目昆虫中应用最为广泛，它们相对保守的同时又具有足够的变异，序列长度适合用通用引物来扩增。COX1 是细胞色素氧化酶亚基中最大的，其基因序列中有一段约 640bp 的片段可作为标准基因区即 DNA 条形码，能够有效地解决有关种的鉴定问题。COX2 基因序列的应用最多，几乎在昆虫纲的所有物种都获得了它的同源序列。ND5 基因的组成结构在不同分类单元之间有变异，通常很多学者利用 ND5 基因，同时联合其他线粒体基因、核基因以及形态学数据进行综合分析。A+T 丰富区是动物线粒体基因组序列和长度变异最大的区域。虽然昆虫线粒体 A+T 丰富区的位置以及保守序列与脊椎动物不同，但它们对昆虫 mtDNA 的复制起着同样重要的作用。选取 mtDNA 上的不同基因或片段序列，可以进行不同分类水平上的进化研究。通常原则是对于亲缘关系较远的物种，一般选取选择压力大、比较保守的基因序列；对于亲缘关系较近的物种，则选取选择压力小、进化较快的基因序列。

目前，已有 26 种泌丝昆虫线粒体基因组完成测序并递交到 GenBank 公共数据库。已测序的泌丝昆虫线粒体全基因组序列大小为 15 236~15 928bp。在柞蚕线粒体基因全长的研究上，刘彦群等（2008）完成了柞蚕品种豫早 1 号的线粒体基因组全序列的测定和分析。柞蚕线粒体基因组全长 15 566bp，基因组顺序与已知鳞翅目昆虫线粒体基因组一致。柞蚕的 mtDNA 与其他鳞翅目昆虫一样也存在 tRNA^{Met} 的转位，不同于果蝇（*Drosophila melanogaster*）的 tRNA^{Ile}–tRNA^{Gln}–tRNA^{Met}，柞蚕的排列顺序为 tRNA^{Met}–tRNA^{Ile}–tRNA^{Gln}。刘彦群等（2012）还测定了云南野生柞蚕的全线粒体基因组。野生型柞蚕的 mtDNA 全长 15 537bp，比放养型柞蚕（豫早 1 号）少 29bp。其基因含量、排列顺序和方向都与放养型一致，只在 A+T 富集区的重复单元数量上存在显著差异。

柞蚕 mtDNA 主链的碱基组成具有严重地 AT 偏好性（A 为 39.22%，T 为 40.94%）。柞蚕 A+T 富集区全长 552bp，AT 含量高达 90.4%。对该区段的序列分析结果表明，柞蚕 A+T 富集区可划分为三部分。第一段长 53bp，位于 srRNA 基因和中间的重复区之间，包含一个 19bp 的多聚 A（poly A），该结构在已知鳞翅目昆虫线粒体基因组中是高度保守的。第二段长 228bp，包括 6 个重复单元，每个都具有约 20bp 的核心保守区，保守区两侧各有 9bp 的精确反向重复序列。第三段共长 278bp，介于中间重复区和 tRNA^{Met} 基因之间，包含一个高度保守的多聚 T（poly T）。陈默等（2012）测定了 16 个放养型和 3 个野生型柞蚕样品的 A+T 富集区全长序列。从 16 个放养型柞蚕样品中鉴定出 9 种单倍型，序列长度在 550bp 到 554bp 之间，序列变异仅为 0.18%~0.91%，具有很高的相似度。3 个野生型柞蚕样品被分为 2 种单倍型，序列长度为 516bp 或 517bp，与放养型柞蚕的 A+T 丰富区序列相比，野生型柞蚕 A+T 丰富区序列显示出了长度多态性和相对较多的碱基差异。系统进化分析发现，串联重复序列数量的变化是造成放养型与野生型柞蚕 A+T 丰富区之间的长度多态性的原因。

　　基因重叠与间隔是线粒体基因普遍存在现象。在柞蚕 mtDNA 中，有 18 个基因间隔区，单个长度为 1~56bp，共 202bp；有 4 个基因重叠区，共 19bp。在合目大蚕蛾（*Saturnia boisduvalii*）中有 16 个基因间隔区，长度为 1~53 bp，共 194bp；有基因重叠区 6 个，共 41bp。而在蚕蛾科家蚕（*Bombyx mori*）品种夏芳的 mtDNA 中，存在 20 个基因间隔区，长度在 1~66bp，共 371bp；有 5 个基因重叠区，共 20bp。

　　柞蚕线粒体相关研究已有一些报道。孙玲等（2008）测定了 22 个柞蚕品种 CYTB 基因 5′端 485bp 的序列，分析结果表明，所有柞蚕品种被分为两组，且两组间仅在 294bp 处有一个位点的差异。刘彦群等（2008）测定了野生型与放养型（豫早 1 号）柞蚕的 12S rRNA 基因的部分序列（427bp），结果得出两者基因序列完全一致。朱绪伟等（2008）测定了云南野柞蚕 COX1 基因 5′端 658bp 片段序列，并利用该 DNA 条形码探讨了云南野柞蚕的分类地位。结果计算出云南野柞蚕与放养型柞蚕间的遗传距离为 0.016，小于放养型柞蚕与印度洛丽柞蚕（*Antheraea rolyei*）间的平均遗传距离（0.028），但与家蚕同其祖先中国野桑蚕（*Bombyx mandarina*）之间的遗传距离（0.015）相近。Hwang 等（1999）分别用 12S、16S 两种 rRNA 和 COX1 基因对柞蚕和天蚕进行系统进化分析，结果表明柞蚕属为单系起源。

　　大蚕蛾科昆虫线粒体基因相关研究也有一些报道。刘彦群等（2008）对柞蚕属、樗蚕属、蚕蛾属 9 种绢丝昆虫的 12S rRNA 基因分析表明，3 个属均为单系起源，所构建的 UPGMA 树表明琥珀蚕（*A.assama*）是柞蚕属较为原始的类型，而 NJ 树、ME 树和 MP 树均支持波洛丽柞蚕（*A.proylei*）是较为原始的类型。Arunkumar 等（2006）研究发现洛丽柞蚕和波洛丽柞蚕的控制区中也存在 6 个 38 bp 的重复单元组成的串联重复序列，而该结构在其他大蚕蛾科昆虫中并不存在。推测该结构是在这两种柞蚕从大蚕蛾科分化后插入形成的。有关 12S、16S rRNA 及 COX1 的系统发育分析也显示这两种柞蚕是新近分化形成的种。然而该研究结果与基于表型、染色体组型及转录间区 1 序列的研究结果，琥珀蚕是柞蚕属较为原始类群，不完全一致。波洛丽柞蚕原为中国柞蚕与洛丽柞蚕的杂交固定种，因此，该研究结果还有待于进一步探讨。

　　柞蚕是重要的经济昆虫，了解柞蚕的起源和进化关系，可充分发掘和利用其近缘种丰富的基因资源，更可为柞蚕的种质资源保存、品种改良和遗传育种奠定基础。目前，在 GenBank 中所查询到的大蚕蛾科和蚕蛾科等泌丝昆虫线粒体全基因组序列信息见表 2-46。

表2-46   GenBank 中泌丝昆虫线粒体全基因组序列信息

科	属	种	线粒体基因组（bp）	登录号
大蚕蛾科 Saturniidae	*Antheraea*	*A. pernyi*（Wild type）	15 537	HQ264055
		A. pernyi（Yu6）	15 570	KP881616
		A. pernyi（Yu7）	15 572	KP999979
		A. pernyi（731）	15 569	KP762788
		A. pernyi（Yuzao No.1）	15 566	NC_004622
		A. pernyi（Luhong）	15 563	MW364566
		A. pernyi（Dingzhou_1）	15 573	MW940851
		A. pernyi（Qing-6）	15 572	MT890592
		A. pernyi（In981）	15 573	MK920216
		A. pernyi（Qinghuang_1）	15 573	MN064713
		A. pernyi（He41）	15 571	OL702836
		A. pernyi（He33）	15 572	OL702835
		A. pernyi（Kuanqing）	15 570	OL702834
		A. pernyi（Shuiqing）	15 571	OL702833
		A. pernyi（Zhalan No.3）	15 571	OL702832
		A. pernyi（Shangqing）	15 571	OL702831
		A. pernyi（Jihuang No.2）	15 572	OL678113
		A. pernyi（Xuanda No.2）	15 572	OL678111
		A. pernyi（Jizuo889）	15 572	OL678112
		A. pernyi（Jizuo882）	15 572	OL678110
		A. pernyi（Gaoyou No.1）	15 572	OL678109
		A. pernyi（Chaoza）	15 572	OL678108
		A. pernyi（Jiqing）	15 572	OL678107
		A. pernyi（Yongqing）	15 572	OL678106
		A. pernyi（Xuanda No.4）	15 570	OL678105
		A. pernyi（109）	15 572	OL678104
		A. frithi	15 338	KJ740437
		A. assama（Yunnan）	15 312	NC_030270
		A. assama（India）	15 272	KU379695
		A. yamamai	15 338	NC_012739
		A. yamamai（Heilongjiang）	15 341	MW009051
		A. yamamai（Chonnam National University）	15 340	OM214002
		A. formosana	15 318	OK078922
		A. polyphemus	15 345	OP870082
	Eriogyna	*E. pyretorum*	15 327	NC_012727

续表

科	属	种	线粒体基因组（bp）	登录号
大蚕蛾科 Saturniidae	Samia	S. canningi	15 384	NC_024270
		S. cynthia	15 345	KC812618
		S. wangi	15 334	NC_068878
		S. watsoni	15 408	NC_068851
		S. ricini（Chonnam National University）	15 384	NC_017869
		S. ricini（Jiangsu）	15 388	MK050556
		S. ricini（Southwest University）	15 420	JF961379
	Actias	A. artemis aliena	15 243	KF927042
		A. dubernardi	15 270	MW133617
		A. selene	15 236	NC_018133
		A.luna	15 259	NC_045899
	Attacus	A. atlas（SYAU01）	15 282	NC_021770
		A. atlas（Taipei）	15 280	MZ098706
	Saturnia	S. boisduvalii	15 360	NC_010613
		S. boisduvalii（SB4014）	15 257	MF034742
		S. japonica	15 376	MT614593
			15 369	NC_063568
			15 368	MW405443
		S. jonasii	15 261	MF346379
蚕蛾科 Bombycidae	Bombyx	B. mori（Huayu）	15 666	KM875545
		B. mori（Yu39）	15 652	KP313778
		B. mori（Chunyun）	15 659	KP192478
		B. mori（Yu5）	15 644	KP192479
		B. mori（Jin6）	15 648	KP244370
		B. mori（Qiufeng × Baiyu）	15 680	KM347743
		B. mori（Baiyun）	15 629	KM279431
		B. mori（Damao）	15 656	GU966594
		B. mori（Xiafang）	15 664	AY048187
		B. mori（Backokjam）	15 643	NC_002355
		B. mori（C108）	15 656	AB070264
		B. mori（Aojuku）	15 635	AB083339
		B. mori（Xianghui）	15 656	MW158386
		B. mori（P2286）	15 656	MW158385
		B. mori（NC9R）	15 656	MW158384
		B. mori（Furong）	15 656	MW158382

续表

科	属	种	线粒体基因组（bp）	登录号
蚕蛾科 Bombycidae	Bombyx	*B. mori*（Yao17B）	15 656	MW158380
		B. mori（Yao2W）	15 656	MW158379
		B. mori（Yao2B2）	15 657	MW158378
		B. mori（Yao2B1）	15 656	MW158377
		B. mori（7532）	15 656	MW158375
		B. mori（76）	15 653	MW158370
		B. mori（Ping72）	15 669	MK295813
		B. mori（PH）	15 677	MK295812
		B. mori（P50）	15 675	MK295811
		B. mori（Nistari）	15 693	MK295810
		B. mori（Jingsong）	15 666	MK295809
		B. mori（Jingsong × Haoyue）	15 645	MK295808
		B. mori（C108，Zhejiang）	15 664	MK295807
		B. mandarina（Qingzhou）	15 717	FJ384796
		B. mandarina（China）	15 682	GU966591
		B. mandarina（Japan）	15 928	NC_003395
		B. mandarina（Ankang）	15 741	MZ982840
		B. mandarina（Zhejiang）	15 687	MK251840
		B. mandarina（Nanyang）	15 682	KT589976
		B. huttoni	15 638	NC_026518
		B. lemeepauli	15 801	KY620270
	Rondotia	*R. menciana*（RM1234）	15 364	KJ647172
		R. menciana（Shanxi）	15 301	NC_021962

2.4.3　柞蚕功能基因组研究

柞蚕是起源于中国山东鲁中南地区的大型绢丝昆虫，其茧丝年产量稳定，仅次于家蚕，而且其蛹、蛾也作为一种高蛋白昆虫食品广受欢迎。因此，利用生物高新技术手段提高柞蚕的产量、品质以及开发高附加值柞蚕生物新产品，对于柞蚕产业的长期可持续发展具有重要意义，而柞蚕功能基因的克隆和鉴定则是柞蚕生物技术的重要内容，是柞蚕基因资源开发和生物反应器研究的基础。自 20 世纪 90 年代起，国内外学者即开始关注柞蚕的功能基因研究，至今已取得一些进展。

截至 2023 年 3 月，在 GenBank 数据库（https://www.ncbi.nlm.nih.gov/nucleotide/）中登录的柞蚕全长功能基因 cDNA 序列共有 242 个。这些基因包括储藏或能量相关蛋白基因、免疫相关基因、神经肽类基因、气味结合蛋白、昼夜节律相关基因、代谢相关酶类等（表 2-47）。

表 2-47　Genbank 中登录的柞蚕部分功能基因全长 cDNA 序列

登录号	基因名称	国家	时间（年份）
X96772	气味结合蛋白 2 odorant binding protein 2	德国	1990
X96773	信息素结合蛋白 1 pheromone binding protein 1	德国	1990
X96860	信息素结合蛋白 2 heromone binding protein 2	德国	1991
U12769	周期蛋白同源物 period clock protein homolog	美国	1999
U62535	促前胸腺激素 prothoracicotropic hormone	美国	1996
U12772	周期蛋白同源物 period clock protein homolog	美国	1999
AF182284	雌特异周期蛋白同源物 female-specific period clock protein homolog	美国	1999
AB022011	雌特异脂肪蛋白 female-specific fat body protein	日本	1999
AF132032	时间 timeless	美国	2000
AJ277265	信息素结合蛋白 3 pheromone binding protein 3	德国	2000
AF083334	丝素 fibroin gene	日本	2000
AB049631	卵黄原蛋白 vitellogenin	中国	2001
AJ555486	嗅觉受体基因 2 chemosensory receptor 2	德国	2003
AY438329	表皮蛋白 16.4 cuticle protein 16.4	韩国	2003
AB073299	Anceropsin	日本	2003
AY461438	多巴胺脱羧酶 dopa-decarboxylase	韩国	2003
AY330487	时钟伴侣 BMAL	美国	2003
AY330486	时钟 clock	美国	2003
AY278025	芳香基储存蛋白 arylphorin precursor	韩国	2003
AY526608	生物中昼夜节律 vrille	美国	2004
AY823519	表皮蛋白 13 cuticle protein 13	韩国	2004
AB086068	RNA 聚合酶 II RP II-beta	日本	2004
AB086067	RNA 聚合酶 II RPII-alpha	日本	2004
AY526606	日周期节律 double-time	美国	2004
Y10970	气味结合蛋白 1 odorant binding protein 1	德国	2005
AB201279	几丁质酶 chitinase	日本	2005
AY960680	攻击素 basic attacin	美国	2005
AY438330	表皮蛋白 14cuticle protein 14	韩国	2005
AY529704	类免疫球蛋白 hemolin	瑞典	2005
DQ353869	溶菌酶 lysozyme	中国	2006

续表

登录号	基因名称	国家	时间（年份）
AY445658	滞育激素–信息素合成神经肽 diapause hormone–pheromone biosynthesis activating neuropeptide	中国	2006
AF333998	隐花色素 cryptochrome	美国	2007
EF117812	隐花色素 2 cryptochrome 2	美国	2007
EF683091	卵黄原蛋白 vitellogenin	中国	2007
EF597564	芳香基贮存蛋白前体 arylphorin precursor	中国	2007
DQ372910	乙酰基转移酶 arylalkylamine N–acetyltransferase	日本	2007
EU557313	类肽聚糖识别蛋白 peptidoglycan recognition protein–like protein	中国	2008
EU557312	抗菌肽 apfbc118 lebocin–like protein	中国	2008
EU557305	抗菌肽 apfbc9 cecropin–like protein	中国	2008
EU557306	抗菌肽 apfbc16 cecropin–like protein	中国	2008
EU557307	抗菌肽 apfbc8 attacin–like protein	中国	2008
EU557308	抗菌肽 apfbc15 attacin–like protein	中国	2008
EU557309	抗菌肽 gallerimycin–like protein	中国	2008
EU557310	抗菌肽 gloverin–like protein	中国	2008
EU557311	抗菌肽 apfbc119 ebocin–like protein	中国	2008
EU541491	核糖体蛋白 L8 ribosomal protein L8	中国	2008
EU541490	谷胱甘肽酶 glutathione S–transferase theta	中国	2008
EU402613	血清素受体 5HT1B serotonin receptor 5HT1B	日本	2008
EU402612	血清素受体 5HT1A serotonin receptor 5HT1A	日本	2008
FN556592	嗅觉感受器 1 olfactory receptor 1	德国	2009
FJ744151	KK–42 结合蛋白 KK–42–binding protein	中国	2009
GU205081	细胞色素 P450 cytochrome P450	中国	2009
FJ788509	腺苷酸转移酶 aderine nucleotide translocase	中国	2009
GU338052	谷胱甘肽酶 glutathione S–transferase sigma	中国	2009
HM011050	类溶茧酶 cocoonase–like protein	中国	2010
GU176616	肌动蛋白 actin	中国	2010
GU073312	溶血磷脂酶 lysophospholipase	中国	2010
GU945199	核糖体蛋白 S3a protein S3a	中国	2010
GU952763	脂酰辅酶 A–δ–11 脱氢酶 acyl–CoA–delta–11–desaturase	瑞典	2010

登录号	基因名称	国家	时间（年份）
GU073317	类异翅盘蛋白 abnormal wing disc protein	中国	2010
HQ645942	囊泡甘露糖结合凝集素类蛋白 vesicular mannose-binding lectin-like protein	中国	2010
GU952764	脂酰辅酶 A-δ-6 脱氢酶 acyl-CoA-delta-6-desaturase	瑞典	2010
HM755879	烯醇化酶 II enolase II	中国	2010
GU073316	肌动蛋白 actin	中国	2010
GU235994	热激蛋白 90 heat shock protein 90	中国	2010
GU945198	热激蛋白 70 heat shock protein 70	中国	2010
GU235993	核糖体蛋白 L26 ribosomal protein L26	中国	2010
FJ788508	延伸因子 elongation factor 1 alpha	中国	2010
HM182104	肌球蛋白轻链 2 myosin light chain 2	中国	2010
GU289926	烯醇化酶 1 Enolase 1	中国	2010
JF488069	DorsalB	中国	2011
JF488068	DorsalA	中国	2011
JF505286	硒磷酸合成酶 selenophosphate synthetase	中国	2011
JN205047	孵化酶类蛋白 hatching enzyme-like protein	中国	2011
GU073311	长寿 will die slowly (wds)	中国	2011
JF773568	赖氨酰 -tRNA 合成酶 lysyl-tRNA synthetase	中国	2011
JN003583	卵黄蛋白原受体 vitellogenin receptor	中国	2011
GU289925	血小板活化因子乙酰水解酶 α 亚基类蛋白 platelet-activating factor acetylhydrolase alpha subunit-like protein	中国	2011
JQ003183	滞育相关蛋白 1 diapause associated protein 1	中国	2012
JQ003184	滞育相关蛋白 2 diapause associated protein 2	中国	2012
JQ003185	滞育相关蛋白 3 diapause associated protein 3	中国	2012
JQ913012	胆绿素结合蛋白 1 biliverdin binding protein-1	中国	2012
JQ913013.	胆绿素结合蛋白 2 biliverdin binding protein-2	中国	2012
JQ913014	胆绿素结合蛋白 3 biliverdin binding protein-3	中国	2012
AB738398	丝氨酸蛋白酶类蛋白 serine protease like protein	日本	2012
KC242321	肌动蛋白 1 actin 1	中国	2012
JN880425	凝集素 5 lectin5	中国	2012

登录号	基因名称	国家	时间（年份）
JN880426	免疫凝集素 A immunlectin A	中国	2012
JN880424	β-1,3- 葡聚糖识别蛋白 beta-1,3-glucan recognition protein	中国	2012
KF725771	可溶性模式识别蛋白 GNBP	中国	2013
JX112897	sans fille	中国	2013
HQ260728	磷酸丝氨酸氨基转移酶 Phosphoserine aminotransferase	中国	2013
KC859454	肌球蛋白轻链 1 myosin light chain 1	中国	2013
KC481239	12 kDa FK506 结合蛋白 A 12 kDa FK506-binding protein A	中国	2013
KC481240	12 kDa FK506 结合蛋白 B 12 kDa FK506-binding protein B	中国	2013
KF039687	丝氨酸蛋白酶 13 serine protease 13	中国	2013
KC733761	C- 型凝集素 C-type lectin	中国	2013
KC481238	起始因子 4A initiation factor 4A	中国	2013
JQ708200	小热激蛋白 21small heat shock protein 21KD	中国	2013
KF830718	胞内保幼激素结合蛋白 cytosolic juvenile hormone-binding protein	中国	2013
KF285999	凝集素 lectin	中国	2013
KF938917	抑血细胞聚集素 hemolin	中国	2013
KF915795	载脂蛋白 III apolipophorin-III	中国	2014
KF670139	SOP 2	中国	2014
KF670140	硫酯酶 thioesterase	中国	2014
KF670142	Cactus	中国	2014
KF670143	髓样分化因子 MyD88	中国	2014
KF670144	Tolloid	中国	2014
KF779933	胰蛋白酶 trypsin	中国	2014
KF955551	亚精胺合成酶 spermidine synthase	中国	2014
KJ437496	热激蛋白 70 70kDa heat shock cognate protein	中国	2014
KJ546374	Kazal 型丝氨酸蛋白酶抑制剂 Kazal-type serine protease inhibitor	中国	2014
KJ789368	漆酶 2 laccase 2	中国	2014
KJ803014	酚氧化酶 prophenoloxidase	中国	2014
KJ638233	lip1462 脂肪酶 lip1462 lipase	中国	2014
KJ638234	lip1501 脂肪酶 lip1501 lipase	中国	2014
KM881572	小热激蛋白 25.4 small heat shock protein 25.4	中国	2014

续表

登录号	基因名称	国家	时间（年份）
KJ913669	防御素 Defensin	中国	2014
KM979431	真核翻译起始因子 5A eukaryotic translation initiation factor 5A	中国	2014
KR821075	UDP 葡萄糖焦磷酸化酶 UDP-glucose pyrophosphorylase	中国	2015
KP101252	α- 淀粉酶 alpha amylase	中国	2015
KM881571	小热激蛋白 21.4 small heat shock protein 21.4	中国	2015
KM881570	小热激蛋白 20.8 small heat shock protein 20.8	中国	2015
KM926620	微卵黄原蛋白 microvitellogenin	中国	2015
KR270485	阳离子抗菌肽 CP8 cationic peptide CP8	中国	2015
KR821069	热激蛋白 70-1heat shock protein 70-1	中国	2015
KT225460	热激蛋白 70-2 heat shock protein 70-2	中国	2015
KT225461	促前胸腺激素蛋白 prothoracicotropic hormone protein	中国	2015
KR821066	蜕皮激素 22 激酶 ecdysteroid 22-kinase	中国	2015
KR821067	蜕皮激素磷酸盐磷酸酯酶 ecdysteroid-phosphate phosphatase	中国	2015
KR821068	GTP 结合蛋白 GTP binding protein	中国	2015
KR821071	脂肪酶 3 前体 lipase 3-like precursor	中国	2015
KR821072	表皮蛋白 RR-2 基序 130 cuticular protein RR-2 motif 130	中国	2015
KR821073	肌动蛋白解聚因子 1 actin-depolymerizing factor 1	中国	2015
KR821074	转录因子 sox-4- 类蛋白 transcription factor SOX-4-like protein	中国	2015
KM881572	小热激蛋白 25.4 small heat shock protein 25.4	中国	2015
KT725231	肽聚糖识别蛋白 A peptidoglycan recognition protein A	中国	2015
KT725232	肽聚糖识别蛋白 B peptidoglycan recognition protein B	中国	2015
KT725233	肽聚糖识别蛋白 C peptidoglycan recognition protein C	中国	2015
KT725234	肽聚糖识别蛋白 Lepeptidoglycan recognition protein LE	中国	2015
KU360126	脂酶相关蛋白酶 lipase-related protein	中国	2016
KU360127	血淋巴蛋白水解酶 6 hemolymph proteinase 6	中国	2016
KU323402	Spatzle	中国	2016
JN191600	SNF	中国	2016
KU522474	热激蛋白 90 heat shock protein 90	中国	2016
KU522475	热激关联蛋白 90 heat shock cognate protein 90	中国	2016
KU522481	热激蛋白 60 heat shock protein 60	中国	2016

登录号	基因名称	国家	时间（年份）
KU522480	热激蛋白 22.2 heat shock protein 22.2	中国	2016
KU522479	热激蛋白 19.9 heat shock protein 19.9	中国	2016
KU522478	热激蛋白 19.5 heat shock protein 19.5	中国	2016
KU522477	热激蛋白 18.6 heat shock protein 18.6	中国	2016
KU522476	热激蛋白 10 heat shock protein 10	中国	2016
KY264049	丝氨酸蛋白酶抑制剂 3 serpin 3	中国	2016
KU360127	血淋巴蛋白酶 6 hemolymph proteinase 6	中国	2016
KY411163	保幼激素结合蛋白 2 juvenile hormone binding protein 2	中国	2016
KY411162	保幼激素结合蛋白 juvenile hormone binding protein	中国	2016
KY411161	蜕皮引发激素受体 A ecdysis triggering hormone receptor A	中国	2016
KY411160	超气门蛋白 ultraspiracle protein 1	中国	2016
KY411159	蜕皮激素受体 B1 亚型 ecdysone receptor isoform B1	中国	2016
KU977457	海藻糖酶 2 trehalase 2	中国	2016
KU977456	海藻糖酶 1B trehalase 1B	中国	2016
KU977455	海藻糖酶 1A trehalase 1A	中国	2016
KU977454	海藻糖 –6– 磷酸合成酶 trehalose–6–phosphate synthase	中国	2016
KY624593	己糖激酶 2 hexokinase 2	中国	2017
KY624592	己糖激酶 1hexokinase 1	中国	2017
KY825253	核糖体蛋白 L32 ribosomal protein L32	中国	2017
KY825252	胆绿素还原酶 B biliverdin reductase B	中国	2017
MF155621	组织蛋白酶 O cathepsin O	中国	2017
MF770988	信息素生物合成激活神经肽受体 pheromone biosynthesis activating neuropeptide receptor	中国	2017
MF944108	丝氨酸蛋白酶抑制剂 6 serpin 6	中国	2017
MF318875	表皮蛋白 23 cuticular protein 23	中国	2017
MF318874	表皮蛋白 12 cuticular protein 12	中国	2017
KY888136	载脂蛋白 –II/I apolipophorin–II/I	中国	2017
MG941008	α– 淀粉酶 2 alpha–amylase 2	中国	2018
MG897155	胆素结合蛋白 bilin–binding protein	中国	2018
MH101955	山梨醇脱氢酶 sorbitol dehydrogenase	中国	2018

续表

登录号	基因名称	国家	时间（年份）
MH572537	叉头蛋白亚组 O forkhead box sub-group O	中国	2018
MK109790	O-N-乙酰氨基葡萄糖转移酶 O-linked N-acetylglucosamine transferase	中国	2018
MK336426	抗菌肽 B cecropin B	中国	2018
MK514084	α-淀粉酶 4N alpha amylase 4N	中国	2019
MK796162	C 型凝集素 LL7 C-type lectin LL7	中国	2019
MK796161	β-1,3-葡聚糖酶 beta-1,3-glucanase	中国	2019
MK796160	C 型凝集素 3 C-type lectin 3	中国	2019
MN702768	谷氨酰胺果糖-6-磷酸氨基转移酶 glutamine:fructose-6-phosphate amidotransferase	中国	2019
MN402463	昆虫储存蛋白 hexamerin	中国	2019
MN747122	家蚕抗菌肽 Moricin C4	中国	2019
MN864154	cameo1	中国	2019
MT048679	16 kDa 蜕皮激素调节蛋白 ecdysteroid-regulated 16 kDa protein	中国	2020
MN961689	一氧化氮合成酶互作蛋白 nitric oxide synthase interacting protein	中国	2020
MN961687	一氧化氮合成酶 1 nitric oxide synthase 1	中国	2020
MN896933	溶酶体相关细胞器生物合成复合物-1 亚基 2 biogenesis of lysosome-related organelles complex-1 subunit 2	中国	2020
MT038419	溶酶体细胞器生物合成复合物-1 亚基 2 biogenesis of lysosome organelles complex-1 subunit 2	中国	2020
MT160176	清道夫受体 B 类成分 1 类似蛋白 scavenger receptor class B member 1-like protein	中国	2020
MT160175	清道夫受体 B 类成分 1 scavenger receptor class B member 1	中国	2020
MW677190	多巴脱羧酶 dopa decarboxylase	中国	2021
MW677189	酪氨酸羟化酶 tyrosine hydroxylase	中国	2021
MW677186	蜕皮引发激素 ecdysis triggering hormone	中国	2021
MW677185	eclosion hormone 羽化激素	中国	2021
MW677195	细胞色素 P450 315a1 cytochrome P450 315a1	中国	2021
MW677194	细胞色素 P450 302a1 cytochrome P450 302a1	中国	2021
MW677193	细胞色素 P450 306a1 cytochrome P450 362a1	中国	2021
MW677192	细胞色素 P450 307a1 cytochrome P450 307a1	中国	2021

登录号	基因名称	国家	时间（年份）
MW677188	蜕皮引发激素受体 B ecdysis triggering hormone receptor B	中国	2021
MZ189263	类胰岛素肽 insulin–like peptide	中国	2021
MW718109	类 Krueppel 蛋白 1 Krueppel–like protein 1	中国	2021
MW718108	保幼激素二醇激酶 juvenile hormone diol kinase	中国	2021
MW718107	保幼激素环氧化物 –2 酶 juvenile hormone epoxide hydrolase–2	中国	2021
MW718106	保幼激素环氧化物 –1 酶 juvenile hormone epoxide hydrolase–1	中国	2021
MW718105	保幼激素酯酶 juvenile hormone esterase	中国	2021
MZ851153	C 型凝集素 4 亚型 X1 C–type lectin 4 isoform X1	中国	2021
OL519584	malectin	中国	2021
OM142208	relish	中国	2022
OM142207	自噬相关 5 autophagy related 5	中国	2022
ON000361	M14 金属羧肽酶 1 M14 metal carboxypeptidase 1	中国	2022
ON013241	类 M14 金属羧肽酶 20 M14 metal carboxypeptidase–like 20	中国	2022
ON013240	类 M14 金属羧肽酶 19 M14 metal carboxypeptidase–like 19	中国	2022
ON013239	类 M14 金属羧肽酶 18 M14 metal carboxypeptidase–like 18	中国	2022
ON013238	类 M14 金属羧肽酶 17 M14 metal carboxypeptidase–like 17	中国	2022
ON013237	类 M14 金属羧肽酶 16 M14 metal carboxypeptidase–like 16	中国	2022
ON013236	类 M14 金属羧肽酶 15 M14 metal carboxypeptidase–like 15	中国	2022
ON013235	M14 金属羧肽酶 14 M14 metal carboxypeptidase 14	中国	2022
ON013234	M14 金属羧肽酶 13 M14 metal carboxypeptidase 13	中国	2022
ON013233	M14 金属羧肽酶 12 M14 metal carboxypeptidase 12	中国	2022
ON013232	M14 金属羧肽酶 11 M14 metal carboxypeptidase 11	中国	2022
ON013231	M14 金属羧肽酶 10 M14 metal carboxypeptidase 10	中国	2022
ON013230	M14 金属羧肽酶 9 M14 metal carboxypeptidase 9	中国	2022
ON013229	M14 金属羧肽酶 8 M14 metal carboxypeptidase 8	中国	2022
ON013228	M14 金属羧肽酶 7 M14 metal carboxypeptidase 7	中国	2022
ON013227	M14 金属羧肽酶 6 M14 metal carboxypeptidase 6	中国	2022
ON013226	M14 金属羧肽酶 5 M14 metal carboxypeptidase 5	中国	2022
ON013225	M14 金属羧肽酶 4 M14 metal carboxypeptidase 4	中国	2022
ON013224	M14 金属羧肽酶 3 M14 metal carboxypeptidase 3	中国	2022

登录号	基因名称	国家	时间（年份）
ON013223	M14 金属羧肽酶 2 M14 metal carboxypeptidase 2	中国	2022
OP407849	表皮生长因子 epidermal growth factor	中国	2022
ON442573	类家蚕抗菌肽 5 moricin–like peptide 5	中国	2022
ON442572	类家蚕抗菌肽 4 moricin–like peptide 4	中国	2022
ON442571	类家蚕抗菌肽 3 moricin–like peptide 3	中国	2022
ON442570	类家蚕抗菌肽 2 moricin–like peptide 2	中国	2022
ON442569	类家蚕抗菌肽 1 moricin–like peptide 1	中国	2022
ON453849	气味结合蛋白 odorant binding protein 13	中国	2022
ON453848	嗅觉受体 3 olfactory receptor 3	中国	2022
ON453847	嗅觉受体 33 olfactory receptor 33	中国	2022

（1）储存或能量相关蛋白基因

①卵黄原蛋白（vitellogenin，Vg）是雌特异性蛋白，在 5 龄起的雌蚕脂肪体中大量合成，合成后分泌到血淋巴中，最终被发育的卵母细胞选择性地摄取后转变为卵黄磷蛋白，作为胚胎发育的营养来源。柞蚕卵黄原蛋白基因的编码区长 5337 bp，编码 1778 个氨基酸。合成的柞蚕卵黄原蛋白只有 1 个亚基，分子量 201.6 kD。氨基酸序列的 N 端有 15 个氨基酸的信号肽，与同属的天蚕同源性达到 100%，与家蚕的同源性为 75%。有 4 个糖基化位点分布于多聚丝氨酸区域下游。氨基酸序列的 C 末端区域里的 DGQR、GICC 功能部位及其后的半胱氨酸都完好地保存。SDS–PAGE 和 Western blot 分析表明，一个约 85 kD 的重组蛋白成功得到表达，而且表达量并不随 IPTG 诱导浓度的大小而改变。如果能利用 Vg 基因的启动子，在柞蚕培养细胞及虫体中表达外源蛋白，把柞蚕作为生物反应器来开发生产医用药物和有用蛋白，将对提高柞蚕业附加值具有重要意义。

②柞蚕微卵黄原蛋白基因（microvitellogenin，mVg）的编码区长 783 bp，无内含子，编码 260 个氨基酸。合成的柞蚕微卵黄原蛋白分子量 29.96 kD。保守功能域分析与系统进化分析均推测 ApmVg 一种低分子量脂蛋白，属于 Lipoprotein_11 超家族。蛋白序列比对结果显示 ApmVg 与烟草天蛾（*Manduca sexta*）mVg 的同源性为 48%，与家蚕 30K 脂蛋白的同源性为 40%~47%。转录及表达分析显示 ApmVg 在滞育后期雌、雄蛹的脂肪体中表达，且在卵巢和精巢中表达量较低，合成后 ApmVg 被分泌到血淋巴中，最终积累于卵中。注射蜕皮激素的滞育后期柞蚕蛹，可于注射后第 4 天在雌蛹的脂肪体中检测到该基因的表达，而在胚胎形成期显著降低。

（2）免疫相关基因

①抗菌肽（cecropin）：柞蚕抗菌肽是一类碱性小分子多肽，具有热稳定性、诱导源

的非专一性和广谱的杀菌、抑制病毒和抗癌的作用。克隆得到的柞蚕抗菌肽部分片段（DQ519400）与全长 66 个氨基酸的家蚕抗菌肽（BAA34260）在氨基酸序列上有 97% 的同源性。

②攻击素（attacin）：是昆虫产生的抗菌蛋白中的一个重要成分，最早是从惜古比天蚕（Hyaophora cecropia）中分离出来，在昆虫受到外界微生物感染后，由脂肪体高丰度表达，并分泌至体内血淋巴中。柞蚕攻击素基因 cDNA 序列全长 912bp，编码 233 个氨基酸，预测蛋白质分子量为 25kD，等电点为 7.54。第 1～17 位氨基酸为信号肽序列，第 47～112 位氨基酸之间为攻击素 –N 功能区，第 113～233 位氨基酸之间为攻击素 –C 功能区。与蓖麻蚕（Philosamia cynthia ricini）的 A 型攻击素和惜古比天蚕的 Basic 型攻击素的同源性分别达到 88% 和 87%，与家蚕攻击素的同源性为 64%。

③溶菌酶（1ysozyme）：溶菌酶是一种糖苷水解酶，能够与细菌细胞壁结合，作用于 N– 乙酰氨基葡萄糖和 N– 乙酰胞壁酸之间的 β–1，4 键，对革兰氏阳性细菌有很强的杀伤力。柞蚕溶菌酶基因的编码区为 420bp，编码 140 个氨基酸，其中前 20 个氨基酸为信号肽序列，成熟肽部分为 120 个氨基酸；预测分子量为 13 986D，等电点为 8.46。含有天冬酰胺（N）51– 谷氨酸（E）52– 丝氨酸（S）53[Asn51–Glu52–Ser53] 氨基酸序列。与家蚕溶菌酶的同源性为 68%。已有研究人员在酵母中对柞蚕溶菌酶基因进行了表达并制备了表达产物。

④柞蚕 Hemolin 基因：基因 cDNA 编码的蛋白质属于免疫球蛋白超家族成员，具有多种免疫功能。将柞蚕 Hemolin 蛋白的氨基酸序列与其他 Hemolin 蛋白进行比较，发现几个保守位点，其中有一个根据 3D 结构模型在亲缘关系相近的神经胶质蛋白中没有出现的磷酸化位点。在免疫球蛋白的 1 区和 3 区的 C′ –C″ 环结构中还发现了 2 个保守的 KDG 序列，这种结构能够产生在脊椎动物的免疫球蛋白 L2 区普遍存在的 γ 转角。

⑤热休克蛋白（heat shock protein，HSP）：是细胞或生物体在受到高温、病原体及其他理化因子刺激后产生的一类分子伴侣蛋白，能够促进变性蛋白质的功能恢复，维持细胞内环境稳定及提高细胞对外界刺激的耐受性。目前，已经克隆了 7 个柞蚕热休克蛋白，而在热休克蛋白家族中，HSP70 与 HSP90 广泛存在于原核和真核细胞中，与温度胁迫应激密切相关。柞蚕 HSP70 基因 cDNA 序列全长 1905bp，编码 634 个氨基酸，预测蛋白分子量 69.5kD，等电点 5.62。与天蚕（Antheraea yamamai）和家蚕 HSP70 基因序列同源性分别为 95.7% 和 78.5%。柞蚕 HSP90 基因 cDNA 序列全长 2482bp，编码 717 个氨基酸，预测蛋白质分子量为 82.6kD，等电点为 5.0。与天蚕和家蚕 HSP90 基因同源性分别为 94.5% 和 73.1%。表达分析结果显示该基因在精巢中表达量最高。在 25℃ 和 42℃ 胁迫处理 30min，柞蚕不同组织 HSP90 基因表达量随温度升高呈增加趋势。除脂肪体外，其他的组织与对照组相比，基因的表达量具有显著差异。

（3）神经肽类基因

神经肽是由神经系统合成、储存并释放的多肽类活性物质，大部分是由寡肽（2～10

个氨基酸通过肽键形成的直链肽）或小的蛋白质分子所构成。此类激素主要有滞育激素（diapause hormone，DH）、性信息素合成激活肽（pheromone biosynthesis activating neuropeptide，PBAN）、促前胸腺激素（prothoracicotropic hormone，PTTH）、羽化激素（eclosion hormone，EH）、利尿激素（diuretic hormone，DH）与抗利尿激素（antidiuretic hormone，ADH）、促咽侧体激素（allatotropin，AT）等。柞蚕上已经克隆的此类基因有 DH-PBAN 和 PTTH。

家蚕滞育激素由咽下神经节（suboesophageal ganglion，SG）的神经分泌细胞分泌，是控制家蚕胚胎滞育的激素。昆虫性外激素的生物合成受到性信息素合成激活肽的调控，是由食道下神经节产生，经由心侧体释放入血淋巴的神经肽，调节性信息素的生物合成，破坏此神经肽可影响正常的雌雄交配。柞蚕 DH-PBAN 基因 cDNA 全长为 795 bp，编码的蛋白前体为 196 个氨基酸，与家蚕的同源性为 68%。已有研究表明，非滞育蛹中后期 SG 的 DH-PBAN mRNA 含量显著高于滞育蛹；在 SG、胸神经节（thoracic ganglia，TG）和腹神经节（abdominal ganglion，AG）均能检测到阳性细胞，但在脑中未能看到明显的阳性分泌细胞。利用竞争性 ELISA 分析，柞蚕非滞育蛹血淋巴中的 PBAN 类似肽的含量显著比滞育性蛹高，非滞育蛹在预蛹期和蛹中期各有一个 PBAN 神经肽含量高峰。滞育与非滞育个体之间 DH 类似肽的表达差异暗示这些神经肽可能对柞蚕生长发育具有促进作用，柞蚕 DH 对其蛹滞育可能也具有解除作用。

促前胸腺激素是昆虫脑所分泌的一种多肽，促进前胸腺合成与释放昆虫生长、蜕皮、变态所需的蜕皮激素。柞蚕促前胸腺激素基因 cDNA 全长 666 bp，编码 221 个氨基酸，与天蚕、蓖麻蚕和家蚕的同源性分别是 98%、70% 和 50%。与天蚕只有 3 个氨基酸的差异，分别是第 21、22、81 位的 E（Q）、A（S）和 S（I）。

（4）气味结合蛋白基因

昆虫触角气味结合蛋白（odorant binding protein，OBP）是一类亲水性的酸性蛋白，在触角感器血淋巴液中浓度很高，在昆虫识别外界气味物质中起着重要的作用。主要分为4 种，即性信息素结合蛋白 PBP（pheromone binding protein，PBP）、普通气味结合蛋白 1（general odorant binding protein，GOBP1）、普通气味结合蛋白 2（GOBP2）和气味结合蛋白类似蛋白。PBP 主要存在于雄蛾触角中，与昆虫感受性外激素有关。GOBP1 和 GOBP2 在雌雄蛾触角中有相同的表达模式，在昆虫感受普通气味物质过程中起重要作用。气味结合蛋白类似蛋白与 OBP 有明显的同源性，但其生理功能仍不清楚。

从柞蚕触角中克隆的信息素结合蛋白基因共有 3 种，分别命名为信息素结合蛋白1 ~ 3。柞蚕信息素结合蛋白 1 基因编码 163 个氨基酸，前面的 21 个氨基酸为信号肽序列，成熟的信息素结合蛋白有 142 个氨基酸，推测的结果与其他昆虫的类似，而与脊椎动物的气味结合蛋白无相似性。柞蚕信息素结合蛋白 2 和 3 的基因均编码 164 个氨基酸，前面的 22 个氨基酸为信号肽序列，成熟的结合蛋白也是 142 个氨基酸。柞蚕信息素结合蛋白

1～3 与家蚕信息素结合蛋白（CAA64443）的氨基酸同源性分别是 58%、59%、52%。柞蚕信息素结合蛋白 1 与 2 之间的同源性为 77%，1 与 3 之间为 46%，2 与 3 之间为 48%。柞蚕气味结合蛋白 1 基因编码 167 个氨基酸，与家蚕的气味结合蛋白 1（CAA64444）基因的同源性高达 73%；而编码 160 个氨基酸的气味结合蛋白 2 基因与家蚕的对应基因（CAA64445）有 77% 的同源性。触角结合蛋白基因与家蚕的对应基因（CAA64446）也有 61% 的同源性。

（5）昼夜节律相关基因

柞蚕的生命活动过程有昼夜节律性，是遗传决定的细胞自主性现象，受到复杂的控制和调节。柞蚕上所克隆的此类基因已经达到 11 个。在这 11 个与昼夜节律相关的基因中，有 5 个基因在家蚕上均没有检索到同源或类似基因；其余的 6 个基因中，与家蚕对应基因氨基酸序列的相似性最高的达到 94%，最低的仅 36%。

隐花色素是一种光吸收蛋白，能够帮助果蝇和小鼠内部生物钟或周期节律的同步化。在柞蚕体内，同时含有两类隐花色素 – 与果蝇相似的隐花色素 CRY1 和与小鼠相似的隐花色素 CRY2。CRY1 能吸收光线设定内部生物钟，而 CRY2 能够维持生物钟的运转。

（6）表皮蛋白基因

昆虫的表皮蛋白是多种蛋白的混合体，包括水溶性蛋白和非水溶性蛋白。水溶性蛋白是表皮的基质和营养库，使昆虫体壁能承受体液的压力而伸展。内表皮中主要成分是几丁质和蛋白质，两者以共价键结合形成一种稳定的络合物糖蛋白。外表皮中可溶性的节肢弹性蛋白鞣化为坚硬而不溶的骨蛋白。上表皮中则含有壳脂蛋白，具有抑菌、杀菌作用。

至今，柞蚕上克隆的表皮蛋白基因有表皮蛋白 14、表皮蛋白 16.4 和表皮蛋白 RR–2。表皮蛋白 14 编码 128 个氨基酸，与家蚕的表皮蛋白基因（BAA81902）的氨基酸序列的相似性为 39%。

（7）代谢相关酶类基因

柞蚕上已经克隆和研究的主要代谢酶类基因有几丁质酶、谷胱甘肽硫转移酶、多巴胺脱羧酶、乙酰基转移酶、酪蛋白激酶、二硫键异构酶、RNA 聚合酶Ⅱ等。

①几丁质酶存在于蜕皮液、毒腺及中肠中。昆虫生长发育过程中需周期性地蜕去旧表皮和连续或周期性地换掉围食膜，并重新合成新表皮或围食膜，这主要由几丁质酶来完成，水解产物进一步水解可重新用于合成新的角质层即体壁。几丁质酶和溶菌酶在催化区中具有非常保守的相似结构，它们可能来源于共同的祖先。柞蚕几丁质酶基因编码 555 个氨基酸，与家蚕几丁质酶基因的同源性达 88%。

②谷胱甘肽硫转移酶（glutathione S—transferase，GST）是一类主要的解毒酶，能够催化还原性谷胱甘肽和亲电子类化合物结合，保护 DNA 及蛋白质免受损伤。徐淑荣等（2009）根据家蚕谷胱甘肽硫转移酶 –theta 基因（GSTT）序列设计引物，获得了 651 bp 的柞蚕 GSTT 基因 cDNA 序列，该基因编码的蛋白（编码 216 个氨基酸）与家蚕 GSTT 基因

编码的蛋白的同源性为 89%。实时定量 PCR 检测表明，柞蚕 GSTT 基因的 mRNA 表达量在 5 龄第 4 日达到最高，后期逐渐下降，推测其主要作用是帮助柞蚕排除体内过多的氨基酸，达到解毒的目的。

③腺苷酸转移酶（adenine nucleotide transloease，ANT）是线粒体内膜上的转运蛋白家族成员。李玉萍等（2009）从构建的柞蚕蛹全长 cDNA 文库中获得了柞蚕腺苷酸转移酶基因（ApANT）的 cDNA 序列。生物信息学分析表明，ApANT 的 cDNA 全长 1282bp，含有 1 个 903bp 的开放阅读框序列，编码 300 个氨基酸。ApANT 与烟草天蛾（*Manduca sexta*）等鳞翅目昆虫的 ANT 基因在核苷酸和氨基酸序列水平分别具有 80% 和 90% 以上的同源性，说明 ANT 蛋白在这些昆虫中是高度保守的；与其他已知鳞翅目昆虫的 ANT 蛋白一样，ApANT 蛋白含有 3 个线粒体穿膜结构域，并且这 3 个保守结构域之间也显示出较高的相似性。

④超氧化物歧化酶（SOD）是蚕体内的重要保护性酶类。姚立虎等（2009）采用 RT-PCR 方法克隆获得了柞蚕铜锌超氧化物歧化酶（Cu/Zn-SOD）基因的 ORF 序列，该序列共编码 154 个氨基酸，具有 Cu/Zn-SOD 的保守性结构特征。与家蚕、美国白蛾（*Hyphantria cunea*）、野桑蚕以及果蝇 SOD 基因的同源性分别是 81.5%、81.7%、81.5%、66.7%。利用紫外线对柞蚕蛹进行不同时间照射处理后，发现蛹脂肪体内 Cu/Zn-SOD 的表达存在差异，其中照射 5min 后基因表达量增加，10min 达最大，15min 时呈下降趋势。

⑤溶血磷脂酶（LysoPLA）是水解溶血磷脂质的脂肪酸酯的酶，在柞蚕的生命过程中具有非常重要的作用。已克隆的柞蚕溶血磷脂酶基因 cDNA 序列全长 1151bp，包含 1 个 663bp 的开放阅读框，编码 220 个氨基酸。推测的柞蚕溶血磷脂酶的氨基酸序列与艺神袖蝶（*Heliconius reato*）和家蚕的 LysoPLA 分别显示 89% 和 82% 的同源性；但是，与其他生物如赤拟谷盗（*Tribolium castaneum*）、果蝇（*Drosophila melanogaster*）、人（*Homosapiens*）、小家鼠（*Mus musculus*）仅有 66%、62%、50%、47% 的同源性。进化分析表明，鳞翅目昆虫（包括柞蚕）的溶血磷脂酶很可能是溶血磷脂酶家族的一个新成员。半定量 RT-PCR 分析表明，柞蚕溶血磷脂酶基因在 4 个发育阶段和所有的组织器官中均有表达，以在马氏管中的表达量最高。

此外，多巴胺脱羧酶、RNA 聚合酶Ⅱ、酪蛋白激酶、乙酰基转移酶、二硫键异构酶与家蚕相对应的基因在氨基酸序列水平上分别有 99%、94%、89%、80% 和 80% 的同源性。

（8）丝素基因

李文利（2003）利用 PCR 方法从柞蚕基因组中分离出丝素基因 5′ 端与 3′ 端部分片段。其中 5′ 端片段长度为 1330bp，它的 5′ 端上游由 CAAT box、TATA 盒、primtranscript 所组成。用 RIM-RACE 方法确定了柞蚕丝素基因转录起始位点的第一个碱基位于 ATG 上游 −27 碱基处。从序列中可以看出：若转录起始点第一个核苷酸标为 +1，则 TATA 盒位于 −25 处；CAAT 盒位于 −70 处。通过对启动子区域的删除分析，确定了该启动子的核心区域在

ATG 上游约 260bp 范围内。克隆的丝素基因 3′ 端片段为 1400bp，它包括 13 个多聚丙氨酸结构域和由 100bp 组成的 3′ 端非编码序列（UTR）。

以克隆的柞蚕丝素基因 5′ 和 3′ 端片段作为同源重组序列，组建成柞蚕丝素基因转移表达载体 pFG-1 和 pFG-2，将绿色荧光蛋白基因插入该载体的相应位点。通过对 5 种昆虫细胞进行转染实验表明，在其中的樗蚕细胞、草地贪夜蛾细胞系中绿色荧光蛋白得到表达。

（9）柞蚕核糖体蛋白基因 S3a

核糖体蛋白在蛋白质的生物合成、细胞的代谢与凋亡、机体免疫、信号转导等方面具有重要作用。朱保建等（2010）利用 RT-PCR 方法克隆了柞蚕核糖体蛋白基因 S3a 的开放阅读框（ORF），ORF 序列全长 795bp，编码 264 个氨基酸。序列比对表明，柞蚕 S3a 蛋白与其他 10 个物种 S3a 蛋白的相似性介于 72%～99%。

（10）柞蚕延伸因子 1-a

夏润玺等（2009）克隆了具有 5′ 和 3′ 非编码区并包含 polyA 结构的柞蚕延伸因子 1-a 基因。该基因的 cDNA 全长 1743bp，含有一个 1392bp 的开放阅读框，编码 463 个氨基酸。该基因所编码蛋白与柑橘凤蝶（*Papilio xuthus*）、粉纹夜蛾（*Trichoplusia ni*）和家蚕的延伸因子 1-a 的序列相似度均高达 97%。

（11）肌动蛋白基因 actin

肌动蛋白基因（actin）是在进行基因表达研究时最常用的内参基因之一。武松等（2010）从构建的柞蚕蛹全长 cDNA 文库中获得了柞蚕的一个肌动蛋白基因 cDNA 序列，同时获得了两个 5′ 非翻译区（5′ untranslated region，UTR）具有明显差异的 cDNA 克隆，但具有一致的开放阅读框。分离的肌动蛋白基因的开放阅读框为 1131bp，编码 376 个氨基酸。推测的氨基酸序列包含有典型的肌动蛋白的结构特征。序列比对和进化分析表明，该基因是一个细胞质基因，并且与天蚕的肌动蛋白基因具有较近的亲缘关系。柞蚕肌动蛋白基因与家蚕的肌动蛋白 A4 基因具有最高的序列相似性。RT-PCR 分析表明，该基因以组成型的方式在 4 个发育阶段和所有的组织器官中表达。该基因的分离为柞蚕功能基因的表达分析提供了一个合适的内参基因。

（12）柞蚕 KK-42 结合蛋白基因

KK-42 是一种咪唑类化合物，已知具有抗保幼激素和抗蜕皮酮的作用，可以加快昆虫（如柞蚕、天蚕、家蚕）幼虫的生长发育，尤其是能解除天蚕的卵（预 1 龄幼虫）滞育和棉铃虫的蛹滞育。KK-42 结合蛋白最初是从天蚕的滞育卵中分离出来的，已表明天蚕 KK-42 结合蛋白与其滞育的人工解除有关。现已从所测定的柞蚕 EST 中，鉴定了柞蚕 KK-42 结合蛋白基因。该基因全长 1795bp，包含一个长 1509bp 的开放阅读框，编码 502 个氨基酸，预测的分子量为 57kD、等电点为 6.4。生物信息学分析发现 KK-42 结合蛋白具有可能的脂肪酶活性区域。生物信息学分析显示在柞蚕的蛹滞育解除过程中，检测到

KK-42 结合蛋白的高量表达，推测其对滞育解除起着重要的作用。半定量 RT-PCR 分析表明，柞蚕 KK-42 结合蛋白基因在 4 个发育阶段（卵、幼虫、蛹、蛾）均有表达。同时，发现该基因的表达具有组织器官特异性：在脑、丝腺、马氏管和精巢中不表达，在体壁中的表达丰度相对较高，这些结果表明该蛋白是一个调控蛋白。在 GenBank 数据库中的 Blast 搜索表明，目前仅有柞蚕（ACT53735）和天蚕（BAC66969）的 KK-42 结合蛋白基因被分离出来，二者在氨基酸序列水平上的同源性高达 95%。对 GenBank 数据库的搜索还发现，在氨基酸序列水平上，该蛋白与多种鳞翅目昆虫的卵特异蛋白，以及双翅目等昆虫的脂肪酶仅仅表现出 41%~47% 的相似性。这一结果表明，KK-42 结合蛋白是一种新型的蛋白。该蛋白的功能鉴定对于深入理解 KK-42 的分子作用机制具有重要的意义。

（13）FK506 结合蛋白

FK506（Tacrolimus）是一种新型强效免疫抑制性大环内酯类抗生素，主要通过抑制白细胞介素-2（IL-2）的释放来全面抑制 T 淋巴细胞的作用。FKBP12（12kD FK506-binding protein）是 FK506 结合蛋白家族成员中一种特别重要的蛋白质，在哺乳动物 T 细胞的活化与调控中具有重要作用。在昆虫中，一些与 FKBP12 有联系的蛋白已经被鉴定出来，表明在昆虫细胞内可能也存在 FKBP 介导的调控机制。陈默等（2013）克隆了柞蚕 2 个 FKBP12 基因，序列分析显示两基因均编码 108 个氨基酸，两者间一致性为 82%，与家蚕中 2 个 FKBP12 基因的同源性分别为 97% 和 96%。表达分析显示 2 种 FKBP12 基因在 5 龄幼虫不同组织器官中均有表达，且 FKBP12 A 的表达量显著高于 FKBP12 B，FKBP12 A 在脂肪体中表达量最高，而 FKBP12 B 在体壁中表达量最高。

（14）柞蚕的长寿基因

柞蚕长寿基因的全长 cDNA 为 1733bp，推测其编码一个含有 346 个氨基酸的蛋白质，该蛋白质与果蝇长寿基因产物的序列相似性达 85%。RT-PCR 分析结果表明，长寿基因在柞蚕卵、幼虫、蛹和成虫 4 个发育阶段和所检测的组织器官血淋巴、中肠、丝腺、马氏管、精巢、卵巢、脑、肌肉、脂肪体和体壁中均有表达。柞蚕长寿基因 mRNA 转录水平在温度刺激时没有发生显著上调或下调，表明柞蚕长寿基因与温度胁迫不相关。通过对数据库的检索，发现长寿基因的同源物在各种真核生物包括真菌、植物、无脊椎动物和脊椎动物中均有分布，而且它们之间在氨基酸序列上有 50%~93% 的一致性，表明长寿基因在真核生物的进化过程中高度保守。基于长寿基因及同源物氨基酸序列所进行的进化分析可以将已知的真菌、植物、无脊椎动物和脊椎动物分开。

3　柞蚕种质资源研究方法及性状鉴定

3.1　柞蚕种质资源研究方法

3.1.1　柞蚕种质资源

种质资源（germplasm resource）是可供遗传育种研究利用的一切材料的总称，又称遗传资源（genetic resource）、基因资源（gene resource）。中国柞蚕种质资源十分丰富，在世界野蚕资源中占有极其重要的地位，凡是具有某一特殊生物学特性或经济学性状的群体，都称为种质资源或遗传资源。柞蚕种质资源是柞蚕遗传育种的物质基础，通过挖掘、收集、保存，能够为新品种选育提供新素材。

柞蚕种起源于我国山东省中南部地区，经过长期的自然选择和人工选择，逐步形成了具有独特的生物学特性和经济学性状，并适应当地生态条件和饲养条件的柞蚕品种。在自然条件中，温度、光照、饲料等对柞蚕种的分化与分布起了重要作用。

3.1.1.1　柞蚕种质资源的种类

柞蚕种质资源按照幼虫体色分类，大体可分为黄蚕血统、青黄蚕血统、蓝蚕血统、红蚕血统、白蚕血统、绿蚕血统等。其中青黄蚕血统又可分为青绿色和青黄色2类。黄蚕血统分为淡黄色和杏黄色。白蚕血统可分为黄银白、灰银白和白色3类。蓝蚕血统则可分为靛蓝、水蓝等类型。柞蚕育种常以幼虫体色作为选择标记进行选择，这成为柞蚕育种有别于家蚕育种的特点之一。

按照化性分类，可将柞蚕种质资源分为一化性和二化性。

3.1.1.2　柞蚕种质资源的分布

柞蚕黄蚕血统中淡黄色品种多分布于贵州、四川等省，杏黄色品种多分布于安徽、河南、山东等省；青黄蚕血统的品种主要分布于东北和华北地区；蓝蚕和白蚕血统品种，适应范围较窄，蓝蚕血统品种仅分布于山东省胶东地区，白蚕血统品种只分布于辽宁东部鸭绿江沿岸地区。

以 35° N 线为界，35° N 线以南地区主要分布一化性品种，35° N 线以北地区主要分布二化性品种，35°～36° N 的地区属柞蚕种化性不稳定地区，即一化、二化的过渡区域。

3.1.2 柞蚕种质资源的保存

柞蚕种质资源保存及繁育简称品种保育，其目的就是科学地保持柞蚕品种特征特性，防止其混杂和退化、品种保育的重点在于幼虫期的饲养和制种期的蛾期选择。

3.1.2.1 幼虫期饲养保育

目前已研究并建立了单蛾区育和卵量混合育 2 种保育方式，单蛾区育通常每个品种饲养 15 个蛾区，卵量混合育春蚕每区饲育 3g 种卵，秋蚕每区 4g 种卵，每个品种饲育约 15 个区。在柞蚕品种保育实践中，常常交替使用，这样既有利于保持和巩固品种的特征特性，又可减少近亲交配产生的不利影响。

品种保育中的饲养技术，除了需符合一般柞蚕种饲养的常规技术要求以外，还需重点满足所保育品种特殊经济性状对饲养条件的要求，同时进行幼虫期的选择。蛾区育时，以蛾区选择为主，个体选择为辅；卵量混合育时，则实施个体选择。对于品种的诸多数量性状，多采取"卡两头、留中间"的选择方式，特殊品种除外。小蚕期以群体选择为主，大蚕期以个体选择为主。

3.1.2.2 品种保育中的选配与选择

制种期间的蛾期选择在品种保育中尤为重要，需要熟悉和掌握品种蛾期特征特性和遗传规律进行正确的蛾区交配及选择，既避免由过度近亲交配造成的衰退，又防止不当杂交造成的混杂。通常将保育品种参照亲缘关系，分 2 个大区，采用异区交配。当品种出现混杂时，则采用必要而适度的近亲交配，以恢复品种的特征特性。

柞蚕品种在保育中一旦出现种性衰退现象，还需要采用复壮措施。常用的有同品种不同饲料饲育后交配、同品种异地交配等方法。后者应用较多，效果也较好。

3.1.3 柞蚕种质资源的研究

种质资源研究是对保存的品种资源进行生物学特征特性、经济学特性、抗病性及遗传规律等方面的研究。

3.1.3.1 生物学特征特性的描述和记载

对保存的品种资源进行特征特性的描述和记载是有效利用种质资源的基础和前提。需要描述的生物学特征特性主要有化性、眠性、体形、幼虫及成虫体色、茧形、茧色、龄期经过、单蛾产卵量、百粒卵质量等，可结合保育进行观察和记载，并应用照片对 4 个虫态拍照保存。

3.1.3.2 经济性状调查

经济性状反映该品种的经济价值，是该品种利用的重要依据。需要调查的主要经济性状如发育经过、幼虫生命率、虫蛹统一生命率、死笼率、全茧量、茧层量、茧层率、茧丝长、纤度、净度、解舒率、强伸力等。

3.1.3.3 品种的抗性鉴定

抗性鉴定包括抗逆性和抗病性鉴定，通常采用诱发鉴定方法，即人工创造所需的不良环境，使品种暴露出遗传本质差异，达到筛选鉴定的目的。如设置极端高温或低温来鉴定品种对温度的适应性，添食病原微生物如柞蚕核型多角体病毒、柞蚕链球菌等进行抗病性鉴定。

3.1.4 柞蚕种质资源研究方法

3.1.4.1 生物学研究

（1）资源调查方法

通过调查了解柞蚕的生长环境、分布状况、生长习性以及基本的生物学性状，从而为种质资源的评价奠定基础，也为其起源、演化和分类提供依据。通过对柞蚕种质资源不同生态区的地理气候条件、放养状况等的调查，可以明确柞蚕种质资源的生态适应性和适应范围。

（2）比较形态学方法

柞蚕种质资源研究中最多采用的方法，目前种质资源的多数性状均应用比较形态学研究结果。比较形态学性状的特点：

①便于观察和获取，一般不需要精密复杂的实验室设施，游标卡尺、电子秤、放大镜、解剖镜是比较常用的工具。

②柞蚕形态的变异复杂多样，其变异式样和幅度有利于进行分类、描述和鉴定等工作。

（3）比较解剖学方法

对柞蚕的器官或组织进行解剖、观察、比较研究。比较解剖学性状通常与形态学性状密切相关，常作为比较形态学的辅助，为揭示种质资源各类群的区别特征和进化趋向提供证据。

3.1.4.2 考古学研究

考古学是根据古代人类活动遗留下来的实物和历史资料研究其古代情况。实物和历史资料大多埋藏于地下，考古学家通过发掘它们，研究它们为柞蚕种质资源的起源驯化、传播和利用情况提供证据。

3.1.4.3 生态学研究

柞蚕的生态学研究是在自然环境或人工控制环境中，研究环境条件、物候期、种质的生长发育习性 3 者之间的关系，了解柞蚕种质资源生长发育规律、发育周期，及其对温度、光照、水分和营养等的要求。生态学研究主要包括以下 4 方面研究内容。

①物候期的观察；②气象因子的影响分析；③树种因子的影响分析；④人类活动的影响分析

3.1.4.4　遗传学研究

柞蚕种质资源的遗传学研究包括：①杂交分析；②测交分析；③自交分析；④远缘杂交分析。

（1）杂交分析

杂交是指不同基因型配子结合产生杂种的操作过程。杂交是生物遗传变异的重要来源，基因重组是杂交的遗传学基础，杂交分析的作用：①鉴别物种间的亲缘关系；②目标性状遗传分析的基础；③种质创新的有效手段。

（2）测交分析

测交是杂交子一代个体（F_1）再与其隐性或双隐性亲本的交配，由于测交时常利用一个原来的隐性纯合亲本进行杂交，故又属于回交。测交目的是验证某种表现型的个体是纯合基因型还是杂合基因型。

（3）自交分析

自交一般是指以本蛾区或较纯的群体内的雌雄个体进行交配的操作过程。其目的：①验证遗传因子的分离情况；②使基因趋于纯合，产生稳定自交系。

（4）远缘杂交分析

远缘杂交通常是指分类学上不同种、属以上类型间的杂交。其目的：①研究种间的亲缘关系；②可以创造出新的柞蚕种质资源类型；③提高柞蚕的抗病（逆）性，改良品种、创造新种质以及利用杂种优势等。

3.1.4.5　生物数学研究

（1）聚类分析

聚类分析是用数学方法定量地确定种质资源样品的亲疏关系从而客观地划分类型，进行分类，在系统生物学中是属于表征分类学，又称数量分类学的分析方法。

聚类分析是研究多要素事物分类问题的数量方法。基本原理是根据样本自身的属性，用数学方法按照某种相似性或差异性指标，定量地确定样本之间的亲疏关系，并按这种亲疏关系程度对样本进行聚类。常见的聚类分析方法有系统聚类法、动态聚类法和模糊聚类法等。

（2）分支分析

分支分析是分支分类学的分析方法。分支分类学简称分支学或支序学。基本思想最早由德国昆虫学家 W.Hennig 在 20 世纪 50 年代提出，于 1996 年出版《系统发育分类学》。

分支分类学（系统发育分类学）的基本目标是解释及记录生物界的多样性，其研究的核心内容是式样（生物界的有序性）及过程，研究方法是利用这些性状重建生物类群的演化历史（系统树）。研究所用的数据来自形态、化石和分子几个方面。其基本论点是：①近裔共性原则；②严格单系原则；③简约性原则。

3.1.4.6　分子生物学研究

分子生物学是在分子水平上研究生命现象的科学。通过研究生物大分子（核酸、蛋白质）的结构、功能和生物合成等方面来阐明各种生命现象的本质。

分子标记技术是近年来发展最快的技术之一，是分子生物学的发展尤其是 PCR 技术的产物，分子标记技术是一种基于 DNA 变异的遗传标记的新技术。目前 DNA 分子标记技术已有数十种，已广泛应用于动植物种质资源的研究，包括种质资源多样性分析、遗传图谱构建、基因定位、种质资源鉴别、系谱分析和分类等。

与其他几种遗传标记 – 形态学标记、生物化学标记、细胞学标记相比，分子标记具有无比的优越性。它直接以 DNA 形式出现，在动植物体的各个组织、各发育时期均可检测到，不受季节、环境的限制，不存在表达与否的问题，数量极多，遍及整个基因组；多态性高，利用大量引物探针可完成覆盖基因组的分析；表现为中性，即不影响目标性状的表达，与不良性状无必然的连锁；许多标记为共显性，能够鉴别出纯合的基因型与杂合的基因型，提供完整的遗传信息。几种常用的分子标记技术：

（1）RFLP（Restriction Fragment Length Polymorphism，限制性片段长度多态性）

RFLP 标记是发展最早的 DNA 标记技术（图 3–1）。RFLP 是指基因型之间限制性片段长度的差异，这种差异是由限制性酶切位点上碱基的插入、缺失、重排或点突变所引起的。这种差异可以通过特定探针杂交进行检测，从而可比较不同品种（个体）的 DNA 水平的差异（多态性），多个探针的比较可以确立生物的进化和分类关系。

①RFLP 基本步骤：DNA 提取 → 用限制性内切酶酶切 DNA → 用凝胶电泳分开 DNA 片段 → 把 DNA 片段转移到滤膜上 → 利用放射性标记的探针杂交显示特定的 DNA 片段（Southern 杂交）和结果分析。

探针为来源于同种或不同种基因组 DNA 的克隆，位于染色体的不同位点，从而可以作为一种分子标记（Mark），构建分子图谱。

酶切位点突变

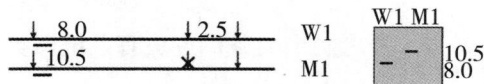

插入突变

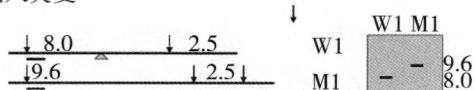

图 3–1　RFLP 分子标记原理

② RFLP 标记的优点：是一种容易识别且遗传稳定的 DNA 分子标记，同一位点上等位基因多，能在任何发育时期，任何组织进行检测，而且不受环境影响，为共显性标记。因此，通过确定它们与性状的连锁关系或不同标记间的连锁关系，进行基因定位、构建遗传连锁图谱，还可对数量性状进行遗传分析，确定染色体的同源性，了解物种的系统发育与演化关系。

③ RFLP 的缺点：必须要分离单拷贝的基因组 DNA 克隆或 cDNA 克隆，才能进行多态性分析。RFLP 技术的实验操作过程较复杂，需要对探针进行同位素标记，即使应用非放射性的 Southern 杂交技术，仍然是个耗时费力的过程。

（2）RAPD（随机扩增多态性，Random Amplified Polymorphic DNA）

使用具有 9~10 个碱基的单链随机引物，对基因组全长 DNA 进行 PCR 扩增，以检测多态性。引物结合位点 DNA 序列的改变以及两扩增位点之间 DNA 碱基的缺失、插入或置换均可导致扩增片段数目和长度的差异，经聚丙烯酰胺或琼脂糖凝胶电泳分离后通过 EB 染色以检测 DNA 片段的多态性（图 3-2）。

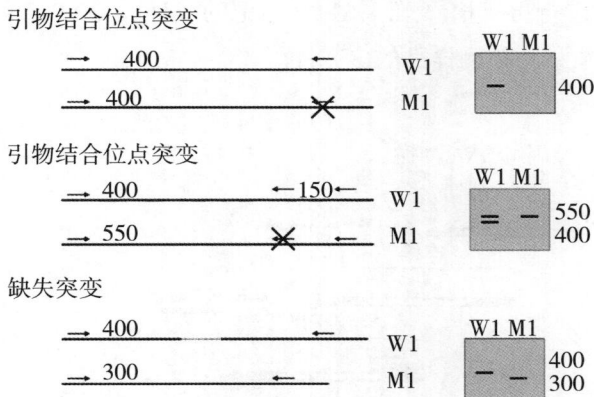

图 3-2 RAPD 分子标记原理

RAPD 标记的优点：对 DNA 需要量极少，质量要求也不高，操作简单易行，不需要接触放射性物质，一套引物可用于不同生物的基因组分析，可检测整个基因组。

RAPD 标记的缺点：一般表现为显性遗传，不能区分显性纯合和杂合的基因型，因而提供的信息量不完整。由于使用较短的引物，PCR 易受实验条件的影响，结果的重复性较差，因此，进行 RAPD 分析必须建立可重复的反应体系。

（3）AFLP（amplified fragment length polymorphism，扩增片段长度多态性）

指通过 PCR 扩增经限制性内切酶酶切后的 DNA 模板，从而显示多态性的 DNA 片段（图 3-3）。

① AFLP 原理和步骤：基因组 DNA 先用限制性内切酶切割，产生分子量大小不同的

限制性片段→ 使用特定的双链接头与酶切 DNA 片段连接，作为扩增反应的模板→用含有选择性碱基的引物对模板 DNA 进行两次扩增（选择性碱基的种类、数目和顺序决定了扩增片段的特殊性，只有那些限制性位点侧翼的核苷酸与引物的选择性碱基相匹配的限制性片段才被扩增）→扩增产物经聚丙烯酰胺凝胶电泳分离、染色、显带→然后根据凝胶上 DNA 指纹的有无来检验多态性。

AFLP 揭示的 DNA 多态性是酶切位点和其后的选择性碱基的变异。AFLP 扩增片段的谱带数取决于采用的内切酶及引物 3′端的带有选择性碱基的种类、数目和所研究基因组的复杂性。

AFLP 引物包括三部分：5′端的与人工接头序列互补的核心序列（core sequence，CORE），限制性内切酶特定序列（enzyme-specific sequence，ENZ）和 3′端的带有选择性碱基的黏性末端。

② AFLP 分子标记技术流程：包括 3 个步骤：（Ⅰ）DNA 的准备，DNA 的酶切以及与人工合成的寡聚核苷酸接头（artificial oligonucleotideadapter）连接。一般采用双酶酶切。（Ⅱ）选择性扩增酶切片段，一般用不带或带 1 个选择性碱基的引物进行预扩增，然后用带 2～3 个选择性碱基的引物进行再扩增。（Ⅲ）AFLP 标记的统计。AFLP 产物通过聚丙烯酰胺变性凝胶电泳、染色和显色，检测样品的多态性。

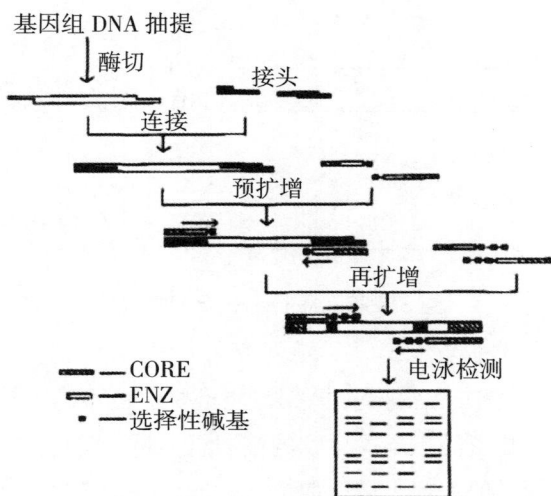

图 3-3　AFLP 分子标记技术流程

AFLP 的优点：是限制性酶切与 PCR 结合的一种技术，具有 RFLP 技术的可靠性和 PCR 技术的高效性，可以在一个反应内检测大量的限制性片段，一次可获得 50～100 条谱带信息，具有高效性。

AFLP 的缺点：技术流程比较复杂，费用较高。

（4）SSR（simple sequence repeat，简单重复序列）

指的是微卫星 DNA 由于重复次数不同以及重复程度的不完全而造成的每个座位的多态性。

微卫星 DNA：又叫简单重复序列，是指基因组中由 1～6 个核苷酸组成的基本单位，重复多次构成的一段 DNA，广泛分布于基因组的不同位置。

微卫星 DNA 在真核生物的基因组中的含量非常丰富，而且常常是随机分布于核 DNA 中，不同物种、甚至同一物种不同品种之间具有很高的多态性，如果能够将这些变异揭示出来，就能发现不同的 SSR 在不同的种甚至不同个体间的多态性。

通常微卫星 DNA（重复序列）的两侧序列是非常保守的。基于这一点，可以设计与重复序列两侧序列互补的引物，对不同的重复区进行 PCR 扩增，进而发展成 SSR 标记。

SSR 标记是目前最常用的微卫星标记之一（图 3-4）。由于基因组中某一特定的微卫星的侧翼序列通常都是保守性较强的单一序列，因而可以将微卫星侧翼的 DNA 片段克隆、测序，然后根据微卫星的侧翼序列就可以人工合成引物进行 PCR 扩增，从而将单个微卫星位点扩增出来。由于单个微卫星位点重复单元在数量上的变异，个体的扩增产物在长度上的变化就产生长度的多态性。

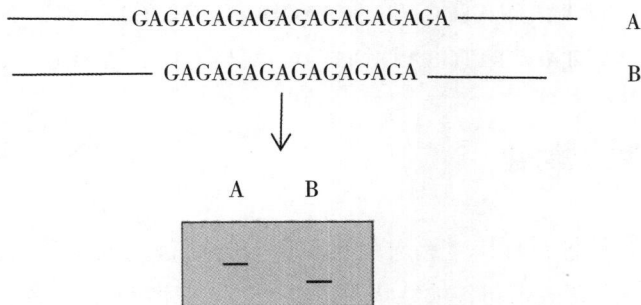

图 3-4　SSR 分子标记原理

SSR 标记具有以下优点：数量丰富，覆盖整个基因组揭示的多态性高；具有多等位基因的特性，提供的信息量高；以孟德尔方式遗传，呈共显性；每个位点由设计的引物顺序决定，便于不同的实验室相互交流合作开发引物；操作简便、稳定可靠，一旦开发出某种生物的全套 SSR 引物，就获得了最丰富的遗传变异信息的 DNA 标记。

SSR 标记的建立首先要对微卫星侧翼序列进行克隆、测序、人工设计合成引物以及标记的定位、作图等基础性研究，因而其开发费用相当高。由于 SSR 标记具有较大的应用价值，且种属特异性较强，目前在一些主要的农作物中 SSR 标记研究都进行了合作，共同进行引物的开发。

（5）STS（sequence tagged site，序列靶位点）

根据单拷贝的 DNA 片段两端的序列，设计一对特异引物，扩增基因组 DNA 而产生的一段长度为几百 bp 的特异序列。RFLP 标记经两端测序，可转化为 STS 标记。

STS 标记在基因组中往往只出现一次，从而能够界定基因组的特异位点。但是，STS 标记涉及 DNA 测序，因而只能对少数位点进行分析。

（6）SNP（single nucleotide polymorphism，单核苷酸多态性）

主要是指在基因组水平上由单个核苷酸的变异所引起的 DNA 序列多态性。SNP 所表现的多态性只涉及单个碱基的变异，这种变异可由单个碱基的转换（transition）或颠换（transversion）所引起，也可由碱基的插入或缺失所致。但通常所说的 SNP 并不包括后两种情况。SNP 在大多数基因组中存在较高的频率，在人类基因组中平均 1.3kb 就存在一个 SNP。

由于 SNP 数量丰富，可进行自动化检测，因此 SNP 具有广阔的应用前景。

鉴定 SNP 可以通过设计特异的 PCR 引物，扩增某个特定区域的 DNA 片段，通过测序和遗传特征的比较，来鉴定该 DNA 片段是否可以作为 SNP 标记。大规模的 SNP 鉴定要借助于 DNA 芯片技术。

1 AAGGGTCATAGGTACCTATGGATACGTAG (A) CCCTGGTYACCTITIGAA (T)
2 AAGGGTCATAGGTACCTATGGATACGTAG (G) CCCTGGTYACCITITGAA (C)
3 AAGGGTCATAGGTACCTATGGATACGTAG (A) CCCTGGTYACCITITGAA (C)

3.2　品种与性状鉴定

柞蚕育种要按着育种目标要求，对被选材料的特征特性进行鉴定，然后依据鉴定结果实施选择。所以，选育效果与各项性状鉴定结果的正确性和可靠性有着极大的关系。鉴定方法正确、科学，鉴定结果客观、可靠，选择效果就好。否则就难以选育出符合育种目标的新品种。

柞蚕育种中有些性状，可以通过直接鉴定，进行直接选择，有些性状则无法直接鉴定，只能依据对相关性状的鉴定结果进行间接选择。直接选择可靠性大，选择效果好；而依据间接鉴定结果进行的选择可靠性小，准确性低。柞蚕育种性状鉴定与选择，贯穿于育种的全过程及柞蚕各个虫期之中。各虫期需要鉴定的项目颇多，有些性状要靠感官鉴定，有些性状要进行计量，不管哪种鉴定方式，都要在认真细致、分析比较的基础上进行。而且，有些性状必须经多年鉴定才能获得可靠的结果。因此，育种工作者就应勤于观察，亲自操作，逐渐积累，加深对被选择材料与其性状表现的认识，以求收到鉴定客观可靠、选择准确的效果。

3.2.1　不同发育时期的具体性状鉴定

3.2.1.1　卵期鉴定

柞蚕卵期鉴定选择的主要项目有：产卵数、卵重、卵形、卵的整齐度、卵色、不良卵的种类及其数量、普通孵化率、实用孵化率等性状。实践中要对卵期综合性状进行鉴定选择。卵期生命力的鉴定选择，是卵期鉴定的主要项目。普通孵化率与实用孵化率是卵期生命力主要性状指标。其中，实用孵化率不但表示卵期生命力强弱，它还是孵化整齐度的指示性状，更具实用性。因此，在育种实践中，在选择普通孵化率高的基础上，选择实用孵化率也高的蛾区留种继代，可收到卵期生命力强、孵化又整齐集中的选择效果。

孵化率计算公式如下：

$$普通孵化率（\%）=\frac{苗蚁发生卵数+实用孵化卵数+迟孵化卵数}{总卵数}\times100\%$$

$$实用孵化率（\%）=\frac{实用孵化卵数}{总卵数}\times100\%$$

$$实用孵化卵数=总卵数-未孵化卵数-苗蚁发生卵数-迟孵化卵数$$

3.2.1.2　蚕期鉴定

蚕期性状鉴定与选择是柞蚕4个虫期性状鉴定与选择最重要、最复杂的环节。蚕期鉴定选择项目主要有：蚕的体色与头壳色、壮蚕气门线色泽、体态、眠性、食性、生长发育和营茧整齐度、龄期经过、发育有效积温、病弱蚕种类及数量、抗逆性、抗病性、发病率、幼虫生命率及收蚁结茧率等等。

柞蚕体色、气门线色泽和体态鉴定，除了饲养过程中在树上做群体观察外，最主要的是在5龄盛食期后，营茧前，蚕体色与体端定型时，进行个体观察、比较，选留体色纯正并符合选择标准色泽的个体，淘汰其他色泽个体；柞蚕体态是否端正，环节收缩是否紧凑，体皮是否光滑有弹力等都是蚕体强健性如何的表现，在选育过程中要予以重视。此外，蚕期各项性状表现，受多种因素的影响，自收蚁始，育种工作者就要在养蚕现场，认真观察记载，对选育材料各项性状进行比较、分析和评价，以增强性状鉴定的客观性和可靠性，提高选择效果。

蚕期鉴定除了进行全面综合的鉴定外，主要是对其生命力做鉴定。幼虫期生命力鉴定最常选用幼虫生命率、发病率和收蚁结茧率等指标。收蚁结茧率既是被选材料生产性能的指示性状，又是蚕期体质强健性、抗逆性的指示性状。实际收蚁饲育头数是计算幼虫生命率和收蚁结茧率的基础数字，各种原因的减蚕数，是幼虫生命率和收蚁结茧率及发病率决定性数字。因此，在饲育期内要仔细观察、翔实记载，务求准确无误地查明与生命力有关的减蚕和与生命力无关的减蚕，使鉴定结果客观、可靠。

与生命力有关的减蚕，即与健康有关的减蚕，如患脓病、软化病与微粒子病的减蚕，真正弱小蚕、不结茧蚕等；与生命力无关的减蚕，即非因蚕体体质虚弱，如蝇蛆和线虫及小茧蜂寄生，鸟兽虫与人为伤害等的减蚕。

$$幼虫生命率（\%）= \frac{总结茧粒数}{总结茧粒数 + 与生命力有关减蚕数} \times 100\%$$

$$发病率（\%）= \frac{发病蚕数}{实际饲养蚕数} \times 100\%$$

$$收蚁结茧率〔\%）= \frac{总结茧粒数}{实际收蚁数} \times 100\%$$

柞蚕在野外山林中饲养，幼虫龄期经过时间，受自然气候状况影响较大。因此，龄期经过时间波动较大。而幼虫发育有效积温却相对稳定，品种的幼虫发育有效积温的多少，决定着幼虫龄期经过时间的长短，从而制约着蚕品种使用范围和适宜区域。因此，幼虫发育有效积温具有实用价值。

幼虫发育有效积温计算公式如下：

$K=（T-t）D$

其中，T 为幼虫期日平均温度；

t 为幼虫发育起点温度；

$T-t$ 为日平均有效积温；

K 为幼虫发育有效积温；

D 为幼虫期经过日数。

3.2.1.3 蛹（茧）期鉴定

蛹（茧）期性状鉴定项目，主要有蛹期生命力和蛹期发育有效积温、茧质和丝质等3个方面内容。

蛹期生命力主要性状有死笼茧率。蛹期生命力调查与茧质调查同时进行。死笼茧还包括薄皮茧和同宫茧等不良茧中的死笼茧。调查时要剖茧观察，查明病种或致死原因，如死蚕、死蛹、畸形蛹、半蜕蛹、僵蛹、伤蛹等。其中僵病蛹、蝇蛆寄生蚕、伤蛹等可作为偶因淘汰，不计入死笼茧。死笼茧率计算公式如下：

$$死笼茧率（\%）= \frac{死笼茧粒数}{结茧粒数 - 蛹期偶因淘汰数} \times 100\%$$

在育种实践中，常把幼虫期和蛹期生命力鉴定统一起来，以虫蛹统一生命率表示。以此来表示品种生命力强弱，既简便，直观性又好。

虫蛹统一生命率（%）= 幼虫生命率 ×（1– 死笼茧率）

茧质鉴定项目有：茧色、茧形、茧层松紧与缩皱、茧层与茧粒均匀、整齐度、全茧量、茧层量、茧层率等性状。

茧色、茧形、茧层松紧与缩皱都与茧的解舒性能有密切关系。茧色不仅反映了茧的结构，它与茧层松紧度等都和茧层透气性、透水性有关，从而影响茧的解舒性能，这在选育过程中要予以重视。

全茧量、茧层量、茧层率，在选茧前，随机抽样称量调查，如抽取样本中有死笼茧时，要予以调换。抽样调查茧数，一般每个蛾区随机抽取雌雄茧各 10 粒，称量，并计算茧层率。

$$茧层率（\%）= \frac{茧层量}{全茧量} \times 100\%$$

茧丝品质鉴定项目主要有：新茧有绪率、滑皮茧率、落绪、上毛、解舒率、生丝量、茧丝长、生丝纤度、回收率、出丝率、纤维公量、净度、抱合、强力和伸度等。

在柞蚕育种中，由于柞蚕茧尚不能作活蛹缫丝，在选育过程中无法对受选个体进行直接缫丝鉴定选择。因此，通常是在品种基本定型时，从饲育蛾区中抽取数粒茧（一般 10 粒），用手摇检尺器作单粒缫丝，依其成绩进行蛾区选择；另一种办法就是品质定型后，留足继代种茧，剩余茧子各蛾区混合，做百粒缫丝试验，鉴定其茧丝品质。百粒缫丝试验，一般与新品种实验室品种比较试验同时进行。

柞蚕茧解舒性等性状，受饲育管理和自然气候等生态条件影响很大。不同年份，不同地区茧的解舒性等性状表现差异明显。因此，百粒缫丝试验应遵循多年多地的原则，以求试验结果能真实、客观地反映出新品种茧丝品质实际情况。

主要茧丝性状计算公式如下：

$$解舒率（\%）= \frac{供试茧总粒数}{供试茧数 + 落绪茧总数} \times 100\%$$

$$茧丝长（m）= \frac{生丝总长 \times 每绪配茧数}{供试茧数}$$

$$生丝公量（g）= 生丝干量 \times 1.11$$

3.2.1.4　蛾期鉴定

柞蚕蛾期鉴定选择项目主要有：鳞毛色泽、腹形、体态、蛾翅色泽与花纹、产卵性能，包括造卵数、产出率、交配性能、蛾生存日时、发蛾率等。

发蛾率实际是蛹期生命力一项衡量指标。在蛾期进行调查。发蛾率包括普通发蛾率和实用发蛾率。

$$普通发蛾率（\%）= \frac{发蛾总数}{种茧数-蛹期偶因淘汰数} \times 100\%$$

$$实用发蛾率（\%）= \frac{实用发蛾数}{种茧数-蛹期偶因淘汰数} \times 100\%$$

$$实用发蛾数=种茧数-苗蛾数-迟羽化蛾数-蛹期偶因淘汰数$$

3.2.2　品种的抗病性鉴定

在柞蚕育种中对卵、幼虫、蛹、成虫期生命力调查，只是对品种健康性的鉴定，而不能作为鉴定品种对某一蚕病抗性强弱的指标。柞蚕对核型多角体病毒（NPV）病和柞蚕空胴病等蚕病，在品种间、蛾区间都存在着差异，选育和利用抗病性强的品种，对提高柞蚕茧产量和质量，具有重要意义。

柞蚕育种中对抗病性的鉴定，大体有如下几种方法：

一种方法是根据历年在自然条件下饲育过程中，品种、品系发病情况进行比较、分析，鉴定其抗病性。这种办法多凭经验，作定性判断，特别是在缺乏诱发条件的良好生态环境条件下，对品种抗病性难以做出客观评价，无法反映出品种抗病性的真实情况。所以，这种鉴定只是一种经验性评价，往往容易失误。因为如果是一个不抗某种蚕病的品种（品系、蛾区或个体），在不存在病原或病原数量不足以引起蚕儿发病时，就不会发病；另一种情况，饲育环境中有足以引起发病的病原物，但有的感染了病原，而有的没有感染到病原，未感染者不发病，这样，靠自然鉴定来评价其抗病性，就无法反映出真实情况，所以，结果并不可靠。

柞蚕育种常用的对品种抗病性鉴定是采取人工接种病原物：如 NPV、柞蚕链球菌等，根据蚕儿发病死亡调查结果而进行的直接鉴定办法。采取感染抵抗性鉴定，评价指标主要有：发病死亡率、半致死剂量（LD_{50}）和半致死浓度（LC_{50}）。

鉴定对柞蚕核型多角体病毒（NPV）病抗病性时，在供试蚕卵孵化前一日下午，按10 倍系列稀释 NPV 液，用 $10^{-5}\sim10^{-1}$ 5 种浓度卵面涂毒，经口感染，收蚁后逐日调查发病死亡蚕数，调查到 2 眠起结束；鉴定抗空胴病时，将柞蚕链球菌液，按 2 倍系列稀释，分 5 种浓度，将菌液均匀涂于叶面上，待阴干后直接用菌叶收蚁饲养 24h 后，换无菌鲜叶饲养，并逐日调查蚕儿发病死亡数，调查到 2 眠起结束。

调查结束后，计算发病死亡率，并按 Reed-Muench 法计算出半数致死剂量 LD_{50} 或半数致死浓度 LC_{50}，比较其差数，同时，换算成抗病力与对照种比较，评定抗病性。同时，进行差异显著性检验，以确定差异产生原因。在柞蚕抗性鉴定中通常用 X^2 检验和方差分析。X^2 检验简便有效，易于操作，方差分析准确性高，但计算较繁杂。

3.2.3   品种比较试验

品种比较试验是对柞蚕新品种和杂交种的丰产性、稳产性和区域适应性等特性，作最后的鉴定。柞蚕品种比较试验包括新品种及其杂交种的实验室品种比较试验、蚕种场繁种试验和农村多点产比试验。通过品种比较试验，正确地客观地评价育成的新品种及其杂交种的经济实用价值，为品种审定、推广使用提供依据。

3.2.3.1   实验室品种比较试验

当选育的新品种各项性状稳定，品种基本定型时，就要适时进行杂交试验，鉴定新品种的配合力，并组配优势组合，进行新品种及其杂交种实验室品种比较试验。

新品种和实验室品种比较试验，采取单蛾分区饲育，饲育蛾区数各地做法不同，通常一个新品种饲养 20 个蛾区左右，以当地当家品种作为对照种。同时，还以同类型现行品种作为第 2 对照种。对照品种饲育蛾区数量约占试验种的 1/2 为宜。

优势组合和实验室品种比较试验，在一化性蚕区是利用杂种 F_1 代于农村原料茧生产中，所以，一化性蚕区是以 F_1 代进行品种比较试验；而二化性柞蚕区，年养春秋两季蚕，春养杂种 F_1 代，秋养杂种 F_2 代，所以，二化性蚕区杂种 F_1 代和 F_2 代均需进行品种比较试验。现以辽宁省为例，予以说明。

杂交试验和品种比较试验时，由于柞蚕杂交组合正反交均用于实际生产中，因此，既要有正交组合，又要有反交组合，以正反交组合均值作为该杂交种的表型值。秋蚕期由正反交组合种茧混合制种，随机交配，因此，秋蚕期则不分正反交。此外，杂交试验和优势组合品种比较试验，均采取卵量混育，春蚕期正反交组合，各选 15~20 头健蛾，将卵充分混合，随机称量，每 3~4g 卵为一个饲育区，正反交各重复 3~4 次；秋蚕期每个杂交种选择 15~20 头健蛾卵混合，每个饲育区 4~5g 卵，5~6 个重复区。对照种饲育方式和数量与试验种相同。

3.2.3.2   农村多点生产对比试验

实验室品种比较试验，虽能较准确地反映出新品种和杂交种的特征特性，但由于试验规模、试验条件和地区的局限性，实验室试验条件毕竟与大生产的千差万别的条件有差异，在许多方面往往都优于大面积生产条件。因此，新品种在经过这种比较试验后，还要进行农村多点生产对比试验，进一步考察其丰产性、稳产性、适应性，并确定新品种适宜区域，为新品种开发利用提供依据。

农村多点生产对比试验要坚持多年多地原则，一般要进行 3 年以上，至少要连续 2 年以上。并且试验种明显优于对照种，方可提交鉴定或品种审定。

农村多点生产对比试验还要坚持点多面广的原则。试验点的选择要有代表性，既要有高山区，也应有低山区，既要有无霜期较长，也应有无霜期较短的试验点，同时，还要考虑试验点的树种、气温及昼夜温差的大小，降水量的多少，光照条件以及放养管理技术条件等因素，在区域上要有代表性，此外，每个试验点都应有足够的放养数量。扩大试验点数和放养数量，可增强试验结果的可靠性。

品种比较试验结果，均应用生物统计学方法进行统计分析，对试验结果做出科学解释。

3.2.3.3 稳产性鉴定

稳产性是一个优良品种应具备的优良特性，是评价品种实用性和确定品种适用范围的一个重要指标。优良品种不仅可在良好的条件下获得高产，而且，在不良的生态条件下也应获得相对高产，即具备稳产的能力。品种在不同生态条件下，表现出相对产量差异的主要原因是品种基因型与环境条件互相作用的结果，是品种适应性的反映。

品种适应性是个相当复杂的生物学问题，它不仅与品种群体特征特性有关，还涉及在不同自然气候条件和饲养管理条件下，各种特征特性的反应以及相互间的协调与补偿作用。尽管如此复杂，与适应性有关的各种因素，最终还是要综合地反映在品种的产量上。这就为我们利用生物统计办法，客观定量地反映品种稳产性提供了可能。在实践中多用环境指数法（回归系数法）、回归系数和离回归均方法、变异系数法、高稳系数法、主效可加互作可乘模型法（AMMI）、GGE 模型法和方差分析进行品种稳产性评估。现以环境指数法、主效可加互作可乘模型法（AMMI）、GGE 模型法为例，作简要介绍。

（1）环境指数法分析的基本原理

环境指数法是以回归系数（b）表示品种稳产性。利用环境指数法计算出来的回归系数值表示品种稳产性好坏。当回归系数 $b < 1$ 时，表明该品种对自然气候及饲养管理条件依附性小，反应迟钝不敏感，环境条件对品种产量影响较小，说明品种适应性强、稳产性好；在环境条件不良时，仍可获得相对高产；当 $b > 1$ 时，表明该品种对生态环境条件依附性大，反应敏感，环境条件对品种产量影响较大，说明品种适应性弱，稳产性差，在环境条件不良时，产量较低。

虽然，我们不应把品种适应性和稳产性与生态环境条件的关系简单地看成 1 对 1 的数学关系，但利用环境指数法，毕竟为衡量品种稳产性提供了一个客观定量的方法。利用回归系数，结合参试品种的平均产量，就能较全面地说明它们的高产稳产性能。

当然，利用回归系数估测品种稳产性也会有一定误差，误差小，则可靠性大，反之可靠程度小。因此，可用决定系数（r^2）来反映误差大小，即估测可靠性大小。决定系数就是回归平方和即依变数总变异中由回归解释的部分在依变数总变异中所占的比重。决定系数 r^2 越大（越接近于 1），说明估测误差越小；反之，r^2 越小，则估测误差越大；r^2 数值越接近于 1，用回归系数估测稳产性的可靠性越大。当决定系数 r^2 大于 80% 时，通常认为估测结果即属相当可靠，即客观地反映出品种稳产性。

此外，还可以对参试品种回归系数做差异显著性 t 值测验，以判断其稳产性是否有本质上的差异。

（2）AMMI 模型分析的基本原理

AMMI 模型是一种结合了主成分分析与方差分析，在一个模型中同时具有可加性和可乘性分量的数学模型，其计算方法是：

$$y_{ge}=\mu+\alpha_g+\beta_e+\sum_{n=1}^{N}\lambda_n\gamma_{gn}\delta_{en}+\theta_{en}$$

式中：y_{ge} 为在环境 e 中基因型 g 的产量；μ 为总体平均值；α_g 为基因型平均变异；β_e 为环境的平均变异；λ_n 为第 n 个交互效应的主成分分析轴（IPCA）的特征值；γ_{gn} 为第 n 个主成分的基因型主成分得分；δ_{en} 为第 n 个主成分的环境主成分得分；N 为主成分的个数；θ_{en} 为残差。

AMMI 模型在使用的过程中，一般结合双标图，即横坐标是某一小区品种的平均产量，纵坐标是交互效应主成分轴 IPCA。在 AMMI 模型的基础上，张泽等提出一个基因型（或品种）在 IPCA 空间中与原点的欧氏距离 D 作为衡量该品种稳定性的指标。对品种来说，D_i 值越小，品种的稳定性越好；但是对参试点来说，D_i 值越大，试点的代表性越强。对于 D_i 值的计算，经吴为人的改进，其公式简化为：

$$D_i=\sqrt{\sum_{s=1}^{C}\omega_s\gamma_{is}^2}，\ i=1，2，\cdots，9$$

式中：i 是第 i 个品种，ω_s 为第 s 个 IPCA 的权重，以该 IPCA 所解释的变异（平方和）占全部 IPCA 所解释变异的比例来表示，是第 i 个品种在第 s 个交互效应主成分轴 IPCA 上的得分；C 是统计测验显著的 IPCA 个数。

（3）GGE 模型分析的基本原理

对一个具有品种环境的区域试验数据集进行主成分分析，其中解释变异最多的主成分叫第一主成分（PC1），解释变异第二多的主成分叫第二主成分（PC2）。多环境多品种的试验产量一般可以分解为：

$$Y_{ij}-\overline{Y}_j=\lambda_1\zeta_{i1}\eta_{1j}+\lambda_2\zeta_{i2}\eta_{2j}+\varepsilon_{ij}$$

式中：Y_{ij} 为基因型 i 在环境 j 中的产量；$\overline{Y}_j$ 为所有基因型在环境 j 中的产量表现；ε_{ij} 为模型中的残差；η_{1j}、η_{2j} 为基因型 j 在 PC1、PC2 中的得分；ζ_{i1}、ζ_{i2} 为基因型 i 在 PC1、PC2 中的得分。

GGE 双标图由 ζ_{i1}、η_{j1} 与 ζ_{i2}、η_{j2} 组成，为了使 2 项数据表中的信息更好地显示出来，一般采用平均环境坐标（AEC）法，AEC 中的 PC1 和 PC2 得分分别是所有指标的 PC1、PC2 的平均得分，过原点和 AEC 构成 AEC 的横轴，表示为 AEA，纵轴是通过原点且垂直于 AEA 的垂线。横轴代表品种的平均产量，箭头所指示的方向为正，各基因型在横轴上的垂足越靠右，代表产量越高；纵轴代表的是基因型与环境之间的互作效应（品种的稳定性），箭头所指方向是品种的稳定性，AEA 上垂线的长短显示其品种稳定性的大小，此值越接近于 0，稳定性越好。

4   柞蚕育种理论与方法

4.1   柞蚕育种任务与目标

4.1.1   柞蚕育种任务

柞蚕育种的基本任务，就是根据遗传学原理，创造和选育出具有优良经济性状的新品种，以满足生产与经济发展的需要。柞蚕育种目标是柞蚕育种任务的具体化和育种工作的依据。只有确定了明确的育种目标，才能克服育种工作中的盲目性和随意性，增强科学性和预见性。所以，正确地制订育种目标，关系到育种工作的成败。

柞蚕优良品种，是在一定的自然气候、饲养管理条件下，具有稳定的优良特征特性的生态类型。因此，可以说优良品种在生物学上是适应性好的生态类型，在生产上是具有高产、稳产、优质的生产资料。因此，品种增产是结果和现象，适应性好是原因和本质，适应性是评价柞蚕品种好坏的重要指标之一。

根据柞蚕饲养的特点和各柞蚕区长期育种实践，柞蚕育种的基本目标应当是高产、稳产、优质、配合力好。

（1）高产

一个品种是否有经济实用价值，首先要看它的生产性能，看它在当地的自然气候和饲养管理条件等生态环境条件下是否高产。柞蚕品种的高产特性，是品种的遗传因素与生态环境条件多种因素综合作用的结果，是品种群体生产力的集合。如果育成的品种生产性能不好，产量达不到当地现行推广品种的产量水平，这个新品种即使其他性状好，也难以得到推广与普及。因此，通常不论选育哪种类型的新品种，高产应是首先具备的特点。

（2）稳产

柞蚕品种的稳产性，是品种群体对当地生态环境条件适应能力的综合表现，同时，也是品种高产的基础和保证。适应性好的品种，既能充分利用生态条件中的有利因素，使其特征特性得到充分发挥，以获得高产，同时，还能抵抗和克服其不利因素的影响，获得相对高的产量。柞蚕在野外饲养，不仅各大蚕区自然气候条件不同，即使同一蚕区在不同年份、不同季节、不同养蚕场地的小气候也千差万别，各不相同。要在这样多变的生态条件下，获得较高产量，就要求品种适应性强，稳产性好。

（3）优质

柞蚕生产的主要目的是为柞蚕丝绸业提供优质原料茧。尽管随着社会与经济的发展，柞蚕蛹、蛾等综合利用，对柞蚕品种提出了新的要求，但是对柞蚕品种来说，优质首先是指茧质和丝质的优良。多丝量品种也好，其他类型的新品种也好，在茧丝品质上也应优于当地当时的推广品种，以保证柞蚕丝绸业对新品种茧丝品质的要求，体现出柞蚕良种的高效性。

（4）配合力好

柞蚕原料茧生产利用杂交种已有 50 余年的历史。特别是近年来，柞蚕杂交种得到了迅速的普及，逐步实现原料茧生产杂种化。这对提高原料茧产量和质量起到了积极作用。当前，在制订育种目标时，既要明确选育的杂交种应具备的优良特征特性，还要拟订出组配杂交种的亲本品种所应具备的优良特征特性。这其中特别应受到重视的是亲本品种的配合力。柞蚕杂交种是品种间杂交种，品种配合力是一项可以遗传的经济性状，只有品种配合力好，才有可能组配成高产、稳产的优良杂交种。所以，新品种应具备配合力好的特性。

4.1.2　柞蚕育种目标

柞蚕育种的基本目标，是各蚕区、各种类型品种应共同遵循的基本要求。各蚕区、各种类型品种的选育，还应在此基础上制订出具体的符合当地生产要求的育种目标，并落实到具体性状上。因此，在制订具体的育种目标时，还应遵循以下几点基本原则。

（1）育种目标要有针对性

育种工作是一项针对性很强的工作。制订育种目标要根据当地当时柞蚕生产上所存在的问题以及品种与当地生态环境条件间的矛盾等，有针对性地从品种角度来解决这些问题。因此，制订育种目标时，必须研究当地生态环境条件和技术经济对品种的要求，从当地当前实际需要出发，以免脱离实际，使育成的品种缺乏经济实用价值，难以利用。

（2）拟定育种目标要有预见性

育成一个新品种，需要 8~10 年，甚至更长时间。在这样长的时间里，生产和社会经济可能会发生很大变化，对新品种的要求也会随之而变化。因此，制订育种目标要有预见性。如果缺乏预见性，待到品种育成时，就有可能由于品种不符合要求，或性状标准不同，成为落后的品种，而不宜利用。所以，在制订育种目标时，对生产和社会经济的发展及其对品种特征特性可能提出的要求，要有一个适当的估计，要有预见性。

（3）育种目标要具体化，并落实到具体性状上

在育种工作中只有育种目标落实到具体性状上，在选择中才有依据。制订育种目标时，对新品种主要经济性状，要求超过当地当时推广的优良品种性状标准，要求目的性状要过硬，但也不是标准越高越好。因为优良品种应是各性状间保持平衡，整体水平高，而又具备某种优良特征特性的品种，如选育多丝量品种，茧层量、茧层率性状标准应当高些，如过分追求茧层率的提高，就会引起品种强健性和解舒性等性状的下降，育成的新品种即使有较高的茧层率，由于品种各项性状间失去平衡，整体水平不高，经济实用性价值就会降低，甚至失去了实用价值。因此，制定育种目标时，应全面考虑，既要有高标准，又要有科学性。

4.2　引种

柞蚕引种是指从外地或国外引进柞蚕品种、品系或遗传资源，通过简单的试验证明适合本地区放养后，直接在生产上推广应用，或将引进品种作为具有特殊性的育种中间材料，选育出新的优良品种。

4.2.1　引种的意义

引种的意义在于更有效地发展柞蚕生产，充实柞蚕种质资源，丰富柞蚕品种种类。引种工作简单且经济有效，是选育和推广优良品种的有效途径，也是柞蚕种质资源的重要来源，在育种工作薄弱，当地品种难以满足生产需要的情况下，引种能快速地解决生产用种问题，历史上，引种对我国蚕业的传播和发展起到了重要作用，清代雍正年间，贵州遵义知府陈玉玺先后三次从山东向遵义引进柞蚕种，开创了贵州省的柞蚕业乃至随后向四川、广西的传播。

4.2.2　引种的原理

遗传学告诉我们，表现型是基因型与环境相互作用的结果，即 $P=G+E$，引种的遗传学基础就在于柞蚕对环境条件的适应性大小及其遗传。品种的遗传适应范围大小，主要受品种基因型的严格控制，控制的方式就是对外界环境条件的自体调节能力和缓冲作用。

4.2.3　引种方法

引种必须按照一定的方法和步骤进行才能收到预期效果，否则有可能给生产带来不应有的损失。

（1）注重科学性

生态类型相近的地区间引种容易成功，生态类型差异较大的地区间引种应当慎重，

如迫切需要，则应做适当的驯化工作。

（2）明确引种目标

确定引种目标，了解并掌握待引进品种的生物学和经济学特征特性。依此确定具体的引种对象。

（3）试验比较鉴定

引进符合引种目标又最适合本地环境条件的优良品种，与本地现行品种进行比较，确定引进品种在本地的表现。

（4）注意驯化过程

从不同生态类型地区引种，往往要通过选择使引进品种逐渐适应当地生态条件，主要经济性状由引进初期的下降转为上升，甚至从中选育出新品种。

（5）防止品种混杂，注意检疫

引种要防止品种混杂，避免带入检疫性病害，国际间引种更需严格检疫，防止疫病带入。

4.3　选择的原理和应用

选择是育种成败的关键。柞蚕系统分离育种、杂交育种、诱变育种等都必须经过选择才能选育出新品种。在一定意义上来说，育种亦可称之为选种。品种的保育及在良种繁育中防止品种退化，保持优良种性也都必须进行选择，而且选择工作是贯穿育种和良种繁育的全过程，也贯穿在柞蚕卵、蚕、蛹、蛾各个虫态阶段。

什么是选择呢？最为朴素的定义是选优去劣，即选留符合育种目标的优良个体或蛾区，淘汰具有不良性状的个体或蛾区。从遗传角度而言，选择可以定义为一个过程，在一个群体中使某些个体繁殖下一代比其他个体占先，使群体中目的基因型和非目的基因型个体间成活率和繁殖率产生差异，从而改变群体中各种基因的频率，目的基因频率增加，减少或淘汰非目的基因，进而改变生物的类型，选育出符合人类需要的新品种、新类型。

选择是遗传物质重新安排的工具，选择具有重大的创造作用。选择有两大通类，即自然选择和人工选择。自然选择创造了自然界形形色色的多样化物种，人工选择选育出许许多多动植物优良品种。对于选择的重要性，广大劳动人民在长期生产实践中，已积累了十分丰富和宝贵的经验。当然，我们在看到广大劳动人民自发的选择对改良动植物品种有一定作用的同时，还发现这种朴素意识的选择效率是很低的。为了提高育种效率，育种工作者对选择不但要知其然，更重要的是知其所以然。只有这样，才能使柞蚕育种工作中的选择建立在科学的基础上，从而使选择工作更正确、更准确，也更精确，加速育种工作的进程。

4.3.1　选择的遗传学原理

在遗传学的意义上，一个群体不单是一群个体，而且是一个繁育着的群体。群体的遗传既要考虑到个体的遗传结构，也要考虑到基因的传递问题。在传递过程中，亲代基因型被拆散，通过雌雄配子传递的基因在子代中又重新组合起来，形成新的基因型。群体中的基因代代相传，基因的传递是连续的；基因型的传递是不连续的。我们更通俗地讲，在一个群体中出现了一个变异个体，这个变异个体与正常个体交配，若两个基因有显隐关系，则显性基因的作用把隐性基因的作用遮盖起来，这样是否能使隐性突变逐渐消失呢？Hardy-weinberg平衡，即群体中的遗传平衡规律回答了这一问题。在一个大的理想群体，这个群体无限大，个体间完全随机交配，没有突变和任何形式的选择。这种群体中，各种基因型的比例可从一代到另一代维持不变，基因频率和基因型频率不发生变化。根据这个定律可以知道，虽然显性基因的作用可以遮盖隐性基因的作用，但各种基因型的比例不变，所以隐性变异不会因此而逐渐消亡。上述的理想群体，在自然界中是不存在的。柞蚕育种及良种繁育群体的大小是有一定限制的，根本不可能无限大，而且在育种中必须进行人工选择，也有效地利用自然选择。

选择本身并不能产生新的基因，选择的遗传效应是增加被选择的基因的频率，减少淘汰的基因的频率，增加目的基因纯合体比例。

柞蚕的性状可分为质量性状和数量性状，受控的基因有主基因，又有微效多基因，有时同一性状同时受主基因和微效多基因控制；基因间又有显性关系、隐性关系、上位关系、加性与非加性关系等，而不同类型基因作用的选择与淘汰方法也不相同。

对显性基因的选择与淘汰：显性基因所控制的性状通常是有利的性状，而且显性基因所控制的性状能够表现出来，只要选择显性性状的个体，就能达到选择显性基因的目的。但是显性纯合体和显性杂合体都表现显性性状，显性纯合体不再分离，显性杂合体则有隐性性状分离。对于显性杂合体可以通过侧交或子裔鉴定来进行选择。对显性基因的淘汰比较容易，淘汰具有显性性状的个体，就能够把显性纯合体和显性杂合体中的显性基因都淘汰掉。假若显性基因外显率不是100%，而且基因型的表现型又不很稳定时，显性基因的淘汰效率就低得多。

对隐性基因的选择和淘汰：基因的外显率完全，表现型又比较稳定时，通过选择保留具有隐性性状表现型的个体，可以选择隐性基因。选择方法简单，也很容易达到目的。对隐性基因的淘汰比较困难。通过淘汰隐性纯合体，可以淘汰一部分隐性基因。但是由于显性杂合体中仍有隐性基因存在，只有把显性杂合体也淘汰掉，才能使群体中的隐性基因消失。在实际育种中，杂合体又有一定优势，被选择的机会多些，所以对稀少的隐性个体的选择往往是无效的。例如，隐性基因的频率 $q=0.01$，隐性纯合体的频率 $q^2=0.0001$，而杂合体的频率 $2pq=0.0198$。这说明，在 1 万个个体中，有 1 个个体表现隐性性状时，有

198 个杂合个体带有隐性基因。隐性基因在群体中出现频率愈低，存在于杂合体中的机会就愈高。对隐性性状的个体单纯淘汰，在隐性基因频率高的世代，淘汰的速度比较快；隐性基因频率很低时，例如基因频率从 0.10 降低到 0.01，即使选择强度大、选择系数很高，也要经过几千代。总之，对隐性基因的淘汰，既要淘汰全部隐性纯合体，又要通过谱系鉴定，鉴定出全部杂合体，再全部淘汰杂合体，才能使群体中隐性基因消失。

对加性基因作用的选择：具有实用价值的许多经济性状主要是受加性基因影响。加性基因控制的性状遗传力很高，而且很少有杂种优势。因此，对加性基因作用的选择，是在环境条件一致的前提下，以个体选择为主，选择表型最优良的个体，再用最好的个体与最好的个体交配。蚕业上采用对号交，能够尽快提高经济性状的数量值就是这个道理。

对上位的选择：位于不同染色体上的基因之间有许多种相互作用，基因间的各种相互作用对经济性状的影响还不清楚，但从家畜育种经验表明，基因间的上位作用对经济性状有一定影响。因此，我们认为柞蚕育种也可以从中借鉴。对上位作用的选择应以杂交后产生最佳上位效应的 F_1 代来判定，选择能够产生优良后代的个体，是对上位基因作用的良好选择方法。如果根据个体当代表现，选择遗传性优良的个体是不正确的。企图把理想的上位效应固定在一个品种或品系中，这也是不可能的。

对超显性作用的选择：等位基因间除了显性和隐性作用外，还有超显性作用，即杂合体比纯合体优势。超显性的等位基因间没有显隐性差别，它们同时存在而组成杂合子时，相互作用形成超显性效应，杂合子的基因型值超过任何一种纯合子的基因型值。基因的超显性效应是不能固定的，因为基因型一纯合化，基因型值就下降。对超显性作用的选择是不同品种或品系进行杂交，比较鉴定 F_1 生产性能，选出配合力优良的杂交组合。这种优良杂交组合的两个对交原种的等位基因间有最大的杂合性，一代杂交种表现出明显的杂种优势。

4.3.2　柞蚕育种中的选择方法

柞蚕育种中，总是将自然选择和人工选择贯彻始终的。人工选择的方法很多，归纳起来只有两种，即混合育个体选择和单蛾育蛾区选择。如果按选择性状的多少来划分，又可分为单项性状选择和综合性状的选择；依鉴定方法来划分，可分为直接选择和间接选择；依对蚕的选择阶段来划分，又可分为卵期选择、幼虫期选择、蛹（茧）期选择和蛾期选择。

4.3.2.1　自然选择

自然选择的主导者是自然界。生物居住的环境是多种多样的，生物个体间对环境适应能力也有差别，适合度高的个体留下较多的后代，适合度低的个体留下较少的后代，适合度的差异至少一部分是由遗传差异决定的。这样一代一代的传下来，群体的遗传组成趋向更高的适合度，这就是自然选择的创造作用。上面提到自然选择能够改变群体中基因频率，但这只是问题的一个方面，因为自然选择并不是对个别基因的选择，而是作用于整个生物体。生物体内控制各种性状的基因是相互协调的，生物体的各种基因相互影响、协调作用的结果，使生物体适应各种外界环境条件。如果某一基因发生突变，自然选择可能选出其他基因，形成新的基因间协调关系，这就是自然选择的积极作用。

柞蚕在野外山林放养，对它的自然选择无时无刻不在进行。早春低温、风害，夏季的高温多雨，无霜期和光照的长短对柞蚕都进行选择与淘汰。由于地域的不同，形成了柞蚕一化性品种、二化性品种；蚕的把握力、抗低温、抗不良叶质等性状由于自然选择不断增强。现在柞蚕生产提倡小蚕保护育，这对柞蚕生产的稳产、增产具有一定作用。但是，柞蚕良种繁育母种生产，如果长期进行保护育，势必失去了小蚕期自然选择的作用，蚕的体质及把握力会降低。因此，我们主张母种生产小蚕室内保护育和野外放养交互进行，我们不要放弃在人为条件下难以设定的综合自然选择的创造作用。

4.3.2.2　人工选择

（1）混合育个体选择和单蛾育蛾区选择

混合育个体选择，亦称混合选择，相当于动物种中的个体选择。这种选择方法系完全根据个体表现型值加以选择。其程序是在一个混合群体中，根据育种目标，以个体为单位，从表现型上加以选择。选出的优良个体随机交配或计划交配，单蛾制种或混合制种，混合放养。依次类推，连续进行若干代，选育出优良品种。混合选择的优点是方法简单易行，可以结合大面积生产进行，增加选择优良特征特性的机会。混合选择采用随机交配方法，后代的生命力较强。育种实践表明，性状过早稳定也不是完全有利的，所以，育种早期世代也有采用混合选择方法的。柞蚕许多地方品种和类型都是广大劳动人民用混合选择方法选育而成的。但是，由于混合选择法采用随机交配、混合放养，无法标记亲代与子代的血缘关系，因而不能采用后代鉴定法区分选择有真正育种价值的个体。尤其是柞蚕在野外放养，环境条件、饲料品质差异很大，仅根据表现型进行选择，有时甚至选择了环境条件引起的一定变异，结果并不能真实遗传，这样就放慢了育种进度。

蛾区选择亦称家系选择。蛾区选择是以蛾区为单位，根据各蛾区综合平均成绩进行选择。柞蚕育种蛾区选择的程序是：从育种材料中，选出符合育种目标的优良个体，单蛾制种，单蛾放养，根据当代各蛾区综合平均成绩，确定中选蛾区，在中选蛾区内选优良个体，单蛾制种、单蛾放养，根据当代蛾区平均成绩，参考上代成绩，确定中选蛾区，再从中选择优良个体，单蛾制种，单蛾放养。如此连续进行几代，由于同蛾区交配，就逐渐分离出性状有差异的家系。建立家系不可过多，并根据历代家系成绩，及时淘汰不良家系，最后选育出新的优良品种。蛾区选择必须进行同蛾区交配，而同蛾区交配容易造成后代蚕体质虚弱，故必须加强选择。同蛾区交配4~5代以后，就要采取同品系内异蛾区交配或异品系交配，以恢复提高生命力。同蛾区交配的代数要根据性状稳定的程度和蚕的生命力强弱来决定。在蛾区选择过程中，蛾区间的选择重于蛾区内的个体选择。特别是育种的中期世代，由于连续进行蛾区内交配，蛾区内个体间差异较小，蛾区间的差异较大。蛾区选择的优点在于能够利用后代鉴定法把遗传变异和不遗传变异区分开来，以便及时准确地淘汰非遗传本质而仅仅由于环境条件、饲料或放养技术所造成的表现良好而不遗传的变异，保留有育种价值的蛾区及个体。这样就大大提高了选择效果，加快育种速度。蛾区选择的缺点是方法比较麻烦，需要较多的劳力和设备，在具体应用时受到一定限制。

（2）单项性状的选择和多种性状综合选择

单项性状的选择是指在柞蚕育种过程中，只对某一性状进行选择与淘汰。如基础品种的选育、蚕品种基因库的建立、特殊的育种目标以及育种中针对某一突出缺点的选择都可以采用单项性状选择法。单项性状选择法对提高改进某一性状的速度较快，但是某一性状的改进有时也引起负相关性状的降低。

综合性状选择是指以多项主要性状作为改进目标的选择。品种的丰产性能是由多种性状所决定的。因此，除了为某一特殊目的外，在育种中特别注意综合性状的选择。当然既要全面考虑，又要有主有次，重点突出。我们不能要求一个品种是万能的，但是品种的综合性状优良才能用于生产。柞蚕育种经验也表明，在柞蚕卵、蚕、蛹（茧）、蛾等4个变态阶段都必须进行严格选择，选卵、选蛾也是柞蚕育种的一大特色。

（3）直接选择与间接选择

直接选择就是对育种材料的某种性状直接选择与淘汰。如大茧的选择，卵量的选择，茧质与丝质的选择等，直接选择的优点是选择准确，选择效果明显，这是柞蚕育种常用的选择方法。

间接选择是利用生物性状间的相关性，不是直接选择目的性状，而是通过与目的性状相关的其他性状的选择与淘汰，从而间接达到目的性状的选择。为什么要进行相关间接选择呢？这是因为某些性状直接选择有困难。例如，我们要选择纤度粗的品种，就必须在缫丝以后测量茧丝纤度后，再进行选择。但是如果育种材料很多，柞蚕蛹期（春蚕期）又很短，短时间大量缫丝有一定困难，而利用茧型大小与纤度粗细的相关关系，选择大茧型，纤度也就变粗。选择茧型容易操作。选择茧层量高的材料来提高茧丝丝长；选择发育经过短的提高柞蚕抗病性。抗病性的选择，采用蛾区半分法，也是间接选择。间接选择的优点是从容易选择的性状着手，方法简单，容易操作。但是，间接选择的效果不如直接选择法。性状呈正相关，间接选择相得益彰；性状间呈负相关时，一种性状提高了，另一性状则降低，二者相互矛盾。间接选择的理论根据是基因的多效性和连锁遗传，相互连锁的几个性状，由于交换而解除。再次，所谓性状相关，完全正相关或负相关的性状是很少的，而且生物的相关性因性状、生物类型不同而异，相关性也与环境条件有关，所以在进行间接选择时，一定弄清性状间的相关程度，才能进行有效的间接选择。

4.4　系统分离选择育种

柞蚕育种基本方法有系统分离选择育种、杂交育种和诱变育种。系统分离选择又称纯系分离选择。它是柞蚕育种中最基本最常用的方法。我国许多优良品种是采用该育种技术选育而成。如辽宁省育成的"青黄1号"和"青6号"，河南省育成的"33"和"39"等优良品种。

系统分离育种的实质是优中选优。通过系统分离有种，可对原始材料按育种目标要求，反复选择优良个体留种继代，淘汰不良个体，使品种群体主要性状得到改进和提高，选育出有别于原品种或原材料的新品种。

系统分离选择的依据是性状的遗传稳定性和变异性、群体中个体间性状的异质性。柞蚕品种是一个复杂的带有一定种性的个体的集合，群体中个体间在遗传结构和性状表现上存在着差异，有了变异和差异，就有选择的依据。因此，遗传性状的变异性和群体中个体间的差异性，就成为系统选择的基础和依据。

由于运用系统分离选择，只能把育种材料中性状优良的个体，通过选择把它分离出来，并经多代定向选择固定下来，使群体性状得到改进和提高。但系统分离选择不能创造新性状和新类型。因此，在柞蚕育种中的应用有局限性。

4.5　杂交育种

在柞蚕育种与生产实践上，杂交通常是指不同品种间、不同品系间的交配。杂交育种的依据是基因的分离和重组原理。通过两个遗传结构不同的两性个体交配，其杂交后代，由于基因的分离和重新组合，可产生双亲所没有的新性状，经过选择培育，选育性状稳定遗传的新类型和新品种。正因为杂交具有创造性作用，所以杂交育种法在柞蚕育种中被广泛使用。

4.5.1　杂交亲本的选择

正确选用杂交亲本是柞蚕杂交育种成败的关键因素。如杂交亲本选择不当，就很难选育出优良的新品种，因此，杂交前育种工作者就要收集杂交亲本，并认真研究亲本的特征特性及其遗传规律。选用杂交亲本时，必须依据育种目标，明确新品种所应具有的主要特征特性及其目的性状标准，以便于从收集到的原始材料中，选择杂交亲本。

根据各地多年育种研究的实践经验，在选择杂交亲本时，应遵循下述几项基本原则。

4.5.1.1　选择杂交亲本要紧扣育种目标

育种目标是育种的依据。根据育种目标要求，选择具有目的性状的材料作为亲本，进行杂交，在杂交后代中通过基因重组，出现比亲本更加优良的目的性状的概率就大些，选育出目的性状优的新类型的机会就多些，可能性就大，育种效果好。如要选育抗病性强的新品种，在选择杂交亲本时，就要选择具有较强抗病性的材料作亲本，至少在双亲中要有一方具有抗病性强的特点；选育多丝量新品种，亲本应具备茧层率高、解舒性能好的特点。只有紧扣育种目标来选择杂交亲本，才能缩短育种时间，提高选择效果，育成符合育种目标要求的优良新品种。

4.5.1.2　杂交亲本应综合性状好，优点多，缺点少，且能互补

育种目标所要求育成种应具有多方面的优良性状，杂交双亲都是优点多，又无突出的缺点，又能取长补短，则杂交后代通过基因重组，出现综合性状好的新类型概率就大，就可能选育出综合性状好，目的性状又优良的新品种。亲本中应无突出的缺点，尤其是那些遗传力比较高的性状，更应无明显缺点，特别要避免双亲具有相同的缺点。具有相同缺点的两性个体交配，杂交后代就会明显地表现出这种缺点，且不易通过选择淘汰掉。性状互补的目的，在于性状的多样性。只有通过双亲性状互补，才有可能把多个优良性状组合到新品种中，使其综合性状好，目的性状又突出。这是亲本选择中应特别重视的一条基本原则。

柞蚕诸多经济性状，大多属于数量性状遗传范畴，这些性状在杂种后代群体中的表现与双亲均值有关，且存在着基因的累加效应。通常双亲性状均值大，后代群体性状表型值亦高，再通过基因的累加效应，较易选出比双亲更优良的新类型和新品种。因此，在选用亲本时，对诸如产量构成性状等数量性状，标准就高些，否则，降低了对亲本的要求，必然会影响到杂种后代性状表现，从中选出综合性状好的新品种概率就小。此外，如亲本缺点多，即使双亲优缺点可以互补，也常常会出现杂交后，虽导入了不少优良性状，同时也带进了不少不良性状，难以育成优良的品种。

4.5.1.3　杂交亲本对当地生态环境条件应具有较强的适应性

品种只有对当地自然气候条件、饲养管理条件等生态环境条件具有较强的适应性，才有较好的稳定性，也才有高产的基础，这在柞蚕生产中有明显体现。因此，选择亲本时要注意亲本材料对当地生态环境条件的适应性，选择对当地生态环境条件适应性强的材料作亲本，特别是作母本，较易育成对当地生态条件具有较强适应能力的优良新品种。通常选用当地优良品种作杂交亲本，易达此目的。

4.5.1.4　选用不同生态类型或地理上远缘的品种作杂交亲本

生态类型差异大，地理上远缘或亲缘关系较远的品种杂交，杂种后代遗传基础丰富，除有明显性状互补作用外，常会出现一些超亲本的有利性状，可能选育出超双亲的新类型。对生态类型和地理上的差异性，要具体分析。差异大，杂种后代分离复杂、强烈，持续时间长、世代多。如柞蚕蓝蚕系统品种与青蚕、黄蚕系统品种杂交时，杂种后代幼虫体色分离十分复杂，体色类型多，经多代选择，也不易稳定。这样，杂种后代群体数量不达

到足够大时，则不易选育出理想的类型。同时，由于生态、地理差异大，容易带进不适应当地生态环境条件的缺点。因此，选择亲本时要认真研究和了解亲本特征特性，对生态类型和地理上远缘的材料选用应慎重。不但要看到有利的一面，还要注意可能带来的不利影响。

杂交育种中选择杂交亲本时，除应遵循上述基本原则外，还应注意选用配合力好的材料做杂交亲本。因为大多数性状的遗传效应是以累加效应为主的。累加效应大的亲本，一般配合力也较好。采用一般配合力好的品种做杂交亲本，较易预测杂种后代的表现，有助于提高育种效率。所以，选用杂交亲本时，应选择配合力好的品种做杂交亲本。还有一点也应当予以注意，那就是尽量选择具有显性性状的材料做亲本。当具有一对或几对相对性状的亲本杂交时，显性基因总是要掩盖隐性基因的作用，不仅杂交子一代出现由显性基因控制的性状，通常以后世代出现的概率也大，选择机会也就多。因此，选择那些优良性状是显性的品种做杂交亲本，选种效果好。

4.5.2　杂交育种中常用的杂交方式

在柞蚕杂交育种中当杂交亲本选定后，就要根据育种目标和亲本性状特点，确定杂交方式。柞蚕杂交育种实践中常用的杂交方式有：单杂交、复合杂交、混精杂交和回交等。

4.5.2.1　单杂交

单杂交就是两个亲本材料的两性个体交配一次，然后对其杂种后代进行选择培育的杂交方式。

当杂交亲本综合性状好、优点多、缺点少且优缺点互补时，通过双亲一次杂交，在其杂种后代群体中就可能选到目的性状优良的个体，经选择培育，就可育成综合性状好，目的性状优良，符合育种目标的新品种。这样，采用单杂交，杂种在子2代就开始出现性状分离现象，且性状分离较简单，杂种群体不必过大，就可以提供足够数量的分离群体，供选择用。这样，只一次杂交，方法简单，时间短，经济实用。所以，单杂交是柞蚕杂交育种中使用最普遍的一种方式。

采用单杂交育成的柞蚕优良新品种较多。如辽宁省蚕业科学研究所以"克青"为母本，"青黄1号"为父本，育成了"双青"，以"柞早1号"为母本，以黑龙江省育成的"德花5号"为父本，育成了抗病性较强的"抗病2号"，吉林省蚕业科学研究所以本省生产用种"小黄皮"为母本，以河南省一化性多丝量品种"豫6号"为父本，育成青黄蚕，二化性多丝量品种"多丝2号"等等。

4.5.2.2　复合杂交

所谓复合杂交，是指由两个以上亲本之间进行两次或两次以上的杂交。复合杂交包括三交或双交的方式。

三交是由 3 个亲本参与的杂交方式。通常做法是先选择两个亲本进行单杂交，再将其杂交后代与另一个亲本杂交。当单杂交杂种后代中具有突出优点，但同时又存在着明显缺点时，选择综合性状好，目的性状优良的品种作再杂交亲本进行杂交，以达到进一步改良、提高的目的。采用三交方式杂交，由于有 3 个亲本参加杂交，杂交时哪个品种作为两次杂交亲本，与育种结果关系甚大。因为每杂交一次，双亲对子代的贡献各占一半。因此，三交时应把亲本中综合性状最好的那个品种，作为最后一次杂交的亲本，以保证后代中分离出更多综合性状好的个体，提高选择效果。

复合杂交除了三交外，还有用 3 个或 4 个品种进行的双交，这种杂交方式，参与杂交的亲本先组配成单交种，再用两个单交种子 1 代进行杂交，配成双交。品种双交包括 4 个亲本品种，遗传基础丰富，育成新类型的潜力大。双交除了缺点易得到互补外，亲本的共同优点还可以通过互补而得到进一步加强，甚至可产生各亲本所不具备的新的优良性状。参与双交的亲本，至少应有两个综合性状优良的亲本，先分别配成单交，然后再由两个单交配成双交。

复合杂交中除了三交和双交，还有利用杂种后代，多次杂交，围绕育种目标反复杂交和定向选择培育的。目的是进一步突出和加强某些性状，缺点也能为其他亲本所改进，育成综合性状好的新品种。

复合杂交由于参与杂交的亲本品种数量多，各亲本又都具有各自的优良性状，杂种后代遗传基础丰富，经基因分离和重组，杂种群体性状丰富多样，变异范围大，类型多，通过选择可以把多个亲本特征特性集合起来，有利于育成综合性状好，目的性状优良的新品种。这种杂交方式，多在要求新品种只有集合起多个亲本优良性状，才能达到育种目标时使用。

复合杂交由于多亲本品种或组合参与杂交，杂种后代变异范围大，类型复杂，同时也可能带来亲本某些不良性状，选择中性状稳定较慢，所需世代多，时间长，饲养量相对较大，群体数量多，又常因变异复杂，难以选得准确无误。这是复合杂交缺点所在。

在柞蚕育种中采用复合杂交育成的新品种也有相当多实例。山东省蚕业研究所，采用复合杂交，育成了"鲁青""C66""烟6"和"2H30"等新品种。

4.5.2.3 混精杂交

所谓混精杂交，母本中一雌蛾先后与两个或两个以上具有不同遗传特性的父本雄蛾交配，这种一雌多雄交配方式，即为混精杂交。

混精杂交是依据选择性受精原理，扩大对精核的选择范围，卵子选择活力最强的精子并与其精核结合受精。同时，虽已入卵，但未受精的其他品种的精子，被卵子同化，并对杂种后代发生一定影响，以增强品种生命力和性状的多样性，育成具有多个亲本优良性状的新品种。

中国农业科学院蚕业研究所，1956 年以"鲁红"为母本，以"青黄""杏黄""黄安东"为父本，进行混精杂交，后转给中国农业科学院柞蚕研究所继续选择培育，于1962年育成二化性、黄蚕系统多丝量新品种"三里丝"；辽宁省蚕业试验站，以"青黄2号"为母本，以"克青""青皮""银白"为父本，进行混精杂交，育成了"辽青"等等。

4.5.2.4　回交

两个亲本杂交后，其杂种子1代再与双亲之一进行的重复杂交，称回交。回交可多次进行。

当一个品种主要经济性状好，但还存在个别性状不良需要改良时，选择该性状优良的品种，作为非轮回亲本进行杂交，然后再与轮回亲本回交，选择培育。这样既可使新品种保持轮回亲本综合性状好的优点，又可导入非轮回亲本某些性状的优点，使其缺点得到克服和改进。如某品种综合性状好，茧丝性状优良，但不抗病，可选择抗病性强品种作为非轮回亲本进行杂交，杂交后代再与轮回亲本杂交，能够育成综合性状好，茧丝性状优良，又增强了抗病性的新品种。

采用回交育种，在选择轮回亲本时，输出性状的亲本在要改良的特定性状上要过硬，并且最好为完全显性，便于在每次回交下一代选择具输出性状个体继代或再与轮回亲本杂交，有利于选择并加快育种速度。同时，综合性状要好，缺点要少。回交后代遗传组成受轮回亲本支配，每回交1次，轮回亲本对杂种后代遗传组成的影响就占了1/2，随着回交次数的增加，杂种后代遗传组成逐渐趋向轮回亲本。当后代恢复到近似轮回亲本时，原品种优良性状得到保持，缺点得到改良时，即要停止回交。在回交育种中通常回交1~2次，就可收到较好效果，回交次数多了，杂种后代遗传组成日趋单一化，除个别性状外，实际上又复原到轮回亲本品种。这样本来有可能通过基因分离和重组而产生的"边缘效应"就几乎全部消除了，而输出性状又可能受到削弱。因此，在实践中要适当掌握回交次数，以收到应有的效果。

河南省云阳蚕业试验场，为改良"豫6号"抗病性差的缺点，选择抗病性强的"39"为非轮回亲本，对豫6号加以改良，育成了既保持了豫6号茧丝优良的特点，又导入了抗病性强的特点的多丝量品种"豫7号"；贵州省遵义蚕业科学研究所，以"104"为轮回亲本，与"103"杂交，育成了"6401"等。

4.5.2.5　聚合杂交

聚合杂交是一种比复合杂交更为复杂的杂交方式。由于是多亲本参与杂交，杂交后代遗传基础更为丰富，综合多个亲本的优点于杂种中，并可产生超亲的新类型。聚合杂交有多种形式，其中，按最大基因重组原则，选择多个亲本，根据互补原则，先配成单交种，然后由单交种间杂交，配成双交种，再由两个双交种杂交，并以此杂种作为选育材料，通过多次基因重组，把亲本有利基因最大限度地集合一体，育成具有多个优良性状的新品种。如山东省蚕业研究所，以"杏黄""烟青"等7个品种，1977年春季配成4个单交种，秋季配成两个双交种，翌年春季将两个双交种杂交，经7年13代，选择培育，育成了二化性黄蚕系统新品种"781"。

另一种则是按着超亲基因重组和有限回交相结合的原则，选择 1 ~ 2 个优良品种作为改良对象，针对其主要缺点，选择目的性状优良的品种作亲本，采取复合杂交和有限回交相结合的杂交方式，把其他品种的优点，集中到被改良的对象身上。这种方法，可使被改造的良种遗传特性在杂种后代中占较大比重，保持其原有的优良性状，同时，缺点得以改造。山东省蚕业研究所，以对当地自然气候条件具有很强适应性的农家种"客青"为母本，选择综合性状好、丰产性品种"黄安东"和抗病性强的"鲁杂 2 号"为父本，先配成客青 × 黄安东、客青 × 鲁杂 2 号，再以"黄安东""鲁杂 2 号"做轮回亲本，分别进行回交，两个回交杂种再杂交，育成了"鲁青"。

聚合杂交，虽然分离较大，持续时间相对较长，操作复杂，但是，由于参与杂交的亲本品种数量多，来源广泛，又具突出优点，杂种后代遗传基础丰富，选配合理不但缺点可互补，而且优点可以加强，并集中到新品种之中，使其综合性状更完善，优良性状更突出，并可创造出新类型。因此，是一种较好的育种方法。

4.5.3　杂交后代的选择

在杂交育种中，对杂交后代的选择，各地和每位育种工作者具体做法各不相同。这里仅根据各地多年柞蚕育种的实践经验，把杂交后代大体上分为早、中、后期 3 个阶段，概括地讨论杂种后代的选择和选配。

4.5.3.1　杂种早期世代（F_1 ~ F_3）的选择

单杂交所获得的单交子 1 代，杂种群体中各个体的遗传组成比较一致，表型性状表现一致，并有杂种优势。因此，可采用混合育，饲育数量不必太多，一般 5 蛾卵量混合育即可，而不采用单蛾育，不作蛾区选择。

复合杂交，杂种子 1 代在一些性状上就有分离现象发生，可采取单蛾育，蛾区选择与个体选择相结合，饲育量适当增加，以不少于 10 个蛾区为宜。

杂种子 2 ~ 3 代，是性状分离最为明显的 2 个世代，子 4 代仍有许多性状发生一定程度的分离。因此，这一时期杂种群体个体间性状差异明显，性状表现出多样性，新类型较多，为选择提供了丰富的遗传变异材料，是杂交育种选择优良变异性状和新类型最重要的时期。育种中就要不失时机地进行认真细致地观察、比较、分析，选择优良蛾区和个体留种继代，个体选择要重于蛾区选择。

这一时期饲育方式，有的育种工作者采取单蛾育，饲育蛾区数在 10 个左右，蛾区选择和个体选择相结合，以个体选择为主；有的育种工作者，在杂种 2 ~ 3 代，为了进一步丰富受选材料的遗传基础，充分利用基因重组，仍采用混合饲育，随机交配，混合选择，选择优良的个体留种继代。饲育量以不少于 30g 卵为宜。

实践中在这一时期，饲育数量适当多些好。柞蚕主要经济性状在卵、幼虫、蛹（茧）、成虫期均有表现，都要进行鉴定和选择。被选择群体必须有较大的数量，以确保每个虫期都能有足够大的选择空间，方能做到优中选优。否则，饲育量较少，选择范围小，难以选到优良个体，甚至无法留种继代。这一点应根据受选材料具体表现和生态环境条件等因素，确定合理的饲育量，以保证选择的需要。

对杂种后代的选择，要根据性状遗传传递能力的强弱，预测被选性状选择把握性的大小和确定选择时期。柞蚕幼虫体色、茧色、茧形、成虫体色与斑纹等受主基因控制的性状，亲子间遗传传递能力较强，杂种早期世代分离明显。因此，杂交后就应以幼虫体色作表型标志，进行个体选择，并按不同体色分类，作进一步观察比较，建立选育系；对于诸如茧层率遗传力较高的性状，选择的把握性较大，在杂种早期世代选择便可收到较好效果。因此，对遗传力高的数量性状，杂交后就要抓住时机加以选择。而对于生产性能及其相关性状、生育期、解舒性等性状，易受生态环境条件影响，遗传力低。这类遗传低的性状，早期世代选择把握性小，选择效果差。但是，某性状的遗传力，并非是个固定不变的数值，随着选择世代数的增加，有逐渐增加的趋势。因此，对于遗传力高的性状，早期选择标准要高，从严选择；对于遗传力低的性状，早期选择标准可适当放宽，可以在以后各世代通过连续的定向选择加以逐步提高，最后使优良性状固定下来。

在柞蚕育种中对每个虫期进行选择时，不仅要根据某虫期性状表现是否符合育种目标要求，而且，还要根据性状间的相关性，预测其他虫期性状可能的表现，确定选择标准和取舍。柞蚕的许多性状，如全茧重与造卵数、产卵数、幼虫龄期经过、死胚率、不受精卵率、收茧量等为正相关。因此，在茧期选择全茧重时，就可根据育种目标要求和与其他性状的相关性，来确定选择标准和取舍。在杂种早期世代，根据性状间相关性的性质以及相关程度进行间接选择是非常必要的。

我们知道相关性是由于基因的多效性和连锁所造成的。由于基因的多效性，当基因分离时，受其作用的某些性状便可同时发生变化；而连锁所造成的相关，则因交换和重组的关系，相关性也会变化。因此，相关往往是不稳定的。此外，相关性在品种间有差异，不同品种性状相关性表现亦不一致。因此，在利用性状相关性进行间接选择时，应根据实际情况，认真分析，慎重运用，以提高选择效果。

4.5.3.2　杂种中期世代（$F_4 \sim F_8$）的选择

杂种后代，经过了3个世代的选择，性状分离程度已降低，杂种优势已基本消失，杂种群体个体间性状差异已渐缩小。因此，从杂种第4代开始，就应进行单蛾育，并进行适度的同蛾区交配，加速优良性状的稳定。同时，根据蛾区间遗传性状的差异，建立近交系（家系）。每个选种材料近交系数量不宜保留过多，通常建立2~3个近交系即可。每个家系放养量不应少于10蛾区。这一时期应把家系间比较选择和蛾区间比较选择相结合，以蛾区选择为主，从优良蛾区中选择优良个体留种继代，优中选优。

在杂种中期，已经多代选择，各项性状表现已较充分。遗传力高的性状已基本巩固，而遗传力较低的性状，经过多代连续定向选择，也有了相应程度的提高，并渐趋稳定。家系间和蛾区间，诸如体质强健性、抗逆性、抗病性、产量及其相关性状、茧丝质等，在家系间、蛾区间日益差异分明。根据卵、幼虫、蛹（茧）、成虫期各项性状表现情况，认真进行比较分析，综合评价。严格淘汰一些主要性状一般的家系和蛾区，选择优良家系中的优良蛾区，并从中选择性状优良的个体留种继代。

蚕期选择在育种中占有极重要的位置。因为在柞蚕育种中不仅常常用蚕体色作为表型选择标志，而且，品种的生产性能、抗逆性、抗病性等重要性状选择的关键时期也是蚕期。选择中应根据蚕期性状表现，如蚕体色、体态、发育整齐度、龄期经过、抗逆性、抗病性等，在 5 龄盛食期，从饲养蛾区中选择 50% 左右的优良蛾区，并进行选蚕。收茧后，再根据茧期性状如茧色、茧形、缩皱、茧层松紧度、全茧量、茧层量等性状，进行复选，淘汰茧期性状一般的蛾区和个体，选择 2~4 个最优良的蛾区，从中选择优良个体留种继代。留种继代雌雄个体比例，大约雌雄各半，或雌性略多于雄性。

杂交中期世代，应遵循适当多养，扩大选择范围，选择从严，留种继代蛾区和个体标准要高，即使那些遗传力较低的性状选择标准也不宜放宽。

同时，杂种中期世代，为防止同蛾区交配次数过多而导致生命力性状的降低，可视具体情况，采取连续 2~3 次同蛾区交配后，进行 1 次异蛾区交配。这样同蛾区交配和异蛾区交配交替进行，效果较好，可适当灵活掌握。

4.5.3.3 杂种后期世代的选择

杂种后代群体，经过 8 代选择，群体遗传组成相当一致，各项性状已基本稳定，各家系间性状差异较明显。而同一家系蛾区间及同一蛾区个体间差异逐渐缩小，并随着世代的递增，愈加明显。因此，杂种 8 代后，根据育种目标要求，进行家系间比较、鉴定、评价，选择最优良家系 1~2 个，并选择其中优良蛾区中最优良的个体，继续后期选择、培育、巩固和提高。

当性状稳定、品种基本定型时，适时进行实验室品种比较试验，缫丝试验、杂交试验等，对各项性状进行鉴定，并选配最优良杂交组合。

4.6 诱变育种

诱变育种是利用射线、激光等物理因子，处理柞蚕卵、蛹，诱发产生突变，改变其遗传特性，经选择培育，育成新品种的方法。它是继系统分离选择育种和杂交育种后兴起的一项柞蚕育种技术方法。

其中，利用射线处理诱发变异的方法，称为辐射育种；利用激光作为诱发因子，诱发变异进行选育的方法，称为激光育种。这是当前柞蚕诱变育种仅有的两种方法。

在自然界，生物自然突变虽有发生，但频率却很低。利用理化因子，可诱发产生突变，提高突变率，创造出利用杂交等方法不易获得的变异类型。因而，诱变育种不失为一种有效的方法。在柞蚕育种中常把诱变育种和杂交育种等常规育种技术结合起来，以提高诱变率和育种效果。

诱变机制目前尚不清楚，一般认为诱发突变的产生，主要是染色体结构改变的结果。诱发突变通常是对生物体不利的，如畸形等。但也有有益的变异，如早熟等。

柞蚕诱变育种常用的射线有 β、γ 射线，常用的激光有氦 – 氖激光、氮分子激光和二氧化碳等。

柞蚕诱变育种起步晚，研究的少，但在实践中也育成了一些新品种。辽宁省蚕业科学研究所，1977 年，利用青黄 1 号为材料，采用氮分子等 4 种激光、31 种能量密度，分别对蛹、成虫、卵进行照射处理，第 2 代在氮分子激光处理蛹的第 9 能量密度中，发现高茧层率变异体，以此为材料，经 12 年 24 代选择培育，育成了二化性青黄蚕系统多丝量品种 "多丝 3 号"；山东省蚕业研究所，1977 年秋，以 "403" "446" 两组杂交种卵为材料，用二氧化碳激光照射头部着色期的卵，在 66J 处理区，虽卵期大量死亡，而有 33% 的卵完成胚胎发育，孵化出蚁蚕，成活个体均表现为早熟，经 8 年 15 代选择培育，育成早熟性多丝量品种 "C66"。

4.7　抗病育种

在柞蚕生产实践中，直到目前，柞蚕核型多角体病毒（NPV）病和柞蚕细菌性与病毒性软化病（FV）等病害仍然是影响柞蚕茧生产质量和产量的重要原因。

柞蚕病害防治中多采用综合技术防治病害，以降低其危害程度，减少经济损失。这其中就包含着利用品种抗病性在内。利用抗病性是唯一不需直接增加生产投资的防病措施。

抗病性是指寄主对寄生病原物积极的、能动的反应。寄主的抗病性是在侵染开始以后才起作用。抗病性又是通过它遭受病害的程度或者说通过它所遭受到的损失来表明的。柞蚕抗病性是相对的，只是感病程度上的差异。到目前为止，尚未发现柞蚕对某一病原物是免疫的不受侵染而发病的柞蚕种。只是在一定条件下，感染发病所需病原体的量，或者是感染一定量的病原体，而发病的潜伏期的长短、发病死亡率的高低不同而已。

利用抗病性作为防治农作物病害的一种方法，在 1 个世纪前，法国引进美洲抗霜霉的葡萄品种，抑制了法国葡萄霜霉病的发生，这是人类在生产中利用抗病品种最早的典型事例。20 世纪初，农作物的抗病育种有了显著进展。家蚕利用抗病性品种防治病害的历史，应当说还处在探索阶段。尽管如此，在柞蚕育种实践中也积累了一些知识和经验，并育成了抗脓病（NPV）品种和抗病毒性软化病（FV）品种以及抗病四元杂交种辽双 1 号等。

4.7.1 柞蚕的诱发抵抗性和感染抵抗性

自然选择和适者生存的法则，在生物界广泛地发生作用。特别是柞蚕经过长期人工驯化与放养，由于自然选择和人工选择的作用，现代的种质资源进化到对不良生态环境条件和某些病原具有一定程度的抵抗性。在生产实践中，特别是在病害大发生的年份和流行区域的生产中发现，有的品种几乎不发病或发病程度较低，有的品种则发病程度较重，表现出不同的品种对蚕病的抗病性有所不同。

4.7.1.1 柞蚕感染抵抗性

于溪滨等以 25 个二化性柞蚕品种为试材，人工接种，经口感染 NPV，测定了柞蚕不同品种对 NPV 病的抗病性，结果发现，柞蚕对 NPV 病毒病的抗病性，在品种间、蛾区间存在显著差异，蛾区间抗病性相差 10 倍左右。周怀民等在一化性品种抗病性测定中也得到了相似的结果。高抗品种与低抗品种间抗病性相差 10 倍左右。蛾区间抗病性差异在10% 左右；魏成贵等利用 17 个二化性品种，经口定量接种 FV 病毒，测定不同品种对 FV 的抗病性，发现抗病性在品种间也存在着明显差异；金欣等对 13 个品种和杂交种，经口接种柞蚕链球菌，也发现柞蚕对空胴病的抗病性在品种间存在着明显差异性。

这些研究不仅证实了生产实践中所观察到的柞蚕品种抗病能力的不同，而且试验上进一步证实了柞蚕对上述几种主要疾病的抗病性确实存在，并在品种间、蛾区间存在着明显的抗性差异，从而从理论上表明，利用这种客观存在的差异性，有可能选育出柞蚕对某些疾病的抗病性品种，从物质基础上指出了抗病品种选育可利用的抗性资源。

4.7.1.2 诱发抵抗性

柞蚕生产的一个显著特点就是柞蚕在野外柞园中放养，在低纬度一化性柞蚕区，常受到高温多湿的影响，高纬度二化性柞蚕区，春蚕期则常受低温冷害，秋蚕期常受高温干旱、低温霜冻等自然因子的侵袭，还有饲料质和量的影响，容易诱发蚕病，加剧病害发生程度，造成损失。

于溪滨等将柞蚕卵以 42℃高温日晒 30min，调查孵化率，发现柞蚕同品种不同蛾区，对高温日晒的抵抗性有明显差异。孵化率最高达 95.7%，占总供试蛾区数的 4.14%，孵化率最低的只有 36.1%，最高与最低孵化率相差 59.6 个百分点；日晒 150min，孵化率最高的蛾区达 38.2%，最低的只有 1.0%，相差 37.2 个百分点。此外，蚕在低温下饥饿 5d，蛾区间蚁蚕存活率就出现差异，饥饿 8d 时，低温饥饿死亡率在 25% 以下的蛾区占总蛾区数的 2.5%，死亡率 26% ~ 50% 间的为 6.8%，100% 死亡的占 37.6%。这一试验结果表明，柞蚕同品种不同蛾区的蚁蚕，对低温饥饿抵抗性存在着显著差异。

4.7.1.3 柞蚕诱发抵抗性与感染抵抗性的关系

柞蚕中存在着诱发抵抗性和感染抵抗性的差异，那么两者之间是否有直接关系，是人们所关注的问题。

于溪滨等以辽宁省二化性柞蚕现行推广品种青6号的117个单蛾区的卵为试材，每个单蛾的卵分为2份，其中1份孵化后，蚁蚕在9~10℃低温条件下，饥饿8d，调查饥饿死亡率，1份种卵则采用经口接种NPV，测定其感染抵抗性。结果见表4-1。

表4-1　低温饥饿诱发与接种NPV感染抵抗性相关性测定

低温饥饿死亡率范围（%）	100~75	74~50	49~25	24~1	0
卵面接种NPV平均 $-logLC_{50}$	3.41	3.62	3.75	3.02	2.10

上述试验结果表明，饥饿死亡率与感染抵抗性之间存在着正相关性，也就是说，柞蚕对低温饥饿诱发抵抗性和对NPV病毒感染抵抗性基本一致，呈正相关关系。

4.7.1.4　壮蚕消化液对NPV抗毒力与稚蚕的感染抵抗性

将5龄第5日龄的健蚕，采用电激法取其消化液，离心后取上清液，与 10^{-5} ~ 10^{-1} 游离病毒稀释液1:2混合，置于25℃，10min后，立即注射柞蚕蛹体中，每粒蛹0.02mL，20℃加温至羽化，计算 LC_{50}，并与稚蚕期对NPV感染抵抗性进行比较，结果见表4-2。

表4-2　柞蚕不同品种壮蚕消化液抗毒力与稚蚕感染抵抗性的关系调查

品种	消化液抵抗性 $-logLC_{50}$	稚蚕抵抗性 $-logLC_{50}$
抗病2号	1.72	0.66
柞早1号	2.08	2.06
青6号	2.27	2.69

试验结果表明，不同品种消化液对柞蚕NPV的灭活力不同；消化液对NPV的抵抗性与稚蚕期经口感染抵抗性品种间基本一致，呈正相关关系。

4.7.1.5　中肠围食膜对NPV的抵抗性与稚蚕感染抵抗性

将5龄5日龄健蚕饥饿24h后，解剖取中肠围食膜，用无菌水反复冲洗，除去残渣，经充分研磨离心取上层悬液，分别与 10^{-7} ~ 10^{-2} 游离态NPV稀释液等量混合，静止8h后注射蚕蛹，每粒蛹0.02mL，20℃加温至羽化，计算 LC_{50}，结果见表4-3。

表4-3　柞蚕围食膜对NPV的抵抗性与稚蚕感染抵抗性的调查

品种	围食膜抵抗性 $-logLC_{50}$	稚蚕抵抗性 $-logLC_{50}$
抗病2号	2.54	0.66
柞早1号	2.86	2.06
青6号	3.22	2.69

试验结果表明，柞蚕中肠围食膜对NPV的灭活力，不同品种间存在着差异性；柞蚕壮蚕期中肠围食膜对NPV的抵抗性与稚蚕期经口感染抵抗性间呈正相关。

上述各项研究结果表明，柞蚕对核型多角体病毒（NPV）、FV病毒和柞蚕链球菌的抗性，品种间、蛾区间存在着明显的差异性；柞蚕诱发抵抗性与感染抵抗性呈正相关关系；壮蚕消化液与中肠围食膜对 NPV 的抵抗性，在品种间存在着差异性，并且与稚蚕期抵抗性相关。这些研究结果为柞蚕抗病育种提供了理论依据。

4.7.2　抗病性评价方法与指标

蚕病流行时，选择未发病个体留种继代，以提高柞蚕群体的抵抗性。这在柞蚕生产历史上曾被广泛应用。这种依据自然感染机会进行选择抗性系统的办法，由于自然感染机会的不均等，被选材料中未发病个体可能由于未感染病原，也可能是感染病原的量不足以引起发病。所以，选择这种个体留种继代，仍有盲目性，选种效果差，达不到选择抗性系统的目的。能否成功地鉴定出抗病个体及其后代，取决于如何创造出相当的发病程度。当一个群体存在抗病基因时，通过人工接种病原体，造成群体相当水平的病害发生，我们就可鉴定出可遗传的抗病个体，连续多代施以足够强度的有效选择，就可选育出抗病品种来。因此，利用人工接种一定量的病原体，造成一定的发病水平，评价被选材料对某种病害的抗病性，以决定选择与淘汰，是抗病育种的一项关键技术。

4.7.2.1　人工接种方法

（1）NPV 液的制备

取新鲜无杂菌污染的柞蚕 NPV 的游离态病毒，用微量注射器注入健蛹体内，接种后的蛹体，置于 25℃ 恒温条件下使病毒增殖，待蛹体组织细胞溃烂破裂时，解剖蛹体除去蛹胃，镜检选择无杂菌污染的病蛹体液混合，充分研磨、过滤，过滤液加无菌水反复离心，除去游离态病毒与杂物，制备的 NPV 液，贮于 4℃ 冰箱中备用。

（2）接种时期

探测抗病性，通常人工接种后在一个较短的时间内，被接种病原的蛹体就会发病，根据接种结果，就能得到确切的抗病性信息，从而进行评价。

昆虫对多角体病毒等病原物感染成立所必需的病原量，与昆虫肠管和身体大小成正比，随着幼虫龄期的增进，感染成立所必需的病原体的量也随之增大。柞蚕感染发病所需病原体的量，与上述规律相同。柞蚕稚蚕期感染抵抗性与壮蚕期抵抗性相一致。探测抗病性需要在实验室内的无菌条件下进行，而柞蚕是在野外蚕场中饲养，壮蚕期在实验室内饲养相对较难，而且需较大面积，较多设备，饲养量受到局限。因此，在稚蚕期进行抗病性探测，既可有较好的代表性来评价其抗病性，又可在较小面积和较少设备条件下，饲养较多数量的稚蚕。经口接种病原体常常是在蚁蚕孵化当日进行。

（3）NPV 病毒接种

被测材料的种卵，采用复式消毒法进行严格的卵面消毒，晾干后于孵化前一天下午，将待测种卵放入按试验设计设定的一定稀释浓度病毒液中，浸泡 2min 后取出，装入无菌纸袋内，次日蚁蚕孵出后，收入广口瓶中饲养，此后逐日调查发病死亡情况。调查时除以病症判定发病原因以外，还应辅以镜检加以确证。养至 2 眠起结束，计数发病死亡蚕数，未发病蚕镜检，无病变者被作为存活个体计数。

（4）柞蚕链球菌接种

经培养，贮存于菌管的柞蚕链球菌，每个菌管加入 2mL 无菌水冲击，并用无菌接种环轻轻剥离菌体，制成原液，按试验设计设定的浓度稀释，于蚁蚕孵化当日早晨均匀地涂于柞叶叶面，待阴干后收蚁喂养蚁蚕 24h，然后换无菌鲜叶育。每日结合除沙，调查发病情况，依蚕体病症和镜检，确定发病种类，并计数发病死亡蚕数，养至 2 眠起结束。

（5）接种后的饲养

病原体经口接种后，柞蚕在生长发育适宜的温湿度条件下饲养，病原物的侵入和增殖过程就可能不受饲育环境条件的直接干扰，但在异常高温和低温、多湿条件下，则可间接地产生不良影响。因此，接种后的蚕群应在最适温湿度范围内饲养。此外，实验室应保持无菌，各项技术操作必须慎重，防止二次感染造成干扰，降低甚至丧失抗性测定的准确性。

4.7.2.2　评价指标与计算方法

抗病性评价指标有多种。在柞蚕抗病性探测中常用的评价指标有：发病死亡率、半致死剂量（LD_{50}）、半致死浓度（LC_{50}）。

LD_{50} 和 LC_{50} 计算，通常采用 Reed-Muench 法，现以辽双 1 号对柞蚕核型多角体病毒（NPV）病的抗病性测定结果（表 4-4）为例，说明 LD_{50} 的计算方法和步骤。

表 4-4　辽双 1 号抗 NPV 性能测定结果

病毒稀释浓度	10^{-1}	10^{-2}	10^{-3}	10^{-4}	10^{-5}
供试蚕头数	30	30	30	30	30
死亡率	30/30	29/30	23/30	8/30	2/30
死亡头数	30	29	23	8	2
存活头数	0	1	7	22	28
累计死亡	92	62	33	10	2
累计存活	0	1	8	30	58
累计死亡率	92/92	62/63	33/41	10/40	2/60
累计百分死亡率	100	98.4	80.5	25.0	3.3

LD_{50} 计算如下：

$$比距 = \frac{50\% 上面的百分死亡率 - 50}{50\% 上面的百分死亡率 - 50\% 下面的百分死亡率}$$

$$= \frac{80.5-50}{80.5-25.0} = 0.55$$

死亡百分率高于 50% 的稀释度的对数：$\log 10^{-3} = -3$

比距 × 稀释因子的对数为：$0.55 \times \log 10^{-1} = 0.55 \times (-1) = -0.55$

所以 50% 的死亡率的对数为 $\log \mathrm{LD}_{50} = (-3) + (-0.55) = -3.55$，

即：LD_{50} 为 $10^{-3.55}$

以同样的方法计算出青 6 号 LD_{50} 为 $10^{-4.37}$，则辽双 1 号与青 6 号 LD_{50} 指数差为 0.82。若换算成抗病力加以比较，则求其指数差 0.82 的反对数，所得的值为 6.6，即辽双 1 号对 NPV 的抗病力是青 6 号的 6.6 倍。

4.8 配合力育种

杂种优势是生物界普遍存在的现象，但并不意味着任何两个品种杂交都会出现强大的杂种优势，其原因是相互杂交的两个亲本相对结合能力大小不同。两个优良亲本杂交，一代杂交种大多数表现为优良的，但是也有表现不好的；有的杂交亲本性状不很突出，一代杂交种大多数较差，但也有表现优良的。不同品种杂交一代杂交种表现不尽相同，有的品种与其他品种杂交都能表现较大的杂种优势；有的品种则不然，只与个别品种杂交才表现杂种优势，而与其他品种杂交杂种优势不显著。Sprague 和 Tatum1942 年提出配合力（combining ability）的概念，即杂交亲本间相对结合能力。

配合力是一种遗传性状，是一种能够反映在杂种生产性能上的潜在生产能力，以 F_1 代生产性能为指标。杂交育种亲本的选择及杂交组合的配制都要注意和应用配合力测验，杂交育种利用基因重组产生的两类遗传效果：产生不同特征特性新组合和不同基因相互作用产生新特征特性；配制杂交组合主要是利用杂种优势。杂交育种中要进行配合力早期测定，如果育种后期性状基本稳定时再进行配合力测定，有时会因选择不到适当的对交品种而延缓甚至无法用于生产。优良杂交组合筛选往往需要大量杂交组合试验，工作量很大，若供试品种较多，常常难于付诸实施，而通过配合力分析可以节省劳力与时间。

4.8.1 配合力的种类

司派戈（G.F.Sprague，1942）把配合力区分为两种类型，即普通配合力或一般配合力（general combining ability，g.c.a）、特殊配合力（specific combining ability，s.c.a）。

普通配合力定义为若干个品种或品系相互杂交，各品种或品系杂交后代的平均生产能力与全部杂交后代生产能力总平均值的离差；换言之，普通配合力是以全部杂交组合平均生产能力为基础的，某一亲本（品种或品系）在其杂交后代中的平均表现。

特殊配合力定义为某两个品种或品系杂交，F₁代实测值与由该两个品种普通配合力算得的 F₁ 代理论值的离差。某杂交组合的特殊配合力 = 该组合的 F₁ 代实测值 – 各组合杂交后代的总平均值 – 父本一般配合力 – 母本一般配合力。

4.8.2　配合力测定方法

配合力的测定方法包括多种，常用的有：完全双列杂交、不完全双列杂交、部分双列杂交、共同测验种法等，其中第一种方法最为准确。

4.8.2.1　完全双列杂交

是指在一组亲本间（P 个自交系或品种）所进行的全部杂交，可以包括自交和反交组合。Griffing 根据双列杂交设计中是否包括有亲本品系（Xii），或是否包括反交组合（Xji），将完全双列杂交方法分为 4 种。完全双列杂交方法 I 包括亲本和正反交全部 F₁ 材料，共有 P^2 个组合；方法 II 包括亲本和正反交中的一套 F₁ 材料，共有 $P(P+1)/2$ 个组合；方法 III 不包括亲本，仅有正反交中 F₁ 材料，共有 $P(P-1)$ 个组合；方法 IV 不包括亲本，仅有正反交中的一套 F₁ 材料，共有 $P(P-1)/2$ 个组合，表 4-5 为完全双列杂交设计的 4 种模式。

表 4-5　4 种完全双列杂交设计

	I				II				III				IV			
	A	B	C	D	A	B	C	D	A	B	C	D	A	B	C	D
A	△	△	△	△	A	△	△	△		△	△	△		△	△	△
B	△	△	△	△		B	△	△	△		△	△			△	△
C	△	△	△	△			C	△	△	△		△				△
D	△	△	△	△				D	△	△	△					

4.8.2.2　不完全双列杂交

完全双列杂交在理论和方法上均较完整，但是随着亲本的增加杂交组合也急剧增加，给实际杂交工作和后代处理工作增加了许多困难，试验误差难于控制。根据育种学理论可以预测一些组合可能无多大潜在价值，因此没有必要进行处理；同时亲本数过少会造成抽样误差较大，使配合力及其他遗传参数的估计失去准确性。为此，一些遗传育种工作者提出了不完全双列杂交和部分双列杂交设计，仅包含了所有可能杂交组合的一部分而不是全部。

不完全双列杂交是指两套亲本互相杂交（不包括反交）。由于伴性遗传、母性影响等原因，正交和反交之间往往差异较大，最好进行正交的不完全双列杂交测验的同时也进行反交的不完全双列杂交测验。不完全双列杂交的特点是同一组内各亲本所配的组合相等，同一组内亲本之间彼此不相互交配，所配的组合比双列杂交少，不完全双列杂交设计方法见表 4-6。

表 4-6　不完全双列杂交设计

	D	E	F	G
A	AD	AE	AF	AG
B	BD	BE	BF	BG
C	CD	CE	CF	CG

4.8.2.3　部分双列杂交

完全双列杂交需要较多的杂交组合，部分双列杂交在亲本数目增多时进行组合数的抽样而又不影响双列分析的效率。这种方法要求 n 个亲本中的每一个将出现在 s 个杂交组合当中而没有反交组合，且 $s < n-1$，所以这种设计共包含 $ns/2$ 个杂交组合。部分双列杂交包括几种不同的设计方法，如轮回设计、三角形设计、因子设计等。

4.8.2.4　共同测验种法

选取一个材料作为共同测验种分别和所有被测品种杂交，以杂交种的生产性能为指标，通过对杂交种生产性能的相互比较来估测不同被测品种的配合力，又称顶交测验法。共同测验种法只能测验普通配合力，优良的杂交组合表示与测验品种杂交的品种在被测品种范围内普通配合力好。

共同测验种法测定的普通配合力因所用的测验种不同，测得的普通配合力往往有差异。测验种应选异系统具有优良普通配合力的现行品种。柞蚕品种间杂交因母体影响、伴性遗传等影响，正反交的普通配合力往往不同，所以应取正反交的平均值进行比较。共同测验种法可以从大量的原始材料中，以较小的试验规模，迅速筛选出普通配合力优良的品种。

在各种配合力测定方法中需要注意的是，测定的配合力无论是普通配合力还是特殊配合力，其数值都是相对的，都是指在测验品种范围内的相对大小，而且配合力的大小还因环境条件不同而有所不同。

4.8.3　配合力的遗传效应与选择

4.8.3.1　普通配合力的遗传效应与选择

普通配合力遗传效应是基因的加性效应，加性基因的作用是累加的。普通配合力高的性状，反映了亲本品种基因加性效应大；F_1 代平均值与双亲平均值有着密切关系，同时也表示亲本品种遗传传递力较强。普通配合力在杂种优势利用上可以作为预测一代杂交种性状表现的重要指标之一。

对加性基因作用类型的选择，应根据普通配合力的测定结果，选择普通配合力高的品种或品系作杂交亲本比较容易获得优良的 F_1 代。杂交育种中，普通配合力高的性状通过选择容易奏效，亲本优良性状也容易在后代中固定。

4.8.3.2　特殊配合力的遗传效应与选择

特殊配合力主要来自基因的非加性效应，包括显性效应、超显性效应、上位效应等。基因的非加性效应不能固定，对主要受非加性基因控制的性状，即以特殊配合力为主的性状改进，主要是通过杂交，充分发挥杂种优势。

在柞蚕育种中，凡是普通配合力大、特殊配合力小的性状，要选择表型值高的品种和个体作杂交亲本，也可以从亲本预测 F_1 代性状的表现；对普通配合力和特殊配合力并重的性状，既要根据亲本表型值来选择，也要根据 F_1 代实际表现来选择；对于特殊配合力大、普通配合力小的性状，则要侧重于根据杂交组合 F_1 代生产能力表现来评定与选择。

4.9　分子标记辅助育种

在作物新品种的选育过程中，选择是最重要的环节之一。所谓的选择是指在一个育种群体中选择符合育种目标的基因型。传统的个体选择是针对符合育种目标的农艺性状进行的直接选择，即选择的是个体的表现型而不是基因型。一般来说，这种方法对质量性状的选择是有效的，但其缺陷是选择的时间长，成本高，对显性基因控制的性状很难选到基因型纯合的个体。对于数量性状的选择，由于存在一因多效、多因一效、调控基因以及修饰基因等的作用，所以个体的表现型与基因型之间存在很大的偏差，因而通过表现型性状进行个体选择的准确性较差。另一种选择方法则是采用形态标记，即选择与育种目标紧密连锁的另一农艺性状，从而对符合育种目标的农艺性状进行间接选择。由于许多形态标记本身常常是一种有害的性状或与其他有害性状相连锁，而且形态标记的数量较少，所以这种间接的选择方法应用并不广泛。

随着现代分子生物学的发展，现代生物技术为作物育种提供了强有力的工具，分子标记辅助选择技术就是其中重要的一项技术手段，不仅弥补了动植物育种中传统的选择技术准确率低的缺点，而且加快了育种进程，为广大的育种专家所采用。

4.9.1　分子标记辅助选择技术的基本原理及特点

分子标记辅助选择（Marker Assisted Selection，MAS）是将分子标记应用于动植物品种改良过程中进行选择的一种辅助手段。其基本原理是利用与目标基因紧密连锁或表现共分离关系的分子标记对选择个体进行目标区域以及全基因组筛选，从而减少连锁累赘，获得期望的个体，达到提高育种效率的目的。与表现型性状和同工酶标记进行个体选择相比，分子标记辅助选择具有以下特点：①直接反映 DNA 的序列差异，不受基因表达的影响，结果的可靠性强；②标记位点丰富，遍布于整个染色体组；③许多标记是共显性标记，不受杂交方式的影响；④不受动植物的生长发育阶段和环境条件的影响，加快了育种进程；⑤标记形式多样，主要有 RFLP 标记、RAPD 标记、AFLP 标记、SSR 标记、SCAR 标记以及 STS 标记等。正是由于分子标记具有传统的标记所不具有的优点，所以在动植物新品种的选育中得到了广泛的应用。

4.9.2　分子标记辅助选择的优越性

大量理论研究发现，MAS 比以表现型为基础的选择更有效率，它不仅针对主基因有效，针对数量性状位点（QTL）也有效；不仅针对异交作物有效，针对自交作物也有效。MAS 的优越性可以体现在以下方面：

①可以在动植物发育的任何阶段进行选择，对目标性状的选择不受基因表达和环境的影响，可在早期世代进行准确的选择，加速育种进程，提高育种效率；有很多重要性状（如产量）只有在成熟后才能表现出来，因此采用传统方法在前期均不能对其进行选择。而利用分子标记就可以对幼苗（幼虫甚至对种子）进行检测，从而大大节省培育世代个体所浪费的人力、物力和财力。

②共显性标记可区分纯合体和杂合体，不需下代再鉴定，而且在分离世代能快速准确地鉴定植株的基因型。因而对分离群体中目标基因的选择，尤其是对隐性农艺性状的选择十分便利。

③可有效地对抗病性、抗逆性等表型鉴定困难的性状进行基因型鉴定。有些表型如抗病性、抗低温冷害等只有在不易界定或控制的特定条件下才能表现出来。在育种项目的初期，育种材料较少，不允许做重复鉴定，或要冒一定风险，利用分子标记技术则可克服基因型鉴定的困难。

④可聚合多个有利基因提高育种效率。基因聚合（genepyramiding）就是将分散在不同品种（材料）中的有用基因聚合到同一个基因组中，基因聚合育种就是通过传统杂交、回交、复交技术将有利基因聚合到同一个基因组，在分离世代中通过分子标记选择含有多个目标基因的个体，从中再选出农艺性状优良的个体，实现有利基因的聚合，大大提高了育种效率。

⑤克服不良性状连锁，有利于导入远缘优良基因。在回交育种时，可有效地识别并打破有利基因和不利基因的连锁，快速恢复轮回亲本的基因型。对于一些主效基因，利用回交结合 MAS 的方法，可以容易地将这些基因转移到轮回亲本中。

4.9.3　分子标记方法

生物性状的分子标记是寻找生物性状基因紧密连锁的 DNA 分子标记（molecular tagging）的方法。在 MAS 中，质量性状标记和数量性状的分子标记各有其特殊性，也各有其具体的分子标记方法。

4.9.3.1 质量性状的分子标记方法

为了在育种中对质量性状（如抗病、虫性性状）进行 MAS，为了对控制质量性状的基因进行图位克隆，育种科技工作者要进行质量性状的分子标记。质量性状的分子标记是寻找质量性状基因紧密连锁的 DNA 分子标记的方法。其标记方法主要有近等基因系（near isogenic line，NIL）分析法和群分法（bulked segregation analysis，BSA）。

（1）NIL 法

近等基因系（NIL）是一组遗传背景相同或者相近，仅仅在个别染色体区段上有差异的标记体系，它是一系列回交过程的产物，轮回亲本（受体）和非轮回亲本（供体）杂交得到轮回亲本的 NIL。

当比较 NIL 轮回亲本和非轮回亲本的标记基因型时，如果 NIL 与轮回亲本的标记基因型不同，与非轮回亲本的标记基因型相同，那么该分子标记可能和目标基因连锁，在目标基因附近检测到 DNA 分子标记的可能性取决于 NIL 中目标基因所在的来自非轮回亲本染色体片段、轮回亲本和非轮回亲本基因之间的 DNA 多态性。这种可能性随着培育 NIL 回交次数的增加而减小。减少连锁累赘（与目标基因连锁的染色体片段随目标基因进入回交后代）现象有利于迅速检测到与目标基因连锁的 DNA 分子标记。

（2）BSA

BSA 的原理是将分离群体中的个体依据研究的目标性状（如抗病和染病）分成两组，在每组群体中把各个体 DNA 等量混合、形成 2 个 DNA 混合池。由于分组时只对目标性状进行选择，所以这 2 个 DNA 混合池在理论上主要在目标基因区段存在差异，这很像 NIL，因此，BSA 也称为近等基因池法，但它克服了许多作物难易得到 NIL 的限制，适合于自交物种和异交物种。根据分组混合方法不同，BSA 还有另一种类型–基于标记基因型的 BSA，即依据目标基因两侧的分子标记的基因型对分离群体进行分组混合，这种方法适合于目标基因已定位在分子连锁图谱上，其两侧 DNA 标记与其相距较远，需要寻找 DNA 标记和目标基因间更加紧密连锁的分子标记的情况。

NIL 与 BSA 法都只能对目标基因进行分子标记，而不能确定目标基因和分子标记之间连锁的程度及其分子图谱上的位置。所以，获得了和目标基因连锁的分子标记以后，必须利用作图群体把目标基因定位于分子图谱上，以便把这些分子标记应用于分子标记辅助选择和图位克隆。

4.9.3.2 数量性状的分子标记方法

数量性状分子标记是寻找和数量性状基因相连的 DNA 分子标记的方法。控制数量性状的基因在基因组中的位置叫数量性状位点（quantitative trait locus，QTL），QTL 也是指连锁图谱上与数量性状有关的位点。育种学上的 QTL 是指控制某一性状的所有基因的集合，作物中往往与很多重要经济性状密切相关，其表现受环境的影响较大。QTL 不等于基因，只是表示了与基因有关的区域在连锁图上的位置，在一定程度上代表了基因的效应，因而通过 QTL 可以对有关基因的数量和作用方式进行研究。利用分子标记进行遗传连锁分析以检测出 QTL，叫作 QTL 定位（QTL mapping）。QTL 定位的基本思想就是寻找数量性状与 DNA 分子标记的特定染色体片段之间的相互关联，也即通过分析整个染色体组的 DNA 分子标记和数量性状表型值的关系，将 QTL 逐一定位到连锁群的相应位置，并估计其遗传效应。

（1）QTL 定位的必要条件

①高密度的连锁图（标记间平均距离小于 15～20cm）和相应的统计分析方法。

②目标性状在群体中分离明显，符合正态分布，要求在选择亲本时尽可能地选择性状表现差异大和亲缘关系较远的材料。

（2）QTL 定位的一般步骤

①构建遗传连锁图；②选择具有相对性状的纯系进行杂交，获得适宜的作图群体；③检测分离世代群体中每一个体的标记基因型和数量性状值；④分析标记基因型和数量性状值的相互关联，确定 QTL 在染色体上的相对位置，估计 QTL 的有关遗传参数。

（3）QTL 定位的方法

利用分子标记正确进行 QTL 定位及其效应的估计，主要依赖于 QTL 定位的统计模型和方法。目前，有 20 多种 QTL 定位的统计方法。其中应用比较广泛的主要有以下几种。

①根据标记数目的不同，QTL 定位方法分为单标记、双标记和多标记几种方法。

②根据统计分析方法的不同，可分为均值－方差分析法、矩估计和最大似然法、回归及相关分析法等。

③区间作图法。区间作图法对基因组上两近邻分子标记间的染色体区段逐一进行分析，每次假设所分析的区段上存在某一性状的 QTL，然后对比假设做真实性检验。因此，对每一区段：按极大似然法计算表型效应估值；计算概率比（存在 QTL 时出现观察值的概率与无 QTL 时出现观察值的概率之比）和 Lod 值，用 Lod 值作为衡量 QTL 存在可能性的尺度。区间作图法可以在标记覆盖的任何位置进行并沿染色体产生 1 个连锁的 LRT 统计轮廓线，在某染色体区段具有明显最大的 LRT 统计值的位置即为 QTL 的估计位置。

④将不同方法结合起来的综合分析方法：如 QTL 复合区间作图、多区间作图、多 QTL 作图、多性状作图等。

⑤建立在标记与数量性状之间相互关联基础上的关联分析方法。

⑥ QTL 定位的混合线性模型方法。

朱军等（1999）提出了包括加性效应、显性效应及其与环境互作效应的混合线性模型复合区间作图方法和可以分析包括上位性的各项遗传主效应及其与环境互作效应的 QTL 作图方法。与基于多元回归分析的复合区间作图法相比，用混合线性模型方法进行 QTL 定位，能无偏地分析 QTL 与环境的互作效应，具有很大的灵活性，模型扩展非常方便。可以分析具有加×加、加×显、显×显上位性的各项遗传主效应及其与环境互作效应的 QTL。利用这些效应估计值，可预测基于 QTL 主效应的普通杂种优势和基于 QTL 与环境互作效应的互作杂种优势，并可直接估算个体的育种值。依据育种值的高低选择优良个体，能提高遗传改良效率。

4.9.4 遗传连锁图谱的构建与 MAS 选择

4.9.4.1 构建遗传连锁图谱的步骤

饱和的连锁图是进行基因克隆、数量性状定位、分子标记辅助选择育种等遗传研究的重要工具。遗传连锁图谱的构建过程是通过估算位点之间的重组率来估测不同分子标记在染色体上的相对位置或者线性排列的过程。该过程包括以下 5 个步骤。

①选用合适的分子标记。

②选择用于建立作图群体的亲本组合。

③建立作图分离群体。

④测定作图群体中不同个体或者家系的标记基因型。

⑤对标记基因型数据进行连锁分析，构建标记连锁图。

4.9.4.2 分子标记辅助选择

（1）系谱法育种中的分子标记辅助选择

由于目标性状可分为质量性状和数量性状，故对其进行的分子标记辅助选择又可分为两类：质量性状分子标记辅助选择和数量性状分子标记辅助选择。

①质量性状分子标记辅助选择。当目标性状为质量性状时，对其选择通常在 F_2 代开始，其选择效果取决于分子标记与目标基因的重组频率和它们之间的连锁关系的相引或相斥关系。分子标记与目标基因的距离愈近，则选择的可靠性愈大。此外，应用于目标基因两侧的 2 个分子标记同时对该性状进行选择可大大提高选择效率。对目标基因的选择也称为前景选择，不论其显隐性如何，一旦选定该位点上基因纯合的个体，在随后世代中目标性状就不再分离，不需要再逐代分析和检测；对基因中除了目标基因之外的其他部分（遗传背景）的选择，称为背景选择，它涉及整个基因组。这就要求所用的选择标记能覆盖全基因组，即必须有一张完整的分子标记连锁图谱。

②数量性状分子标记辅助选择。当目标性状为数量性状时，分子标记辅助选择在理论上一般有 4 种选择方法。

a. 表型值选择：把表型值作为基因型的一个近似值，把表型值选择当作一种近似的基因型选择。因为基因型值中只有加性效应才能真实遗传，所以只有对其中的加性成分选择才有效。

b. 标记值选择：以个体标记值为依据的选择。标记值是个体加性效应值的一个近似值，其近似程度取决于那些筛选出的标记的加性遗传方差占总的加性遗传方差的比例。

c. 指数选择：用选择指数为选择依据的选择。把表型值和标记值的信息综合起来构建一个选择指数，作为选择依据，可望获得更高选择效果。

d. 基因型选择：直接依据个体的基因型进行的选择。它是对每个目标 QTL 利用其两侧相邻标记或者单个紧密连锁的标记进行选择，其原理和方法与质量性状相似。

（2）回交育种的分子标记辅助选择

利用与目标性状紧密连锁的分子标记在早期筛选分离群体中含目标基因的个体，不需要每隔 1~2 代测交确认目标基因的存在与否，还能大大减少连锁累赘，加快育种进程，改进育种效果。

（3）全基因组选择

高密度的分子标记图谱能够确定一个个体在几百乃至几千个基因座位上分子标记的基因型，反映出个体基因型的遗传组成。利用基于分子标记的图示基因型分析法能够全基因组选择，即在基因组各个染色体上选取多个标记检测后代各个标记的基因型，选择具有最佳基因组合的个体。

然而，分子标记辅助选择必须满足如下 3 个前提条件。

①建立尽量饱和的分子标记图谱即框架图谱。

②基因标记——把目标基因定位于分子图谱上，即建立分子标记与目标基因的连锁关系。

③检测的自动化。因为分子标记辅助选择要对育种群体做大规模检测，所以其检测方法要简单、快速、低成本、可靠与自动化。在现有的 DNA 分子标记中，基于 PCR 的 SSR 标记最具有优势和发展潜力。另外，分子标记辅助选择还受到建立标记和 QTL 的精确性、高昂的成本与影响指数选择法的 4 个因素（选择造成的遗传参数的改变、样本误差对参数估计的影响、认为估计性状经济上的重要性和性状相互干扰对选择指数的影响）的影响。

4.9.5 分子标记辅助选择在动植物育种上的应用

由于作物新品种选育中涉及质量性状及数量性状等两个方面，从而分子标记辅助选择在动植物育种上的应用主要包括如下几个方面。

4.9.5.1 分子标记辅助选择在回交育种中的应用

回交是指以具有许多优良性状而个别性状欠缺的待改良品种为轮回亲本，以具有轮回亲本欠缺的优良性状的品种为非轮回亲本，两者的杂交后代又与轮回亲本进行系列的回交和选择，在回交结束时还需要 1~2 次的自交，以便使基因纯合，形成具有轮回亲本一系列的优良性状而少数欠缺性状得到改进的新品种的选育方式。回交选育方法适宜于对带有个别不良性状的品种改良，分子标记辅助选择应用于回交育种可以提高选择效率，加快育种进程。

（1）快速有效地选择出带有目标基因的个体

分子标记辅助选择利用与目标基因紧密连锁的分子标记对是否带有目标基因的个体进行选择，大大加快了育种进程。主要表现在：①分子标记辅助选择不受环境条件及个体生长发育阶段的影响，因而在低世代就可进行选择；②当目标基因为隐性基因时，利用呈现共显性遗传的分子标记可直接对其进行选择，无须进行侧交或自交的检验；③如果目标性状不能在当代进行选择，采用分子标记辅助选择可直接在当代确定目标基因是否存在，而无须进行后代的品质检验。

（2）快速选出以轮回亲本基因组为遗传背景的个体

在回交育种中，非轮回亲本为轮回亲本导入优良性状的同时也带来了与之连锁的不良基因，这种连锁累赘现象常常使得经过改良的新品种与最初的育种目标不一致。因而在回交育种中不仅要考虑优良性状的导入，还必须考虑保持其整个基因组的遗传背景基本不变。孟金陵等认为，通过分子标记辅助选择技术，借助于饱和的分子标记连锁图，对各选择单株进行整个基因组的组成分析，进而可以选出带有多个目标性状而且遗传背景良好的理想个体。Tanksley 等通过计算机模拟分析，结果表明，如果从每个回交世代含有目标基因的 30 个的单株中，通过分子标记辅助选择出 1 株带有轮回亲本基因组比率最高的个体作为下一次回交的亲本，则完全恢复到轮回亲本基因组的基因型只需 3 代。在传统的育种方法中，要达到 99％的轮回亲本比率则需要 6.5 ± 1.7 代。

（3）可以有效地选择目标基因附近发生重组交换的个体

在回交育种中，连锁累赘现象是影响回交育种的一个主要限制因素。传统的解决方法是通过扩大选择群体或增加回交次数来解决。Stam 等研究表明，即使回交 20 代后，还能发现相当大的与目标基因连锁的供体染色体片段，而在大多数动植物基因组中 10cm 的 DNA 序列足够包含数百个基因。通过分子标记辅助选择可以快速减轻连锁累赘。Tanksley 等研究表明，用位于目标基因两侧 1cm 的两个分子标记进行辅助选择，通过两个世代就可获得含目标基因长度不大于 2cm 的个体。这样的结果采用传统的育种方法则需要 100 代才能达到。因此，分子标记辅助选择可以对目标基因附近发生了重组的个体进行鉴定。

4.9.5.2　分子标记辅助选择在基因聚合中的应用

基因聚合是将多个有利基因通过选育途径聚合到一个品种中，这些基因可以控制相同的性状也可控制不同的性状，基因聚合突破了回交育种改良个别性状的局限，使品种在多个性状上同时得到改良，产生更具有实用价值的育种材料。基因聚合常在抗性育种中得到应用，育种专家将多个控制垂直抗性的基因聚合在同一个品种中可以提高作物抗病的持久性。在传统的抗病性检测中，通过接种鉴定不仅程序复杂，而且常常影响植株的生长发育，而且一些抗性基因很难找到相应的鉴定小种。采用与抗性基因紧密连锁的分子标记或相应基因的特异引物进行分子标记辅助选择，可加速抗原筛选和抗性基因的鉴定，提高育种选择效率，缩短育种周期。

4.9.5.3 分子标记辅助选择在数量性状改良中的应用

作物中大部分的农艺性状是由多基因或 QTL 控制的数量性状，在这样一个多基因体系中，每个基因对目标性状只表现微效作用，没有明显的显性，而且表现型受环境条件影响很大。因而采用传统的育种方式对这些性状进行选择有很大的难度。分子标记辅助选择为数量性状改良提供了新的研究思路。Paterson 等认为高密度分子遗传图谱的建立，使覆盖全基因组的分子标记即将控制数量性状的微效多基因分解成孟德尔遗传因子，并定位到分子标记所在的染色体上，进而按照经典的遗传模式进行研究。这就使得利用与 QTL 紧密连锁的分子标记对这些 QTL 进行转移以达到对这些数量性状的改良成为可能。但是由于数量性状遗传的复杂性，与由单基因或寡基因控制的质量性状相比，采用分子标记辅助选择对数量性状的改良仍存在以下问题：① QTL 与环境之间的互作降低了对数量性状基因定位的准确性；②由于单个 QTL 呈微效作用，所以必须同时操作多个 QTL 才能使性状发生显著改变；③ QTL 之间存在互作关系，使得对 QTL 的效应估计发生偏差；④在对 QTL 进行转移时，如果没有转移互作 QTL，则不会达到预期的效果。Lande 等研究了分子标记辅助选择在数量性状上的实用性，结果表明分子标记辅助选择可以大大提高选择的效率，另有一些研究人员也得到了相似的研究结果。

4.9.6 分子标记辅助育种在柞蚕育种中的应用

4.9.6.1 分子标记应用于柞蚕遗传分析

利用 RAPD 技术对河 41、四青、青黄 1 号、杏黄 4 个品种的 DNA 多态性分析结果表明，柞蚕品种内个体间的多态性为 45.8% ~ 49.4%，品种内个体间的遗传距离为 0.133 ~ 0.238，不同品种个体间的遗传距离为 0.215 ~ 0.382，各个体均能按品种聚类在一起（刘彦群等，2002）。宋宪军等（2004）又对 8 个品种进行 RAPD 分析，同样表明柞蚕品种没有按体色聚类，而是按来源不同聚类在一起，来源相同、体色相同的品种间遗传距离较小，亲缘关系较近。刘彦群等（2006）利用 RAPD 标记技术对分别属于 4 种体色系统的13 个柞蚕品种进行基因组 DNA 多态性分析，4 种体色的 13 个品种也没有按所属体色系统聚在一起，即品种的遗传聚类划分与体色之间的相关性不大，表明柞蚕体色并不能真实反映品种间的遗传关系。刘彦群等（2006）利用 RAPD 标记技术对中国 6 个主要柞蚕产区的 66 个柞蚕品种（品系）和 2 个朝鲜品种进行 DNA 多态性分析，68 个柞蚕品种间的成对遗传距离为 0.120 ~ 0.324，主要集中在 0.200 ~ 0.300 范围内，有 99.05% 的品种对的遗传距离小于 0.300，68 个品种聚为 6 个类群，并表现出按品种目前所在地域（产地）聚类的特性，说明柞蚕品种资源之间的遗传距离较小、相似性程度较高、亲缘关系较近。李敏等（2007）利用 ISSR 技术对 66 份柞蚕品种资源进行了遗传多样性研究，遗传相似性系数范围为 0.390 ~ 0.805，聚类分析将供试材料分为四大类群，柞蚕品种的聚类与体色也没有相关性。

4.9.6.2　分子标记应用于柞蚕亲本及杂交种鉴定

聂磊等（2006）利用 RAPD 技术发现杂种 F_1 代基因组 DNA 较亲本具有更丰富的多态性。李俊等（2007）利用 ISSR 标记杂交组合选大 1 号 × 沈黄 1 号，亲本选大 1 号对后代的影响更大一些。李俊等（2010）利用 RAPD 标记对柞蚕杂交及回交后代进行分析，获得了特异性扩增位点。

5 柞蚕农家种的整理与改良

20世纪50年代，柞蚕业尚处于恢复时期，以柞蚕品种改良作为当时恢复柞蚕业的关键技术项目，各蚕业科学研究所、试验场（站）广泛搜集散落在民间的柞蚕农家种，抓紧整理与改良，在短短几年里，相继育成了一批既适应于当地自然气候条件和放养技术水平、又较原农家种优良的新品种。

1949年，原辽东省五龙背蚕业试验场从凤城暧阳搜集农家青黄种，于1954年育成了"青黄1号"；1950年该场又一次于凤城市征集农家种，于1956年育成了"青6号"；五龙背蚕业试验场还于解放初期从宽甸县鼓楼子区征集农家种"灰狗子"，育出新品种"银白"；1952年，原辽东省西丰柞蚕试验场从山东省荣成农村引进农家种，育成了二化性青黄蚕系统新品种"克青"。山东省蚕业改进所胶东分所以原辽东省安东（今丹东）地区早年引进的青黄种进行整理，于1958年育成"黄安东"；此外，还育成了"胶蓝"等品种。1950年，河南省农业厅柞蚕改良所从南召县南河店征集农家种，经过多年整理、系统选育而成"河41"；1953年，河南省农业厅柞蚕改良所搜集河南一化性农家种，经六代整理与选择，育成了黄蚕系统、一化中熟性品种"33"和"39"；1954年河南省南召柞蚕育种试验场以鲁山县下汤乡农家种为材料，经四代系统选择，整理成黄蚕系统、一化中熟性品种"鲁松"，同年，又从镇平县老庄乡征集农家种，经四代系统选择，定名为"镇玉"；1969年河南省南召蚕业试验场从方城县拐河乡搜集农家种，经八代系统整理，育成一化早熟性品种"豫早1号"。1952年，贵州省遵义蚕业试验站，从遵义县海龙乡征集到湄潭县农家湄潭种，经九代选择培育，定名为"101"；1963年，遵义蚕业科学研究所以贵州省习水县、桐梓县农家种为材料，育成了"125""128""130"3个一化性黄蚕品种。吉林省蚕业科学研究所于50年代初从辽东地区征集农家青黄种，于1960年育成二化、早熟性青黄蚕品种"小黄皮"。

这些新品种，除保留了原农家种对当地自然气候条件的较强适应性外，生产性能和综合经济性状亦都有了明显的提高和改进。现以青黄1号和青6号为例，叙述其整理改良过程。

5.1 柞蚕品种青黄 1 号选育

柞蚕品种是柞蚕生产的资料之一，在发展柞蚕生产中占有显著地位，是增加和提高柞蚕生产最经济的措施之一。由于我国劳动人民在长期的生产实践中，保存了一些地方的柞蚕品种，比如原辽东的青黄蚕种，但这个品种，在解放前，由于长期遭受摧残，不仅使辽宁柞蚕业处于衰败状态，而且蚕种病毒重，产量低。

1948 年解放初期，如何克服当时柞蚕品种上存在的病毒重、产量低、体色杂（青的、黄的、蓝的等）缺点，从中选出生活力强、产量高、品质好的柞蚕新品种，适于养蚕和制丝工业的要求，这就成了当时蚕业科学研究部门一项重大的任务。

1948—1954 年，根据大田作物选种原理，结合辽东地方柞蚕品种的特点，积极开展了柞蚕品种的整理、选拔、培育工作，至 1954 年底为止，选育出了柞蚕新品种青黄 1 号。

5.1.1 原始材料来源及性状

1948 年是原辽东刚解放的第 1 年，在接收敌伪遗留下来原五龙背野蚕试验场的底子上，开始了柞蚕的生产工作。当时柞蚕生产几乎处于断种状态。为了养蚕的需要，就到辽东柞蚕产区凤城暖阳，选购农家种 32 500 粒，作为恢复柞蚕生产的资料之一。

5.1.2 选育方法及经过

5.1.2.1 原始材料的选择与整理

从辽东地方柞蚕品种搜集以后，前后经过 2 年（1949—1950 年）4 代的大批混育观察比较。制种是单蛾隔离产卵，淘汰病弱，防除微粒子病。在大量混育观察比较中，根据成虫、幼虫体色、特征和发育情况、茧质等特性，进行分类编号，按系选拔。采用混合选种法，加以整理提高，再作为选种原始材料应用。

5.1.2.2 单蛾多次选育

自 1951 年春蚕开始，从混育分类中，选出优良的青黄蚕群 32 头蛾的卵，进行单蛾分区饲育，连续选择。1953 年在未定型以前，采用蛾区内自交法，巩固其优良性状，缩小蛾区和个体之间的开差。1953 年定型后，采取异蛾区互交，提高其生活力，增强抗逆性。

5.1.2.3 区域试验和生产试验

1953 年春期开始，将单蛾选育出的优良蛾区，一部分繁育母种，另一部分交给原种组进行繁育，秋天开始在附近农村作少量生产试验。1954 年拿到凤城、暖阳、四台子、盖县等地做区域试验。采取所内小区比较和所外大面积试验相结合的方法进行对比观察。蚕场条件、放养技术是相对一致的，各地材料整理，均用统一方法分析计算。

5.1.3 结果与分析

5.1.3.1 产量与微粒子病

表5-1 青黄1号历年产量及微粒子病毒调查

年份	饲育蛾数（头）		微粒子病（%）		收蚁结茧率（%）		1蛾平均收茧（粒）
	春	秋	春	秋	春	秋	秋
1949	混育	混育	8.14	6.60	—	40.20	41.00
1950	混育	混育	4.00	8.30	—	45.50	74.60
1951	20	30	0.67	0.81	38.0	46.60	75.40
1952	29	58	0.35	0.06	14.20	55.30	76.30
1953	59	60	0.08	0.19	52.30	76.51	102.00
1954	90	65	0.13	—	43.54	78.39	141.88

表5-2 所内大面积生产试验的增产情况

年份	放养蛾数（头）	收茧数（粒）	平均1蛾收茧数（粒）	增产指数（%）
1949	3600	133 200	37	100
1953	6400	323 904	81.86	221
1954	13 600	1 011 160	74.35	201
备注			1953年以前只做小区域试验	

表5-3 1953—1954年在西丰、盖县、凤城农村大面积生产增产情况

年份	农村自留蚕种（老青黄）				青黄1号			
	1g卵收茧（粒）	指数（%）	优茧率（%）	指数（%）	1g卵收茧（粒）	指数（%）	优茧率（%）	指数（%）
1953	31.32	100	67.1	100	38.9	124.20	70.16	104.56
1954	23.18	100	71.88	100	27.6	119.07	78.41	109
平均	27.2	100	69.49	100	33.25	122.24	74.29	106.91

从表5-1可以看出，青黄1号经过几年的选育，品种质量已显著改善，单蛾产茧量逐代上升，相反的微粒子病毒逐年下降。青黄1号在所内大面积生产中（表5-2），以1949年为100，到1953年产量增加了1倍以上；在农村生产中（表5-3），以1953年、

1954 两年各地平均比农民自留的青黄种增产 22.24%，优茧率提高 6.9%。

5.1.3.2　主要性状

（1）形态及习性调查（表 5-4）

表 5-4　形态及习性调查

项目	内容
卵期	卵形扁圆，卵色深褐色。
幼虫期	蚁蚕头红色，体黑色；壮蚕黄绿色（98% 以上），体多突起，气门线淡黄色
成虫期	蛾体灰黄色，眼红褐色，两翅平展 14~15cm。
茧形	长椭圆形，带茧蒂，土黄色，春天较淡，秋天较深
化性、眠性	2 化性，4 眠，蛹色褐、黄 2 种
发育度	发育齐速，中熟性。
抗病性	强

（2）生活力调查（表 5-5）

表 5-5　生活力调查（秋）

品种	卵期		幼虫生命率（%）	蛹期	
	1 蛾平均产卵（粒）	孵化率（%）		死蛹率（%）	发蛾率（%）
青黄 1 号	196	91.99	99.27	2.18	99.34
对照	180	94.06	98.71	1.54	100.0

（3）茧质调查（表 5-6）

表 5-6　茧质调查（秋）

品种	雌个体平均			雄个体平均			雌雄平均		
	全茧量（g）	茧层量（g）	茧层率（%）	全茧量（g）	茧层量（g）	茧层率（%）	全茧量（g）	茧层量（g）	茧层率（%）
青黄 1 号	10.12	0.98	9.68	6.48	0.77	12.30	8.30	0.88	10.60
对照	9.41	0.95	10.09	6.44	0.79	12.27	7.93	0.87	10.97

（4）丝质调查（表5-7）

表5-7　丝质调查（秋）

品种	雌个体平均			雄个体平均			雌雄平均		
	丝长（m）	丝量（g）	纤度（d）	丝长（m）	丝量（g）	纤度（d）	丝长（m）	丝量（g）	纤度（d）
青黄1号	1137	0.83	5.90	968	0.62	6.23	1053	0.66	5.94
对照	1088	0.76	5.70	1120	0.65	5.88	1100	0.64	5.76

（5）解舒调查（表5-8）

表5-8　解舒调查

品种	茧数（粒）	转速（r/min）	汤温（℃）	配茧（粒）	落绪（次/粒）	茧丝长（m）	解舒丝长（m）	解舒率（%）	纤度（d）
青黄1号	298	70	41.3	7	2.33	643	230.41	29.89	5.19
对照	287	70	41.3	7	1.77	779	225.18	34.26	5.11

（6）缫丝成绩（表5-9）

表5-9　缫丝成绩（秋）

品种	茧数（粒）	无水纤维量					
		总量（g）	丝量（g）	茧层出丝率（%）	大挽手（g）	二挽手（g）	蛹衬（%）
青黄1号	100	66.0	39.1	59.18	23.74	6.96	10.12
对照	11	62.3	34.6	55.67	24.30	9.06	10.97

综合上述性状，青黄1号生育龄期系中熟品种，春期平均温度17℃，湿度67%左右条件下，全龄经过50d上下；秋期平均温度21℃，湿度81%左右条件下，全龄经过约为42d。在辽宁正常气温下，掌握适时上山（5月6—10日），每年养2次，不会遭受霜害。

茧粒匀整，茧层较厚，丝量较多。100粒茧出丝量比对照种提高13%，茧层出丝率增加6.34%。

（7）1955—1965年放养成绩

为巩固与不断提高青黄1号主要性状，1955—1959年，采取多雄重交、异地交、不同季节交等方法进行复壮。生活力和茧质均有显著提高。1955年即由全省各种场大量繁育，每场每年生产原种 50 万～100 万粒以上。兹将我所复壮后 11 年来放养成绩列如表 5–10、表 5–11 所示。

表 5–10　青黄 1 号母种单蛾放养主要成绩

年份	季节	放养蛾数（头）	每蛾平均（粒）产卵数	收茧数	实用孵化率（%）	幼虫生命率（%）	收蚁结茧率（%）	全茧量（g）	茧层量（g）	茧层率（%）
1955	春	120	233	149.00	97.00		66.06	6.44	0.504	8.45
	秋	80	184	137.00	99.00		75.36	8.48	0.922	10.88
1956	春	110	248.4	164.20	98.41		69.77	6.64	0.557	8.39
	秋	140	194	142.24	98.00		74.91	8.50	0.974	10.82
1957	春	270	258	117.34	97.75		46.56	6.88	0.61	8.84
	秋	100	204.86	159.17	97.73		80.14	8.15	0.83	10.23
1958	春	210	246.5	123.0	98.90		50.47	7.42	0.88	11.85
	秋	171	185.84	113.10	97.63		68.01	8.63	0.90	10.42
1959	春	259	269.25	127.37	98.28	84.49	48.04	6.38	0.49	9.49
	秋	300	209.11	138.60	99.13	98.93	67.54	9.29	0.94	10.25
1960	春	80	276.30	191.60	98.72	97.81	70.82	6.89	0.61	7.90
	秋	85	179.72	143.96	98.95	89.62	53.41	9.60	1.054	10.99
1961	春	530	303.32	145.03	98.03		46.93			
	秋	130	246.32	187.38	90.97		59.05	9.35	1.020	11.44
1962	春	70	257.72	141.41	98.94		43.80			
	秋	92	223.30	177.34	98.00		70.21			
1963	春	51	325.98	176.94	98.79		55.43	7.00	0.612	8.71
	秋	75	267.42	222.90	98.51		83.35	9.59	1.07	11.16
1964	春	150	266.39	152.98	98.72		51.63	6.84	0.59	8.69
	秋	696	238.53	183.56	98.69		70.65	8.95	0.96	9.65
1965	春	181	269.68	131.16	99.34		49.86	6.60	0.56	8.48
	秋	41	230.73	160.77	98.16		74.86	9.95	1.15	11.56

表 5-11 原种繁育成绩

年份	放养蛾数（头）	收茧数（粒）	1 蛾平均收茧数（粒）	以1954年每蛾收茧74.35粒为100%时的指数（%）
1955	8504	1 434 795	168.72	226.93
1956	19 000	1 504 298	79.17	117.59
1957	12 900	783 548	60.74	81.69
1958	8935	771 123	86.15	115.87
1959	3980	437 863	109.96	147.89
1960	1709	232 826	136.23	183.23
1961	3859	143 993	37.31	50.18
1962	2070	177 342	85.67	115.23
1963	3710	588 295	158.57	213.27
1964	2780	320 509	115.29	155.11
1965	1000	102 544	102.54	137.92

几年来放养成绩平均1蛾产茧量，除自然灾害严重年份稍低于1954年外，一般母种提高12.5%~15.7%，茧层量提高1.02%~13.06%。原种繁育以1954年平均每蛾收茧74.35粒为100%时，1955年提高126.93%，1958年提高15.87%，1960年提高83.23%，1963年提高113.27%，1965年提高37.92%。

5.1.3.3 适应范围

青黄1号育成以后，1953年开始在辽宁、吉林2省推广，1954年推广到河南、河北等省，到1958年已发展到陕西、贵州、四川、江苏、黑龙江等16个省。本品种在上述各地区均能适应，表现生活力极高，茧丝质较好，受到群众的热烈欢迎。

此外，还传播到阿尔巴尼亚、罗马尼亚、朝鲜、苏联、波兰、保加利亚、匈牙利等国家。

5.1.3.4 技术处理要点

①蛾活泼，活动力强，蛾初出时要及时控制雄蛾，避免产生过早交配。

②蚕体强健，适应性强，对饲料要求不严，好养。但群集性强，稚蚕要适当稀放，并加强除害保苗措施。

③稚蚕发育稍慢，要注意调剂饲料；壮蚕发育齐速，食性强，要使其尽量饱食良叶，促其发挥生产性能。

5.1.3.5 结语

①6年来由辽宁农家柞蚕品种中，选育出了柞蚕品种青黄1号，克服了过去蚕种产量低、病毒重、体色混杂等弱点。达到了生活力强、产量较高、品质较好的要求。

②本品种历年来由于在精心细放和连续选择培育下，品质不断改善，产量不断提高。1954年在所内大面积生产中比1949年增产1倍以上；在辽宁西丰、盖县、凤城农村区域试验中，平均比农民自留青黄种增产22.24%。

③本品种主要经济性状、茧质比对照种为优，100粒茧出丝量比对照种多13%，茧层出丝率提高6.34%。

④本品种由于幼虫抵抗力强，适应性广，目前已分布国内16个省市，国外6个国家。在辽宁生产比重占70%~80%，对发展我国柞蚕生产和支援兄弟国家柞蚕生产都起了重要的作用。

5.2　柞蚕品种青6号选育

我国南北各柞蚕区素来存在着各种不同类型的地方品种，这是劳动人民千百年来从野生种里逐渐选拔驯化出来的。例如辽东的青黄种、胶东的克洛种、河南的鲁黄种、贵州的黔黄蚕种等等。这些蚕种称为农家天然原始种。根据历年来我们从事柞蚕选种工作经验，这些地方品种过去存在着一个共同的缺点，即蚕群发育快慢不齐，体色复杂多种多样，虫质强弱不一，易患脓病和胃肠病，单位产茧量仅10%~15%（以孵化蚕数比）。由于在蚕群内存在着良莠不齐的个体，我们采用了"单蛾区系统饲养选种法"，把种内各种复杂类型的个体，加以分离选择和比较，达到了"留强汰弱"和"选优去劣"的目的。所以，在这些不同的地方品种内部，可以得到优良的类型或品系，为祖国蚕业提供更多更好的新品种，满足广大蚕民的需要。

青6号品种，就是我们7年来（1950—1956），用单蛾区饲养系统选种法，在辽东青黄蚕地方种内选育出的第6个定型类型，故为"青6号"。这个新类型，从1951年秋期起，在西丰、四台子、凤城白旗、暖阳、安东五龙背、安东、本溪、口前（吉林省）及豫南鄂北等地区，经养蚕劳模多次放养考验证明，其优点是：对各地不同环境条件的适应性强，成活率较高及单位产茧量稳定。实际青6号品种创造的第1个单产记录还是在1951年秋期（第4生代），在西丰柞蚕试验场安家沟蚕场试放了8把剪子（每把剪子放900蛾），共采茧54万余粒的丰产成绩（每蛾产茧75粒，一般老青黄种每蛾结茧35粒左右），经历年来继续选育提高，青6号品种，在生产试验中始终是保持着它稳定的丰产性。同时，群众也破除了"当地采种不旺和南北倒流水不强"的偏见，原来就地培养当地所适用的蚕种，是完全符合于进步的良种繁育原则的。当时青6号品种在群众的考验和认识下，已成为辽东省广大蚕民拥护的良种了。青6号的生产试验工作已经作了3年，在不久的将来，将要转入正式的生产中去。所以将青6号育成的经过及3年来各地蚕民们放养的评价，并收集了各地柞蚕专业站和农业推广站的多种材料，及辽东省农业厅组织青6号鉴定小组，初步鉴定的报告，综合总结如下。

5.2.1　青6号柞蚕品种的原始材料

1950年春期在辽东省五龙背柞蚕试验场，采用了辽东省青黄地方品种内选出了25个种蛾的受精卵，做选种的原始材料。

5.2.2　选育经过

5.2.2.1　采用的选种方法和技术措施

采用单蛾区饲养系统选种法，从以上25蛾的受精卵的子代蚕群中分离出7种不同体色的幼虫类型，再通过7个不同类型幼虫的比较饲养，选出发病率最低的，发育最快而齐的，结茧率较高的一种黄绿色类型的蚕，这就是7个类型中的第6个类型，故称青6号。

5.2.2.2　开始选种年份和品种定型

1950年6月至1952年9月。当1950年初选时，本类型占原始综合类型（黄绿色蚕）25.5%。第2生代就高达69.7%，第4生代提高到95.1%，第5生代提高到99.8%（包括幼虫生活力及体色、眠性和化性、结茧率和茧层率等纯度）。

5.2.3　选育结果

5.2.3.1　本品种主要特性

①发育快而齐，比一般品种早熟3~5d。

②对各地自然环境适应性强，北至吉林省，南至丹东地区，伸缩性很大，能保持稳定的丰产水平，蚕民反映比一般品种增产20%~30%。

③2化性，4眠中熟性品种。

5.2.3.2　品种主要特征

①幼虫黄绿色，气门线以下较浓，气门线以上略淡。

②青6号蚕茧淡褐色。

③蛹体黄褐色（雌、雄有浓淡）

④蛾体和蛾翅淡黄褐色（雌蛾浓，雄蛾淡）。

⑤幼虫头壳呈褐色。

5.2.3.3　本类型蚕体色泽的特征经对照国际色谱（Color stundards、Color Homencatare）鉴定结果

①气门线上背面色 33GY-G（d）Yellow-Green。

②气门线下腹面色 31GY-G（j）Vivdine-Green。

③气门线色 25YG-Y（t）Sulphur-Yellow。

5.2.3.4　本品种茧丝质量调查

①全茧量，7.06~8.14g（雌雄平均）。

②茧层率，9.08%～9.80%（雌雄平均）。

③茧丝纤度，4.81（D）。

④单茧丝长，619.75～1445.63m。

⑤有效丝长，882m。

5.2.3.5　1950—1956年青6号培育过程茧质量调查（表5-12）

表5-12　青6号品种茧质调查

| 年份及季节 | 茧数(kg) | 茧长(cm) | 茧幅(cm) | 10粒茧平均（♀♂各半） | | | | | | | 备注 |
				全茧量(g)	蛹重(g)	(%)	脱皮重(g)	(%)	茧层重(g)	(%)	
1950年秋		4.42	2.27	7.76	6.98	89.96			0.78	10.04	五龙背
1951年秋	158	4.49	2.43	6.67	6.04	90.51	0.07	0.01	0.56	9.50	西丰
1952年秋	119			8.30						9.80	四台子
1953年秋	139	4.53	2.55	7.42	6.60	88.9	0.05	0.73	0.77	10.37	四台子
1954年秋		4.47	2.49	7.97	7.06	88.6	0.08	0.11	0.83	10.31	五龙背
1955年秋	127	4.75	2.53	8.19	7.32	89.71	0.10	0.85	0.77	9.44	四台子
1956年秋	115	4.54	2.15	7.66	6.75	88.52	0.08	1.04	0.80	10.44	四台子

5.2.3.6　1956年农村生产试验成绩调查情况（表5-13～表5-19）

表5-13　四台子铁牛村春蚕放养成绩

品种	数量(kg)	总茧量(千粒)	健蛹(千粒)	劣茧(千粒)	优茧(%)	50克卵产茧(千粒)	增产率(%)
青6号	2.5	112	43	69	38.4	2.49	89.7
青黄种	4.5	105	18	87	47.5	0.35	100

表5-14　四台子铁牛村秋蚕放养成绩

品种	把数(把)	蛾数(头)	总产茧(千粒)	健蛹茧(千粒)	劣茧(千粒)	优茧率(%)	每蛾产茧(粒)	每把产茧(千粒)	对比增产(%)
青6号	15	12 000	1125	1050	95.4	93.3	94	95	214
青黄种	15	12 000	525	427.5	97.5	81.4	44	35	100

表 5-15　本溪市桥南区八家子乡秋蚕放养成绩比较

品种	把数（把）	每把茧数（粒）	总茧量（千粒）	每把产茧量（千粒）	每千粒茧产茧量（千粒）	每千粒茧增产（%）
青 6 号	14	5500	1314	93.86	17.0	33.97
青黄种	18	7000	1605	89.11	12.2	100

表 5-16　本溪市草河口乡春蚕放养成绩

品种	卵量（kg）	总产茧（千粒）	健蛹茧（千粒）	劣茧（千粒）	优茧率（%）	50 克卵产茧（粒）	对比增产（%）
青 6 号	2.3	107.5	101.5	6.0	94.3	2388	57.1
青黄种	4.5	140.5	75.0	6.5	53.6	1555	100

表 5-17　本溪市草河口乡红旗村秋蚕放养成绩

品种	把数（把）	每把用蛾（头）	总产茧（千粒）	每蛾结茧（粒）	比青 6 号减产（%）
青 6 号	14	1150	638.4	42.0	–
青黄种	53	1300	2120.0	30.7	76.5
银白	2	1300	60.0	23.0	77.3
水青	12	1200	546.0	37.5	12.0

表 5-18　凤城爱国、富国村春蚕放养成绩比较

品种	卵量（kg）	把数（把）	总收茧（千粒）	健蛹茧（千粒）	每把产茧（千粒）	增产率（%）
青 6 号	2.7	2	130.4	107.8	65.2	155.7
青黄种	12.0	8	349.8	186.1	43.4	100

表 5-19　凤城暖阳区秋蚕生产成绩

单位	品种	把数（把）	总产茧（千粒）	每把产茧（千粒）	增产率（%）
镇民区	青 6 号	32	2777.6	86.0	149.0
永乐区	青黄种	25.5	1761.2	74.9	100

5.2.4　结语

青 6 号品种从 1954—1956 年在广大农村中做示范试验和生产试验以来，由于表现出显著的优良性状，因而，各蚕区的生产实践者不断来信反映其特点，积极要求供应青 6 号种茧。辽东省农业厅在 1956 年春秋 2 次组织了青 6 号鉴定小组（以省厅为主会同省蚕业试验站、四台子育种工作组、有关各县农林局、柞蚕专业站及养蚕劳模），做了青 6 号品种生产试验鉴定。根据各试点蚕民们的反映，做了调查报告，现摘要如下。

几年来青 6 号在生产试验中，初步博得蚕民们的好评、大家异口同声的称赞青 6 号品种为生产稳定的良种。正如青 6 号品种鉴定小组调查报告中所叙述的那样：青 6 号蚕期生长发育、筋力、毛道、肉性等（蚕民群众对着蚕好坏的经验话），都比老青黄种具有特殊的优点，表现在早熟（4～5d），发育一致、眠起齐、幼虫生活力强，环节紧缩、警觉性强。调查报告还说：青 6 号还具有蛾子大、卵粒大、茧粒重等优点。因而具有重要的经济意义。

又据本溪市农林局来函介绍，1956 年春蚕期，在祁家堡放了 1 把剪子（2.3kg 卵）发生蚕病很少。但在同一地区放着青黄种都发生了脓病、软化病占 50%（最轻的 10%）。所以蚕民们认为：青 6 号蚕具有发育齐速、结茧快、筋力大、牙板硬、少发病、产量高等特点。总之，青 6 号种当前已在辽东省成为产量稳定、性状优良、在生产上能起作用的良种。

在各试验点，青 6 号与其他蚕种的单位结茧量，都是由各试验点、各柞蚕专业站、县农业局结合生产实际情况统计出来的。青 6 号比一般品种（在同一放养地区），增产30%～60%。现行蚕种，在幼虫期发病率（脓病、软化病）比青 6 号为高，故青 6 号品种增产显著。

青 6 号品种在生产中还存在着下列一些缺点：①茧层率仅 10% 上下，还不高；②蚕群体色还有少数偏青、偏黄；③蚕群中发现少数无眠蚕等。在品种纯度方面还没有达到选种计划的要求。

为了在今后柞蚕业生产实践中，使青 6 号品种起到应有的作用，尚须全体工作同志继续努力，克服青 6 号品种生理上和病理上的一些缺点，不断提高它的优良经济性状，为我国丝纺工业提供更多更好的原料。

6 柞蚕抗病种质资源的创新与利用研究

柞蚕是世界上最重要的特种经济昆虫之一，是一种极其重要的生物资源，起源于中国的柞蚕产业，为美化人类生活，增进人民健康服务已有 2000 多年的历史，至今生生不息。柞蚕在自然的进化中，经过长期的自然选择和人工选择形成今天各种各样的品种。据统计，我国拥有柞蚕种质资源约 150 份，蕴藏着丰富的抗性遗传资源，我国的蚕业研究机构、高等院校和生产企业等，在对这些资源搜集整理的同时，也开展了相应的抗性研究与鉴定工作，并为柞蚕生产和柞蚕抗病育种提供了许多优良品种和高抗性种质资源。因此，对柞蚕种质资源抗性方面的研究与利用也受到国家和农业研究中心的重视。

长期以来，柞蚕病害、虫害等问题，严重制约着柞蚕产业的发展。因此，探索柞蚕抗性方面的研究便成为维持柞蚕产业可持续发展的重大课题。直到 1978 年以后，辽宁省蚕业科学研究所率先对柞蚕病害进行了系统研究，并取得了相应的防治方法，有效地控制了柞蚕病害的蔓延，取得了显著的经济效益。

如今，柞蚕种质资源的抗性研究又成为现代柞蚕产业体系一个新的热点研究方向。柞蚕种质资源是柞蚕育种的重要物质基础，是天然的基因库，尤其是一些野蚕资源，可能仍保存着目前柞蚕品种资源不具有的或已经消失的遗传基因。它可能具有许多的优良特性，如高抗性、强耐热性和耐低温性等。近年来，柞蚕育种工作者为提高柞蚕茧的产量与质量，正在向柞蚕种质资源、野蚕资源寻求新的抗原。目前，柞蚕种质资源抗性研究主要集中在抗病性、抗逆性及其抗性资源利用等方面。

6.1 柞蚕种质资源抗病性基础研究

柞蚕种质资源病害防控技术是柞蚕产业健康发展的关键技术之一，柞蚕科技工作者经过多年的潜心研究，在柞蚕病原生物的种类、生物学特性及病害综合防治等方面取得了大量研究成果，为柞蚕产业的发展提供了保障。2008 年国家启动了现代蚕桑产业技术体系建设，重点解决制约蚕桑产业健康稳定发展的关键问题，其中之一就是病害防控技术研发及推广，保证了柞蚕产业的持续稳定发展。

6.1.1 柞蚕病毒病

病毒作为柞蚕病毒病病原，引起柞蚕感染、发病、致死，而且最为人们所熟悉的柞蚕病毒主要有柞蚕核型多角体病毒病和柞蚕非包涵体病毒病。柞蚕非包涵体病毒病是柞蚕软化病中的一种，又称柞蚕吐白水软化病。这两种病害危害面相当广泛，对柞蚕生产威胁很大，因此，受到柞蚕工作者的高度重视。

19 世纪中叶 Cornalia（1856）对脓病的多角体做出了最早阐述。Masetri（1856）在光学显微镜下观察到脓病蚕体液内含有许多粒状结构。Bolle（1872）首次把这种粒状结构称为多角体，并指出多角体就是脓病的病原物。德国学者 Von Prowaze（1907）对家蚕脓病的脓汁通过数枚重叠的滤纸和裴氏细菌滤器，除去多角体发现滤液仍能感病，才正式确定家蚕脓病是由过滤性病毒引起的。Bergold（1947）应用血清学的方法、生物物理方法以及电子显微镜技术，查明多角体是由无感染性多角体蛋白质及其中的许多杆状 DNA 病毒粒子构成的。用碳酸钠稀溶液处理多角体，稀放出杆状病毒粒子（rod-shaped particles of DNA virus）是有感染性，而且把家蚕脓病病毒（核型多角体病毒，NPV）从多角体内分离提纯。从此，昆虫病毒病的研究才真正进入病毒学研究的新时代。

几十年以来，柞蚕科技工作者对柞蚕病毒病的病原类型、生物学特性、侵染途径、预防方法、柞蚕品种抗性、育种方法等诸多方面进行了研究，提出了控制柞蚕病毒病的各种措施，并取得一定的进展。

6.1.1.1 柞蚕核型多角体病毒病的研究进展

据我国最早的柞蚕专著《养蚕成法》（韩梦周，1766）就提及柞蚕的核型多角体病："蚕有生斑，破腹二疾"，"破腹"即指核型多角体病。之后的《樗蚕谱》（郑珍，1837）、《野蚕录》（王元綖，1902）中也相继提到。柞蚕核型多角体病发病分布相当广泛，在我国的辽宁、吉林、山东、黑龙江、内蒙古、河南等省每年均有不同程度的发生。辽宁省严重时发病率可达 50% 以上，有的年份个别地区发病率竟高达 80% 以上。给广大养蚕农户造成很大的经济损失。

柞蚕核型多角体病毒（Antheraea pernyi Nuclear Polyhedrosis Virus，简称 ApNPV），属杆状病毒科包含体杆状病毒亚科核型多角体病毒属，是柞蚕核型多角体病的病原，该病毒有 2 种存在形式：一种是包埋在多角体蛋白中的病毒，称多角体病毒；另一种是没有蛋白包被的裸露病毒，称游离态病毒，即病毒粒子。研究表明，柞蚕对柞蚕核型多角体病毒的抗性，品种间、蛾区间存在着明显的差异性；壮蚕消化液与中肠围食膜对 ApNPV 的抵抗性，在品种间存在着差异性，并且与稚蚕对 ApNPV 抵抗力相关。朱有敏等研究表明，5 龄壮蚕对 ApNPV 感染的抵抗性与 5 龄壮蚕感染 ApNPV 后的虫蛹统一生命率呈显著正相关，并指出柞蚕品种的抗 ApNPV 能力应依据稚蚕期和 5 龄壮蚕期 2 个发育阶段对病毒感染的抵抗性进行综合鉴定。目前，对柞蚕核型多角体病毒的研究已达到基因水平，不仅使柞蚕病毒病得到了有效的控制，而且可利用柞蚕核型多角体病毒宿主载体表达系统表达有用外源基因。

（1）柞蚕核型多角体病毒核酸酶谱

经分离纯化后的病毒 DNA 经限制性内切酶 PstI，HindIII，BamHI，XhoI，SalI，EcoRI 和 EcoRI + BamHI 酶解后电泳分别形成 31，25，6，15，24，5，7 条谱带。将分离自辽宁凤城、山东泰安、河南鲁山、河南云阳和广西南宁 5 株柞蚕核型多角体病毒在柞蚕蛹体内继代后，进行 EcoR I 和 Sal I 酶解比较分析发现：柞蚕核型多角体病毒 DNA 的 Sal I 酶切位点较 EcoR I 酶切位点易产生变异。

（2）柞蚕核型多角体病毒的基因工程

自美国科学家 G. E. Smith 等于 1983 年建立苜蓿尺蠖银纹夜蛾核型多角体病毒（AcNPV）载体表达系统以来，昆虫杆状病毒载体表达系统日益受到人们的重视。用 ApNPV 作为外源基因表达的载体具有许多其他载体表达系统不具备的优点。目前关于柞蚕核型多角体病毒基因工程方面的研究进展较快。胡裕文等 1987 年对 ApNPV 的核型多角体基因进行定位克隆。刘淑珊 1988 年开始进行有关柞蚕蛹卵巢细胞原代培养的研究。张春发等 1990 年组建了 ApNPV 转移载体质粒 pApM2641；1992 年利用 DNA 双脱氧序列分析法，测得 ApNPV 核型多角体蛋白基因全编码序列及其 5′ 端和 3′ 端侧翼部分非编码序列。结果表明，ApNPV 核型多角体蛋白基因由 735 个核苷酸编码序列组成，核酸序列与 AcNPV 和 BmNPV 相比同源性分别为 79.6 和 81.6，但其 5′ 端和 3′ 端侧翼序列与 AcNPV 和 BmNPV 相比差异显著。同又组建了 pApM740，pApM741，pApM748 和 pApM736 转移载体，将 IL-4、DE 基因分别克隆到上述 4 种载体中，并进行了转染表达实验，初步建立了 ApNPV 宿主载体表达系统。梁布锋等 1997 年建立了一株连续生长的柞蚕成虫卵巢细胞株 Ap-4，细胞株的群体倍增时间为 67 倍，用同源的柞蚕核型多角体病毒感染细胞后，能够形成病毒多角体。小林淳等 1994 年克隆到 ApNPV 株系 A；王学英等 1995 年分析了克隆 ApNPV（A）的性状，1998 年制作了含标志基因 β- 半乳糖苷酶基因的重组 ApNPV，并分别在柞蚕培养细胞和柞蚕蛹中表达了该基因。至此柞蚕核型多角体病毒宿主载体表达系统已成功建立起来，成为世界上第三个昆虫杆状病毒载体表达系统。

6.1.1.2　柞蚕非包涵体病毒病研究进展

柞蚕非包涵体病毒病又称作柞蚕吐白水软化病（Antheraea pernyi Iflavirus，ApIV），在辽宁、吉林、黑龙江和内蒙古等蚕区均有发生，尤其是一些地处高纬度的高山冷凉蚕区，发病时间大都在秋蚕期的五龄后至营茧前这段时间，在昼夜温差比较大的情况下，发病率显著上升。因柞蚕发病后吐透明黏液，故称之为"吐白水型软化病"，其发病率通常为 30% 左右，发病严重的年份或地区发病率高达 70%～80%，对秋柞蚕生产为害很大，特别是近几年在吉林地区秋蚕期发生尤为严重，给该地区的蚕农带来很大的经济损失。

关于吐白水软化病，蚕业科技工作者进行了较长时间的研究。张秀珍等（1981）报道，认为柞蚕吐白水软化病是苏云金杆菌蜡螟变种 Baeillas tharigansi Vargaillarsae 所导致，因此称为细菌中毒性软化病，并进行了药剂防治试验，认为抗菌药对防治此病有一定作用。马文石等（1985）报道，认为吐白水软化病是一种细菌性病害，从病蚕中肠分离出 126 株细菌，并认为"柞蚕吐白水软化病并非单一细菌所引起的"。然而研究并未结束，尤锡镇等（1986）也报道了该病为细菌性病害，但尤氏（1986）进一步研究并更正了自己的观点，认为该病病原为一种非包涵体病毒，故将柞蚕吐白水软化病称为柞蚕非包涵体病毒病（Tussah Nonoceladed Virussis）。此后，吴佩玉（1987）采用与尤氏（1986）基本相同的分离提取病原的方法，并将病原添食各龄柞蚕得到典型的病症，将柞蚕吐白水软化病称为病毒性软化病（Viral Flacherie）。进一步研究发现，将提纯病毒舔食柞蚕后，发病率较低，病程较长，故认为该病毒是一种弱致病病原，而且蚕的生理状况、饲养条件和其他微生物都间接影响发病率。

大连理工大学李文利等与瑞典农业科技大学（2014）报道，在患病柞蚕幼虫体内发现了一株新的小 RNA 病毒，即 Antheraea perny iIflavirus（ApIV），并获得了该病毒的全基因组序列。经柯霍氏法则实验表明，该病毒能够导致健康柞蚕幼虫患吐白水病。该研究表明，ApIV 基因组长达 10，163 个碱基，含有天然的 poly-A 尾巴和一个大的开放阅读框，此阅读框编码 3036 个氨基酸。它的 N 端是病毒的 4 个衣壳蛋白，而 C 端是病毒的非结构蛋白，包括 RNA 解旋酶、3C 蛋白酶和 RNA 依赖性的 RNA 聚合酶。通过对 ApIV 基因组的分析表明，该病毒属于 Iflavirus 病毒属，是这个病毒属的一个新种。实验人员将从病蚕中分离得到的 ApIV 病毒粒子注射回健康的 5 龄柞蚕幼虫体内，这些柞蚕幼虫表现出了明显的吐白水病（软化病）病症，并在柞蚕体内检测到了 ApIV 的增殖。因此实验表明，分离得到的 ApIV 病毒粒子，是柞蚕吐白水病的重要病原微生物之一。这个发现将为柞蚕吐白水病的研究与防治提供新线索。

6.1.2　柞蚕细菌病研究进展

柞蚕因细菌侵染而引起的疾病称为柞蚕细菌病，由于死后虫体软化腐烂，一般统称为软化病。细菌是指一大类细胞核无核膜包裹，只存在称作拟核区（或拟核）的裸露的原始单细胞生物，除核糖体外无其他细胞器，在自然界中种类繁多，数量大，分布广泛。在昆虫病原微生物区系中，昆虫病原细菌占一定数量，自 19 世纪研究家蚕软化病和蜜蜂软腐病以来，昆虫病原细菌的很多类群被发现和描述。柞蚕细菌性病害主要包括柞蚕空胴病、柞蚕细菌性中毒软化病、柞蚕败血病和柞蚕欧文氏软化病。其中较为常见、危害重大的是柞蚕空胴病。

柞蚕空胴病是柞蚕生产中较为常见的一种病害，分布范围广，为害时间长，在辽宁蚕区每年都有不同程度的发生。一般年份该病的发病率为 30% ~ 40%，严重的年份高达 60% 以上，给柞蚕生产造成巨大损失。

柞蚕空胴病的病原菌为链球菌属 Strptococcus 中的一个新种。于溪滨等（1979）根据柞蚕空胴病病原菌的形态特征及生理生化特性，依据《一般细菌常用鉴定方法》（科学出版社，1978）将其鉴定为链球菌属。随着细菌系统学和鉴定方法的发展，Schlefer 和 Kilpper–Balz（1984）根据 DNA 杂交实验将肠球菌从链球菌中独立出来，建立肠球菌属。他们认为柞蚕空胴病病原菌更符合肠球菌属的特征。随着分子生物学技术的发展，采用 DNA 和 RNA 等进行细菌的分类学研究迅速发展，Wang 等（2010）利用 16S rRNA 基因序列分析法对辽宁蚕区的一株柞蚕空胴病病原菌进行了鉴定，认为该菌株应归属于肠球菌属。商翠芳等（2011）采用 16S rRNA 基因序列分析法对 5 株柞蚕空胴病病原菌进行了系统分类学研究，证明这些菌株的 16S rRNA 基因序列与肠球菌属 16S rRNA 基因序列的同源性更高，据此认为柞蚕空胴病病原菌应归属于肠球菌属。供试柞蚕链球菌 1010、1211、1212、78501 之间的同源性达 99%，并且均有 β– 溶血反应、接触酶阴性，它们应该属于同一个属，即肠球菌属。而其中的病原称为柞蚕链球菌 1213 与上述 4 种菌系的同源性为 89.6%，与葡萄球菌的同源性高达 98%，而且具有 β– 溶血反应、接触酶阳性，推测应为葡萄球菌属。所有研究表明供试的引起柞蚕空胴病的病原菌属于柞蚕链球菌属 2 个不同菌系。

吴佩玉等（1987）对 17 份柞蚕种质资源进行抗 FV 测定，发现并利用高抗性"黑翅突变系"育成了抗 FV 的新品种 H8701，抗病力比青 6 号高 3 倍，增产 20% 以上。宋策等（1999—2002）将人工接种柞蚕链球菌的病蚕排泄物及病蚕死亡后的尸体，分别置于柞园和室外不同位置，每隔一定时期分别接种于平板培养基上，观察柞蚕链球菌的生长情况，发现蚕粪中携带的柞蚕链球菌在室外可存活 7 ~ 17.5 个月；柞园中的柞蚕链球菌可存活 17.5 ~ 28 个月；病蚕尸体中携带的柞蚕链球菌在室外可存活 26 ~ 35 个月。王凤成等（2002）对柞蚕不同品种对柞蚕链球菌抗性与经济性状相关性的初步研究。研究表明，柞蚕对柞蚕链球菌（Streptococcus pernyi）的抗性，品种间存在着明显的差异。

6.1.3 柞蚕微粒子病研究进展

柞蚕微粒子病，也称柞蚕微孢子虫病，俗称锈病、渣子病、底子病、黑渣子、旱老虎等，是由微孢子虫寄生引起的慢性传染病。微粒子病在柞蚕变态发育的每个阶段均有发生，而且分布范围广，我国的黑龙江、吉林、辽宁、山东、河南、贵州等省的蚕区均有发生，是柞蚕生产上主要病害之一。辽宁省一般年份秋蚕发病率在 30% ~ 70%，有的年份可高达 90% 以上，而且茧质差。一般减产 20% ~ 30%，严重者，蚕发育到 3 龄、4 龄时就陆续发病死亡，对柞蚕生产特别是蚕种生产为害很大。

20 世纪 20 年代，中国柞蚕业开始采用巴斯德创立的雌蛾显微镜检查技术，即根据柞蚕微孢子虫孢子形态进行鉴定，淘汰有病蛾卵，供应无病优质蚕种和加强消毒防病工作等预防措施，奠定了有效控制该病的基础。之后，柞蚕微孢子虫检测技术从肉眼鉴定、显微镜检查到血清学检测，以及柞蚕良种繁育和主要病害防控体系的建立和综合配套技术的应用，使控制该病的技术得到了进一步的发展。

柞蚕微粒子病是唯一可以通过胚种传染的一种疾病，所以也是养蚕业中最为严重的一种疫病。同时又有经口传染的途径，使本病有着特殊的发生和流行规律。柞蚕微粒子病一旦发生后很难治愈，只有采取综合防治措施，才能控制该病的发生。

柞蚕微粒子病是严重危害柞蚕生产的主要病害，尤其对蚕种生产危害严重，有关微粒子病的病原、病理、发病规律、防治方法等方面已有很多报道。张禹等（1996）野外调查柞园中60余种昆虫，发现能够自然发生微粒子病的昆虫有7种，已查明可被柞蚕微孢子虫感染的野外昆虫有6科13种，其中有8种昆虫可与柞蚕相互交叉感染柞蚕微孢子虫，分别为栎粉舟蛾、绿尾大蚕蛾、栎褐舟蛾、栉须螟、天幕毛虫、栎毛虫、玉米螟和蓖麻蚕。它们与柞蚕之间的相互交叉感染，增加了该病的防治难度。因此，在柞蚕生产上单独采取雌蛾镜检方式控制母体传染很难控制柞蚕微粒子病的发生。刘淑敏等（1992）应用微波处理柞蚕卵的方法来进行柞蚕微粒子病防治的探讨，结果表明经微波处理的柞蚕微粒子病卵，其幼虫期微粒子病死蚕率显著下降。吴玉林等（1993）报道在胚胎发育到反转期或气管形成期时，用50℃热汤处理15～20s，在不影响孵化率的前提下，可以降低微粒子病发病率。徐启茂等（1999）应用水解酶复合剂及IBP进行柞蚕微粒子病的防治，结果显示利用水解酶复合剂处理胚种感染的柞蚕卵，可以抑制或破坏柞蚕微孢子虫，利用IBP喷洒3龄幼虫可以抑制或破坏柞蚕体内的微孢子虫，二者配合使用有较好的增产效果。张禹等（2002）筛选研发出柞蚕微粒子病的治疗药剂——蚕锈康。李冬梅等、褚金祥等研究表明柞蚕对微粒子病的抗性品种间差异显著，这也为柞蚕抗病育种提供了依据。此外，姜义仁、宋佳等（2012）利用柞蚕微孢子虫和柞蚕核型多角体病毒分别感染柞蚕幼虫，建立了不同病原物感染后差异表达的转录组和蛋白质组数据库，为大规模基因筛选创建了平台，较系统地阐明了柞蚕与主要病原物柞蚕微孢子虫之间的互作关系，也为柞蚕免疫学研究及抗病品种选育奠定了基础。李冬梅（2002）筛选出9901的药剂对柞蚕微粒子病的治疗效果较好。这些防治药物的筛选为柞蚕微粒子病的防治开拓了新的思路。另外，柞蚕微孢子虫病是通过胚胎进行垂直传播的，因此阻止其侵染柞蚕卵巢组织或生殖细胞，即可阻断其垂直传播路径，这也将是柞蚕抗微粒子病育种的有效策略之一。

目前，柞蚕微粒子病有关分子生物学方面的研究还很少，分子生物学的飞速发展将为柞蚕微粒子病的发生与防治提供有利的技术手段和策略，应用前景广阔。

6.2 柞蚕种质资源的抗性机制

病毒对柞蚕危害的共生关系，即意味着病毒作为病原物，引起柞蚕感染发病与致死。而柞蚕为了自身的生存，在长期进化过程中由于自然选择和人工选择的作用，现代的柞蚕种质资源进化到对不良生态环境条件和某些病原具有一定抵抗性的程度，即形成了对特定病原性病毒的抵抗性。柞蚕种质资源的抗病机制分为两种，即柞蚕的感染抵抗性和诱发抵抗性。柞蚕的两种抗病机制，体现了柞蚕与病原性病毒斗争的两种形式。

6.2.1 柞蚕的感染抵抗性（Antheraea pernyi infection resistance）

柞蚕体内没有产生抗体的系统，故柞蚕对病毒不会产生特异性的抗体。但九州大学鯱泽研究组发现家蚕被 NPV 感染后，体液内被诱导产生某种大分子化合物（其活性部分为高级脂肪酸），体外试验，对 NPV 有灭活作用。这种病毒抑制因子（Virus inhibitory factor，VIF）注入家蚕体腔内却不能防止 NPV 感染，据推测体液内可能存在某种对 VIF 起阻碍作用的物质。京都林屋研究组发现家蚕中肠上皮细胞分泌一种红色荧光蛋白（Red Fluore-seent Protein，RFP）分子量 27 000~28 000，对病毒有灭活作用。还有一个很有启发的现象，美洲黏虫 GV（夏威夷株）的颗粒体内有一种分子量为 126 000 的磷脂蛋白，是 NPV 的增效因子（Synergistic factor，SF）。这种磷脂蛋白附着在 NPV 的囊膜上，当 NPV 接触宿主中肠上皮组织时，它就起黏着剂的作用，使 NPV 囊膜黏着在圆筒形细胞的微绒毛表面，完成入侵过程。因此推测，病毒入侵能与中肠上皮细胞表面的某些分子活性有关。有这种活性分子存在，病毒即能吸着与入侵，无此活性分子存在，即表现对病毒吸着入侵的抵抗性。

于溪滨等以 25 个二化性柞蚕品种为材料人工接种，经口感染 NPV，测定了柞蚕不同品种对 NPV 病的抗病性，结果发现，柞蚕对 NPV 病毒病的抗病性，在品种间、蛾区间存在显著差异，蛾区间抗病性相差 10 倍左右。周怀民等在一化性品种抗病性测定中也得到了相同的结果。高抗品种与抵抗品种间抗病性相差 10 倍左右。蛾区间抗病性差异在 10% 左右；魏成贵等利用 17 个二化性品种，经口定量接种 FV 病毒，测定不同品种对 FV 的抗病性，发现抗病性在品种间也存在着明显差异；金欣等以 13 个品种和杂交种，经口接种柞蚕链球菌，也发现柞蚕对空胴病的抗病性在品种间存在着明显的差异性。张春发等对柞蚕抗病机制及体内抗菌活性物质的研究表明，柞蚕蛹期诱导体内抗菌活性物质的活力及其稚蚕的感染抵抗性在品种间差异明显，稚蚕抗病力强的品种，其诱导体内抗菌活性物质的活力高；而同品种不同蛾区间的差异较小，同蛾区的稚蚕抗病能力与蛹期诱导抗菌活性物质的活力呈显著正相关。在对不同抗性品种 5 龄幼虫体内抗菌物质和溶菌酶活性进行诱导的研究中发现，不同品种间的免疫应答强度不同，高抗性种质资源在诱导处理后，体内血淋巴中的抗菌活性物质的活力和溶菌酶活性均最高，同蛾区二者呈正相关趋势。

这些研究不仅证实了生产实践中所观察到的柞蚕品种抗病能力的不同，而且实验上进一步证实了柞蚕对上述几种病害的抗病性确实存在，并在品种间、蛾区间存在着明显的抗性差异。利用这种客观存在的差异性，选育出柞蚕对某些病害的抗病性品种是可能的。

6.2.2   柞蚕的诱发抵抗性（Antheraea pernyi induction resistance）

柞蚕生产的一个显著特点就是柞蚕在野外柞蚕场中放养，在低纬度一化性柞蚕区，常受到高温多湿的影响，高纬度二化性柞蚕区，春蚕期则常受低温冷害，秋蚕期常受高温干旱、低温霜冻等自然因子的侵袭，还有饲料质和量的影响，容易诱发蚕病，加剧病害发生程度，造成损失。

于溪滨等将柞蚕卵以 42℃高温日晒 30min，调查孵化率，发现柞蚕同品种不同蛾区，对高温日晒的抵抗性有明显差异。孵化率最高达 95.7%，占总供试蛾区数的 4.14%，孵化率最低的只有 36.1%，最高与最低孵化率相差 59.6 个百分点；日晒 150min，孵化率最高的蛾区达 38.2%，最低的只有 1.0%，相差 37.2 个百分点。此外，把蚁蚕（孵化后未取食的）放在 9～10℃多湿条件下，使其低温饥饿，结果发现柞蚕蚁蚕在低温下饥饿 5d，蛾区间蚁蚕存活率就出现差异，饥饿 8d 时，低温饥饿死亡率在 25% 以下的蛾区占总蛾区数的 2.5%，死亡率 26%～50% 间的为 6.8%，100% 死亡的占 37.6%。这一实验结果表明，柞蚕品种不同蛾区的蚁蚕，对低温饥饿抵抗性存在着显著差异。

6.2.3   柞蚕感染抵抗性和诱发抵抗性的相关性

柞蚕种质资源中存在着感染抵抗性和诱发抵抗性的差异，已被实验所证实。二者的相关性也已被于溪滨等证明，实验结果表明，饥饿死亡率与感染抵抗性之间存在着正相关性，也就是说，柞蚕对低温饥饿诱发抵抗性和对 NPV 病毒感染抵抗性基本一致，呈正相关性。

蚕种质资源的抵抗性和诱发抵抗性是存在品种间差异的，而柞蚕的抗病性又是客观存在的一个生物潜能，我们应该加以发掘和利用，形成以抗病品种为中心的综合防御体制，将是一个合理趋势。

6.2.4   柞蚕种质资源病害的传播方式

6.2.4.1   水平传播（horizontal transmission）

水平传播是由一个虫态的病虫将病原体传到同一虫态或下一代相同虫态的健虫。水平传播可由昆虫的口器、气门或经体表侵入，病原经口入侵是最普遍的入侵方式，常见于细菌、病毒、原生动物，也包括真菌和线虫；由体表侵入的主要为线虫和真菌。

6.2.4.2　垂直传播（vertical transmission）

垂直传播是亲本的病原直接传给其子代的传染方式，是原生动物的主要传播途径，主要是经母体传给其后代，病原体可在卵巢或仅附于卵面。卵巢的病原体可进入虫卵内而感染胚胎，或者是卵内的胚胎发育成幼虫在孵化时咬食卵壳而传入病原，这种传播方式多发生于柞蚕核型多角体病毒和柞蚕微粒子病。

某种病毒感染柞蚕，可作垂直传播，也可作水平传播，如柞蚕的初孵幼虫咬食带有柞蚕核型多角体病毒的卵壳成为垂直传播；患病幼虫后期排出的带有病毒的粪便，感染健虫便成为水平传播。

6.2.5　柞蚕种质资源抗病性类型

柞蚕抗病性是指柞蚕自身由于外来病原物的侵入而主动产生有力的防御反应。原则上讲，必然有特定的基因直接或间接的参与其抗病性。抗病性按作物抗病育种学分成几种类型。可能对柞蚕抗性研究、抗病育种目标的确定与抗病育种计划的实施，有参考价值。

6.2.5.1　水平抗性（horizontal resistance）

指柞蚕种质资源中不同品种受同一病原的不同生理小种感染时，受害程度没有什么差别的一种状况，亦即多个品种能对病原的各种生理小种表现相似的抗病性水平。水平抗性，亦称特异抗性，是由多个基因控制的，比较稳定与持久。

6.2.5.2　垂直抗性（vertical resistance）

指柞蚕种质资源不同品种受同种病原的不同生理小种危害时，受害程度有显著差别的一种情况，有的品种表现为抗性，另一些则表现为感染，抗、感表型截然分明。垂直抗性是由一个或少数主效基因控制，针对某一病毒或病毒的某一生理小种，抗性水平较高，特异性也较高，但一般往往不如水平抗性稳定持久，因为病原生理小种常会发生适应性变异或分化。

6.2.5.3　多抗性（multiple resistance）

多抗性或称兼抗性。指柞蚕种质资源的某一品种能抗一种以上的病毒。一般多数为水平抗性，偶尔也可能对几种病毒中的某一种表现垂直抗性。

6.2.5.4　综合抗性（combined resistance）

指对某一种病毒既有水平抗性又有垂直抗性。这样综合抗性，是由少数主效基因与多数微效基因共同控制，微效基因对主效基因起加强与修饰作用。

6.2.5.5　累积抗性（cumulative resistance）

通过多亲本杂交，把针对某种病害的几个抗性基因组合在一个品种内。这种抗性基因的组合、积累，有利于推迟病原物新生理小种的出现。

6.2.6　柞蚕种质资源抗病性研究存在的问题

6.2.6.1　加强对抗性遗传规律的研究

柞蚕抗病遗传规律是柞蚕抗病遗传育种的重要理论基础，随着我国对柞蚕抗病性研究和抗病育种的大力开展，柞蚕抗病遗传规律的研究也日益受到柞蚕病害和柞蚕育种工作者的重视。所以说，对柞蚕抗病遗传规律的研究势在必行。

6.2.6.2　柞蚕品种抗病性单一

抗病和感病是病原和寄主两者之间的一种关系。通过抗病育种能够培育对现有柞蚕病原表现抵抗性的柞蚕品种。但另一方面在时空范围内寄主和病原的相互关系具有多样性，病原物种类繁多，而且研究发现，野蚕和很多昆虫与柞蚕在某些病原存在相互交叉感染的现象。此外，昆虫病毒一些新的生理小种仍在不断的变化而产生，这些都是柞蚕抗病研究中存在的一些困难。

6.2.6.3　抗病性评价鉴定技术有待于提高

在柞蚕抗病性评价中，无论用死亡率或 LC_{50}、IC_{50}、LD_{50} 值等来表示，这只是从表现型上加以数学统计而得到的一种评判标准。另一个重要的问题是柞蚕对一些病原的抵抗性虽然与大部分经济性状无关系，但与部分经济性状有负相关。育种者如何通过杂交、基因重组、分离，筛选出既具有抗病性、经济性状又优良的新品种，仍显得有些力不从心。目前抗病育种方法上仍然采用传统的杂交育种与接种病毒进行筛选，缺乏从 DNA 水平上鉴定和选择的技术。

6.2.7　柞蚕种质资源抗病性研究发展方向

抗病育种是柞蚕育种研究领域的主要方向之一，虽在中外蚕学界及生物学专家的努力下，已经完成了大量的基础性工作，但对抗性机制、遗传规律、抗性鉴定方法、选择方法仍有待深入研究，由于缺乏有效的研究手段，柞蚕种质资源抗病性研究进展缓慢。目前，农业动、植物抗病育种进展较快，积累了不少成功的经验，尤其近年来随着分子生物学技术的发展，为抗性育种工作提供了有效的研究手段与方法，这预示着抗性育种工作前景广阔。鉴于此，今后的柞蚕抗病育种可能从以下方面开展。

6.2.7.1　挖掘抗性种质资源、丰富育种素材

柞蚕产业的发展已有几千年的历史，在漫长的自然选择和人工选择下，加之我国地理、气候条件独特而形成了今天丰富的种质资源，这是开展抗病性育种的物质基础。经过多年的研究，已经发掘出很多的抗病性种质资源，我们对这些种质应重点保护，以防抗性基因的丢失。同时对我国现有的种质资源应继续鉴定筛选出抗性更强的种质，尤其应继续搜集边远地区的地方品种，并进行抗性鉴定。柞蚕是由野蚕驯化演变而来的，其血缘关系极其相近。野蚕长期生活在自然环境下，能够继续繁衍保存下来，推测其抗性基因应较为丰

富。鉴定野蚕的抗病性遗传资源，再导入柞蚕，扩充柞蚕抗性遗传资源是一条有效的途径。随着转基因技术的发展和完善，远缘种间的抗性基因转移也将成为可能。

我国柞蚕种质资源与野生近缘种质资源丰富，只要我们广为收集、普遍筛选、统一方法、分工协作、发掘抗原、抗病机制和抗性遗传等研究，一定会在抗病品种的选育与抗病品种的应用方面有所突破，使蚕病防治技术与蚕茧生产技术的现状有较大改观。抗病育种与品质育种一样，对稳定蚕茧产量、提高蚕茧品质、降低生产成本、增加蚕业收益，将起重要作用。

6.2.7.2　研究柞蚕抗病性机制，促进抗病性遗传学的发展

柞蚕属于无脊椎动物，昆虫纲，没有一套完善的免疫应答系统，只发现原始的免疫现象。但是昆虫在外界微生物或诱导源的刺激下也能产生抗御性的物质，包括抗菌蛋白或抗菌肽、溶菌酶或其他一些有溶菌或抗菌的活性物质。昆虫抗菌蛋白基因表达的可诱导性正引起人们的广泛兴趣。因为它提供了一种研究基因选择性表达和调控机理的理想模式。钟文彪等曾报道添食或注射聚肌胞核苷酸可以提高家蚕 CPV 的抵抗力，使家蚕发病指数降低 40% ~ 50%。抗菌物质分子量较小、抗菌谱宽、抑菌效率较高，具有潜在的商业价值，这也是柞蚕抗病性研究值得注意和发展的领域。

6.2.7.3　选育多抗性柞蚕品种

在自然环境中，各种病原均有可能存在，抗病育种的最终目标可以归结为对各种病原都具有一定抵抗性的"多抗性"品种。广东农业科学院蚕业研究所已选育出既抗 CPV，又抗高温多湿的桑蚕品种"南秋"。虽然病毒病在柞蚕生产过程中发病率较高，但是细菌病和真菌病对柞蚕业的生产危害以及微粒子病对蚕种业的危害也不容忽视。因此，加强柞蚕抗性及其检测鉴定技术研究，培育抗病毒病、微粒子病、真菌病、细菌病等多种病原的柞蚕品种将是柞蚕抗病育种未来的目标。

6.2.7.4　利用分子生物学技术开展柞蚕抗病育种研究

柞蚕的抗病性是柞蚕育种的主要目标之一。传统的抗病育种是一项十分艰苦耗时的工作。从寻找一份抗性资源到培育一个抗病优良品种要花费近 10 年时间。一个新品种几年内可能被一个新的病原菌所征服，在时间上、精力上乃至物质上都是极大的浪费。群体遗传理论预示由带有不同抗性基因的品种混合提供的抗性丧失比较缓慢，用这样的混合抗性品种控制病原在环境和生态上都是合理的。但是，这种"复合型抗性"品种的获得仅仅依靠传统育种手段，显然是十分困难的。分子标记技术是近 10 年发展起来的，目前使用最广泛的分子标记有：DNA 限制性长度多态性（Restriction Fragment Length Polymorphism，RFLP）、随机扩增多态性 DNA（Random Amplified Polymorphic DNA，RAPD）、串联重复序列（Tandem Repeats Sequence，TRS）或称简单重复序列（或微卫星序列）、单链构象多态性（Single Strand Conformation Polymorphism，SSCP）、扩增片段长度多态性标记（Amplified Fragment Length Polymorphism，AFLP）。这些分子标记技术为柞蚕遗传育种研究开辟了新

的途径。

柞蚕品种的抗病性、病毒生理小种的致病性、饲养区域的地理、气候差异等都是柞蚕病害不同程度发生的客观原因。柞蚕科技工作者对柞蚕病害的早期研究主要是针对其病原、流行规律、传染规律及防治方法等方面展开。随着科学技术的发展和分子技术研究水平的不断提高，许多研究者将对病害遗传规律、致病基因、调控蛋白等方面进行深入研究，并且能应用于柞蚕病害的防治中。在辽宁一些老蚕区柞蚕 ApNPV 和 FV 病是主要发生的病害，在一些新兴养蚕地方也出现了大量发生该病的情况，该病的暴发一般出现在柞蚕 5 龄后和营茧前期间，造成蚕茧严重减产有的甚至接近绝收，这对辛苦养蚕的蚕农是严重的打击。一直以来，没有简便的手段来检测或预知这两种病害的发生，也没有有效的药物对该病进行治疗，在生产上只能做到预防为主，综合防治。目前，生产上用的抗病品种主要还是传统方法育成的，分子标记技术在柞蚕育种领域并未涉及。相信随着柞蚕抗病育种的深入研究，以及分子技术对该领域的不断渗透，继而得到高抗性的柞蚕品种，将是最简单且长期有效的途径。分子标记在柞蚕抗病育种中的辅助作用将会大大缩短育种周期，提高准确性，丰富柞蚕种质资源、减少病害发生。

柞蚕种质资源抗病品种的应用将减少对农药的使用，对于维护人类生活环境，提高蚕业经济效益和人类生活水平具有重要意义。

6.3　柞蚕种质资源的抗病性创新利用研究

柞蚕抗病育种，就是把某个抗病基因（或其表型）找出来或组合起来，并导入其他经济性状优良的实用品种中去，以提高实用品种抗病能力的行为。

柞蚕抗病育种作为育种的主要目标之一，是提高柞蚕对病原体抵抗性的主要途径。无论是常规抗病育种还是现在流行的分子水平的抗病育种，首先都应该对柞蚕种质资源的抗病性及经济性状进行调查，掌握具有一定抗病能力或经济性状突出的柞蚕种质资源，能够同时具备较强的抗病性和优良经济性状的柞蚕品种很少，所以一般会选择饲养表现良好、经济性状突出的品种作为基础材料，通过感染高浓度病原，存活个体继代，同时进行经济性状选择，多次添毒继代后，提高其抗病能力。经过多代选育后，育成具备优良经济性状和高抗病性的柞蚕种质资源。

柞蚕抗病育种研究起步较晚，目前仍处于探索阶段。许多理论问题有待深入研究，适用于柞蚕的抗病性选择方法也需进一步验证其效果。尽管如此，历时近 30 年的探索，毕竟积累了一些知识和经验，育成了一些抗病性柞蚕品种。

辽宁省蚕业科学研究所采用抗病性测定、抗菌活性物质诱导等方法，从柞蚕种质资源中筛选并利用抗 ApNPV 的种质材料，育成了抗柞蚕核型多角体病毒的新品种抗病 2 号及柞杂 7 号，并应用于生产。魏成贵等采用经口定量接种 FV 和高温冲击相结合的方法，育成了柞蚕抗 FV 软化病品种 H8701。这些抗病品种的抗病能力均比普通品种提高 2 倍以上，最高达 6 倍多，平均增产 23.08%。朱有敏等以抗病 2 号为核心亲本，采用杂交育种法育成的新品种抗大及其杂交种，不仅改良了抗病 2 号茧小、单蛾产卵量低的缺点，而且还提高了新品种的综合抗性和适应性，新品种已广泛地应用于生产，并取得显著的经济效益和社会效益。孙振天等以选大一号品种中发现的一个蚕体强健、茧型大、茧层厚的蛾区为材料，与体质强健的青黄蚕种质材料杂交，育成了绿蚕抗病性强的新品种"高新一号"，对 ApNPV 抗病力比"选大一号"高 6.6 倍。沈阳农业大学姜义仁等以青 6 号为母本，方山黄 1 号为父本进行杂交选育的柞蚕大型茧黄蚕新品种"沈黄 1 号"，辽宁省蚕业科学研究所王凤成等以青黄蚕品种 H8701、404 和黄蚕品种方山黄为亲本材料杂交选育的柞蚕新品种金凤及其杂交组合金凤 × 抗大都对柞蚕核型多角体病具有一定的高抗性。

6.3.1　柞蚕 NPV 抗性品种选育

辽宁省蚕业科学研究所于溪滨等人，以诱发抵抗性和感染抵抗性为选择指标，运用蛾区半分法，经 10 年 20 代选择，育成了柞蚕抗 NPV、柞蚕链球菌品种"抗病 2 号"。

6.3.1.1　抗性种质资源的鉴定、纯化、杂交

1977 年收集了 25 个二化性柞蚕品种，进行了高温孵卵和人工接种 NPV，对其抗高温能力和抗病性进行了测定，发现柞蚕卵期对高温抵抗性和稚蚕期对 NPV 的抗病性，在品种间、蛾区间存在着明显差异。根据育种目标要求和探测结果，选择对高温孵卵和 NPV 抵抗性强的柞早 1 号为育种素材。1978 年春制种时，根据亲本材料蛾期外部形态特征，分为 5 种类型，对其继代材料经口接种 NPV，探测不同形态特征的 5 种类型稚蚕感染抵抗性。结果发现具有不同形态特征的种蛾后代，对 NPV 的感染抵抗性不同。其中蛾后翅眼状斑外侧有半圆形黄黑色斑纹（Ⅱ型蛾）者，抗病性最强。此后，选定Ⅱ型蛾留种继代，经 3 年 6 代系统选择，蛾期形态特征纯化、稳定。以此为抗性亲本，与抗病、抗逆性较强、短龄的德花 5 号Ⅱ型蛾杂交。

综上所述，在抗性亲本选择上，首先经人工接种探测抗病资源，然后选择对 NPV 抗性和对卵期高温冲击抵抗性强的品种和类型作为育种素材，对其纯化选择，然后再行杂交选育。

6.3.1.2　杂交后代的选择

（1）诱发抵抗性的选择

利用柞蚕诱发抵抗性与感染抵抗性的相关性，通过卵期高温日晒、蚁蚕低温饥饿，进行诱发抵抗性选择，以提高受选材料的诱发抵抗性。同时，试图间接选择提高对 NPV 的抵抗性。具体做法是将留种继代材料，采用 3 分法，其中 1 份继代种卵孵化后于野外柞蚕场收蚁饲养，作为选种继代材料（选种系）；1 份孵化前 1 日在 42℃高温下，日晒 30min，调查孵化率，鉴定其卵期对高温日晒的抵抗性；余下的 1 份再分作 2 份，其中 1

份卵经高温日晒后，接种 NPV 经口感染，以 LC_{50} 作为评价指标，鉴定其抗病性；余下种卵直接经高温日晒后，选孵化率＞90%，在野外柞蚕放养的选种系中相对应蛾区，留种继代，并对其后代卵期继续高温日晒，累代选择抵抗性强的蛾区留种继代选择，提高其卵期抗高温日晒能力。

（2）蚁蚕期低温饥饿诱发抵抗性选择

继代种卵，大部分孵化后直接于柞蚕场饲养，另外，取 30 头蚁蚕，装入无菌纸袋中，在 9～10℃潮湿条件下饥饿，经 8d 低温饥饿后，移入广口瓶并放入柞叶，调查存活率，选择存活率＞75% 选种系相对应的蛾区继代，经 3 代选择，选留存活率 100% 的蛾区留种继代选择。

（3）对 NPV 感染抵抗性的选择

在诱发抵抗性选择、提高基础上，对继代材料经口接种 NPV 进行感染抵抗性选择。留种继代材料，采用蛾区半分法，一部分柞蚕场收蚁饲育作为选种系，另一部分，以 LC_{50} 为评价指标，接种 NPV，鉴定其抗病性，选择 LC_{50} 高于被测蛾区平均值的蛾区留种继代。经过 11 代选择，对 NPV 的抗病性有所提高，其 LC_{50} 平均值比抗性亲本柞早 1 号高 0.47，抗病力高 2.95 倍。

（4）柞蚕对 NPV 的抗病性质

根据杂交试验，初步看出杂种 F_2 代，抗病性无明显的分离化，从高抗到低抗呈连续分布。据此判断，柞蚕对 NPV 的抗病性受多基因控制，属于水平抗病性（非专化抗病性）；此外，抗性不同的品种间杂交，以 LC_{50} 作为评价指标，测定杂交后代的抗病性，发现对 NPV 的抗病性具有杂种优势，并偏高抗亲本。

6.3.1.3　抗病性的验证

柞蚕对 NPV 病毒的抗病机理是个相当复杂的问题，虽然对其实质尚不十分清楚，但已判明柞蚕消化液、中肠围食膜、蚕与蛹经细菌诱导后的体液，对某些病毒和细菌具有抑制或灭活作用，其灭活力与其抗病物质活性的高低以及蚕的抗病性强弱，呈正相关。据此，于溪滨等对抗 NPV 的选择效果进行了验证。

（1）消化液对 NPV 的抵抗性

以半分法，测定抗病 2 号的抗病性，稚蚕抗毒力与 5 龄 5 日龄蚕消化液的抗毒力，结果抗病 2 号消化液 $-logLC_{50}$ 为 1.72，与亲本柞早 1 号 $-logLC_{50}$ 2.86，差数为 0.36，抗病力高 2.29 倍；稚蚕抗毒力 $-logLC_{50}$ 为 0.66，与柞早 1 号 $-logLC_{50}$ 2.06 比，差数为 1.40。

（2）中肠围食膜对 NPV 抵抗性

测定方法同消化液。结果，抗病 2 号中肠围食膜对 NPV 的抵抗性，$-logLC_{50}$ 为 2.54，与柞早 1 号 $-logLC_{50}$ 2.86，差数为 0.32，其抗病力高 2.09 倍。

（3）蛹期对 NPV 的抵抗性

采用二分法，其中 1 份经口接种，测定稚蚕感染抵抗性，另 1 份野外柞园收蚁放养，营茧后待蛹体解除滞育，以 $10^{-9} \sim 10^{-4}$ 浓度的游离态病毒注射蛹体，接种量为每粒蛹 0.02mL，测定 LC_{50}，结果抗病 2 号 $-logLC_{50}$ 为 7.05，柞早 1 号为 7.43，差数为 0.38，抗病力比柞早 1 号高 2.40 倍；稚蚕抗病力 $-logLC_{50}$ 为 2.13，与柞早 1 号 $-logLC_{50}$ 2.46 比，差数为 0.33。

（4）壮蚕诱导抗菌物质活力及溶菌酶活力

以 5 龄 4 日龄壮蚕为试材，每头蚕注射大肠埃希菌稀释液 50μL，每隔 24h 取血 1 ~ 2 滴，离心除去血球，取上清液分别测定抗菌物质活力和溶菌酶活力，结果抗病 2 号抗菌物质活力为 0.68U/μL，柞早 1 号为 0.61U/μL；溶菌酶活力抗病 2 号为 2.76U/μL，柞早 1 号为 2.38U/μL，分别高 0.07U/μL 和 0.38U/μL。

（5）蛹诱导抗菌物质活力

以柞蚕链球菌为诱导源，诱导后在 22℃条件下培养，每蛹 24h 取血 1 次，离心除去血球，测定其活力。结果稚蚕抗病力，抗病 2 号 $-logLC_{50}$ 为 2.22，柞早 1 号 $-logLC_{50}$ 为 2.38，差数为 0.16；蛹期诱导抗菌物质活力，抗病 2 号为 1.19U/μL，柞早 1 号为 0.39U/μL，高 0.80U/μL。

上述各项验证结果表明：抗病 2 号对 NPV 的抗病性，均明显优于抗性亲本品种柞早 1 号，同时说明，杂交后经诱发抵抗性选择并经口接种 NPV，连续多代选择抗性高的蛾区留种继代，对于提高品种对 NPV 的抗病性有一定效果，经接种后施以足够强度的选择，所获得的抗病力具有较好的稳定性。

6.3.2 柞蚕抗病 2 号品种的选育技术报告示例

6.3.2.1 立项背景

辽宁省的柞蚕生产在 20 世纪 70 年代以前一直处于低产不稳的状况。针对此问题，辽宁省蚕业科学研究所自 1974 年起，连续多年对我省 264 个柞蚕低产队的低产原因进行了调查，同时在所内进行了蚕病的诱发规律和传染规律的研究。通过综合分析，结果表明：柞蚕生长在野外，受非生物因子（低温冷害、强风、暴雨、高温、干旱、日晒等）和生物因子（病毒、细菌等）的影响极大，常因降低了蚕儿的抗病力和抗逆力或使龄期延长，而造成大量遗失、发病或晚蚕结不上茧，这是我省柞蚕低产的一个主要原因；同时还看出，由于秋蚕结茧期的延长，受低温、早霜等影响，蚕儿吐丝时停时续，难以解舒，降低了茧质和丝质。如能提高柞蚕本身对上述有害因子的抗御能力，并缩短幼虫龄期，就可在生产中不增加任何投资和其他技术措施，而达到提高柞蚕茧的产量和茧丝质的目的。因此于 1978 年选立了柞蚕抗病、抗逆品种选育课题。经 10 年 20 代的严格选择培育，育成了柞蚕新品种抗病 2 号（简称抗 2）。

6.3.2.2　选育目标

①提高柞蚕诱发抵抗性（抗御非生物因子的影响）。

②提高柞蚕感染抵抗性（抗御生物因子的危害）。

③缩短幼虫龄期，在早霜前结完茧（提高茧质、丝质）。

6.3.2.3　选育方法

本品种的选育方法是：以提高柞蚕诱发抵抗性和感染抵抗性为中心，设计了8项选择指标，采用5项相结合的选择方法，自始至终进行高强度综合选择，最终选留全部达到8项指标的材料。

6.3.2.4　选育经过

（1）亲本选择阶段（1978—1979）

1977年进行了预备试验：收集了省内外25个柞蚕品种，经高温孵卵、蚁蚕低温饥饿、小蚕抗病毒力测定，根据其结果结合选育目标和选配的需要，选定柞早1号（由辽宁省蚕业科学研究所培育，抗高温、抗低温饥饿能力强，龄期有早的基础）和德花五号（系黑龙江省北安农场培育，抗病性强、耐低温、龄期短，与亲本材料早1有地理远缘特点）为原始亲本材料。

但这2个亲本材料的蛾区间及个体间抗性及龄期差异较大，为使其符合选育目标要求，1978—1979年经2年4代用本品种选育法对其进行了纯化选育，结果选出了抗病力强、抗逆力强、龄期短等性状较稳定的早1Ⅱ型蛾和德花5号Ⅱ型蛾（图6-1）。

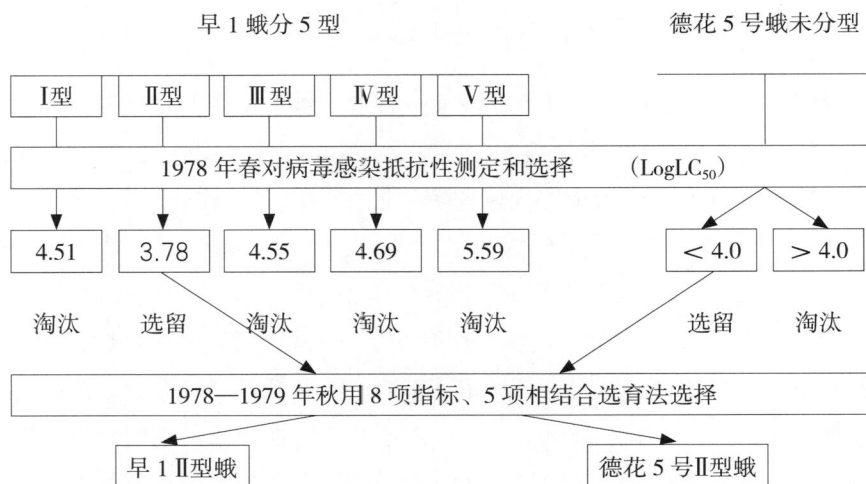

图6-1　抗二亲本的选择

（2）杂交后系统选育阶段（1980—1982）

经抗病毒力预测结果表明，上述两亲本具杂交优势。1980年春用早1Ⅱ型雌蛾与德花

5 号Ⅱ型雄蛾杂交，选出诱发及感染抵抗性都强、龄期经过短的蛾区。此后一直采用同蛾区自交，继续用本品种选育法进行选择。经 3 年 6 代选出了蛾和蚕的形态特征、蚕的生态特性已稳定、诱发抵抗性和感染抵抗性都强、龄期短的 3 个蛾区系统（图 6-2）。

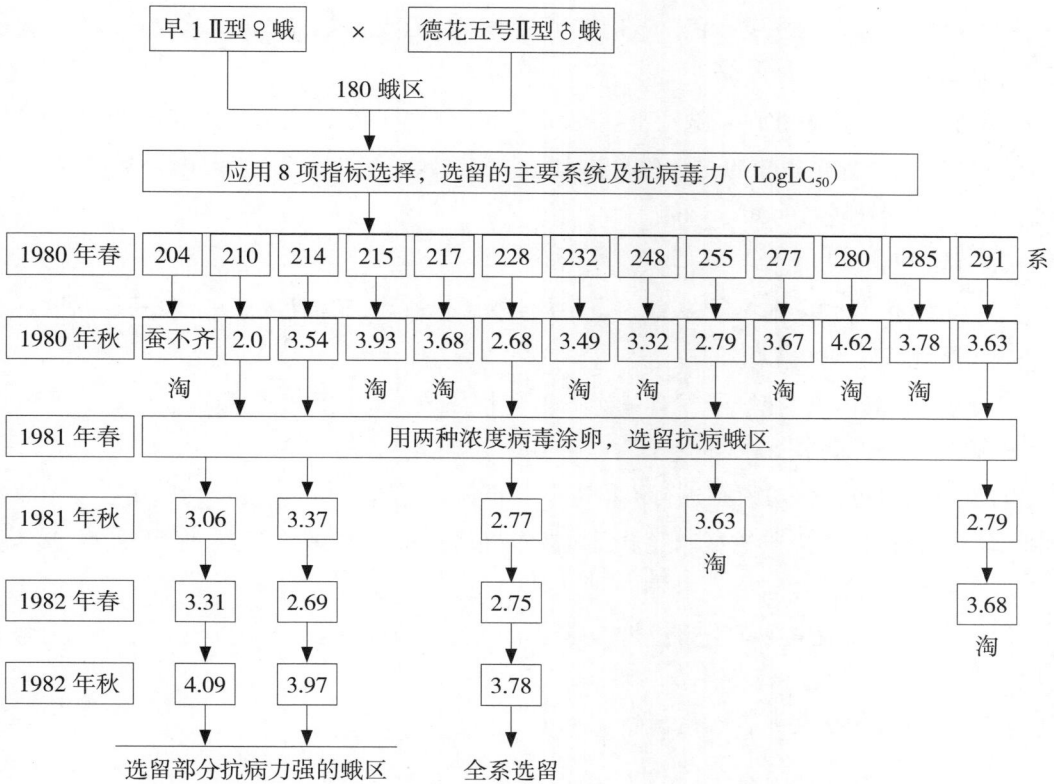

| 早 1 Ⅱ型♀蛾 | × | 德花五号Ⅱ型♂蛾 |

180 蛾区

应用 8 项指标选择，选留的主要系统及抗病毒力（$LogLC_{50}$）

| 1980 年春 | 204 | 210 | 214 | 215 | 217 | 228 | 232 | 248 | 255 | 277 | 280 | 285 | 291 | 系 |

| 1980 年秋 | 蚕不齐 | 2.0 | 3.54 | 3.93 | 3.68 | 2.68 | 3.49 | 3.32 | 2.79 | 3.67 | 4.62 | 3.78 | 3.63 |
| | 淘 | | | 淘 | 淘 | | 淘 | 淘 | | 淘 | 淘 | 淘 | |

| 1981 年春 | 用两种浓度病毒涂卵，选留抗病蛾区 |

| 1981 年秋 | 3.06 | 3.37 | 2.77 | 3.63 | 2.79 |
| | | | | 淘 | |

| 1982 年春 | 3.31 | 2.69 | 2.75 | | 3.68 |
| | | | | | 淘 |

| 1982 年秋 | 4.09 | 3.97 | 3.78 |

| 选留部分抗病力强的蛾区 | 全系选留 |

图 6-2 抗 2 系统选择

（3）农村生产示范及大面积生产鉴定阶段（1982—1987）

1982 年开始母、原种繁育及农村生产示范，1983—1987 年进行农村大面积生产鉴定，所内选育继续进行。

6.3.2.5 选育结果

（1）形态特征及生态特性

①蛾的形态。根据蛾的外部形态标志分为 5 种类型，分别测定子代对柞蚕 NPV 感染抵抗性，选定抗病毒力强的Ⅱ型蛾，作为抗 2 蛾的形成特征并继代选留。经 3 年 6 代选择，Ⅱ型蛾率已达 97% 以上。

抗 2 蛾的特征：前翅的翅前缘脉粗壮，后翅的翅镜外侧有土黄色半圆形斑纹，边缘为黑色，雌蛾杠果棕色，翅后缘桂皮棕色，翅展 14~16cm；雄蛾山鸡褐色，翅展 12.5~14cm。蛾活泼，交配、产卵、孵化率正常。单蛾产卵数比青 6 号少 20~25 粒。

②蚕的形态。以 5 龄盛食期蚕外部形态特征为标志，分两种类型。经 3 年重复测定证明，具有典型特征蚕比非典型特征蚕抗病毒力高 2.95 倍（LC_{50} 高 3.388×10^{-1}）。经 4 年 8 代连续选择，抗 2 典型蚕率已达 95% 以上，并以其作为本品种选蚕标准。其特点为：蚕体环节紧凑、刚毛长而密，尖端有黑色疙瘩，微毛清晰、蚕儿敏感，胃液色深为青绿色。抗 2 蚁蚕黑色，壮蚕橄榄黄绿色，气门线蝶黄色，气门线下鹦鹉绿色，比青 6 号蚕体色偏淡，体形略小。

③蚕的生态。群集性强：选留 1 ~ 2 龄蚕经风雨袭击后仍不散枝的蛾区。取食能力强：选留 1 ~ 2 龄蚕能吃光柞叶的支脉和主脉大部分的蛾区；龄期短：选留结茧早的蛾区及其早结的茧，全龄比青 6 号短 5 ~ 6d。

（2）诱发抵抗性

①蛾卵高温日晒。在胚子发育一定阶段，对卵进行一定温度、一定时间的高温日晒后，选留孵化率达 90% 以上的蛾区。

②蛾卵高温处理。在胚子发育一定阶段，将卵放温箱内经一定温度、一定时间的高温处理后，选留孵化率 100% 的蛾区。

③蚁蚕低温饥饿。对蚁蚕进行不同时间的低温饥饿处理后，选留饥饿 8d 存活 100%，饥饿 10d 存活 90% 以上的蛾区。经低温饥饿处理后，抗 2 比青 6 号蚁蚕多存活 2 ~ 3d。

（3）感染抵抗性

用柞蚕 NPV 卵面接种测定稚蚕抗病毒力的方法，1980—1982 年选出 3 个抗病力强的蛾区系统。

1982—1986 年用抗 2 自交单蛾卵逐代选择抗病蛾区见表 6-1。

表 6-1   对病毒感染抵抗性的选择

年份	蚕期	平均 $-LogLC_{50}$			LC_{50}		死亡率测定	
		抗 2	早 1	青 6 号	总蛾区数	选留蛾区数	总蛾区数	选留蛾区数
1981	春						176	45
	秋	2.77	3.81	3.31	21	11	118	24
1982	春	2.75	3.45	4.17	24	9	150	86
	秋	3.78	4.42	4.57	24	9	129	44
1983	春						136	76
	秋	2.13	2.46	2.52	29	14		
1984	春	1.17	1.42	2.26	36	18		
	秋	2.77	3.22	3.10	52	31		
1985	春	3.08	3.40	3.28	25	15		
	秋							

续表

年份	蚕期	平均 $-LogLC_{50}$			LC_{50}		死亡率测定	
		抗2	早1	青6号	总蛾区数	选留蛾区数	总蛾区数	选留蛾区数
1986	春	3.73	3.91	4.86	45	34		
	秋	4.35	4.69	4.64	28	17		
总平均		2.95	3.42	3.63				

从表6-1看出：抗2稚蚕的抗病毒力平均比青6号高4.79倍（LC_{50}高 2.089×10^{-1}），比早1高2.95倍（LC_{50}高 3.388×10^{-1}）。

（4）杂交性能测定

①杂交组合抗病毒力测定。每种组合均取多蛾卵等量混合，用柞蚕NPV卵面接种测定稚蚕抗病毒力，共测4代，各3次重复见表6-2。从表6-2看出：4对组合抗病力除一组同青6号外，均高于青6号及各自对交种，表明抗2在抗NPV性状上具有杂交优势，其中抗2×青6号最好。

表6-2　杂交组合抗病毒力测定汇总

测定结果 $-LogLC_{50}$			抗病力比较（倍数）	
抗2	对交种	杂交种	比青6号高	比对交种高
	青6号　4.32	3.84	3.02	3.02
3.79	激9　4.32	3.88	2.75	2.75
	辽柞1号　4.08	4.03	1.95	1.12
	371　4.43	4.32	0	1.29

②杂交种生产调查。从1983年起抗2×青6号开始农村放养。1987年生产调查结果见表6-3。

表6-3　抗2×青6号生产情况调查

蚕期	品种	调查把数（把）	平均把产（粒）	油茧率（%）	产茧量指数（%）	油茧率指数子（%）
春	抗2×青6号	17	31 428			
	青6号	27	21740			
	抗2	47	31 048			
秋	抗2×青6号	80	98 516	1.6	164	23
	青6号	53	60 122	6.98	100	100
	抗2	178	85 937	3.78	143	54

从表6-3看出：抗2×青6号的产量明显地高于双亲，发病率低于双亲，有较强的增产性能及抗病性能。

（5）缫丝试验

1987年秋进行了抗2和青6号3000粒大茧生产性缫丝试验及小样100粒缫丝试验，结果见表6-4。

表6-4　缫丝试验主要成绩比较

品种	茧层率（%）	落绪（次/粒）	茧丝长（m）	解舒丝长（m）	解舒率（%）	回收率（%）	茧丝纤度（denier）	百千克茧出丝量（kg）	百千克纤维总量（kg）	成品丝等级	样别
青6号	10.4	1.09	805	386	47.9	60.6	5.76	5.55	9.16	2A	
抗2	10.8	0.95	770	395	51.3	63.9	5.73	6.04	9.46	3A	大样3000粒
差	0.4	0.14	35	9	3.4	33	0.03	0.49	0.30	A	
青6号	11.4	1.01	1097	546	49.8	67.4	5.86	6.95	10.31		
抗2	11.8	0.74	943	544	57.7	77.4	5.66	8.13	10.50		小样100粒
差	0.4	0.27	154	2	7.9	10.0	0.20	1.18	0.19		

从表6-4看出：抗2比青6号鲜茧解舒率大样高3.4%，小样高7.9%；回收率大样高3.3%，小样高10%；百千克鲜茧出丝量大样高0.49kg，小样高1.18kg；抗2成品丝综合等级为3A，比青6号高1A级。

（6）母、原种繁育

自1982年春我所两种场繁育抗2母、原种茧，1987年秋松树及小城子种场也繁育了部分种茧，到1987年6年间共繁育种茧200万粒，见表6-5。

表6-5　抗2繁种示范调查（1982—1987）

种级	蚕期	品种	把数（把）	平均把产（粒）	油茧率（%）	把产指数（%）	油茧率指数（%）	茧层率（%）	千粒重（kg）
双母	春	抗2	6	20 357		113			
		青6号	22	17 943		100			
	秋	抗2	22	20 630	2.99	104	73.46	10.39	9.3
		青6号	132	19 822	4.07	100	100	10.72	9.8
原种	秋	抗2	32.5	68 669	1.96	111	47.92	10.37	9.1
		青6号	123.5	61 405	4.09	100	100	10.31	9.5

由表6-5看出：抗2比青6号双母春蚕增产13%，秋蚕增产4%，油茧率低1.08（指数低27%）；与其他品种杂交具有杂种优势，杂种抗病力强，抗2×青6号比青6号抗病毒力高3.02倍。

6.3.2.6　抗2的抗病机制及抗病力检测

（1）稚蚕期对NPV感染抵抗性测定

经8年12代测定总平均抗病毒力比青6号高4.37倍，比早1高3.09倍，1987—1988年群体抗病毒力检测结果，平均比青6号高4.07倍，比早1高3.16倍。表明抗病毒力已稳定。

（2）对柞蚕链球菌感染抵抗性

比青6号发病率低11.6%，比早1低27.4%。

（3）壮蚕消化液、围食膜、蛹体液抗病毒力、蛹诱导抗菌物质活力

均高于青6号和早1，并与其稚蚕抗病毒力呈正相关；壮蚕诱导抗菌物质和溶菌酶活力也高于青6号和早1。

上述各项检测结果进一步证明了抗2具有很高的抗病力水平。全部研究结果证明，抗2是一个抗病性强、抗逆性强、丰产、优质、中早熟、二化性柞蚕抗病新品种。

6.3.3　抗软化病柞蚕新品种H8701选育技术报告示例

H8701的选育兼顾了抗吐白水软化病和空胴病等软化病、生物学特征和主要生产经济性状的选择。经过10年20代的选育、品种对比试验、区域性试验等，育成一个生物学特征明显、遗传性稳定、杂交性能好、抗病性和抗逆性强、龄期短、发育齐、好养高产的柞蚕新品种H8701。

6.3.3.1　选育目标

（1）抗病性指标

对柞蚕吐白水软化病（FV）的抗病力比青6号高2~3倍；对柞蚕空胴病（蚕链球菌S.P）的抗病力高1~2倍。

（2）经济性状指标

龄期相当或短于青6号，千粒茧重、茧层率等相当于青6号，产茧量比青6号高15%~20%。

6.3.3.2　选育方法

我们在本课题研究中，采用突变个体的利用、品种间抗性评选、累代攻毒选择、高温冲击强化选育、蛾区与个体系选育等多种方法，旨在选育出一个抗病力强、好养、高产的柞蚕新品种。

（1）突变的利用

H8701的育种材料为青6号的突变蛾。1982年制种时在青6号母种中发现2雌5雄

突变个体，其前翅前缘脉和头、前胸部为紫黑或黑色，将其提纯，1987 年参加抗 FV 品种评选。

（2）品种间的抗病性评选

1987 年春秋两季对青 6 号、H8701 混二等 17 个品种或材料，通过经口定量添食病毒 FV，室内外同时饲养调查发病情况，从中选出发病率在 20% 以下的品种为初级抗性材料，再经累代攻毒、提高抗性水平，以青 6 号为对照（图 6-3）。

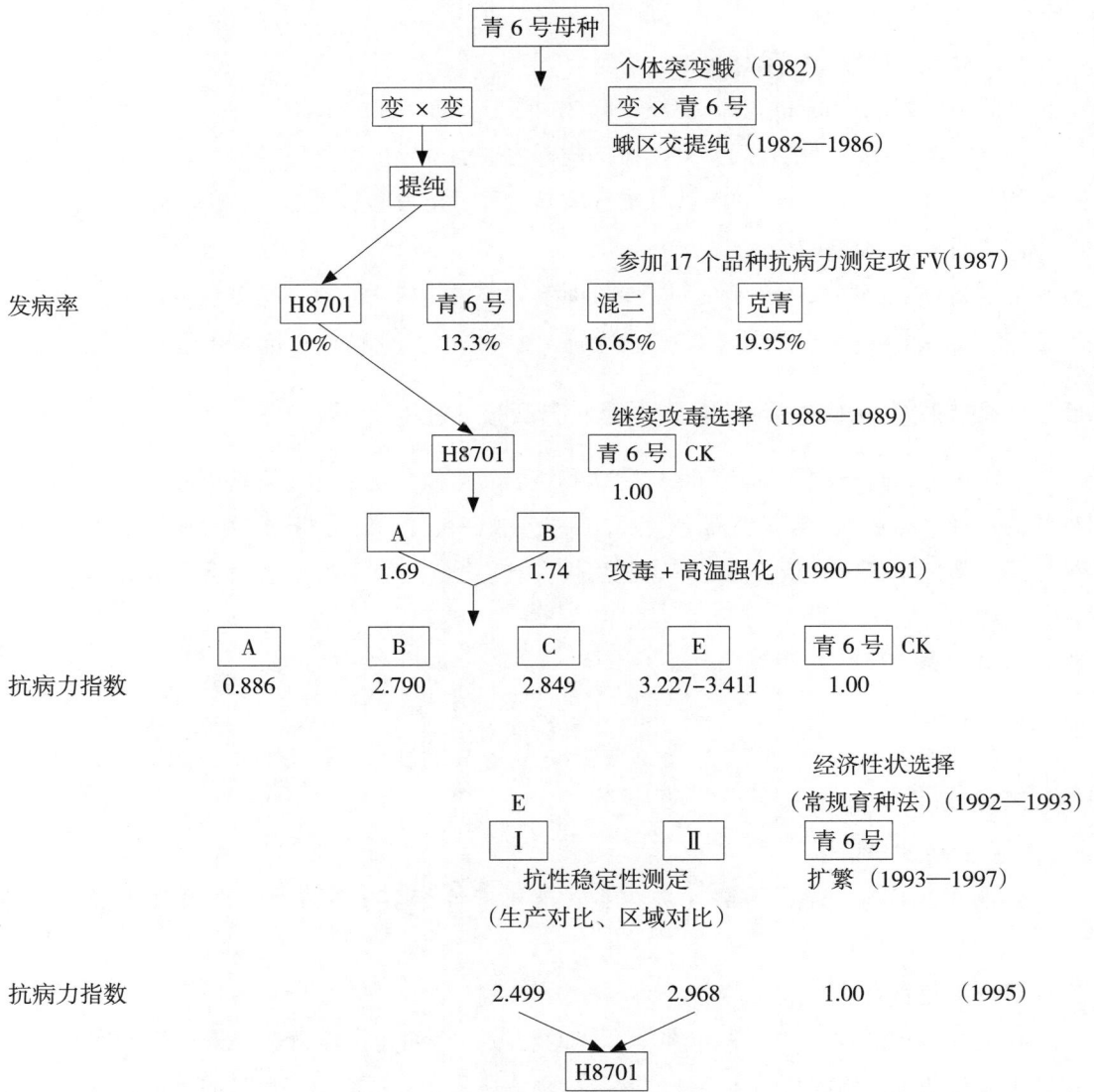

青 6 号母种

个体突变蛾（1982）
变 × 变　　　变 × 青 6 号
蛾区交提纯（1982—1986）

提纯

参加 17 个品种抗病力测定攻 FV(1987)

发病率
H8701　　青 6 号　　混二　　克青
10%　　13.3%　　16.65%　　19.95%

继续攻毒选择（1988—1989）
H8701　　青 6 号 CK
1.00

A　　B
1.69　1.74　　攻毒 + 高温强化（1990—1991）

抗病力指数
A　　B　　C　　E　　青 6 号 CK
0.886　2.790　2.849　3.227-3.411　1.00

经济性状选择
（常规育种法）（1992—1993）
E
Ⅰ　　Ⅱ　　青 6 号
抗性稳定性测定　　扩繁（1993—1997）
（生产对比、区域对比）

抗病力指数
2.499　　2.968　　1.00　　（1995）

H8701

图 6-3　H8701 选育技术路线示意图

（3）高温强化选育

对攻毒选出的抗性材料，在其卵期进行高温冲击（42℃、24h）选留孵化率100%的蛾区，出蚕后再行攻毒，对不发病或发病5%以下的确定为抗性系。

抗性系建立后，进行系统选育，生物学特性和经济性状稳定后，投入母种繁育、生产对比试验和区域性试验。

6.3.3.3　选育结果

（1）品种间抗FV评选

1987年春、秋蚕期对17个品种及选育材料，在无菌室特定条件下进行抗FV能力评选，见表6-6，其中发病率在20%以下的有5个品种或材料：H8701（10%）、青6号（13.30%）、抗病2号（20%）和宽青（19.95%），野外测定结果基本与室内相似，只是发病率略低。

表6-6　17个品种抗性评选

品种	室内			野外		
	重复（次）	蚕数（头）	发病率（%）	重复（次）	蚕数（头）	发病率（%）
H8701	6	30	10.00	4	80	3.6
宽青	6	30	19.95	4	80	16.2
混二	6	30	16.65	4	80	14.3
抗病2号	6	30	20.00	4	80	14.8
青6号	6	30	13.30	4	80	12.4
白茧（781）	6	30	30.00	4	80	21.5
水青	6	30	29.95	4	80	20.6
青河	6	30	53.30	4	80	33.6
早1（201）	6	30	29.95	4	80	21.0
741	6	30	49.95	4	80	23.4
青一	6	30	33.30	4	80	20.2
克青	6	30	33.30	4	80	22.0
双青	6	30	33.30	4	80	19.8
314	6	30	43.30	4	80	30.6
辽青	6	30	33.30	4	80	19.6
H8702	6	30	29.95	4	80	18.2
白蚕	6	30	30.00	4	80	22.0
$\bar{X}$			29.97			19.64

（2）累代攻毒及高温强化选育结果

1987 年评选后，对 H8701 进行子代攻毒选育，至 1989 年其选留系已比青 6 号的抗病力高 1.7 倍，见表 6-7。

表 6-7 H8701 抗病性测定（1989 春）

系统	添毒浓度	试蚕头数	存活头数	死亡头数	死亡率（%）	累计存活（头）	累计死亡（头）	累计死亡率（%）	$-LogLC_{50}$	提高倍数
A IM3	1	18	9	9	50.0	9	19	54.3		
	1/2	18	12	6	33.3	21	10	28.6	0.0542	+1.69
	1/4	18	14	4	22.2	35	4	11.4		
B IIM 单	1	18	7	11	61.1	7	19	54.3		
	1/2	18	13	5	27.8	20	8	22.9	0.0421	+1.74
	1/4	18	15	3	16.7	35	3	8.6		
青 6 号	1	18	8	10	55.6	8	14	80.0		
	1/2	18	10	8	44.4	18	14	48.3	0.2829	-
	1/4	18	12	6	33.3	30	6	20.7		

1990 年对 A、B 2 系统进行高温冲击强化选育，再从生物学特征和经济性状上分离，又得到 C、D、E 3 系，1991 年再对各系攻毒（FV）和柞蚕链球菌（406），测定其抗病力提高情况（因 D 系发育不齐被淘汰），其结果见表 6-8。

表 6-8 各系统抗 FV 和 406 测定结果

系统	LD_{50}			倍数			选留
	FV6	FV	406	FV6	FV	406	
A	$10^{-0.6592}$	$10^{-1.0115}$	$10^{-3.83}$	-0.005	-0.164	1.288	
B（AN）	$10^{-0.4736}$	$10^{-0.4997}$	$10^{-3.82}$	1.454	2.790	1.288	
C（二 13）	$10^{-0.3221}$	$10^{-0.4906}$	$10^{-3.51}$	2.037	2.849	2.693	
E2	$10^{-0.1595}$	$10^{-0.4365}$	$10^{-3.77}$	3.032	3.227	1.479	△△
E1	$10^{-0.3582}$	$10^{-0.5515}$	$10^{-3.57}$	1.919	2.477	2.344	△
E2 场（三 I4）	$10^{-0.3401}$	$10^{-0.4124}$	$10^{-3.71}$	1.995	3.411	1.698	△△
E1 场（二 II4）	$10^{-0.3576}$	$10^{-0.4334}$	$10^{-3.61}$	1.921	3.250	2.138	△
青 6 号	$10^{-0.6412}$	$10^{-0.9452}$	$10^{-3.94}$	-	-	-	

从表 6-8 测定的结果看出，除 A 系对 FV 的抗性略低于青 6 号外，其他各系均明显地

高于青 6 号，其中 E2、E2 场（三 I4）最好，抗 FV 力比青 6 号高 3 倍以上；对柞蚕链球菌抗性各系均高于青 6 号，E1、E1 场比青 6 号高 2 倍。

从表 6-8 与表 6-7 明显看出经过强化选育，1989—1991 年的 3 年间，抗性提高 1.3 倍左右。1995 年测定其抗性遗传稳定性，其结果见表 6-9。

表 6-9 对选育定型系统的抗 FV 和 406 测定

系统	LD$_{50}$			倍数		
	FV6	FV	链球菌	FV6	FV	链球菌
E2	$10^{-0.3678}$	$10^{-0.5251}$	$10^{-2.77}$	1.933	2.499	2.09
E1	$10^{-0.1870}$	$10^{-0.4515}$	$10^{-2.00}$	3.122	2.964	1.83
青 6 号	$10^{-0.6530}$	$10^{-0.9225}$	$10^{-4.10}$	—	—	—

将表 6-9 与表 6-8 比较，其对 FV 和柞蚕链球菌的抗性基本一致，说明又经 4 代繁育其抗病力没有下降。

用正常的抗性偏亲性测定法，测定了 H8701（R），741（S）及杂交 F$_1$、F$_2$ 的抗性偏亲性。结果得到：R×R F$_1$ 仍然为抗性（LD$_{50}$=$10^{-0.1746}$）、S×S F$_1$ 仍然为感性（LD$_{50}$=$10^{-1.1469}$）、R×S 或 S×R 的 F$_1$ 抗性偏 R（LD$_{50}$ 为 $10^{-0.1796}$ 和 $10^{-0.2318}$），F$_2$ 分离界于双亲中间偏 R（LD$_{50}$=$10^{-0.6202}$ 和 $10^{-0.5056}$）。其抗性水平近于青 6 号。这种偏亲性，证明抗性能遗传给后代，并为生产中应用杂交种提供重要理论依据：H8701 与青 6 号等有一定抗性的品种杂交，不但具有很好的杂种优势，而且其抗性也偏 H8701。

（3）生物学特征及经济性状选育结果

①形态特征选择。由于是突变产生的蛾区内自交，2 年 4 代就已提纯。以形态特征将本品种分成 2 个品系。I 系：蛾色灰褐，血液灰白光亮，脂肪黄白色，前缘脉紫黑色，腹部椭圆形（E2）。

II 系：蛾色黄褐，血液黄白色，脂肪偏黄，前缘脉暗黑色，腹部长椭圆形（E1）。

②经济性状调查。每年春秋蚕期主要经济性状，与青 6 号（CK）比较，以确定其生产效果。现将 1991—1995 年的平均值列于表 6-10。

表 6-10 选留系统主要经济性状

季	系	平均单蛾卵量（粒）	普通孵化率（%）	实用孵化率（%）	单蛾收茧（粒）	结茧率（%）	优茧率（%）	龄期（d）	千粒茧重（kg）	雌雄平均茧层率（%）	虫蛹统一生命率（%）
春	E2 场	326.5	98.7	96.6	96.5	30.7	93.0	49.3	8.2	8.95	99.85
	E1 场	337.0	98.7	98.0	113.5	34.3	97.7	49.0	8.2	8.79	99.75
	E2	334.0	99.2	96.6	126.8	39.0	97.4	50.0	8.1	9.05	99.57

季	系	平均单蛾卵量（粒）	普通孵化率（%）	实用孵化率（%）	单蛾收茧（粒）	结茧率（%）	优茧率（%）	龄期（d）	千粒茧重（kg）	雌雄平均茧层率（%）	虫蛹统一生命率（%）
春	E1	346.0	99.2	96.3	138.3	46.3	96.0	49.5	8.0	9.00	99.93
	青6号	387.0	98.2	94.7	102.5	29.5	94.1	52.0	7.7	8.75	97.38
秋	E2场	249.5	98.4	96.8	145.5	59.8	95.5	46.0	9.3	12.07	98.85
	E1场	294.3	99.1	97.6	181.0	63.4	94.2	45.0	9.0	11.75	99.45
	E2	252.3	97.6	97.0	111.0	58.2	91.6	45.0	9.1	12.11	98.45
	E1	283.0	98.6	98.6	170.0	61.1	95.8	45.0	9.25	12.92	99.15
	青6号	250.0	98.4	97.8	138.0	55.4	87.7	47.5	9.35	11.58	95.30

从表6-10看出，除春蚕期单蛾产卵量比青6号少40～50粒和秋蚕期千粒茧重略低于青6号外，其他各项经济指标均好于青6号，尤其是龄期春秋蚕各短2d左右，结茧率、优茧率、虫蛹统一生命率、茧层率等均明显的好于青6号。

（4）农村生产对比试验和区域性试验

①辽宁省农村生产对比试验。经过1987—1992年的6年12代选育和定系后，1993年开始在辽宁的不同地区进行农村生产对比试验。现将1993—1997年5年农村对比试验（结果）列于表6-11、表6-12。

表6-11 农村对比试验结果（春蚕）

年份	品种	总把数	抽查把数	平均千克卵收茧（千粒）	平均每把收茧（千粒）	指数（%）
1993	H8701	95	32	29.8	22.4	128.6
	青6号	100	23	22.2	16.7	100
1994	H8701	500	167	38.8	29.1	143.7
	青6号	300	143	27.0	20.3	100
1995	H8701	700	122	29.8	22.4	130.4
	青6号	300	95	22.8	17.1	100
1996	H8701	750	103	28.08	21.1	139.0
	青6号	680	79	20.28	15.2	100
1997	H8701	800	156	25.2	18.9	122.3
	青6号	850	132	20.6	15.5	100

续表

年份	品种	总把数	抽查把数	平均千克卵收茧（千粒）	平均每把收茧（千粒）	指数（%）
Σ	H8701	2945	580	30.34	22.8	132.8
	青6号	2230	472	22.58	16.9	100

从表6-11明显看出，5年的春蚕H8701平均增产32.8%，这5年里遇到过阴雨连绵，也遇到过长期高温干旱，都表现出明显增产，且各年开差不大，证明H8701稳产性较好。

表6-12　农村对比试验结果（秋蚕）

年份	品种	总把数	抽查把数	平均千克卵收茧（千粒）	平均每把收茧（千粒）	指数（%）
1993	H8701	1950	155	33.0	1320	132.1
	青6号	500	80	23.4	999	100
1994	H8701	2500	165	20.65	826	121.3
	青6号	2500	58	16.02	681	100
1995	H8701	3700	182	18.9	755	117.6
	青6号	2000	56	15.1	642	100
1996	H8701	3700	230	18.77	750.8	139.1
	青6号	3200	122	10.70	539.7	100
1997	H8701	4500	320	25.80	1032	114.5
	青6号	2800	280	21.2	901	100
Σ	H8701	16 405	1052	23.42	936.7	124.7
	青6号	11 000	596	17.68	751.4	100

从表6-12看出，5年秋蚕平均每把收茧936.7kg，青6号平均每把收茧751.4kg。H8701比对照青6号平均增产24.7%。

②区域性对比试验。1996年在吉林省蚕业科学研究所进行单双母小区对比和在永吉、磐石、舒兰、柳河等市县进行生产对比试验，亦取得比较满意的效果。

a.吉林省蚕业科学研究所对比试验结果。1996年春该所引入H8701单母299蛾，对照为吉林选大（青6号）单母300蛾，放养结果见表6-13、表6-14。

表 6-13　吉林省蚕业科学研究所春蚕放养成绩

品种	蛾数（头）	总产茧（千粒）	100 蛾产茧（千粒）	指数（%）	100 蛾收种茧（千粒）	指数（%）	种茧率（%）	龄期（d）	全茧量（g）	茧层量（g）	死笼率（%）
H8701	299	31.506	10.54	125.19	9.512	129.5	90.27	42	5.74	9.09	5.60
青 6 号（ck）	300	25.263	8.42	100	7.345	100	87.22	48	6.73	9.08	8.64

从表 6-13 看出，春蚕期 H8701 除全茧量低于青 6 号外，其他指标均高于青 6 号，其结茧率高 24.7%，100 蛾产种茧高 29.5%，死笼率低 35.2%，龄期短 6d。

表 6-14　吉林省蚕业科学研究所秋蚕放养成绩

品种	放养人	蛾数（头）	发病率（%）	产茧数（千粒）	产种茧（千粒）	种茧率（%）	100 蛾产种茧（千粒）	指数（%）	死笼率（%）
H8701	平均	1800	1.3	120.029	109.556	91.27	6.086	166.79	1.4
青 6 号（ck）	平均	3500	10.9	164.130	127.693	77.80	3.649	100	4.4

从表 6-14 看出，H8701 比青 6 号（ck）蚕期发病减少 88%，死笼率少 68.7%，百蛾产种茧多 66.8%，即 H8701 比青 6 号增产种茧 66.8%。

b. 吉林省部分市县生产放养情况。舒兰、磐石、永吉、柳河等市县进行丝茧放养 18600 蛾（包括部分杂交）其放养成绩见表 6-15。

表 6-15　吉林部分蚕区放 H8701 成绩

市县别	品种	把数	总蛾头数	蚕期发病率（%）	龄期（d）	总收茧（千粒）	把收茧（千粒）	平均单蛾收茧（粒）	指数（%）
舒兰	H8701	8	5000	0.5	44	390	48.75	78	139.3
	青 6 号	10	7500	6.5	48	420	42.00	56	100
磐石	H8701	9	5400	0	45	437.4	48.60	81	135.0
	青 6 号	10	8000	4.5	48	480	48.00	60	100
永吉	H8701	8	5000	0	43	450	56.25	90	128.6
	青 6 号	10	7800	6.0	47	546	54.60	70	100
柳河	H8701	5	3200	1.5	44	250	51.20	80	137.9
	青 6 号	5	3500	8.0	47	203	40.60	58	100
小计或平均	H8701	30	18 600	0.5	44	1533.4	51.20	82.25	134.8
	青 6 号	35	26 800	6.25	47.5	1649	46.30	61.00	100

从表 6–15 看出，在吉林省的 4 个市县放养 30 把 H8701，比青 6 号（ck）龄期短 3.5d，发病少 92%，结茧率高 34.8%。H8701 发育齐、龄期短、抗病性强、结茧快，春秋蚕期可缩短龄期 9d 左右。适于吉林省年放二次蚕使用。

（5）杂交性能试验

1992 年春，用 H8701、青 6 号、抗病 2 号进行杂交试验，结果得到：H8701 的主要生物学特征 – 前翅前缘脉和头部的黑色特征是显性遗传，其分离情况见表 6–16。

表 6–16　杂交分离情况

杂交形式	F₁		F₂		比
	+	−	+	−	
青 6 号 × H8701	93	0	56	16	3.125 : 1
H8701 × 青 6 号	88	0	66	23	2.97 : 1
抗病 2 号 × H8701	89	0	63	22	2.83 : 1
H8701 × 抗病 2 号	97	0	93	30	3.10 : 1

1993 年小区放养，其杂交种生产性能列表 6–17。

表 6–17　杂交组合放养成绩

蚕期	形式	蛾数	卵数（粒）	蚕期发病率（%）	龄期（d）	收茧（粒）	单蛾收茧（粒）	指数（%）		
								H8701	青 6 号	抗病 2 号
春蚕 F₁	青 6 号 × H8701	2	628	0.5	52	388	198	103.7	127.7	120.0
	H8701 × 青 6 号	2	622	0.2	51	393	206.5	108.1	133.2	124.8
	抗病 2 号 × H8701	2	616	0.8	52	386	196	102.6	126.5	118.8
	H8701 × 抗病 2 号	2	622	0.5	51	387	197.5	103.4	127.4	119.7
	H8701	2	624	0.2	51	382	191	100	—	—
	青 6 号	2	640	2.8	52	310	155	—	100	—
	抗病 2 号	2	610	1.9	52	330	165	—	—	100
秋蚕 F₂	青 6 号 × H8701	3	855	1.2	44	368	122.7	100.6	123.6	122.3
	H8701 × 青 6 号	3	841	0.6	43	387	129	105.6	129.9	128.6
	抗病 2 号 × H8701	3	829	1.5	43	332	110.7	99.1	111.0	110.4
	H8701 × 抗病 2 号	3	839	0.8	43	356	118.7	99.7	119.1	118.3
	H8701	3	838	0.5	43	366	122	100	—	—
	青 6 号	3	656	2.5	45	298	99.3	—	100	—
	抗病 2 号	3	830	2.5	44	301	100.3	—	—	100

从表 6-17 看到，F$_1$ 各杂交组合明显好于青 6 号和抗病 2 号，其结茧率增加 18.8% ~ 33.2%，龄期缩短 1d，增产 11% ~ 28%，所以在生产中除用纯种外，尚可用与青 6 号或抗病 2 号的杂交种。

（6）缫丝试验结果

我们 1995、1996 年进行了缫丝试验。缫丝所用材料茧，取自同一人同一场地放养的 H8701 和青 6 号茧，由辽宁省蚕业科学研究所缫丝试验厂进行缫丝试验，其结果见表 6-18。

表 6-18　H8701 缫丝成绩

年份	品种	新茧有绪率（%）	落绪（次/粒）	茧丝长（m）	解舒率（%）	解舒丝长（m）	丝干量（g）	回收率（%）	纤维公量（g）	茧丝纤（D）	鲜茧出丝率（%）
1995	H8701	75.67	0.7	868.05	58.87	511.01	50.64	64.02	87.80	5.83	7.53
	青 6 号	76.28	0.82	792.43	55.33	438.43	49.34	61.44	87.55	6.24	6.11
1996	H8701	67.33	0.77	951.33	56.94	541.49	59.98	66.62	99.91	5.90	6.84
	青 6 号	68.67	0.79	722.10	56.04	406.84	41.03	63.25	72.04	5.68	5.06

将表 6-18 结果按 100 粒计算，H8701 与青 6 号比较，除新茧有绪率、落绪率、解舒率等相当或好于青 6 号，茧丝长 H8701 比青 6 号长 75.62 ~ 229m，解舒丝长 H8701 长 72.58 ~ 134.65m，丝干量为 18.95g，回收率 2.58% ~ 3.37%，纤维公量为 27.87g，鲜茧出丝率高 1.42% ~ 1.78%，纤度比青 6 号细而匀，这一结果说明 H8701 具有很好的工艺性状。

（7）抗病机制初探

生物的抗病机制是多样的，但主要的可分为两方面：其一是抗病物质的存在（如某些酶类），称为侵染抵抗性；其二是某些组织的代谢作用，称为发病抵抗性。

①肠细胞的代谢更新速度与抗病关系。日人栗栖（1974）认为家蚕抗 IFV 品种的抗病性是因为中肠杯状细胞更新快，病毒 IFV 随脱落的细胞排出体外。那么 H8701 是否也存在这种现象？因此，我们做了攻毒后间隔一定时间收集粪便，并重新给青 6 号添食的方法，调查添食蚕的发病情况，结果见表 6-19。

表 6-19　给正常青 6 号蚕添食攻毒后不同时间粪便情况

添粪种类	取粪时间（h）	试蚕头数	发病头数	发病率（%）
H8701	120	10×2	4	20
	144	10×2	6	30
	168	10×2	8	40
	196	10×2	8	40

添粪种类	取粪时间（h）	试蚕头数	发病头数	发病率（%）
H8701	216	10×2	0	0
	240	10×2	0	0
	264	10×2	0	0
青6号	120	10×2	0	0
	144	10×2	0	0
	168	10×2	0	0
	196	10×2	2	10
	216	10×2	4	20
	240	10×2	6	30
	264	10×2	2	10

从表6-19看出，H8701攻毒后120h后的粪便给青6号正常蚕（5龄）添食，结茧前发病，证明H8701的中肠细胞开始脱落并有大量FV排出，而添食给青6号攻毒蚕的粪便，间隔196h粪便才使蚕儿发病，说明其196h有中肠细胞脱落。这与日人的结果相似。这也是H8701抗病性表现之一，即未使FV大量致病时就已被脱落细胞携出体外，代之以更新的细胞，大大减少了FV的感染。

②溶菌酶活力测定。在2mL溶壁微球菌悬浊液中，加入20μL H8701或青6号血淋巴，充分混合后，于37℃水浴保温20min取出立即放冰浴中，然后测定A570光密度。按Hultmark（1980）的计算方法：$U=(A-A_0)/A_0$（A为对照的光密度值），H8701平均值为0.301，青6号为0.191，则H8701溶菌酶活性明显的高于青6号，即为青6号的1.58倍。

③消化液血凝活性比较试验。取兔血于0.85%生理盐水中，3000r/min离心，蒸馏水洗涤3次于PBS液中制成血球悬浮液。取H8701和青6号蚕各20头，分别取消化液（每头1滴），在离心管中混匀并离心取上清液待用，V型血凝板上每孔加入25μL PBS，于第1孔中分别加入H8701和青6号的除沉淀物的消化液25μL，再以2倍梯度逐级稀释，然后每加1滴兔红细胞，在微型振荡器上轻轻振荡后，静置2h，观察血球凝集情况，其结果是3次重复H8701血凝活性滴度为2^5，而青6号则为2^4。

由上述3个方面考察，认为H8701肠细胞代谢更新快，血液中溶菌酶和消化液中血凝活性均明显高于青6号，证明H8701对病原物不但有侵染抵抗性，也存在着发病抵抗性。

（8）新品种的特征及特性

①主要形态特征。H8701的成虫、幼虫及茧有明显的形态特征。

a. 成虫。成虫最明显特征是前翅前缘脉、头、前胸为紫黑色（Ⅰ）或暗黑色（Ⅱ），翅与体色为灰褐色（Ⅰ）或黄褐色（Ⅱ），血液灰白、脂肪黄白色（Ⅰ）或血液黄白色、脂肪浅黄色（Ⅱ），腹部椭圆形。

b. 卵。卵褐色与青6号相似，但其卵粒偏大，卵幅均匀。

c. 幼虫。幼虫体略小于青6号，节间紧密，蚕很有筋力。体色为鹦鹉黄绿色，其体侧为苹果绿色。

d. 茧。茧色比青6号深，为褐色，略小。

②特性。H8701是中早熟品种，龄期比青6号短2~3d。小蚕群集性强、食叶速度快、眠起齐一，全龄食叶量较轻、抗逆性抗病力强。结茧快而齐，适应辽宁、吉林、黑龙江省蚕区放养。特别是高山冷凉及高纬度地区，其抗病增产性更为明显。

③生产要点。小蚕群集性强，要注意及时匀蚕；大蚕食叶快，要适当稀放；结茧快而齐，要及时窝茧并适当密放；满蛹多，选茧时应予以注意；在尖柞地区放养、茧偏小。与青6号、抗病2号、激九等品种杂交，其丰产性更优。

6.4　柞蚕种质资源的抗逆性研究

柞蚕作为生态系统的一分子，在其生活的过程中，无时无刻不在与环境进行着物质、信息和能量的交换。环境中与柞蚕相关的因子多种多样，且处于动态变化之中，柞蚕对每一个因子都有一定的耐受限度，一旦环境因子的变化超越了这一耐受限度，就形成了逆境。所以，柞蚕在生长过程中遭遇逆境是不可避免的。因此，对柞蚕抗逆性的研究以及柞蚕对逆境的反应，是认识柞蚕与环境关系的重要途径，也为人们控制柞蚕的生命活动提供了必要依据。石生林、王学英等（2004）报道了微量添食对柞蚕蚁蚕抗逆性的影响，研究添食3种不同物质对柞蚕初孵蚁蚕抗逆性的影响。结果表明，卵面添食这3种物质均能增强蚁蚕的抗低温能力，延长其在低温条件下的半数致死时间（LT_{50}）。添食葡萄糖能显著延长蚁蚕对饥饿的LT_{50}；添食EM能极显著延长蚁蚕对饥饿的LT_{50}；添食$CaCl_2$对蚁蚕耐饥饿能力的影响不显著。各种添食物质对蚁蚕抗逆性的影响均存在浓度效应。

6.4.1　柞蚕种质资源的耐热性研究

柞蚕属于变温动物，保持和调节体温的能力不强，所以环境温度直接决定着柞蚕体温的高低变化。进而决定着其生命过程的特点、趋势和水平。所以，环境温度是影响柞蚕生命活动的重要因素之一。在一定的温度区间，柞蚕的生命活动积极，死亡率低；当环境温度超过一定的范围，柞蚕就会出现厌食、窜枝、生长发育受到抑制、死亡等异常情况。

目前，全球的平均气温在逐年上升，以致我国北方柞蚕主产区的气温上升幅度也较为明显，持续的高温干旱会对柞蚕的生长发育、代谢速率、生存繁殖等核心生命活动产生直接影响，从而造成柞蚕生命力下降，发病率、遗失率提高，导致柞蚕茧的产量和质量下降，给柞蚕行业的生产造成很大的影响，高温干旱已成为近年制约柞蚕产业发展的重要因素之一。同时，高温气候也是诱发蚕病的重要外界因素。目前，有些柞蚕科技人员把耐热性也作为柞蚕新品种选育时的一项重要指标，王凤成等（2012）选育抗逆性柞蚕新品种金凤运用了不同时间高温热激方法。之后，石生林、姜义仁等运用同样的热激方法把耐热性做为柞蚕新品种沈黄 2 号的一项抗逆性指标。为此，研究柞蚕种质资源耐热性以及分子水平上研究高温冲击的反应（如热激蛋白的合成与表达等）具有重要的理论意义，并对在此基础上选育耐高温干旱的柞蚕新品种来应对气候变暖带来的高温干旱有很好的实践指导意义。

昆虫在遭受高于其正常生长温度但并不致死的温度时，对温度胁迫产生的耐受能力，被称之为昆虫的耐热性。由于昆虫的种类不同，其耐热性的高低也不相同，有些昆虫能够耐受较高的温度胁迫，在高于其正常生长温度较多的条件下仍能正常存活，而有些昆虫则对温度变化非常敏感，微小的温度波动就可能对其机体产生严重损伤。因此，昆虫的热胁迫耐受能力是决定其种群能否在特定生态环境下得以生存及延续的一个重要条件。一个物种对环境变暖的适应能力和在新的区域繁殖的能力取决于它的生态适应性和对极端温度的适应性。因此，昆虫对高温胁迫的耐受性及其机制已经成为近年来昆虫学研究领域中深受重视的问题。已有的研究结果表明，昆虫的热胁迫耐受能力除了与其遗传基础有关之外，还与自身受到热刺激后能诱导表达热激蛋白或者补偿性表达某些关键酶的同工酶或异型酶等有关。其中，热激蛋白的诱导表达是目前研究最多的，也是被认为与昆虫耐热性关系最密切的因素之一。大量研究证明，昆虫耐热性的获得与生物体或细胞内热激蛋白的累积有密切的关系。

6.4.1.1　热激蛋白（heat shock protein，HSP）

生物体在受热和其他许多损伤因素、应激刺激（如缺血、缺氧、重金属离子等）作用下，会发生热休克反应（heat shock response，HSR），即抑制一些正常蛋白质的合成，同时启动一类新的蛋白质合成基因—热休克蛋白基因合成的蛋白，称为热激蛋白（heat shock protein，HSP），是一类高度保守的蛋白质，普遍存在于原核和真核生物中。按照其分子量的大小，热激蛋白共分 5 类，分别为 HSP100、HSP90、HSP70、HSP60 以及分子量小于 30kDa 的小分子热激蛋白 small Hsp（sHsps）。

自从 Ritossa 在黄猩猩果蝇中发现热激蛋白以来，其在昆虫研究领域已经取得了很大的进展。随着相关学科的不断发展，目前，在蚕桑领域热激蛋白的相关研究也取得了相应的进展，Firdose Ahmad MALIK，and Y.Srinivasa REDDY（2009）研究了 3 个品系家蚕在不同温度下的耐热性特征，研究认为热激蛋白表达与热带家蚕不同品系的耐热性以及同一品系不同发育阶段的耐热性具有相关性。金鑫等（2014）研究了家蚕热激蛋白基因

BmsHSP27.4 在高温条件下的表达变化。侯赛尼（2010）通过家蚕耐高温相关热激蛋白的研究，在分子水平揭示了家蚕对热激反应特别是热激蛋白的合成种类、品种间的差异及与耐高温的相关性。陈莉等（2012）报道，在克隆获得柞蚕热激蛋白 90（Hsp90）基因序列的基础上，进一步对蛹在不同温度胁迫下的相对表达量进行了测定，并在大肠杆菌内进行了成功的表达，从而为阐明柞蚕耐高温的分子机制提供参考。孙茜等（2011）报道，采用 RTPCR 方法克隆了柞蚕（Antherasa pernyi）热休克蛋白 70 基因（HSP70）的 ORF 序列，进一步确立了柞蚕与天蚕（Antheraea yamamai）、家蚕（Bombyx mor）、甘蓝夜蛾（Mamestra brassicae）、棉铃虫（Heliothis viriplaca）、甜菜夜蛾（Spodoptera exigua）、烟草夜蛾（Mandusa sextal）、膜翅目寄生蜂（Cotesia rubecula）之间的亲缘关系。刘微等（2016）报道通过采用 RTPCR 技术从柞蚕蛹脂肪体组织中克隆了 2 个热休克蛋白 70 基因 Ap HSP70-1、Ap HSP70-2，研究柞蚕热休克蛋白基因在高温胁迫下的表达变化，有助于从分子水平解析柞蚕对高温的应激反应机制。谌苗苗等对柞蚕种质资源耐热性的探索研究详述如下：

（1）试验材料

2016 年辽宁省蚕业科学研究所对柞蚕种质资源的 4 个品种抗大、9906、方山黄、F 和一个试验品种 5204 做了初步的耐热性特征研究。供试 5 个柞蚕品种或品系及其性状见表 6-20。

表 6-20　供试柞蚕品种及其来源

品种名称	来源/产地	化性	生产特性	幼虫体色
抗大	辽宁	二化	高配合力、杂种优势强、抗病力强	青黄
方山黄	辽宁	二化	茧层率高、耐高温	黄
9906	辽宁	二化	杂种优势强、高饲料效率	青黄
F	辽宁	二化	抗病力强、发育整齐、全茧量高	青黄
5204	辽宁	二化	幼虫刚毛长度约为正常刚毛的 1/3、全茧量高	青黄

在高温处理 1h 后，每温度下，每一柞蚕品种随机取 4 头幼虫；对照组随机选取同时期同品种，无创伤未经受高温的健康柞蚕幼虫 4 头。实验设 3 组重复。解剖提取脂肪体，用 RNase-free H_2O 冲洗，再用干净滤纸吸去水后，等量混合浸泡在 5 倍体积 RNA Keepper 组织 RNA 保存液中，4℃放置 24h 后，贮存于 -20℃。

（2）试验方法

将供试的 5 个柞蚕品种分组进行高温处理 3h 和 4h，利用实时荧光定量 PCR 检测中肠组织 Hsp70 和 Hsp90 的表达量，再根据各品种经不同温度冲击后的恢复情况，Hsp 基因表达量差异与变化趋势，分析并总结出柞蚕品种对高温耐受能力的差异。

试验设置的温度和相对湿度分别为：温度 42℃ ±1℃，相对湿度 25% ± 3%；温度 45℃ ±1℃，相对湿度 25% ± 3%。每一温度下，高温胁迫各品种 1h 后取中肠组织混合提取总 RNA，每个品种设置 3 个生物学重复及对照组。

（3）试验结果

HSP70 基因表达量检测结果表明，两个高温胁迫处理组均存在 HSP70 基因的大幅度上调表达（图 6-4、图 6-5）。5 个柞蚕品种两个高温处理组相对于各品种未处理组（CK）的 HSP70 基因上调表达量见表 6-21、表 6-22

利用单因素方差分析 42℃胁迫 1h 处理组，结果显示 F=700.824（$P < 0.001$），表明各处理组之间的表达水平存在显著差异。5 个柞蚕品种的 42℃胁迫 1h 处理组的表达水平均与其对应品种的对照组呈极显著差异（$P < 0.01$）；5 个柞蚕品种的对照组之间的表达水平不存在显著差异（$P > 0.05$）；除抗大与 9906 的 42℃胁迫 1h 处理组的表达水平不存在显著差异（$P > 0.05$），其余 42℃胁迫 1h 处理组之间的表达水平均呈极显著差异（$P < 0.01$）。

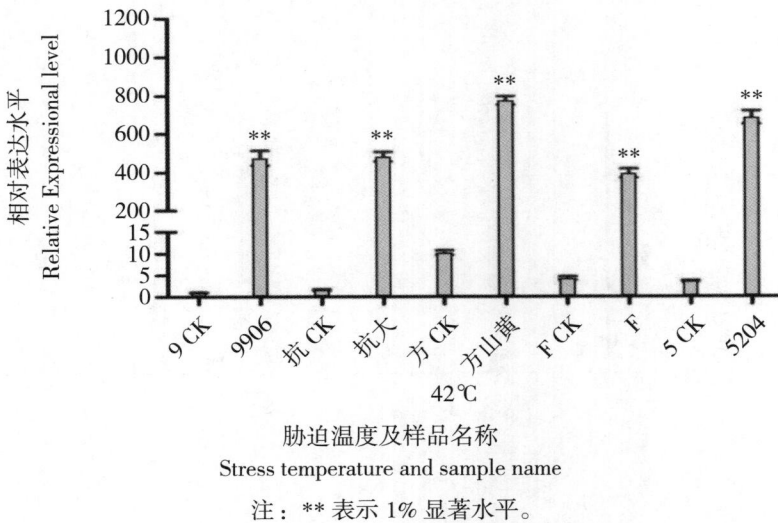

注：** 表示 1% 显著水平。

图 6-4　42℃处理组柞蚕 HSP70 的相对表达水平均值

表 6-21　42℃处理组柞蚕 HSP70 的相对表达量

样品名称	相对表达量	标准差	样品名称	相对表达量	标准差
9906 CK	1.00	± 0.06	抗大 CK	1.59	± 0.18
9906 ①	518.00	± 8.52	抗大①	504.15	± 54.01
9906 ②	449.53	± 42.23	抗大②	485.58	± 42.38
9906 ③	457.09	± 31.41	抗大③	456.14	± 55.49

续表

样品名称	相对表达量	标准差	样品名称	相对表达量	标准差
方山黄 CK	10.18	± 0.51	F CK	4.32	± 0.37
方山黄①	807.55	± 54.24	F ①	415.29	± 15.63
方山黄②	766.54	± 42.16	F ②	370.31	± 22.82
方山黄③	769.75	± 48.01	F ③	400.00	± 35.21
5204 CK	3.60	± 0.16	5204 ②	672.20	± 67.02
5204 ①	659.70	± 60.09	5204 ③	724.59	± 47.52

利用单因素方差分析 45℃胁迫 1h 处理组，结果显示 F=1162.147（$P < 0.001$），表明各处理组之间的表达水平存在显著差异。5 个柞蚕品种的 45℃胁迫 1h 处理组的表达水平均与其对应品种的对照组呈极显著差异（$P < 0.01$）；5 个柞蚕品种的对照组之间的表达水平不存在显著差异（$P > 0.05$）；除 '5204' 与 9906 的 45℃胁迫 1h 处理组的表达水平不存在显著差异（$P > 0.05$），其余 45℃胁迫 1h 处理组之间的表达水平均呈极显著差异（$P < 0.01$）。

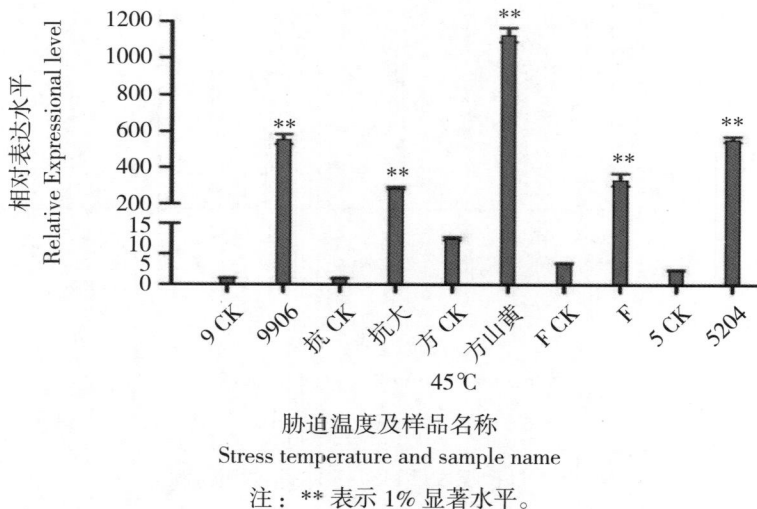

注：** 表示 1% 显著水平。

图 6-5   45℃处理组柞蚕 HSP70 的相对表达水平均值

表 6-22   45℃处理组柞蚕 HSP70 的相对表达量

样品名称	相对表达量	标准差	样品名称	相对表达量	标准差
9906 CK	1.07	± 0.04	抗大 CK	1.00	± 0.10
9906 ①	583.77	± 15.21	抗大①	287.66	± 17.05

续表

样品名称	相对表达量	标准差	样品名称	相对表达量	标准差
9906 ②	528.57	± 34.52	抗大②	291.86	± 20.08
9906 ③	555.49	± 13.93	抗大③	278.87	± 18.32
方山黄 CK	7.47	± 0.28	F CK	3.44	± 0.07
方山黄①	1118.00	± 43.81	F ①	303.56	± 11.90
方山黄②	1108.78	± 7.98	F ②	369.51	± 35.62
方山黄③	1179.80	± 69.70	F ③	326.37	± 31.49
5204 CK	2.37	± 0.09	5204 ②	571.82	± 18.66
5204 ①	556.64	± 52.21	5204 ③	541.86	± 48.97

HSP90 基因表达量检测结果表明，两个高温胁迫处理组均存在 HSP90 基因的上调表达（图 6-6、图 6-7）。5 个柞蚕品种两个高温处理组相对于各品种未处理组（CK）的 HSP90 基因上调表达量见表 6-23、表 6-24。

利用单因素方差分析 42℃胁迫 1h 处理组，结果显示 F=699.388（$P < 0.001$），表明各处理组之间的表达水平存在显著差异。5 个柞蚕品种的 42℃胁迫 1h 处理组的表达水平都与其对应品种的对照组呈极显著差异（$P < 0.01$）；除方山黄的对照组，其余 4 个柞蚕品种的对照组之间的表达水平不存在显著差异（$P > 0.05$）；抗大 42℃胁迫 1h 处理组的表达水平与方山黄对照组不存在显著差异（$P > 0.05$）。42℃胁迫 1h 处理组之间，除 5204 与方山黄的表达水平呈显著差异（$P < 0.05$），其余处理组间均呈极显著差异（$P < 0.01$）。

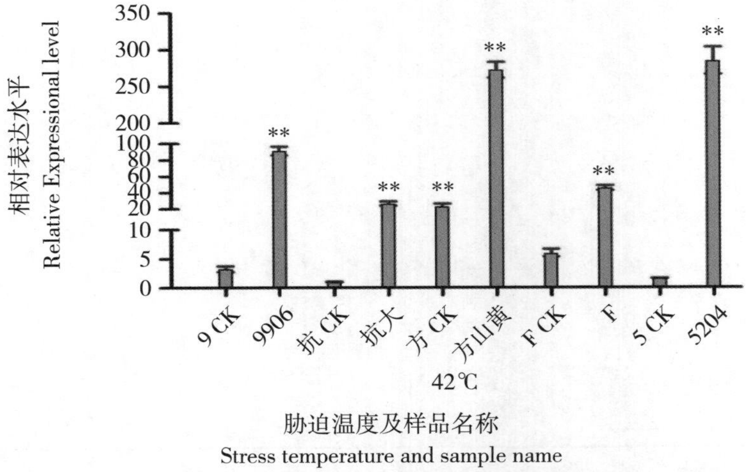

图 6-6　42℃处理组柞蚕 HSP90 的相对表达水平均值

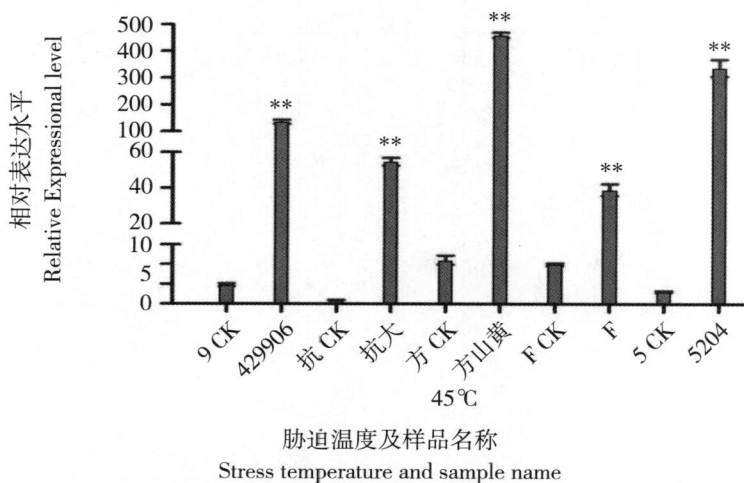

图 6-7 45℃处理组柞蚕 HSP90 的相对表达水平均值

利用单因素方差分析 45℃胁迫 1h 处理组，结果显示 F=668.098（$P < 0.001$），表明各处理组之间的表达水平存在显著差异。5 个柞蚕品种的 45℃胁迫 1h 处理组的表达水平均与其对应品种的对照组呈极显著差异（$P < 0.01$）；5 个柞蚕品种的对照组之间的表达水平不存在显著差异（$P > 0.05$）；除抗大与'F'的 45℃胁迫 1h 处理组的表达水平不存在显著差异（$P > 0.05$），其余 45℃胁迫 1h 处理组之间的表达水平均呈极显著差异（$P < 0.01$）。

表 6-23 42℃处理组柞蚕 HSP90 的相对表达量

样品名称	相对表达量	标准差	样品名称	相对表达量	标准差
9906 CK	3.26	± 0.49	抗大 CK	1.00	± 0.04
9906 ①	97.09	± 9.38	抗大①	24.14	± 0.35
9906 ②	89.18	± 12.17	抗大②	29.07	± 2.12
9906 ③	86.96	± 11.28	抗大③	26.58	± 2.94
方山黄 CK	23.00	± 3.52	F CK	6.00	± 0.56
方山黄①	260.11	± 22.54	F①	46.88	± 1.46
方山黄②	276.12	± 40.17	F②	48.19	± 2.75
方山黄③	280.59	± 13.85	F③	42.18	± 4.37
5204 CK	1.60	± 0.04	5204 ②	275.48	± 35.02
5204 ①	272.34	± 42.35	5204 ③	306.19	± 35.53

表 6-24   45℃处理组柞蚕 HSP90 的相对表达量

样品名称 sampel name	相对表达量 Relative expression quantity	标准差 Standard deviation	样品名称 sampel name	相对表达量 Relative expression quantity	标准差 Standard deviation
9906 CK	4.76	± 0.39	抗大 CK	1.00	± 0.08
9906 ①	142.62	± 8.33	抗大①	53.94	± 2.35
9906 ②	136.63	± 9.04	抗大②	57.28	± 2.44
9906 ③	128.11	± 6.83	抗大③	53.25	± 1.10
方山黄 CK	11.11	± 1.13	F CK	10.03	± 0.32
方山黄①	450.61	± 13.13	F ①	38.59	± 2.50
方山黄②	470.38	± 49.47	F ②	42.69	± 3.24
方山黄③	460.39	± 19.55	F ③	36.34	± 2.21
5204 CK	3.17	± 0.20	5204 ②	363.57	± 27.22
5204 ①	348.29	± 11.19	5204 ③	302.29	± 13.93

通过 qRT-PCR 分析 5 个柞蚕品种或品系 5 龄幼虫，在 42℃和 45℃高温胁迫 1h 后脂肪体中 HSP70 与 HSP90 两种主要的热激蛋白基因的表达特征，各品种的高温胁迫试验组柞蚕幼虫脂肪体内两种基因的表达量均明显上调。

42℃试验组：①5 个品种间实验组 HSP70 相对表达量比较结果为：方山黄＞5204＞抗大＞9906＞F；②品种内 HSP70 相对表达量比较结果为：9906＞抗大＞5204＞F＞方山黄；③5 个品种间实验组 HSP90 相对表达量比较结果为：5204＞方山黄＞9906＞F＞抗大；④品种内 HSP90 相对表达量比较结果为：5204＞9906＞抗大＞方山黄＞F。

45℃试验组：①5 个品种间实验组 HSP70 相对表达量比较结果为：方山黄＞5204＞9906＞F＞抗大；②品种内 HSP70 相对表达量比较结果为：9906＞抗大＞5204＞方山黄＞F；③5 个品种间实验组 HSP90 相对表达量比较结果为：方山黄＞5204＞9906＞抗大＞F；④品种内 HSP90 相对表达量比较结果为：5204＞抗大＞方山黄＞9906＞F。

2 个实验组 HSP70 的相对表达量比较结果显示方山黄和 9906 两个品种的表达量随温度升高而增加，其余 3 个品种的表达量出现不同程度下降。2 个实验组 HSP90 的相对表达量比较结果显示，除 F 外，其余 4 个品种的表达量均随温度升高而增加。

高温处理前后 5 龄家蚕（Bombyx mori）的中肠表达谱分析结果指出，耐高温品种 HSP70 基因的最高量表达出现时间要迟于敏感型品种，且耐高温品种 HSP70 基因表达量基本高于敏感型品种（郑茜，2013）。黑腹果蝇（Drosophila melanogaster）的成虫经受不同时间段高温处理后 HSP70 基因的表达量也存在差异，且成虫的耐热性与热激蛋白的表达量呈正相关（WELTE et al，1993）。此外还有研究表明，昆虫体内热激蛋白的表达量与其耐高温胁迫能力呈正相关（DAHLGAARD et al，1998；MURPHY et al，2003）。

综合分析本试验结果，可推测方山黄在 5 个供试柞蚕品种中具有最强的耐高温胁迫能力，在 1～3h 方山黄幼虫各项调查指标均优于其他品种，只在 4 h 稍差于抗大和 F。推测这种耐高温能力取决于其原产地的高温气候条件，这种长期的自然选择是致使昆虫获得耐高温能力的最有效方式（姜义仁等，2012）。试验结果进一步证明方山黄优良的耐高温胁迫能力不仅与其体色相关，也与其体内热激蛋白基因的高量表达相关。

柞蚕品系 5204 的两种热激蛋白基因的表达量仅次于方山黄，但其他调查结果稍差。推测其可能具有较强的诱导耐受性（陈兵等，2005），如果给予多代的高温锻炼或驯化，更易选育出耐高温新品种。

柞蚕品系 F 的两种热激蛋白基因的表达量不高，相对上调的倍数也较低，但其对照组两种热激蛋白基因的表达量仅次于方山黄，推测其可能具有一定的基础抗性（陈兵等，2005）。调查结果中 F 的耐高温能力较强，多年的生产实践也证明 F 的抗逆性较好，推测其还具有其他抗逆性机制。

6.4.2　与柞蚕种质资源抗逆性相关的保护酶类研究

生物体在代谢过程中会产生各种自由基，主要是超氧自由基（·O_2^-）与羟自由基（·OH）及其活性衍生物，如 H_2O_2、$^1O_2$（单线态氧）、脂类过氧化物等。它们的化学性质非常活泼，可以和生物体内多种成分发生反应，造成机体的损伤，在正常生理条件下，自由基不断产生同时不断被清除，维持浓度极低的平衡状态。它们不仅不会损伤机体，而且起着重要的生理作用。但在逆境条件下，环境物理因素或外界化学物质的诱导、病原物入侵、创伤等，使生物体的各种生理活动受到影响，体内自由基的产生增加，或其清除能力减弱，使自由基得不到及时清除，失去了正常平衡，就会造成自由基毒害，使机体受损。

自 1969 年 McCord 和 Fridovich 发现清除·O_2^- 的超氧化物歧化酶（SOD）以后，自由基与酶的关系逐渐阐明。超氧化物歧化酶、过氧化氢酶（CAT）、过氧化物酶（POD）在维持生物体内自由基平衡中起着重要作用。这 3 种酶组成了一个相互保护共同清除自由基的系统，即保护酶系统。关于这 3 种酶的结构、理化性质及生理作用已有许多的研究报道。现在人们在进一步探索保护酶与病理生理及抗逆性间的关系，大量研究表明，保护酶起着清除体内自由基、保护机体免疫损伤的作用，它广泛参与机体的生理过程与生物的抗逆性等有着密切的关系。

6.4.2.1　关于昆虫保护酶的研究

迄今，国内外关于昆虫保护酶的研究报道较少。在国外 Trofimov（1975）首次报道了松黄叶蜂（*Neodiprion Sertifer Geoffroy*）的滞育蛹在越夏期间 CAT 活力降低。

国内，李周直等（1994）报道，菜粉蝶（*Pieris rapae*）体内 SOD、POD 活性随虫龄增加而递减，CAT 活性随虫龄增加有上升趋势。经溴氰菊酯处理后，3 种酶活性均升高。段家龙等（1995）电泳研究家蚕血淋巴 SOD，多数品种可见两条酶带，以 CuZn-SOD 为主，少数品种中可能存在 Mn-SOD 和 Fe-SOD。吴小锋等对家蚕血淋巴保护酶系统的研究表明，3 种酶的活性随蚕的生长发育呈动态变化，不同发育期酶活性不同；不同性别间 SOD 活性以雌性较高，而 CAT、POD 以雄性较高；3 种酶活性在不同品种间差异显著。

6.4.2.2 柞蚕保护酶类的研究

目前，关于柞蚕保护酶系统也进行了一些相关的研究，夏润玺，李健男（2001）报道了柞蚕血淋巴 SOD 活性的变化，选用柞蚕品种抗病 2 号、三里丝和青 6 号为试验材料，实验结果表明，柞蚕血淋巴 SOD 活性随蚕的生长发育而有规律的变化，与其体内代谢状况密切相关，总是按蚕体的生理需要而变化。柞蚕不同品种间血淋巴 SOD 活性存在明显差异，这是品种间固有的属性，是由基因所决定的。

实验结果还表明，在幼虫期和蛹期，SOD 活性均是抗病 2 号高于青 6 号，明显高于三里丝，而抗病 2 号是脓病的高抗品种。可见，SOD 活性与抗病性间可能存在正相关性，品种抗性越强其血淋巴 SOD 活性越高，具有更强的自由基清除能力，表现出更强的生命力，以适应这种日常生理。抗病 2 号的抗病性高于青 6 号，明显高于三里丝，这与多年的养蚕情况相符。由此可见，柞蚕血淋巴 SOD 活性接种后的变化情况在品种间存在明显差异，蚕体保护酶系统的调节能力与抗病性之间可能存在正相关性。

过氧化氢酶（CAT）是一种含铁的氧化酶，在生物体的保护酶系统中占有重要的地位。CAT 的主要功能是催化 H_2O_2 分解为 H_2O 和 O_2，保护生物体组织免受损伤。随着保护酶系统在机体防御中的重要作用被逐步解明，CAT 的研究也日益受到关注。研究表明，家蚕体内 CAT 活性与抗逆性有一定关系，并具有很高的广义遗传力，而且逆境条件下其活力变化幅度可以作为品种抗逆性强弱的生化指标之一。夏润玺，李健男，曹慧颖等（2002）报道了低温条件下柞蚕血淋巴 CAT 活性的变化，阐述了 CAT 与柞蚕抗性间的关系，为揭示柞蚕保护酶系统与抗性间的关系提供了依据。研究表明：在低温条件下，蚕体代谢水平下降，产生的自由基减少。同时，受低温的影响，CAT 的合成受阻。因此，在刚开始低温处理时 CAT 活性下降。另一方面，低温对蚕体是一种刺激和损伤，会引起蚕体代谢异常，正常生理受到影响。长时间处于这样的环境下，蚕体会产生过量的自由基，这又要求保护酶活性水平升高，以便及时清除过量自由基。所以，低温处理后，保护酶活性在下降后又持续上升。在一定范围内，外界刺激强度越大，时间越长，体内产生的自由基越多，而保护酶活性上升的幅度越大。当停止低温处理时，蚕体的生理机能恢复正常，CAT 大量合成，以清除体内积累的过量自由基，表现为保护酶的活性迅速直线上升。当蚕体代谢逐渐转为正常时，蚕体内自由基浓度减小，在蚕体自身调节下，保护酶活性水平也随之下降。保护酶活性始终随自由基浓度的变化而变化。夏润玺，曹慧颖等（2009）

报道了高温条件下柞蚕血淋巴 CAT 活性的变化，实验表明：高温处理时间越长，柞蚕体内保护酶 CAT 的活性上升幅度越大，温度越高酶活性上升速度越快，变化幅度越大；停止处理后，蚕体内自由基产生减少，酶活性也随之下降。逆境胁迫越强，柞蚕保护酶活性上升幅度越大，变化速度越快。分析认为，柞蚕能够随时按照体内自由基的浓度调节保护酶活性，以维持自由基的平衡，保护机体免受损伤。逆境条件下柞蚕体内保护酶活性变化是蚕体对逆境胁迫的应激反应和自我保护的表现，因此，检测蚕体内保护酶的变化有助于了解蚕体的健康状况，判断其是否处于逆境环境，是否受到病原物侵染及受害程度。

6.4.2.3　保护酶与柞蚕种质资源的抗逆性

　　柞蚕血淋巴中保护酶的活性与柞蚕品种的抗逆性呈正相关，抗逆性强的品种血淋巴中保护酶活性处于较高水平，尤其是小龄期和蛹期，表现出更强的生命力。在逆境条件下，柞蚕体内保护酶的活性可以衡量柞蚕抗逆性的强弱，品种抗逆性越强，其保护酶系统功能越强；反之越弱。所以说，保护酶类与柞蚕品种的抗逆性密切相关，柞蚕血淋巴中保护酶的数量和种类及变化程度可以作为衡量柞蚕品种抗逆性的一项生理指标。

7　柞蚕种质资源的茧丝质创新与利用研究

◇◇◇

　　多丝量品种选育是近代蚕业育种的进步和发展。它显著地提高了生丝产量和效益，因而受到育种工作者的重视，并相继育成了诸多品种，仅1982—1993年间，就育成多丝量杂交种26对。新中国成立后，我国在柞蚕多丝量品种的选育和利用方面，做了许多工作，并取得了长足进展。尤以辽宁、山东、河南等省发展较快。20世纪50年代中期，中国农业科学院蚕业研究所已开始着手柞蚕多丝量品种选育工作了。1962年，中国农业科学院柞蚕研究所（现辽宁省蚕业科学研究所）采用混精杂交育种法育成了我国第一个二化性黄蚕系统多丝量品种"三里丝"，该品种的育成使我国柞蚕品种茧层率在原有基础上有了一个很大突破，为我国开展柞蚕育种提供了宝贵的高茧层率基因资源。1981年，辽宁省蚕业科学研究所又育成了一个生命力较强的黄蚕多丝量品种"辽柞1号"。1988年，利用诱变育种法育成二化性青黄蚕系统多丝量品种"多丝3号"，并同时育成高茧层率的杏黄蚕系统品种"多丝4号"及杂交种"柞杂9号（多丝3号 × 多丝4号）"。1995年，辽宁省蚕业科学研究所育成异血统多元多丝量杂交种"多元多丝1号"〔（辽柞1号·方山黄）×（多丝3号·多丝2号）〕，该品种的育成是多丝量品种应用技术的一大进步，它改变了传统的纯种繁种，单交种投产的生产方式为单交种繁种，多元杂交种投产的新模式，增强了多丝量品种的生产能力和地区适应性。从而辽宁省柞蚕茧层量提高0.25~0.33g，茧层率提高了2.4~4.1个百分点，出丝率达7%以上。

　　20世纪80年代后，山东省蚕业研究所及山东省方山柞蚕原种场也育成了许多优良的二化性多丝量品种，如：山东省蚕业研究所育成的"C66""烟6"及"789"等；方山种场育成的方山黄、方山黄2号。这些品种的育成使二化性柞蚕区的山东省柞蚕品种茧层率提高了3.1~3.6个百分点。在茧层率较高的一化性柞蚕区，河南省南召蚕业试验场，于1978年育成了我国第一个一化性多丝量品种"豫5号"，1979年育成"豫6号"，1975年以豫6号为材料，于1994年又育成了茧层率达16.2%、茧丝长1336m、鲜茧出丝率11.30%的"豫7号"，首次使我国一化性地区黄蚕品种茧层率超过16%，出丝率超过

10%，一化性多丝量品种选育有了突破性进展。

截至 1997 年，全国已选育出茧层率超过 12% 的一化性品种（包括杂交种）14 个、二化性品种（包括杂交种）19 个。这些品种的育成和推广，加快了柞蚕茧质量的改良进程，提高了生丝产量。

7.1　柞蚕多丝量品种资源的主要特征特性

多丝量品种的主要特征特性表现在茧、丝上。虽茧形较小而茧质优良，具有茧层厚、茧层率高、出丝多等特点。目前，多丝量品种选育主要以茧层率为选育指标，因叶丝转化率和茧层率具有较高的正相关性，所以茧层率的高低在一定程度上可以作为叶丝转化率的最经济指标，高茧层率品种可以达到食最少的叶，吐最大量的丝。柞蚕现行品种的茧层率在 11% 左右，且出丝率低，如果二者水平各提高 1%，就相当于提高蚕茧产量的 10% 和生丝产量的 20%。为此，就现有的柞蚕生产水平，更显得多丝量品种的巨大增产潜力。

多丝量品种由于茧层率等经济性状的提高，蚕儿所摄取营养物质较多的用于造丝，致使蛹体相应减轻 10% 左右，而用于生命活动的营养物质（主要是蛋白质）贮备相应减少，这是造成多丝量品种产卵少，虫质弱的主要原因。一般表现卵重较轻，克卵数多达110 ~ 130 粒；幼虫对低温环境适应性较差，龄期经过较长，结茧率较低；蛹体较小、轻，成虫生命力较弱。

7.2　柞蚕多丝量品种茧质主要性状的遗传规律

柞蚕全茧量、茧层量、茧层率等茧质性状受微效多基因控制，为此，以其性状的选择必须按数量遗传学原理用生物统计学的方法进行统计分析，从性状表型值中排除环境影响，才能做到合理、有效的选择。

7.2.1　茧质性状的变异系数

性状的变异系数（C.V.）是性状遗传潜力的指标，凡变异系数大的性状，群体中选出性状优良的个体概率也大，若该性状遗传力高，就能得到较好的选择效果。辽宁省蚕业科学研究所薛炎林（1981）就柞蚕茧质三大性状的变异系数进行测定（表 7-1）和分析，认为柞蚕茧质性状的表型变异系数（P.C.V.）和遗传变异系数（G.C.V.），在品种间、雌雄间的表现均较规律。从 P.C.V. 的变幅看，全茧量在 10.41 ~ 12.57，茧层量为 12.34 ~ 22.13，而茧层率介于 4.28 ~ 6.91。很显然，3 个性状的表型变异程度以茧层量最大，全茧量次之，茧层率最小；表明在茧质的选择过程中，最易获得茧层量高的变异个体。而茧层率的

P.C.V. 和 G.C.V. 均较小，要选择高茧层率个体的概率也较小，这一结论同家蚕研究基本一致。由于春季变异系数大于秋季的变异系数，故在茧质选择中，应注重春季选择。

表 7-1　不同年份柞蚕品种的茧质性状变异系数（百分率经角度换算）

年份	品种	全茧量				茧层量				茧层率			
		♀		♂		♀		♂		♀		♂	
		P.C.V	G.C.V	P.C.V	G.C.V	P.C.V	G.C.V	P.C.V	G.C.V	P.C.V	G.C.V	P.C.V	G.C.V
1961	三里丝	10.10	5.80	12.97	7.80	13.47	4.98	12.60	5.01	4.75	1.67	4.37	1.59
1963	三里丝	10.41	5.42	10.66	6.41	18.42	7.05	19.41	9.01	6.91	3.00	7.35	3.23
1961	辽青	9.32	3.71	7.73	2.47	15.39	3.25	11.00	2.09	4.28	1.07	4.17	1.20
1981	辽柞1号	12.57	7.10	10.48	6.57	16.01	3.76	13.03	7.10	4.76	1.23	5.94	4.19
1981	白茧	10.37	4.60	12.02	6.16	15.26	6.13	22.13	18.60	4.49	1.13	4.58	2.04
1981	小白蚕	11.02	3.41	11.74	6.29	15.35	2.42	23.83	15.43	5.43	4.00	6.22	4.21
1981	小白蚕	11.49	6.22	8.99	8.00	18.21	12.34	14.95	11.80	5.86	3.06	5.26	2.31
1981	白茧	9.83	6.57	8.66	4.36	16.57	13.23	12.47	7.80	4.88	3.72	3.65	2.48

7.2.2　茧质性状的遗传力

遗传力（heritability）主要确定品种间相像度部分，它的大小体现了遗传因子和环境因子二者对性状表现影响的程度，同时也指示了依据表型进行选择的可靠程度。所以，要提高柞蚕茧质性状改良效果，必须考虑遗传力。有关茧质性状的遗传力测定，金仁德等（1986）所测各性状遗传力大小规律与薛炎林等（1981）相同（表7-2）。不论雌雄遗传力都是茧层率＞茧层量＞全茧量，但遗传力又因性别而异，雄性小于雌性。茧层率的遗传力，一般雌性超过70%，雄性60%多。另外，金仁德等对全茧量、茧层量与茧层率相关遗传力进行了通径分析，进一步阐明原因性状全茧量、茧层量对结果性状茧层率的作用。他们的分析结果表明，全茧量的表型值对茧层率的表型值的直接作用为负值，但雌、雄茧层量表型值对茧层率的直接作用为正值，雄性茧层量对茧层率的贡献为 +0.4285，这说明随着雄性茧层重的提高，茧层率会得到改进。从茧层量的遗传力（雌性：0.58、雄性：0.47）及与茧层率相关遗传力（雌性：0.6954、雄性：0.4285）来看，其值较大，它能将自身的特性较强地传递给子代，对提高茧层率的辅助作用较大。辽宁省蚕业科学研究所曾根据性状的遗传力等遗传参数，确定不同性状的选择方法，并育成了实用性的柞蚕多丝量单交种柞杂9号。在其亲本选育早期，他们采取直接选择茧层厚、茧层率高的个体继代。由于茧层率变异系数小，不易发现超亲个体，但一经发现就容易选择获得。在选育中后期，注重群体选择，选择优良蛾区，采取同胞交建立近交系，确定优良品系（茧层率高，生活力较强），最终育成两个高茧层率品种多丝 3 号、多丝 4 号及以其组配的强优势杂交种"柞杂 9 号"。值得注意的是，在组配杂交种时，对交亲本的高遗传力性状差异不宜过大，否则会影响品种的整齐度和缫丝效果。如以多丝量品种同少丝量品种杂交，F_2 代会出现个体茧层厚薄不均，茧层率个体开差较大，从而影响缫丝效果。

表 7-2　柞蚕茧质的遗传力测定结果比较（h^2）（%）

年份及季别	全茧量		茧层量		茧层率	
	♀	♂	♀	♂	♀	♂
1981 年春	60.53	33.60	73.42	47.63	74.43	55.73
1981 年秋	30.92	10.64	40.61	39.78	70.17	69.41
1986 年	56.81	53.18	61.90	53.62	79.05	69.54

注：表中前两行为薛炎林等测定结果，末行为金仁德测定结果。

7.2.3　柞蚕茧质与生命力性状的相关关系

相关的意义主要是一个性状的变化而引起另一个性状的变化。了解性状相关的目的主要是指导选择高茧层率品种的方法。因为柞蚕茧质性状与生命力性状有一定的相关性，全茧量过高过低的个体对生命力均能带来一定影响，这是由于全茧量和龄期经过有一定的相关性，全茧量小，龄期经过短，千粒茧重轻，产量低；全茧量大，龄期经过长，易遇早霜及叶质硬化，也导致产量降低。所以，选择生命力强的品种，必须控制全茧量。关于柞蚕各性状相关关系的研究，殷湘、易文仲等早在 20 世纪 60 年代初已做了该方面的研究。此后，薛炎林、李玉忠、金仁德等分别对柞蚕茧质蛾区内、蛾区间及多品种都做了相关分析，结果基本一致。据表 7-3 得知，柞蚕茧层量与全茧量、茧层率无论全相关和偏相关，都呈显著的正相关；唯全茧量与茧层率全相关不显著，偏相关呈负值，这说明育成某一全茧量水平的高茧层率品种是可能的。事实也是如此，近几年，辽宁省蚕业科学研究所成功地培育出千粒茧重 9~10kg 的高茧层率品种。另外，在选育多丝量品种时，应特别注意生命力性状的选择。金仁德等对柞蚕若干性状间的表型相关、遗传相关、环境相关的分析指出，产卵数、孵化率与茧层率呈遗传负相关，在选种时，只求茧层率高，全茧量会明显下降，从而导致孵化率相应降低、不受精卵增多。遗传力较低的孵化率与遗传力较高的全茧量呈显著的遗传正相关，说明适当选择全茧量，可以间接地获得孵化率较好的优良系统。雌全茧量与孵化率的环境相关为负相关，又雄全茧量、茧层率与茧层量的环境相关比遗传相关还大，因此，多丝量品种选育必须注意环境因子的作用。

表 7-3 柞蚕茧质性状间的相关系数（r）

相关项目	全相关		偏相关		蚕系统
	♀	♂	♀	♂	
全茧量与	0.6562	0.6991	0.9599	0.6471	杏黄
茧层量	0.7757	0.7157	0.8060	0.9467	青黄
茧层量与	0.8161	0.8140	0.9422	0.8648	杏黄
茧层率			0.7436	0.9780	青黄
全茧量与	不显著	不显著	−0.8723	−0.8811	杏黄
茧层率	不显著	不显著	−0.9137	−0.9520	青黄

7.3 柞蚕多丝量种质资源的搜集与创造

种质资源的搜集和创造是育种工作的基础，要选育优良的多丝量品种，首先要搜集优良的高茧层率材料。在搜集时，应标明其种群的历史来源、特征特性以及当地的自然条件，在了解其遗传规律的基础上，进而选育不同血缘的近交系，如白蚕系、蓝蚕系等，最终选出具有高茧层率基因的不同品种。高茧层率资源是柞蚕多丝量育种不可缺少的物质基础。

7.3.1 从品种群体中搜集

品种群是重要的高茧层率材料源，许多高茧层率品种大都是从河南、贵州等地区的一化性黄蚕系统中首先发现的。河 41，茧层率 14.11%，是从河南省南河店搜集的农家种为材料，于 1954 年整理，经 5 年 5 代整理而成的一化性品种。

方山黄 2 号，是以二化性多丝量品种方山黄为材料，从中选择 3 个茧层率等性状优良蛾区为基础材料，以多中选优和优中选优为原则，经 5 年 10 代选育而成，秋茧茧层率 16.61%，鲜茧出丝率 9.42%。

7.3.2 应用杂交技术创造新的多丝量材料

采用高茧层率材料与其他具有不同优良性状的材料杂交后，随着基因的重组，将某一优良性状与高茧层率性状融为一体，从而创造出更优秀的高茧层率材料。利用杂交育种法育成的品种很多。

三里丝，二化性黄蚕品种，以鲁红为母本，青黄、杏黄、黄安东为父本进行混精杂交，对子代分离选择、培育，于 1962 年育成，茧层率 12.68%。

一化性品种豫 6 号是以茧层率较高的辽柞 1 号为母本，抗性及适应性较强的 33、101

为父本杂交后，经系统选育而成。茧层率 14%。

另外，辽柞 1 号、多丝 4 号、789、方山黄等都是利用杂交育种法育成的多丝量品种。这些品种的育成，丰富了多丝量品种的育种素材。

7.3.3　通过人工诱变创造多丝量材料

利用电离射线、激光、化学药剂等理化条件处理育种材料，获得高茧层率个体，进而选育多丝量品种。柞蚕多丝量诱变育成种有 C66、多丝 3 号等。

C66 是以 403、466 的杂交卵经 CO_2 激光处理，选留早熟材料培育而成的早熟性多丝量新品种，茧层率 12.64%。

7.4　柞蚕多丝量育种的途径和方法

辽宁省蚕业科学研究所从 1982 年始，致力于多丝量育种方法的改进，将过去的单一品种进演为目前成对品种的选育。这主要是以配合力育种理论为指导，充分利用选择技术及杂种优势，以发挥多丝量品种的最大增产潜力。由于多丝量品种最终是以多元杂交种生产原料茧，单交种生产种茧，所以在选种工作中必须选育多个不同系统的纯种，从中选择配合力高、杂种优势强的组合。因此从选种、繁种到原料茧生产形成一条较完备、可行的技术路线（图 7-1）。该技术路线主要是通过选择，培育出多个不同血统的纯种，在种场繁种、大茧生产中充分利用系统间、品种间杂种优势，以获得优质、高产的种源和原料茧，提高柞蚕茧、丝的经济效益。

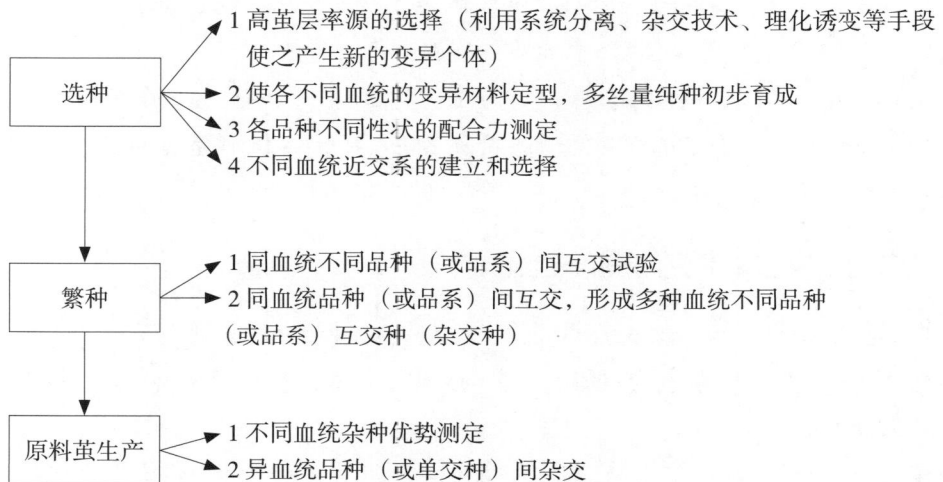

图 7-1　柞蚕多丝量品种选育技术路线模式

7.4.1　亲本选择的准备工作

①不同血统、不同类型品种的配合力测定，目的是确定最理想的原始材料。

②不同血统杂种优势测定，以孵化率、茧层率、千粒茧重、千克卵收茧量等性状为指标，选择优势率高的材料作亲本。

③了解和掌握各性状，特别是茧质性状以及与其相关的生命力性状遗传规律，减少育种的盲目性。

7.4.2　近交系（或家系）选择及杂交亲本的育成

近交系的选择应掌握以下几个关键技术：在确立亲本原始材料后，应先重视个体材料的选择，将茧层率特高的个体均作单蛾放养，经全同胞交配（蛾区内自交），逐步建立多个近交系（或家系），在多代选择后，再作系间比较，确定优良的家系。在家系间坚持高交高的选配原则（雌、雄茧层率都高），直到近交系育成。

辽宁省蚕业科学研究所根据上述研究结果，1970 年利用三里丝为母本，青黄 1 号、宽青为父本，采取混精杂交的方法，经 F_2 分离，选择杏黄蚕单蛾继代放养，以结茧率高、茧层量大、全茧量适中的蛾区留种，早期通过单粒茧调查，选择茧层量最大、茧层率高的个体进行对号交配制种继代。1983 年，选留特好蛾区建立 6 个近交系，以后逐代自交，并不断选择优良蛾区。根据逐粒茧的调查成绩，统计该区茧质性状均数 ($\bar{x}$) 和标准差 (d)，选留全茧量、茧层量为 $\bar{x} \pm d$ 范围内的个体，留种继代。春季注重全茧量的选择，秋季注重茧层率的选择。对选留蛾区进行亲、子代成绩比较，若趋势一致，继续保留，否则淘汰。这样经 6 年 12 代的选择，确立了遗传差异较大、性状稳定遗传的两个品系，茧层率分别达到 15.18%、15.14%，结茧率分别为 56.2%、63.4%，育成新品种多丝 4 号。

同样，多丝 3 号选育，仅以青黄 1 号为基础材料，1977 年春，利用氮分子等 4 种激光光源，分别照射处理蛹、成虫、卵，第 2 代从蛹期处理第 9 能量密度区中，发现高茧层率变异个体，经上述选择，1983 年建立近交系，历时 12 年 24 代的选育，育成了青黄血统品种多丝 3 号，其两个品系的茧层率分别为 12.89%、14.44%，结茧率达 83.22%、88.50%。

7.4.3　优良杂交种的最终育成

选育多个不同血统多丝量纯种的目的，是为组配优良杂交种提供丰富的品种资源。柞杂 9 号选育，是在 1983 年建立多丝 3 号、多丝 4 号近交系的同时，根据配合力及杂种优势测定结果而配套设计的一对多丝量杂交种，通过以后 6 年 12 代的实际考察，其茧层率、结茧率、千克卵产茧量、茧层量、百千克鲜茧出丝率等主要经济指标均优于对照（青 6 号），经济效益明显。

在柞杂 9 号的推广应用中，是利用品系间互交来提高种场繁种系数和繁种效益，收到一定效果。为了进一步提高多丝量品种种场繁种系数和繁种效益，"八五"期间，又充分利用柞蚕品种间的杂种优势，建立了以二元杂交种种场繁种、多元杂交种农村原料茧生产的应用技术模式，品系间互交仅用于纯种复壮。这样，从广义上讲，基本上可解决多丝量品种较难繁育的弊端。同时，多元杂交种比单交种适应性更强，稳产性好。基于上述观点，他们从全国二化性地区搜集 8 个多丝量品种，根据品种特点，选择具有一定抗旱性、茧层率较高的方山黄和生命力较强、茧层率较高的辽柞 1 号等两个杏黄系统品种以及茧层率高、地区适应性较强的多丝 3 号和具有一定抗寒性、茧层率适中的多丝 2 号等两个青黄系统品种共 4 个品种，根据同血统二元杂种繁种、异血统多元杂交种原料茧生产的技术路线，组配育成多元多丝 1 号。较好地将多种优良性状有机地结合在一起，提高了蚕种场繁种和农村原料茧生产的效益。

7.5　柞蚕多丝量品种三里丝及其杂交种选育示例

7.5.1　立项背景

解放以来，在党和政府的关怀和扶植下，柞蚕生产事业获得了迅速的恢复和发展。柞蚕育种工作亦取得了显著的成就。辽宁、河南、山东、江苏等省的蚕业研究机关及蚕业生产能手都选育出了适合于当地的优良柞蚕品种，对柞蚕生产的发展起很大作用。至于育种方法大都采用农家品种的整理评选或 2 品种的杂交选育。前者利用农家品种评选出较好的良种提供生产应用，这在一定时期，一定条件下是一种效果快、得力早的选育方法。后者主要是利用一个品种的优点来改进另一个品种的缺点，或将 2 个品种的优点，通过杂交后结合起来，塑造一个新的良种。这是在育种工作中曾普遍采用的方法，但是由于选用的亲本较少，育成的品种往往优良性状不够全面，甚至需要选用另外适当的品种在育种过程中进行再杂交，进一步改进某一性状，以致延长育种的时间。要想把多种优良性状集中结合为一个良种，或塑造一个更符合人类要求的良种，尤其是想在较短的时间内来完成这一工作，所以我们大胆地采用混精杂交（多品种多雄杂交）的方法，应用在柞蚕育种上，可能有其现实意义，因为根据一个母本同时用 2 个以上不同品种父本交配，由于蚕的受精，可以 1 个卵内同时进入几个精子，虽然在受精时即使仍然只是 1 个卵核和 1 个精核的结合，剩余的精子的核因缺氧窒息，不能继续发展，但是这些逾数精子，在受精过程中可以参与作用，可能成为影响新生胚子形成某些新的性状，而且精子质的不同和量的多少，都会影响遗传的复杂变异。另一种情况，亦可能由于不同品种的双精子结合，形成双父本性状或再由卵细胞质的作用，形成更复杂的遗传变异性。总之，这些多精子作用，使混精杂交同时具有有性杂交，无性杂交和选择受精 3 种作用，从而构成极端复杂的杂种类型，成为杂种后又形成多种多样的遗传性和变异性创造条件并提供必要的物质基础，为培育新品种造成了众多的选择材料，以利于获得适合选育目标的类型，以加速育种的速度和效果。柞蚕多丝量品种三里丝（鲁混）和辽青（混一）就是根据上述理论培育的，然而这一理论在蚕业育种应用，当时是属于新的尝试。所以在开始培育时，对这种方法和理论的应用，表示怀疑，或持有相反的意见。可是现在育成的三里丝及其杂交种三里丝 × 辽青（及其反交）茧层量超过 1g，茧层率超过 12%，其优良程度为完成 1956 年制定的我国 12 年蚕业科学远景规划所规定的 1967 年生产指标提供了品种基础。不仅如此，目前混精杂交的育种方法，已被认为是蚕业育种工作中较好和较快的方法之一，并已为柞蚕、桑蚕的育种上广泛采用而又普遍获得了成效。

7.5.2　选育方法和经过

三里丝于 1956 年由中国农业科学院蚕业研究所开始培育。1959 年成立中国农业科学院柞蚕研究所，该两品种集中一地，统由柞蚕研究所继续选育，通过初交鉴定，确定其杂交型式为三里丝 × 辽青（及其反交）并经农村生产鉴定，肯定其生产性能和增产效果。

7.5.2.1　亲本选择

根据选种目标，正确选择杂交亲本，是培育新品种成功与否的关键之一。多丝量品种的培育目标，不仅要求茧层量重、茧层率高、产丝量多和丝的品质好等特性。而且还要具有必要的强健性，尤其是从柞蚕在野外放养的特点来考虑，容易遭受不良气象直接袭击，保持新品种具备必要的强健程度更为重要，因此在亲本选择时，不仅要选择具有多丝量特性的亲本作为育种的原始材料。而且还要适当的挑选体质特强，地区适应性较广的亲本参与杂交，同时为了使杂种后代的强健性更有保证起见，选择亲本在缜密考虑亲本性状相互关系的同时，还要考虑亲本间的地理距离，血缘远近，生活条件和生态型的差异等相互作用的问题。一般来说，亲本之间应该地理距离和血缘较远，生活条件和生态差异较大的为相宜，这样能使杂种有机体更多地建立内在的异质性，即扩大内在矛盾，从而提高杂种后代的强健程度。至于父母本的确定，亦应从选种目标与亲本之间的遗传性传递力来确定。三里丝根据上述原则选择其杂交亲本，其母本用鲁红，系河南鲁山一化性地方品种，1949 年引入东北后由于化性变化而选出的二化性系统。1956 年又引至镇江，其特性是龄期略长、茧大、茧层厚、茧层率较高、生活力稍低，放养中对技术处理的要求较严，要求精工细放；父本为青黄、黄安东、杏黄 3 个品种。青黄是东北 2 化性农家品种，与辽青的母本青黄 2 号相同，性状亦无大区别，黄安东系东北 2 化性品种，在抗日战争前引至山东，长期以来在山东培育繁殖，其特性为体质特强、发育齐速、茧质中等，杏黄的特性为茧质优良、茧形中等、体质亦中等。该两新品种在杂交时都采用 1 个母本，同时顺次将 3 个不同品种父本的雄蛾交配 4~6h，更换雄蛾时，间隔半小时，第 2 日正常产卵，各项操作均按正常处理。

7.5.2.2 选择选配

杂种后代具有复杂的遗传变异，而且个体间对环境条件的反应又不一致，于是个体间的差异更加显著。利用这些变异和差异，有目的有系统地根据育种目标，正确地进行选择选配，选留并巩固这些具有符合于育种要求的个体和系统的有益性状，最终育成优良品种。为此，在育种过程中选择选配的正确与否对育种的成败与速度有着极为直接的关系。当品种培育的初期，即杂交后的初期阶段正当分离复杂的时期，为了使分离出的性状指标较好的个体有入选的机会，着重于个体选择，经过几代以后，蛾区内个体间的性状已渐趋一致，则着重于蛾区间的选择，但是还要结合个体选择，这对多丝量品种的培育有其重要意义。茧质选择虽在1世代的最后阶段，但必须充分考虑其幼虫期的生活力程度，柞蚕育种对此尤为重要。而且，当进行性状巩固阶段不得不采取同蛾区的高度近亲交配，与此同时，必须进行适当的复壮措施，这对柞蚕育种来说是极端重要的。因为柞蚕对近亲交配而导致生活力衰退似乎较为"敏感"，即容易产生生活力的衰退反映，三里丝和辽青根据上述原则进行选择选配。但三里丝的选择过程中以茧质量的提高为重，兼顾体质的强健程度，在茧质提高的选择中，适当控制全茧量的增长，着重增加茧层量，以促进茧层率的提高，辽青选择充分注意生活力的提高，兼顾茧质的优良程度。

7.5.2.3 定向培育

遗传性的稳定性是相对的，它具有一定的变异性，同时各种性状的表现，还受着性状发育条件的限制。任何物种，即使具有某种性状的遗传性，只有在充分提供相应的性状发育条件的前提下，才能使这种性状得以表现出来。只有在这种性状充分表现的前提下，才能正确地选得具有这种性状的个体，从而育成具备这种性状的品种。而且定向培育一定要加强定向选择。三里丝的培育中，采取了充分改善其营养受理条件，特别4、5龄优良饲料的供应，满足其多丝量性状的发育条件，不断选择提高其茧层量的措施，达到了茧层厚、茧层率高的性状的巩固稳定。

7.5.2.4 选育过程与结果

三里丝以多丝量为选育主要目标、兼顾体质强健程度，1956年于江苏镇江选用鲁红（母本）、青黄、黄安东、杏黄（均为父本）4个品种为亲本，应用混精杂交育种方法进行培育。由于镇江地处柞蚕一化性生育地区，所以，着手培育时，以1年繁育1代，育成一化性品种为主旨。1959年转来辽宁继续培育。因为辽宁省是二化性地区，在自然条件作用下，随着化性改变，转向二化性种选育。育种地区更变的第1代，因化性改变，某些性状相应变动，尤其是茧质等计量性状下降较为显著，第2代后又继续提高。通过7年11代的培育，达到培育的预定指标，主要性状趋于稳定，提高程度颇为显著，其具体成绩见表7-4。

表7-4　三里丝主要成绩简表（1956年、1959年、1962年）

年别	季别	放养蛾数（头）	每蛾平均		实用孵化率（%）	幼虫生命率（%）	收蚁结茧率（%）	茧质成绩			万头蚁蚕（kg）	
			产卵数（粒）	收茧数（粒）				全茧量（g）	茧层量（g）	茧层率（%）	收茧量	茧层量
1956	春	3	252	168.6	91.0	99.61	73.65	9.12	0.854	9.36		
1959	春	10	167	77.8	96.3	87.4	48.71	6.16	0.54	8.16	33.15	2.61
	秋	17	222.4	113.5	94.3	77.86	52.49	8.92	0.966	10.76	44.57	5.067
1962	春	48	291.1	100.5	87.03	99.03	38.93	6.94	0.723	10.42	55.63	3.35
	秋	55	282.4	149.49	99.02	97.94	56.99	9.21	1.17	12.35	54.99	6.79
以1956年为100，1962年秋的指数			112.06	88.66	108.81	98.32	77.38	100.99	139.00	131.94		

注：因柞蚕二化性品种的成绩指标应以秋季为准，故以秋季成绩比较。

根据上表经几年来的选育，每蛾平均产卵数提高12%，平均收茧数本年由于敌害影响有些减少，孵化率提高8%，幼虫生命率保持稳定在初交阶段水平。虽从1962年成绩来看结茧率是下降的，但结茧率包括敌害及遗失蚕，本年敌害较重的情况下则以生命率作为强健程度的指标较为适宜。全茧量基本上达到限制其增长的目的，茧层量提高39%，茧层率提高32%，总的来看三里丝经几年来的培育，茧层量达到1g以上，茧层率超过12%，10 000头收茧量为55kg左右，10 000头蚕茧层量6.79kg，具备多丝量特性，并具有一定的强健程度。

7.5.2.5　特征特性及技术处理上的注意要点

①三里丝的特征。二化性，但在辽宁安东地区延迟放养（从4月21日左右推迟到5月20日左右上山）时，能出现少数一化性蛹，蛾色黄，但有深浅2种，迎春黄及鹅掌黄，蛾的血色黄不够清晰，与青黄1号比较，蛾腹稍小，稍长，略松软，产卵尚多，卵粒小，蚁蚕小。5龄蚕体色绝大部分为黄色，间有极少数的橄榄黄绿色（即近似青黄蚕），蚕皮柔软，体型肥大，茧形中等，茧层紧密，封口紧。

②三里丝的特性。蛾抓握力中等，成熟卵较多，产卵齐速，孵化齐一，稚蚕期发育齐，行动活泼，壮蚕期发育慢，行动较缓慢；5龄期经过长，全龄经过较青黄1号长3~4d，要求优良饲料，倘饲料不良，管理粗放；3~4龄时有小蚕出现，刚孵化的蚁蚕小，细长，壮蚕食叶量多、蚕体肥大、成长倍数大、体色鲜艳醒目、抓蚕不易遗漏、抓握力较松，全茧量中等，茧层量特重，茧层率高，蛹期经过中等。

③技术处理要点。挂蚕不过密，及时抓蛾，选蛾、选蚕要根据该品种特性特征进行选择，否则会把优蛾误认劣蛾。蚕期加强技术管理，选择优良饲料，树不要吃得太枯，特

别在五龄期的饲料要供应得好，倘饲料不良管理粗放，3~4龄有小蚕出现，见有小蚕只要及时移树催育仍能恢复正常。

④杂交处理要点。三里丝与辽青交配时，则三里丝春期要早收蚁2~3d，以便秋天同时发蛾交配（设该地区春蚕收蚁适期为5月5日，则三里丝可于5月4日收蚁，辽青5月6日收蚁）。

7.5.2.6　杂交鉴定

三里丝与辽青从1960年到1962年连续3年进行6次杂交比较，以三里丝与辽青、青黄1号、双青、水青、朝白等互相杂交，根据放养成绩并以公斤卵产茧量及公斤卵茧层量为评比指标，确定辽青与三里丝交配为最优良的杂交组合。兹为简便起见，仅就三里丝交辽青与现行品种青黄1号（对照种）的历年成绩列于表7-5~表7-7（因柞蚕迄无杂交种推广，故暂以现行推广的纯种为对照）。

表7-5　1960年杂交鉴定成绩

杂交形式	季别	幼虫经过(d:h)	饲育卵量(g)	幼虫生命率(%)	茧质成绩			千克卵（kg）	
					全茧量(g)	茧层量(g)	茧层率(%)	收茧量	茧层量
三里丝 × 辽青	春	50:9	20	96.96	7.75	0.685	8.98	334.8	29.92
对照（青黄1号）	春	48:21	10	97.25	7.25	0.614	8.68	319.7	27.56
以对照为100的指数	春			99.66	106.99	111.6	103.4	103.7	108.5
三里丝 × 辽青	秋	45:06	20	77.29	9.29	1.16	12.45	372.6	46.40
对照（青黄1号）	秋	46:01	10	46.69	8.49	0.91	10.71	195.0	20.88
以对照为100的指数	秋			165.6	109.4	127.4	116.2	196.0	222.2

表7-6　1961年杂交鉴定成绩

杂交形式	季别	饲育卵量(g)	幼虫生命率(%)	茧质成绩			千克卵	
				全茧量(g)	茧层量(g)	茧层率(%)	收茧量(kg)	茧层量(kg)
三里丝 × 辽青	春	20	90.98	6.42	0.639	9.95	315.45	31.38
青黄1号（对照）	春	10	89.10	6.28	0.555	8.84	199.7	17.85
以对照为100的指数	春		102.1	102.2	116.1	112.5	158.0	177.8
三里丝 × 辽青	秋	20	85.68	9.45	1.06	11.38	442.17	50.32
青黄1号（对照）	秋	10	84.95	8.78	0.91	10.52	421.2	44.12
以对照为100的指数	秋		100.8	107.6	116.4	108.1	105.0	114.0

表 7-7　1962 年杂交鉴定成绩

杂交形式	季别	饲育卵量 (g)	幼虫生命率 (%)	茧质成绩			千克卵	
				全茧量 (g)	茧层量 (g)	茧层率 (%)	收茧量 (kg)	茧层量 (kg)
三里丝 × 辽青	春	20	98.97	6.19	0.615	9.93	240.9	23.92
青黄 1 号（对照）	春	20	97.59	6.01	0.535	8.90	187.35	16.67
以对照为 100 的指数	春		101.43	102.99	114.95	111.57	128.58	143.55
三里丝 × 辽青	秋	20	99.94	9.06	1.123	11.628	799.8	93.06
青黄 1 号（对照）	秋	20	97.50	9.05	0.95	10.44	478.7	50.14
以对照为 100 的指数	秋		102.08	106.74	118.21	111.37	167.07	185.60

据表 7-5 ~ 表 7-7，三里丝 × 辽青与对照种的现行品种青黄 1 号比较，历年来各项成绩均显著优良、不仅生命率与产量有所提高，更有意义的是茧质的显著优良，茧层量提高 11% ~ 27%，茧层率提高 7% ~ 12%，每年秋季茧层率的成绩达 11% ~ 12%；更从综合指标的公斤卵茧层量（直接决定单位产量项目）来看每年秋期都能增产 14% ~ 22%，尤以本年的增产更为显著。由此看来，柞蚕由于野外放养虽然产量不易稳定，但至少可以提高 10% 以上。

三里丝 × 辽青的性状表现：孵化齐一，实用孵化率比双亲有所提高，蚕发育齐、发育快，龄期经过比青黄 1 号短 1 ~ 2d。蚕体形大、抓把力强、食性强，对饲料质量的要求不高、容易饲养，体色大部分为黄色、间有青色蚕，遗失蚕少、产茧量提高很多、茧型大、千粒茧重、茧层率高。

7.5.2.7　农村生产鉴定

为了进一步鉴定三里丝、辽青的生产性能及增产效果，1962 年进行了农村生产鉴定，直接由农民饲养并按农村条件及当地的放养方法同等条件下与现行品种青黄 1 号对照鉴定。农村生产鉴定的基点设在安东市郊区汤池乡石岱村第 2 组。根据柞蚕生产实际情况，在生产中采用纯种生产，应用杂交种尚在提倡阶段，并按 2 化性特点，农村具体条件和原料茧生产在秋季以及实验证明杂种第 2 代有利用价值，所以确定鉴定材料春期为三里丝、辽青的纯种及其杂交种第 1 代，青黄 1 号为对照种，秋期为同上材料外，并增加杂交种第 2 代同时鉴定。兹将农村生产鉴定成绩列于表 7-8、表 7-9。

表 7-8　农村生产鉴定春期成绩表（1962 年安东郊区汤池乡石岱村第二生产组）

| 品种 | 放养种卵量 (g) | 每蛾平均产卵数 (粒) | 每克卵粒数 (粒) | 孵化率 (%) | 结茧率 (%) | 收茧数 (粒) | 收种茧数 (粒) | 茧质 | | | 千克卵收茧量 (kg) | | 千克卵茧层量 (kg) | | 以每人养 1.5kg 卵计算 | |
								全茧量 (g)	茧层量 (g)	茧层率 (%)	实数	指数 (%)	实数	指数 (%)	产茧数 (粒)	产茧层量 (g)
三里丝	340	258	115	97.53	37.16	12 425	11 964	6.90	0.63	9.39	233.9	111.5	21.96	122.8	52 785	32 940
辽青	340	206	100	93.80	40.94	11 447	11 030	6.42	0.56	8.87	213.8	102.1	18.96	106.0	48 660	28 440
三里丝 × 辽青及其反交	340	271	106	98.65	43.33	13 794	13 616	6.35	0.62	9.90	258.9	123.5	25.63	143.3	60 075	38 445
青黄 1 号	340	292	98	99.38	39.04	10 966	10 616	6.20	0.52	8.53	209.6	100	17.88	100	46 830	26 820

表7-9 农村生产鉴定秋期成绩简表

品种	种茧数(粒)	实养蛾数(头)	每蛾平均产卵数(粒)	每克卵粒数(粒)	孵化率(%)	发病率(%)	结茧率(%)	收茧数(粒)	收种茧数(粒)	茧质			每蛾平均				以每人养1200蛾计算	
										全茧量(g)	茧层量(g)	茧层率(%)	产茧量 实数(粒)	产茧量 指数(%)	产茧层量 实数(g)	产茧层量 指数(%)	产茧数(粒)	产茧层量(g)
三里丝	800	278	181	126	95.91	1.37	56.66	13 975	12 877	8.04	0.88	11.19	50.00	99.56	44.0	110.8	60 000	52 800
辽青	800	350	194	121	99.30	0	54.67	18 598	17 833	8.18	0.88	10.87	53.14	106	46.8	117.8	63 768	56 160
三里丝×辽青及其反交第1代	800	272	198	127	99.12	0.48	64.59	22 833	21 420	8.44	0.94	11.30	83.94	167	78.9	198.7	100 728	94 680
三里丝×辽青及其反交第2代	800	320	198	118	98.47	1.21	39.63	25 529	24 014	7.97	0.85	10.71	77.08	153	65.5	164.9	92 496	78 600
青黄1号	800	331	194	117	98.48	0.68	56.15	16 624	15 809	8.40	0.79	9.46	50.22	100	39.7	100	60 264	47 640

注：秋期因野外挂蛾，各品种放养量以实产蛾数为准。三里丝因春期迟放（5月20日收蚁）出现一化性茧，故出蛾数稍少。

表 7-8 以春期综合项目千克卵茧层量为鉴定指标，与对照种青黄 1 号比较。秋期由于农村野外拴蛾，产卵直接产在柞树上，故不能以千克卵茧层量为鉴定指标，只可采取 1 蛾平均茧层量与青黄 1 号比较（表 7-9）。并如以每人春期放养种卵 1.5kg 计算则三里丝可以比对照种增产种茧 5928 粒，辽青增产 1830 粒。放养三里丝 × 辽青杂交种更为显著，可以增产 13 245 粒。增产的茧层量更为可观，三里丝增产 6120g，辽青 1620g，三里丝 × 辽青增产 11 625g。从秋期成绩来看，如以每人放养 1200 蛾计算，三里丝的产量少于对照种青黄 1 号 264 粒，但茧层量增长 5160g，辽青产茧量增产 3504 粒，茧层量提高 8520g，三里丝 × 辽青杂种第 1 代产茧量增加 40 464 粒，茧层增产 47 040g，杂种第 2 代产茧量增加 32 232 粒，茧层量增产 30 960g。以上鉴定成绩表明，柞蚕新品种三里丝、辽青及其杂交种 1 代、2 代，不论春期或秋期比对照种青黄 1 号均有显著的增产效果，特别杂交种的生产性能更为优良，增产效果的显著程度尤为突出。更应指出的是杂种第 2 代的利用价值很高，对柞蚕杂交种的推广，极有便利之处。此次农村生产鉴定充分证明今后新品种投入生产，对柞蚕生产的发展有其一定意义。

7.5.3 三里丝及其杂交种对生产上的作用和经济价值的估计

根据上述各项性状及一系列的鉴定成绩，尤其是从具有生产上直接意义的农村生产鉴定秋期成绩来看，应用新品种三里丝 × 辽青投入生产，每把剪子放养 1200 蛾，1962 年的实际计算，可以产茧 100 728 粒，由于新品种的茧层厚分量重，这些茧的总茧层量可以达到 94 680g。比放养相同蛾数的对照种（当时的现行品种青黄 1 号）增产茧 40 464 粒，增产茧层达 47 040g，这些茧层的出丝率如以 60% 计算可以产丝 28.22kg。以上的增产数字虽然是根据当年农村生产鉴定的成绩计算，但是他们考虑以后在全省范围内大面积推广时由于某些原因使增产幅度可能有所下降，当年三里丝 × 辽青与对照种青黄 1 号比较增产指数 67%，按大面积推广增产幅度会下降的设想，把新品种的增产指数从 67% 降低为 20% 时，则每把剪子亦可增产茧 12 053 粒，增产茧层 11 329g，增产丝 6797g。倘以全省放养秋蚕 10 万把，则可增产工业原料茧 12.053 亿粒，增产柞蚕丝 679 700kg。这样明显地可以为国家增产大量柞丝，并由于单位产茧量增加则为乡镇集体以及放蚕的个人都可增加经济收入。所以新品种推广可以为国家、集体和个人增加收益。例如当年东沟汤池乡石岱村第 2 组春季 1 人、秋季 3 人放养新品种，实际总产值 1 万元以上，占全队总收入的 32.22%，全村 38 户，161 人，平均每户收入 289 元，每人收入 68 元。

7.5.4 结论

①采用多品种混精杂交是培育柞蚕品种较好、较快的方法，充分注意亲本选择，加强培育环境对杂种后代的影响，定向选择，正确选配是培育过程中的关键，对品种育成和育种速度有直接关系。

②三里丝是二化性多丝量品种，春蚕在辽宁迟放有少数 1 化性蛹出现，纯种体质中等，在饲育过程中要求优良饲料和精工细放的技术处理，茧质优良，茧层量超过 1g，茧层率达 11% ~ 12%。

③辽青是二化性体质强健的品种，饲养容易，发育齐速匀整，茧质优良程度超过现行种青黄 1 号，与三里丝交配有良好的交配性能。

④三里丝 × 辽青是多丝量丰产型的优良杂交组合，具有体质强健、茧质优良、丝量丰富的特性。群众反映蚕大、病少、好养。根据农村生产鉴定成绩，以千克产茧量与对照种青黄 1 号比较，春期可以提高 23%，秋期以每蛾产茧量比较提高 67%。其杂种第 2 代仍有较好的利用价值，每蛾产茧量亦提高 53%。

8　柞蚕白色茧种质资源的创新与利用研究

柞蚕白茧品种选育研究起步较晚，始于 20 世纪 70 年代。那时柞蚕育种家们从改变柞蚕茧色入手，进而改变柞蚕茧丝理化特性，以达到改良茧丝品质的目的。

8.1　柞蚕茧丝品质存在的问题及其原因

柞蚕茧丝在其品质上主要存在着解舒难、回收低、生丝白度低、难染色等问题。为了查明产生原因，国内外许多专家、学者进行了大量研究并取得共识，为柞蚕白茧品种选育提供了依据。

柞蚕茧固有色泽为褐色。柞蚕刚吐出的丝与家蚕一样，均为白色，但过了一段时间，由于经过马氏管分泌液的浸渍，白色的茧丝则逐步变成褐色，成为褐茧、褐丝。Brunut 认为，柞蚕茧丝呈褐色，与龙胆酸及其糖苷有关，并指出柞蚕绢丝腺中的龙胆酸是以糖苷形式存在。当龙胆酸糖苷被糖苷酶水解后，释放出龙胆酸，进而被多酚氧化酶氧化形成醌酸类有色物质，并与丝蛋白发生交联，使原本白色的茧丝褐化，成为褐茧、褐丝。氧气、水分和光照是柞蚕茧丝褐化变色必不可少的条件。

纪涛等对柞蚕褐茧生色物质和生色机理的研究结果与 Brunut 研究结果基本一致。进一步证实了使柞蚕茧丝褐变的生色物为龙胆酸与丝蛋白交联物，并推测其机制为：首先 β 糖苷酶水解龙胆酸糖苷；其次龙胆酸被酚氧化酶氧化，生成带羧基的对苯二醌；最后再与丝蛋白中各基因团发生交联反应，形成褐色。

胡皆汉用高压液相色谱对柞蚕绢丝腺和柞蚕褐色茧中的龙胆酸及其糖苷定性定量研究指出：柞蚕后部绢丝腺的龙胆酸糖苷含量约为中部的 600 倍；秋蚕绢丝腺中龙胆酸糖苷含量比春蚕的多几倍至 10 倍，这就是秋茧比春茧颜色深的内在原因。

柞蚕体内的龙胆酸糖苷来源于柞叶之中。生色物龙胆酸与家蚕蛋白反应，同样可使白色的家蚕茧丝变成为褐色，证明这种生色物与丝蛋白的结合，无选择性。

柞蚕茧丝蛋白与生色物质交联后，茧丝随着颜色的变化，对化学作用和酶作用的抵抗性亦随着增强。柞蚕褐丝的化学稳定性主要来源于丝胶，是丝胶蛋白与龙胆酸共价结合的结果。同时，交联剂自由扩散到丝素非结晶区，并与之发生少量的交联。由于交联，丝胶、丝素的性质发生了变化。

陈密等对柞蚕丝胶、丝素 18 种氨基酸定量研究指出：柞蚕丝胶具有极性侧基的氨基酸含量，与具有非极性侧基的氨基酸含量比值 AP/An 为 3.6，与家蚕丝胶 AP/An 值 3.4 相近，表明柞蚕丝胶蛋白的亲水性氨基酸并不比家蚕丝胶少。因此，从氨基酸组成看，柞蚕丝胶的水溶性不应比家蚕丝胶差，同时，柞蚕丝胶蛋白结构亦与家蚕丝胶大体相同；柞蚕丝素结晶区和非结晶区与家蚕亦大体相同，其差别主要表现在一级结构。柞丝素中酸性、碱性和芳香族氨基酸含量比家蚕丝明显增多，按理柞蚕丝应表现出比家蚕丝具有更强的化学活泼性，但实际上柞蚕丝胶难溶，柞蚕茧解舒困难。

柞蚕茧色泽对解舒的影响，在实践中已得到证实：茧色淡好解舒，茧色深难解舒。同时，也影响着生丝白度和回收率，淡色茧回收率高于深色茧，淡色茧生丝色泽也优于深色茧。柞蚕茧色深浅，反映出丝蛋白与生色物的交联程度，茧色越褐，交联程度越重；相反，茧色越淡，交联程度越轻，茧色反映了结构，反映了丝胶溶解性，也反映了茧解舒难易。柞蚕茧丝中生色物与丝蛋白的交联，茧丝褐化，引起了茧丝理化特性，如水溶性、透气透水性、对化学物质的抵抗性的变化，成为柞蚕茧解舒难、生丝白度低、难染色的主要原因，从而影响着柞蚕茧丝品质。

8.2 柞蚕白茧品种选育材料与方法

8.2.1 获得柞蚕白色茧的途径

围绕着如何获得柞蚕白色茧，国内外许多专家、学者进行了一些研究，概括起来有如下 3 个途径。

①从改变柞蚕营茧条件入手，提出：柞蚕在人工控制的干燥条件下营茧，可获得柞蚕白色茧。

②从改变柞蚕饲料成分入手，提出：利用不含柞叶粉的人工饲料，全龄饲育柞蚕，试图获得柞蚕白色茧。

上述从改变柞蚕营茧条件和柞蚕饲料组成，使柞蚕结白色茧的方法，不仅需要创造特殊的养蚕条件，大幅度增加养蚕成本，难以实用，而且也难以使柞蚕都结白色茧。

③从改变柞蚕遗传性入手，阻止褐化过程的发生，选育柞蚕白茧品种就成为一种比较可靠的改良柞蚕茧丝品质的方法。

柞蚕体内的生色物来源于柞叶。柞叶中含有生色物龙胆酸，随着柞叶成熟度的增进，其含量有所增加。秋蚕期柞叶中生色物含量达最大值。因此，秋蚕茧色深。尽管如此，在自然茧群中，茧色总可大体上分为深褐色茧、褐色茧、黄褐色茧、淡褐色茧，偶尔在茧群中还可以发现有极个别的茧，其茧色为白色或近似白色。既然柞蚕茧群中存在着白色或近似白色茧的变异个体，通过选择就有可能把它固定下来，育成白茧品种。

辽宁省蚕业科学研究所和西丰县松树柞蚕种场合作，经 9 年 18 代选择培育，于 1986 年育成了中国第一个柞蚕白茧品种——"白茧 1 号"，其后该所又相继育成了白茧 2 ~ 6 号及 3 个柞蚕白茧杂交种；河南省云阳蚕业试验站，育成了一化性白茧品种"云白"，黑龙江蚕业研究所，育成可供"二化一放"用，二化性白茧品种"华白 1 号"等，内蒙古蚕业科学研究所育成了适合二化一放的白茧品种"8344"和"大白 1 号"；这些白茧品种的育成，改变了柞蚕茧固有色泽，丰富了柞蚕种质资源，从此，柞蚕茧色就分为褐色和白色茧两大类。同时，表明从改变柞蚕遗传性入手，阻止褐化过程的发生，育成可以稳定遗传的柞蚕白茧品种，以改变柞蚕茧丝品质是一条可行的而且经济有效的新途径。

8.2.2　选育柞蚕白茧品种的育种材料与方法

不同茧色反映了不同的丝蛋白结构，同时，也反映出柞蚕个体间生理代谢与遗传的异质性。这种茧色上的异质性，在柞蚕各种类型的品种中均普遍存在着，这就为选育柞蚕白茧品种提供了极其丰富的育种素材。目前已育成的白茧品种所用的育种材料，或以褐茧品种茧群中的淡褐色个体为材料；或以白茧品种与褐茧品种杂交，从 F_2 分离出的白色茧为材料。

以淡褐色茧为原始材料，采用系统分离选择法，连续定向选择，白中选白，最终把茧色固定为白色，育成白茧品种；白茧品种和褐茧品种杂交，从 F_2 代中分离出白色茧，并连续定向选择，白中选白，最终育成白茧品种。如白茧 6 号，以"白茧 1 号"为母本，以"多丝 3 号"为父本杂交，F_2 代分离出白色茧，又连续多代定向选择而育成；以系统分离选择法，利用荧光选茧手段，育成了"白茧 1 号"。

柞蚕荧光选茧的依据与效果：在组成柞蚕丝蛋白的 18 种氨基酸中，仅有色氨酸、酪氨酸和苯丙氨酸 3 种氨基酸具有天然荧光性。它们最大发射波长分别为 348nm、310nm 和 282nm，均在紫外光区。Brunut 利用薄层层析法研究柞蚕茧层时，发现 3– 羟基邻氨基苯甲酸和龙胆酸糖苷是柞蚕茧层中仅存的两种外源荧光物质。这就为利用紫外线照射柞蚕茧，根据其荧光显色的差异，选出不含或含少量生色物龙胆酸的个体提供了可能性。辽宁省蚕业科学研究所，在白茧 1 号选育过程中，利用紫外线照射柞蚕褐茧和白茧时发现，两者荧光显色大不相同，同时，还发现在白色茧当中也呈现出多种类型的荧光色。按白茧荧光色进行分类，鉴定其茧丝品质，结果不同荧光色的白茧，缫丝成绩与生丝白度也各异。经多次反复试验，确立了柞蚕白茧荧光显色选择标准。选择具有标准荧光色的白茧留种继代，并结合定向选择，白中选白，不仅加快了茧色稳定速度，缩短了育种时间，而且，还明显地提高了选择效果。此后，在白茧 2 ~ 6 号品种选育中，把系统选择与柞蚕荧光选茧技术相结合，对选育材料进行选择培育，进一步证实了荧光选茧技术在柞蚕白茧选育中的作用和效果。尽管如此，荧光选茧技术仍需进一步改进和完善，以获得最佳选择效果。

8.3 柞蚕白茧品种白茧 1 号选育示例

柞蚕是我国重要农业生物资源，柞蚕茧丝开发利用，促进了人类文明与发展。然而，柞蚕茧属有色茧类，呈褐色或黄褐色。褐茧在其茧丝品质上存在着解舒困难、出丝率低、丝色深、染色难等缺点，成为困扰柞蚕业及柞丝绸业发展的重要因素。

辽宁省蚕科所与西丰县松树柞蚕种场合作，于 1986 年育成了第一个柞蚕白茧品种白茧 1 号。现将白茧 1 号选育情况报告如下。

8.3.1 选育方法与经过

白茧 1 号是以褐茧品种青 6 号为选育基础材料，采用系统分离选择，并运用荧光选择方法，经 9 年 18 代选择培育而育成的柞蚕白茧品种。

1977 年从西丰县松树柞蚕种场繁育的褐茧品种青 6 号母种中，选择淡褐色茧 30 粒，1978 年春，按常规技术制种，选择 5 对优蛾，单蛾育。当代分离出白色的变异个体，以此类变异体作为选育原始材料，以茧色作为表型标记，采用系统分离选择，并运用荧光选择技术对留种继代个体进行选择，选优留种继代，同蛾区交配，建立近交系。待茧色及主要性状稳定后，进行异蛾区交配，并按育种程序进行了实验室品种比较试验，农村多点生产比较试验、茧丝品质检测及抗病性测定。经上述各项试验，取得了较系统、完整、肯定的结果。

8.3.2 选育结果

白茧 1 号属青蚕系统白茧品种，二化，中早熟性，蚁蚕黑色，壮蚕橄榄绿色，气门线麦秆黄色；蛾色为杬果棕色，翅后缘呈山鸡褐色；茧白色，茧大小中等，匀整，茧层松紧适中。茧丝品质优良，蚕体强健、抗病性强，发育整齐、营茧集中，全龄经过比青 6 号短 1d，食性强、易饲养，丰产性高，适应性广，稳产性好。

8.3.2.1 茧丝工艺与理化特性

1985—1986 年，对白茧 1 号茧丝工艺与理化特性进行了系统的测试。测试内容有茧层和生丝白度、解舒工艺特性、茧层胶杂质含量、生丝物理特性及其染色性等项目。各项测试，均以青 6 号为对照。

①茧层与生丝白度。茧层与生丝白度使用日立 307 测色仪，在 16℃、相对湿度 40% 条件下，使用光源 D_{65}，视角 10°，Ws 值以 Stephansen 公式计算。测定结果白茧 1 号茧层白度比青 6 号高 35.1，生丝白度比青 6 号高 14.3。

②茧层胶杂质含量。茧层胶杂质含量按常规技术测定，结果表明，白茧 1 号茧层中影响解舒的胶杂质含量少于褐茧青 6 号，结果见表 8-1。

表 8-1　茧层胶杂质含量比较

品种	丝胶（%）	灰分（%）	乙醚浸出物（%）	总水溶物（%）
白茧 1 号	11.23	1.60	0.2251	17.98
青 6 号	11.56	1.71	0.2270	18.38

③解舒工艺特性。解舒工艺特性检测采取百粒缫与一台立缫机双人生产性缫丝，煮漂工艺为真空渗透，密闭漂茧，缫丝操作工艺常规。各项试验重复 3 次，其均值作为年度试验值，2 年均值作为实测值，试验结果见表 8-2。

表 8-2　解舒工艺特性

品　种	茧丝长（m）	解舒率（%）	回收率（%）	鲜茧生丝量 / 百千克		台时产丝量	
				实数（kg）	指数（%）	实数（g）	指数（%）
白茧 1 号	928.5	46.8	62.99	6.225	110.67	178.5	105.62
青 6 号	913.5	45.3	58.55	5.625	100	169.0	100

表 8-2 试验结果表明，白茧 1 号茧丝长比青 6 号长 15 米，解舒率高 3.3 个百分点，回收率高 4.44 个百分点，鲜茧出丝量提高 10.67%，台时产丝量提高 5.62%。

④解舒剂用量调查。白茧 1 号茧色白、胶杂质含量少，渗透好，易解舒，其主要表现在解舒剂用量少，解舒剂耗量调查结果见表 8-3。

表 8-3　百粒缫解舒剂耗量

品种	碳酸钠		硅酸钠		双氧水	
	实数（g）	指数（%）	实数（g）	指数（%）	实数（g）	指数（%）
白茧 1 号	9	75.00	11	73.33	17	68.00
青 6 号	12	100	15	100	25	100

表 8-3 调查结果表明，白茧解舒剂耗量明显低于褐茧，其中碳酸钠用量比褐茧低 25%，硅酸钠低 26.67%，双氧水低 32%。

⑤生丝物理特性检测。生丝物理特性检测用丝，按缫制 35D 生丝配茧。制取生丝经复摇、整理，按国家生丝检验规定的条件、程序和项目进行检测，检测结果见表 8-4。

表 8-4　生丝物理特性比较

品种	匀度（分）	类节（分）	公量纤度（denier）	纤度偏差率（%）	强力 g（denier）	伸度（%）	抱合（次）	综合等级
白茧 1 号	$^{3A}87$	$^{3A}5$	35.08	$^{4A}3.5$	$^{4A}3.6$	$^{4A}25.6$	$^{4A}63$	3A
青 6 号	$^{2A}86$	$^{2A}6$	34.08	$^{3A}4.4$	$^{4A}3.5$	$^{4A}23.2$	$^{4A}33$	2A

从表 8-4 所列检测结果看出，白茧 1 号生丝各项检测指标均优于褐茧对照，生丝综合等级比褐茧生丝高 1A 级。

⑥染色性试验。染色性试验是按生丝标准制丝，将其织成坯绸，经精练后作为染色性试验试样。染色试验结果表明，白茧染色快。上染率及染绸鲜艳度与色牢度均优于褐茧对照。

8.3.2.2　抗病性

为确切评价白茧 1 号抗病性，就其对柞蚕核型多角体病毒（ApNPV）病与柞蚕空胴病的抵抗性进行测定。

①试验材料与方法。白茧 1 号与对照种青 6 号，各随机取 5 头健蛾卵，经严格消毒后充分混合作为试验材料。

ApNPV 原液按 10 倍系列稀释配成 $10^{-5} \sim 10^{-1}$ 5 种阶梯浓度，卵面接种，经口攻毒。柞蚕链球菌（S.pernyi）则每个菌管加 2mL 灭菌水冲洗菌体，每批 15 ~ 20 菌管冲洗液充分混合后，按 2 倍系列配制成 5 种浓度，叶面涂菌，喂食 2 日龄蚁蚕 24h 后，换无菌鲜叶。

每个参试品种对一种蚕病抗性测试，每批 150 头蚕，每种浓度 3 次重复，每区 10 头，蚁蚕经口接种后，逐日调查发病蚕数，依外征鉴定病种，并辅以镜检，确定发病死亡种类，调查到 2 眠起结束。计算半致死浓度 LC_{50}，每种蚕病各测定 3 次，以 3 次 LC_{50} 均值作为实测值，并换算成抗病力倍数加以比较，评定其抗病性。

②测定结果。

a. 对 ApNPV 感染抵抗性测定结果见表 8-5。从表 8-5 测定结果看出，3 次测定结果基本一致，白茧 1 号半致死浓度各次均高于青 6 号。其均值白茧 1 号为 $10^{-3.74}$，青 6 号为 $10^{-4.06}$，指数差为 –0.32，换算成抗病力，则白茧 1 号对脓病的抗病力比青 6 号高 2.09 倍。

表 8-5　ApNPV 半致死浓度 LC_{50} 比较

品种	LC_{50}				指数差	抗病力白茧 1 号 > 青 6 号倍数
	1	2	3	$\bar{X}$		
白茧 1 号	$10^{-4.31}$	$10^{-3.61}$	$10^{-3.31}$	$10^{-3.74}$	–0.32	2.09
青 6 号	$10^{-4.63}$	$10^{-3.83}$	$10^{-3.72}$	$10^{-4.06}$		

b. 对柞蚕空胴病感染抵抗性测定结果见表 8-6。从表 8-6 测定结果看出，白茧 1 号 $-\log LC_{50}$ 为 0.244，青 6 号为 0.521，差数为 -0.277，换算成抗病力，白茧 1 号对柞蚕空胴病抗病力高 1.89 倍。

表 8-6　柞蚕空胴病半致死浓度 LC_{50} 比较

品种	$-\log LC_{50}$				指数差	抗病力白茧 1 号 > 青 6 号倍数
	1	2	3	$\bar{X}$		
白茧 1 号	0.277	0.128	0.328	0.244	-0.277	1.89
青 6 号	0.521	0.348	0.695	0.521		

c. 抗病力 X^2 检验。对脓病和空胴病感染抵抗性测定结果，应用 X^2 检验，结果：$X^2_{ApNPV}=4.339$，$P < 0.05$，差异显著；$X^2_{S.pernyi}=19.99$，$P < 0.01$，差异极显著。

8.3.2.3　丰产性

①实验室品种比较试验：1981—1986 年实验室品种比较试验结果：白茧 1 号实用孵化率 95% 以上。虫蛹统一生命率 92% 以上，收蚁结茧率春蚕为 59.0%，秋蚕为 45.7%，比对照种青 6 号分别高 6.49% 和 6.64%。6 年平均产茧量，白茧 1 号春蚕每千克卵收茧 60 000 粒，比青 6 号多收茧 3374 粒，增产 7.72%，秋蚕每千克种卵收茧 50 464 粒，多产茧 10 016 粒，增产 24.91%。秋蚕产茧量经差异显著性 t 值检验，$P < 0.05$，差异显著。

②繁种试验：1985—1986 年繁种试验结果：白茧 1 号春蚕母种百蛾收茧 14 625 粒，比青 6 号增产 7.24%，秋蚕母种 100 蛾收茧 18 675 粒，增产 29.13%。原种每千克种卵收茧 41 533 粒，增产 24.91%。

③农村多点生产比较试验：1983—1986 年，在辽宁凤城、岫岩等 6 个柞蚕主产县，18 个乡（镇）进行农村多点生产比较试验，鉴定其丰产性、稳产性及区域适应性。结果：白茧 1 号春蚕平均每千克种卵产茧 21 119 粒，比对照种青 6 号多产茧 2086 粒，增产 10.96%。秋蚕平均千粒茧产茧 18 375 粒，比青 6 号多收茧 5122 粒，增产 38.65%。对秋蚕千粒种茧产茧数进行差异显著性 t 值检验，结果 $P < 0.05$，差异显著。

8.3.2.4　稳产性

品种适应性，决定了该品种的适应范围和适应程度。虽然品种适应性是与品种特性、品种在不同环境条件下其特性反应有关，以及与它们之间相互协调和补偿作用相关联的相当复杂的生物学问题，但是与品种适应性有关的各种因素，最终总是综合地反映在其产量上。据此，以 6 年实验室品种比较试验结果和 1986 年农村多点生产比较试验结果为据，采用环境指数法对白茧 1 号的稳定性进行了分析。

①参试品种在同地区不同年份稳产性分析：把在同地区参试品种各年平均产茧量作为一个试验处理，参试品种各自平均产茧量作为依变量（Y），环境指数作因变量（X），

建立回归方程。

依参试品种产比结果为据，计算结果：白茧 1 号回归系数 $b_{(1)}$ =0.913，标准对照种青 6 号 $b_{(6)}$ =1.037，$b_{(1)} < 1 < b_{(6)}$，结果表明白茧 1 号对气候条件变化反映较迟钝，依附性小，稳产性好。

②参试品种在同年份不同地区稳产性分析：1986 年在具有较强代表性的 5 个县 14 个乡（镇）区试，依据区试结果，算出参试品种回归系数，结果白茧 1 号 $b_{(1)}$ =0.756，青 6 号 $b_{(6)}$ =0.858，则 $b_{(1)} < b_{(6)} < 1$。

对上述测定结果进行显著性 t 检验，以判明稳产性在参试品种间是否有本质上的差异。检验结果 SbD=0.363，$t_{0.05SbD}$ =2.064×0.363=0.7498，$b_{(6)} - b_{(1)}$ =0.102 < $t_{0.05SbD}$，差异不显著，表明白茧 1 号稳定性与标准对照种青 6 号无本质差异。

本项试验所包含的试验点，既有气候条件较差、较好和一般的典型，又有较强的区域代表性的各类试验点，同时有高产与低产的典型，尤其本年气象条件是有害柞蚕生产的典型气象条件，因此，试验对各种环境条件反映比较全面，测定结果具有较好的代表性、可靠性。

8.3.3 结论

柞蚕白茧品种白茧 1 号是以褐茧品种青 6 号为选育基础材料，采用系统分离选择，并运用柞蚕荧光选择法，于 1986 年育成的第一个柞蚕白茧品种。

白茧 1 号，茧层白度 Ws 比褐茧青 6 号高 35.1 度；茧层胶杂质含量少，渗透好，易解舒，解舒剂耗量比褐茧对照种青 6 号：碳酸钠降低用量 25%，硅酸钠降低 26.67%，双氧水降低 32%；回收高，鲜茧出丝量提高 10.67%；生丝白度提高 14.3 度，生丝品质好，品位高，染色性好。

白茧 1 号对柞蚕核型多角体病毒抗病力比青 6 号高 2.09 倍，对柞蚕空胴病抗病力高 1.89 倍；丰产性高，适应性广，稳产性好，适于 2 化性柞蚕区开发利用。

9 柞蚕高饲料效率种质资源的创新与利用研究

柞叶是可再生的自然资源，在以往柞蚕放养业中占有成本极低或不计成本地使用，一直未引起人们的重视与珍惜。据不完全统计，1949年前一般不计入成本或少量租用，其费用也极低，仅占整个生产成本的5%以下。解放后至20世纪70年代"公社化"生产，柞园集体所有，一般不转让或租用，自80年代柞园有偿使用以来，其租金每5年增加1~2倍，1980—1985年每把租金100~150元/年，1985—1990年每把租金400~600元/年，1990—1995年每把租金达到800~1600元/年。2005年以来，柞园租金高达每把3000~5000元/年，如今已超过柞蚕生产成本的60%以上，投入产出比已不容忽视。有数千年历史的柞蚕业，考察产量指标，至今仍是把产（每个人放养柞蚕的产量）或单位投种量的产茧量。这一指标相当于大农业中每个劳力一年能收多少粮食或一定量的种子能产粮的多少，而没有单位面积产量的概念。

由于柞蚕业生产一直在不计资源消耗地进行，造成广养薄收。按理论计算，蚕茧产量应占柞叶消耗量的15%左右，按食叶70%计，每公顷柞园应收茧393.75kg。而实际上，我国每公顷柞园平均蚕茧产量只有90kg，不足理论值的1/4，这种大量地消耗与浪费资源的生产经营方式，不符合人类应当科学的合理的保护与利用自然资源这一基本原则。因而，如何提高资源利用效率，或者就柞蚕生产而言，如何提高饲料效率，就成为当代柞蚕育种研究的重大课题。

柞蚕饲料效率，是指柞蚕食下一定量的柞叶，所能获得蚕茧或茧层量的多少。就育种而言，是以选育出饲料效率高的品种，即以食下一定量的柞叶，转化成相对多的蚕茧或茧层的品种，来提高柞蚕资源的利用效率。

20世纪60年代末提高柞园资源的利用效率，已受到柞蚕业界专家学者的关注。陆明贤曾提出提高柞蚕饲料转化效率具有很大的潜力，温恩涛曾指出，提高柞蚕饲料效率是提高柞蚕饲养业经济效益的重要途径。

9.1 柞蚕饲料效率的测试方法与评价指标

柞蚕饲料效率是一个崭新的研究领域。以往的相关研究,仅有测定柞蚕消化率的鲜叶对照法。畜牧业中的猪、鸡等评价其饲料效率,则都是用可直接称量的精饲料来确定料肉比或料蛋比。而柞蚕无精饲料可言,且个体较小,单头确定一定时间内的食下量有困难,残叶量又多,发病死亡概率较大。为确保测定结果的准确性,就需在尽可能减少试验误差的前提下,提高测定工作效率,以适应在柞蚕育种中大规模群体测试的需求。

9.1.1 鲜叶对照法与干量法的测试效果

鲜叶对照法,需准确称量给叶量、排粪量和残叶量,并以等同给叶量的柞叶作对照,以确定水分散失量来减少误差。姜德富等以干量法来测定柞蚕饲料效率。干量法是将与给叶量等量的鲜叶以及残叶和蚕粪都烘干,通过给叶量减去残叶量与排粪量来确定消化量。给叶量减去残叶量即为食下量。将同一试验按 2 种方法测试,调查比较了结果。

9.1.1.1 测试结果的精确性

选定 2 个品种,各 8 次重复,每个重复区养 10 头蚕,用 2 年生尖柞叶饲养,分别按鲜叶对照法、干量法测定消化量、食下量、排粪量,在给叶量相同的条件下,鲜叶对照法测得青 6 号、四青两品种,消化量平均是 7.29g/ 头,排粪量平均是 38.42g/ 头,食下量平均是 45.70g/ 头,消化率平均 15.90%,4 项指标标准差占平均数的百分比分别为 5.01%、2.19%、2.77% 和 6.98%,4 项指标标准差占总平均数的 4.24%。干量法调查青 6 号、四青两品种,平均消化量为 2.99g/ 头,排粪量 15.28g/ 头,食下量 18.26g/ 头,消化率平均为 16.35%,标准差占平均数的百分率分别为 2.01%、0.65%、0.88% 和 2.29%。4 项指标标准差占总平均数的 1.46%。

可见干量法标准误差比鲜叶对照法相对少 62.33%,误差减少的原因是干量法与鲜叶对照法相比,避免了因对照叶与蚕粪、残叶在同一时间内失水率不同的差异和不同试验区,因食叶速度及相对位置的差别引起的同一时间内失水率的差异。因此说干量法比鲜叶对照法有试验精确度高的优点。

9.1.1.2 工作效率与试验成本

完成上述同样的试验任务,鲜叶对照法和干量法,用工及试验成本,从收蚁到养蚕结束,历时 59d,干量法只用 1 个试验工即可完成调查任务,而鲜叶对照法则需 2 个试验工才能完成任务,就工作效率来看,干量法比鲜叶法提高 50% 以上,从总成本上看干量法也比鲜叶对照法相对少 31.81%。就是说无论是试验的精确性,还是工作效率、试验成本,干量法均优于鲜叶对照法。用干量法测得青 6 号、四青茧重转化率分别为 12.05% 和 12.99%,相对开差为 7.24%,茧层生产率两个品种分别为 4.30% 和 4.58%,相对开差为

6.11%。两项指标多次测定结果重演性较好。

9.1.2 干量法的改进

干量法比鲜叶对照法测定精确度高，工作效率高，测试成本也较低。但从育种角度衡量，干量法还存在 3 个问题。

第一，需大量烘干鲜茧，工作量仍很大，多个品种或个体间的比较，很难进行。

第二，所有鲜茧均被烘干，若发现好的材料，无法留种继代，即个体选择无法进行，影响育种效果。

第三，都用干量测定，得出的数据和以往的资料无法进行直接比较。实验结果的直观性差。

针对上述 3 个问题，改用鲜茧量、茧层量代替原干茧量和干茧层量，采用称取一定量的鲜叶做对照，烘干测定干、鲜叶比，再根据蚕粪、残叶干量换算成鲜叶量，在已知给叶量的前提下，减去残叶量即为食下量。这样就可全部折合成鲜叶量计算，从而解决了上述问题。

当然，方法调整后，测定的精确性，很大程度上取决于干、鲜叶比的准确性。为此，在每天给叶时，称取不少于 5 次重复的鲜叶做干鲜叶比试验，修改后的干量法称为干量折合法。同样用干量折合法测定青 6 号和四青的饲料效率，比较分析干量法和干量折合法数据，可以发现，在同一试验中，采用不同的处理，所得干量指标和鲜量指标，绝对值虽不同，但是：①全茧量、茧层量、食下量、茧重转化率、茧层生产率 5 组 180 个变数，按区号，其数值大小，相对位置符合率达 100%，说明在品种间比较或材料选择过程中，采用上述 2 种方法可以达到同样的目的；②试验误差，干量法标准误差占平均数的百分比、全茧量、茧层量、食下量、茧重转化率、茧层生产率两个品种平均值依次是 2.54%、4.94%、1.00%、2.72%、4.50%，5 组标准误差平均为 3.15%。而干量折合法依次是 1.29%、3.96%、1.50%、0.57%、3.90%，5 组标准误差平均为 2.24%，表明用干量折合法比用干量法试验误差更小。

9.1.3 柞蚕饲料效率的评价指标

放养柞蚕的目的产物是鲜茧，包括蛹和茧层。而传统的柞蚕业一直将利用茧层作为工业目标。就是说，消耗一定量的柞叶能换取多少茧层，显然应是柞蚕饲料效率一个重要的评价指标，就是上述的茧层生产率。但 20 世纪 90 年代以来随着综合利用的兴起，柞蚕蛹实用价值和茧层价值的比率则逐步提高。为此，仅用茧层生产率评价柞蚕的饲料效率显然是不够的。所以，把消耗一定量的柞叶，所能获得鲜茧量的多少，称为茧重转化率。为此，以茧层生产率与茧重转化率两项指标为核心，根据柞蚕育种不同阶段和不同时期的需求而确定系列指标，既可保证试验需求，又能适当减少工作与试验成本。

9.1.3.1　全龄饲料效率评价指标

以鲜茧量、茧层量占全龄食下量的百分率分别称为全龄茧重转化率和全龄茧层生产率。该指标适应于品种间比较、鉴定、遗传分析、生化分析等精确试验的需求。缺点是工作量大，成本高。

9.1.3.2　5 龄饲料效率评价指标

柞蚕 5 龄食下量占全龄的 80% 以上，5 龄食下量的多少与全茧量、茧层量直接相关，且 5 龄蚕体大、抗病力强、试验处理方便。若用 5 龄饲料效率两指标，即 5 龄茧重转化率（全茧量与 5 龄食下量的百分率）和 5 龄茧层生产率（茧层量占 5 龄食下量的百分率）代替全龄饲料效率指标，则可大幅度的降低成本，提高工作效率。

9.1.3.3　近似 5 龄饲料效率评价指标

柞蚕饲料效率的测定，关键在于确定食下量。食下量包括消化量和排粪量，为确定消化量就得定量给叶，并随时全部收集残叶烘干以确定残叶量。若能用其他相对差异较小的指标代替消化量，则可不必烘干残叶和定量给叶，直接用排粪量加近似消化量。

柞蚕消化量，主要将转化成鲜茧量和用于生命活动的能量消耗。若不考虑能量消耗，用鲜茧量代替消化量，以青 6 号和四青 2 个品种为材料，统计近似 5 龄饲料效率。①近似 5 龄食下量，2 个品种平均值是：36.26g/ 头，比 5 龄食下量平均值低 1.83g/ 头，也就是说鲜茧量比 5 龄消化量少 1.83g/ 头，约占 5 龄总食下量的 4.80%。近似 5 龄茧重转化率 2 个品种平均值是 21.36%，比 5 龄茧重转化率高 0.90 个百分点，占 5 龄茧重转化率的 4.85%，与食下量减少比例相近。近似 5 龄茧层生产率平均值为 2.79%，比 5 龄茧层生产率提高 0.16 个百分点，约占 4.80%。②近似 5 龄食下量 2 个品种符合率达 93.73%。③平均标准误差，近似 5 龄茧重转化率、茧层生产率 2 个品种平均值分别是 ±0.44 和 ±0.11，分别占平均值的 2.06%、3.95%，总平均为 3.01%，与 5 龄茧重转化率、茧层生产率测试结果准确度基本相同。说明用全茧量代替消化量计算近似 5 龄饲料效率指标完全可以满足品种选育中、前期蛾区与个体选择的需求，可比 5 龄饲料效率测定相对减少试验成本 25%，减少工作量 20% 以上。

9.1.3.4　简明 5 龄饲料效率评价指标

用排粪量代替食下量统计 5 龄饲料效率称为简明 5 龄饲料效率，所得 5 龄茧重转化率与 5 龄茧层生产率也同时称简明 5 龄茧重转化率和简明 5 龄茧层生产率。由于排粪量占食下量的 80%~85%，等于相对扩大了评价指标，饲料效率高的品种相对分母减少比例大，使测试结果区间或个体间开差加大，适应于品种选育中后期较多的区间与个体的选择需求。

以青 6 号和四青为试验材料进行简明柞蚕 5 龄茧重转化率与茧层生产率调查，用排粪量代替食下量计算所得，①柞蚕 5 龄简明茧重转化率和茧层生产率 2 品种平均值分别为 27.65% 和 3.68%，比近似 5 龄指标高 6.29 和 0.80 个百分点，比用 5 龄指标计算相对提高了 7.19 和 0.95 个百分点，比近似 5 龄茧重转化率、茧层生产率和 5 龄茧重转化率、5 龄茧层生产率相对提高了 29.45%、28.73% 和 35.14%、36.12%，即简明茧重转化率和简明茧层生产率比近似 5 龄茧重转化率、茧层生产率及 5 龄茧重转化率、茧层生产率以基本一致的比例增加。②统计简明茧重转化率和简明茧层生产率标准误差，2 个品种平均分别是 ±0.75 和 ±0.16，占平均值的 2.71% 和 4.47%，总平均 3.59%，比近似 5 龄茧重转化率和茧层生产率高 0.53 个百分点，说明试验准确度略低，可作近似指标。③简明指标各试验区测值大小顺序与近似值完全一致，符合率达 100%。

上述柞蚕品种选育饲料效率测试方法的建立和系列评价指标的确定，适应了柞蚕高饲料效率品种选育不同选育阶段及不同试验目的需求，实现了选育工作在室内外同步进行，在技术上为柞蚕高饲料效率品种选育提供了可能性。

9.2　柞蚕种质资源饲料效率的差异性研究

将柞蚕饲料效率作为一个品种性状，同时探讨品种间饲料效率的真实差异性，关系到柞蚕高饲料效率品种选育的可能性。因为利用现成的自然基因资源，通过选择、纯化、提高或重组等生物工程技术，达到育种目的，是最简便的途径。

9.2.1　春柞蚕品种间饲料效率的差异

根据现有柞蚕品种特征特性与血缘关系，选择一化性与二化性多种不同类型的 14 个品种为试验材料，全龄单头室内育，干量折合法，调查全龄茧重转化率、全龄茧层率，春养 14 个品种茧重转化率平均为 14.42%，品种间最大开差达 2.53 个百分点，相对开差达 21.93%。现行品种青 6 号属中等水平，比最好品种 8821 差 2.17 个百分点，相对差 15.48%。就是说，春养最好品种比现行品种消耗等量柞叶可增产蚕茧 15.48%。春养 14 个品种茧层生产率平均为 1.32%，最高与最低值开差为 0.44 个百分点，相对最大开差为 28.03%，青 6 号略低于平均水平。和青 6 号比，最好品种 8821 相对高 27.64%，可见茧层生产率最佳品种比现行品种具有较大增产潜力。

检验比较品种间的差异性，14 个品种，分成 6 组，组间差异达到极显著水平。其中，8821、8822 两指标均具最佳水平，预示着高饲料效率品种选育有较好的基础种质材料。

9.2.2　秋蚕柞蚕品种间饲料效率的差异

用与春养同样的品种、饲料与方法，调查全龄茧重转化率与全龄茧层生产率，秋蚕 14 个品种平均茧重转化率为 15.83%，比春蚕高 1.41 个百分点，相对值高 9.78%，品种间最大开差为 3.90 个百分点，占平均值 24.60%，青 6 号居中等水平。最佳品种 8821、8822 比青 6 号相对值高 15.71%，差异略大于春蚕。品种间的差异性和差异趋势分析结果，与春蚕完全一致。14 个品种分为 7 组，组间差异达到显著或极显著水平。其中，8821、8822 秋蚕茧重转化率同春养结果一致。秋蚕平均茧层生产率为 1.72%，比春蚕高 0.40 个百分点，相对值高 30.30%。品种间最大开差为 0.67 个百分点，占平均数的 38.95%。青 6 号为中下等水平，与最好品种 8821 相对差 38.71%，可见秋养最佳品种，比现行品种增产潜力更大。

9.2.3　同一品种内个体间饲料效率的差异

调查了解个体间饲料效率的差异，是为了探索个体选择提高饲料效率的可能性，同时也是为了弄清原品种或材料在饲料效率这一性状上的纯合性如何，实施选择、提高、纯化的工作量和幅度。

为此，选用饲料效率和其他性状差异较大的 4 个品种 8821、海青、青 6 号和抗病 2 号。以中刈 2 年生尖柞为饲料，全龄室内单头育，采用全龄干量折合法，统计全龄茧重转化率与茧层生产率。

①4 个品种各 20 个个体，茧重转化率表现值最大开差占平均值的百分比，大小依次是抗病 2 号（10.34%）＞青 6 号（7.26%）＞海青（6.69%）＞8821（6.04%），这与 4 个品种茧重转化率高低（8821 ＞海青＞青 6 号＞抗病 2 号）恰恰相反．即茧重转化率高的品种，个体间开差小，茧重转化率低的品种，反而开差大。

②整体变数间的差异：就样本 20 个变数看，有明显的差异。最大开差占平均数的百分比，4 个品种平均是 7.85%，而且不同的品种个体间开差程度又有显著的差异。

那么，整体变数间的差异程度又如何呢？这对于选定育种方法、判断育种潜力都是必须弄清的问题。首先统计 4 个品种标准误差，由小到大，依次是 8821（+0.29%）＜海青（+0.34%）＜青 6 号（+0.37%）＜抗病 2 号（±0.43%），这和茧重转化率 4 个品种样本变数间差异程度大小表现一致。整体变数间差异应在（总体的 99.73%）$\bar{x} \pm 3S$ 之间，由此计算得 4 个品种总体变异幅度分别为 8821（17.00% ~ 18.74%）、海青（15.88% ~ 17.92%）、青 6 号（14.45% ~ 16.67%）、抗病 2 号（13.41% ~ 16.60%）。个体间最大开差占平均数的百分比依次是 8821（9.48%）＜海青（12.07%）＜青 6 号（14.27%）＜抗病 2 号（21.70%），整体变数间 4 个品种平均开差 14.38%。统计结果表明：

①品种内个体间茧层生产率最大开差占平均数的百分比，分别是 8821 为 18.61%，海青为 19.66%，青 6 号为 26.28%．抗病 2 号为 27.70%。4 个品种开差大小趋势与茧重转化率完全一致，开差占平均数百分比平均为 22.25%，是茧重转化率相对开差的 2.94 倍。

②整体变数间的差异：4 个品种整体变数间的变化幅度（99.73%）分别为 8821（1.58% ~ 2.72%）、海青（1.39% ~ 2.17%）、青 6 号（1.08% ~ 2.04%）、抗病 2 号（1.00% ~ 1.96%），整体最大开差占平均数百分比，分别是 8821（53.02%），海青（43.82%），青 6 号（61.54%），抗病 2 号（64.86%），总平均为 55.81%，是茧重转化率的 3.88 倍。

茧层生产率无论是样本变数间，还是整体变数间最大开差占平均数百分比，均远远高于茧重转化率。

9.2.4 柞蚕雌性、雄性间饲料效率的差异

已调查证实个体间饲料效率两指标有较大的开差，并且茧层生产率远远大于茧重转化率，而雌性、雄性间两指标表现如何？

为此，调查不同品种雌性、雄性蚕饲料效率，结果表明：

①雌性、雄性茧重转化率经检验无明显差异，4个品种雌性茧重转化率平均为16.25%，雄性为16.27%，雄性比雌性仅多0.02个百分点，表明雄性比雌性蚕的茧重转化率无优势可言。

②样本变数开差占平均数百分比，4个品种雌性分别为8821（4.58%），海青（6.70%），青6号（6.82%），抗病2号（10.36%），总平均为7.12%，雄性分别为8821（7.56%），海青（3.31%），青6号（7.32%），抗病2号（7.88%），总平均为6.52%。样本间开差雌性比雄性大约0.6个百分点。4个品种开差大小趋势与茧重转化率完全一致，开差占平均数百分比平均为22.25%，是茧重转化率相对开差的2.94倍。

③整体变数间的差异（99.73%）：通过标准误差计算整体变数间的开差，雌性、雄性间的差异，4个品种雌性分别是8821（17.19%～18.63%），相对开差8.04%，海青（15.54%～18.18%），相对开差15.66%，青6号（14.38%～16.72%），相对开差15.04%，抗病2号（13.38%～15.96%），相对开差17.59%，总平均为14.08%，4个品种雄性分别是8821（16.68%～19.02%），相对开差13.11%，海青（16.28%～17.60%），相对开差17.29%，青6号（14.41%～16.75%），相对开差15.02%，抗病2号（12.92%～16.25%），相对开差24.46%，总平均为17.60%，比雌性高3.52个百分点。

整体变数间的差异雌性＜雄性，这与样本变数开差恰恰相反。同时无论样本变数间还是整体变数间，不同的品种雌性、雄性间开差甚大。这说明茧重转化率这一重要的经济性状在选种时既应整体的选择，又应雌性、雄性有不同侧重的选择提高，方可达到预期选择的效果。

柞蚕品种及个体间饲料效率差异研究证明，柞蚕高饲料效率品种选育基因资源丰富，两指标品种间最大开差达25%以上，最佳品种比现行品种高15%以上，并且同一品种内个体、雌性雄性间开差也较大，说明高饲料效率品种培育与应用有最重要的自然基因资源条件。

9.3 柞蚕品种、树种间饲料效率的交互作用

柞蚕品种、个体及雌性、雄性间饲料效率的差异性都是在同一饲料的前提下测试的。

而柞蚕放养在野外，用的柞树多是天然次生林，较少人工林。各地因自然条件的差异都有自己的主导树种，这是人力所不易改变的现实。这就提出了一个新的问题，相对高饲料效率的品种对不同的饲料是否都有优越性？优越性的大小有无差别？柞蚕不同品种，饲料效率是否有使用饲料种类的特异性？弄清这一问题，对于选育有广泛适应性的高饲料效率柞蚕品种，显然十分必要。

9.3.1　柞蚕品种、树种间茧重转化率的交互作用

以尖柞、辽东柞、槲柞、蒙古柞4个主要饲料树种，中刈2年生叶为饲料，以高饲料效率品种8821、中等饲料效率品种青6号和较低饲料效率品种抗病2号为试验品种，柞蚕品种与树种组成12个组合，采用干量折合法调查茧重转化率，3个品种，茧重转化率，青6号平均为15.89%，抗病2号为14.69%，8821为17.14%，最大相对开差是17.29%，4个树种平均茧重转化率，尖柞为18.35%，辽东柞为16.02%，蒙古柞为15.23%，槲柞为13.83%，树种间最大相对开差为32.68%。树种间差异几乎是品种的2倍。柞蚕品种、树种及二者的交互作用，对柞蚕茧重转化率影响均达到极显著水平。其中第1位是柞树种，占总作用的62.74%；其次是蚕品种，占35.38%；第3位是树种与蚕品种的交互作用，占1.82%。进一步比较，树种间最好的是尖柞，其余依次是辽东柞、蒙古柞、槲柞。蚕品种最好的是8821，最差的是抗病2号。值得注意的是不同蚕品种对不同饲料的反应差别不同。以尖柞和槲柞养蚕为例，8821茧重转化率开差是4.21个百分点，占总平均值的17.29%，青6号开差为2.75个百分点，占总平均值的11.72%；抗病2号开差为3.16个百分点，占总平均值的14.32%。因此，就不同树种对饲料效率影响看，青6号表现最稳定。比较结果最佳组合是A_1B_1，即8821、尖柞对照值是26.95%，实数值是20.53%；最差组合是A_3B_4，即抗病2号、槲柞，对照值是22.10%，实数值是12.95%。相对开差是59.53%。可见应用最佳树种与蚕品种可大幅度地提高茧重转化率。

A_1B_1 (26.95)			
A_2B_2 (24.86)			
A_3B_1 (24.26)	A_1B_2 (24.14)	A_2B_1 (24.03)	A_1B_3 (23.80)
	A_2B_3 (22.89)	A_1B_4 (22.74)	A_3B_2 (22.56)
		A_3B_3 (22.17)	A_2B_4 (22.11)	A_3B_4 (22.10)

9.3.2　柞蚕品种、树种间茧层生产率的交互作用

与茧重转化率同样，试验调查茧层生产率结果，3 个柞蚕品种茧层生产率平均值分别是：8821 为 1.60%，青 6 号为 1.29%，抗病 2 号为 1.26%。开差占平均值的 24.46%。

4 个树种平均值分别是：尖柞 1.64%，辽东柞为 1.43%，蒙古柞 1.35%，槲柞 1.10%。相对开差占平均数的 36.73%。树种间开差远远大于蚕品种间的开差，这和茧重转化率趋势基本一致。分析柞蚕品种、树种及二者之间的交互作用发现：①蚕品种及树种对茧层生产率的影响作用基本相同，分别为 47.40% 和 47.62%；②蚕品种与树种交互作用对茧层生产率影响不显著。最佳组合蚕品种 8821、树种尖柞，比较值是 8.13%，实数值是 1.98%；最差组合蚕品种抗病 2 号、树种槲柞，比较值是 5.74%，实数值是 0.99%。开差分别为 34.44% 和 66.44%。

柞蚕品种、树种对饲料效率的影响，树种对茧重转化率影响占 62.74%，而对茧层生产率影响只占 47.62%，柞蚕品种与树种间的交互作用对饲料效率影响极少，茧重转化率占 1.82%，茧层生产率作用不显著。说明柞蚕不同品种饲料效率的优势没有或者极少有使用树种的特异性。就是说，无论用什么树种，高饲料效率品种均有其优越性，这一研究结果为选育应用高饲料效率品种，解除了受树种局限的疑虑。

9.4　柞蚕饲料效率的遗传性

柞蚕饲料效率作为一个性状，研究的目的是选育和应用高饲料效率的品种。而以一个核心性状作为选育的目标，这个性状的继代表现、杂交优势、遗传力及遗传基因分析等，即关系到一个品种育成的可能性大小、难易，也关系到一个品种的实用前途，更是品种选育的重要依据。

9.4.1　柞蚕饲料效率的继代表现

饲料效率作为一个重要的经济性状，其继代表现如何？或者说，能否稳定遗传？对此，选择 4 个有代表性的品种即 8821、海青、青 6 号、抗病 2 号，春秋连续 4 年 8 代，继代放养，以干量折合法连续调查茧重转化率与茧层生产率，结果如下。

9.4.1.1　春蚕茧重转化率继代表现（表 9-1）

表 9-1　春养茧重转化率继代表现调查（%）

| 年份 | 品种 | 区号 | | | | | | | | $\sum x$ | $\bar{x}$ |
		1	2	3	4	5	6	7	8		
1989	8821	15.98	15.96	15.95	16.00	16.02	15.99	16.02	16.01	127.93	15.99

年份	品种	区号								$\sum x$	$\bar{x}$
		1	2	3	4	5	6	7	8		
1989	海青	15.61	15.39	15.44	15.72	15.53	15.36	15.50	15.34	123.89	15.49
	青 6 号	13.92	13.89	13.94	13.98	13.98	14.16	14.00	13.81	111.68	13.96
	抗病 2 号	13.38	13.26	13.43	13.40	13.27	13.86	13.43	13.24	107.27	13.41
1990	8821	16.22	16.26	16.22	16.21	16.21	16.22	16.21	16.23	129.78	16.22
	海青	15.50	15.49	15.50	15.50	15.56	15.55	15.50	15.50	124.10	15.51
	青 6 号	14.00	13.99	14.00	13.98	14.12	14.06	14.00	14.01	112.16	14.02
	抗病 2 号	13.40	13.29	13.34	13.34	13.81	13.35	13.27	13.23	107.13	13.39
1991	8821	16.56	16.72	16.73	16.61	16.70	16.58	16.49	16.60	132.99	16.62
	海青	15.70	15.69	15.71	15.72	15.73	15.68	15.60	15.66	125.76	15.72
	青 6 号	14.22	14.23	14.20	14.18	14.18	14.21	14.20	14.19	113.61	14.20
	抗病 2 号	13.52	13.58	13.60	13.48	13.46	13.48	13.45	13.50	108.07	13.51
1992	8821	16.83	16.82	16.79	16.86	16.88	16.82	16.80	16.84	134.64	16.83
	海青	15.60	15.48	15.52	15.40	15.51	15.48	15.42	15.47	123.88	15.49
	青 6 号	14.00	14.02	13.89	13.96	14.03	13.97	13.95	14.03	111.83	13.88
	抗病 2 号	13.40	13.29	13.36	13.42	13.46	13.38	13.40	13.36	107.07	13.38

自 1989 年到 1992 年春，连续 4 个春季调查茧重转化率，4 个品种茧重转化率排序始终是 8821＞海青＞青 6 号＞抗病 2 号，其 4 年平均值分别为 16.42%、15.55%、14.04% 和 13.42%。8821 茧重转化率逐年增加，平均每年增加 0.21 个百分点，其余 3 个品种无增加趋势。这是由于 8821 逐代选优的结果，年份间同一品种表现值有极小差异，可能是由于不同年份叶质营养差别所致。

春养茧重转化率表现差异性 F 检验，多重比较证明，不同年份春蚕茧重转化率 4 个品种间差异均极显著，即 8821＞海青＞青 6 号＞抗病 2 号，而年份与组合间只有 8821 春养茧重转化率逐年增加，年份间差异显著，即（8821×1992 年）＞（8821×1991 年）＞（8821×1990 年）＞（8821×1989 年），这是由于 8821 连续多代继代选择，使茧重转化率不断增加之故。同时也说明，茧重转化率选择有效。

9.4.1.2 春蚕茧层生产率继代表现（表9-2）

表9-2 春养茧层生产率继代表现调查（%）

年份	品种	区号								$\sum x$	$\overline{x}$
		1	2	3	4	5	6	7	8		
1989	8821	1.58	1.56	1.50	1.52	1.53	1.49	1.56	1.55	12.29	1.54
	海青	1.38	1.40	1.39	1.40	1.39	1.41	1.38	1.37	11.15	1.39
	青6号	1.22	1.23	1.20	1.20	1.21	1.22	1.21	1.20	9.69	1.21
	抗病2号	1.13	1.12	1.15	1.10	1.13	1.12	1.16	1.14	9.05	1.13
1990	8821	1.58	1.56	1.57	1.56	1.57	1.59	1.54	1.56	12.53	1.57
	海青	1.39	1.42	1.40	1.42	1.42	1.40	1.40	1.40	11.25	1.41
	青6号	1.23	1.24	1.22	1.23	1.24	1.20	1.23	1.25	9.84	1.23
	抗病2号	1.15	1.12	1.14	1.07	1.15	1.12	1.12	1.14	9.01	11.13
1991	8821	1.65	1.68	1.62	1.60	1.68	1.59	1.65	1.69	13.16	1.65
	海青	1.45	1.46	1.44	1.45	1.46	1.47	1.42	1.44	11.59	1.45
	青6号	1.24	1.26	1.25	1.27	1.26	1.24	1.25	1.26	10.03	1.25
	抗病2号	1.14	1.15	1.14	1.17	1.16	1.14	1.15	1.16	9.21	1.15
1992	8821	1.72	1.74	1.73	1.70	1.76	1.78	1.74	1.75	13.92	1.74
	海青	1.43	1.42	1.44	1.45	1.44	1.40	1.43	1.44	11.45	1.43
	青6号	1.23	1.22	1.24	1.25	1.23	1.22	1.22	1.23	9.84	1.23
	抗病2号	1.14	1.13	1.14	1.15	1.10	1.13	1.14	1.13	9.06	1.13

与茧重转化率同样连续4年调查春蚕茧层生产率。茧层生产率排序与茧重转化率相同。8821表现值逐年增加，也是由于继代选择的结果。进行方差分析与多重比较证明：不同品种连续4年春养，茧层生产率差异显著，即8821＞海青＞青6号＞抗病2号，而年份间差异不显著，年份与品种间交互作用也不显著。多重比较结果，只有8821品种4年春养茧层生产率差异显著，即（8821×1992年）＞（8821×1991年）＞（8821×1990年）＞（8821×1989年）。而其他3个品种，各4个组合间差异不显著。

9.4.1.3 秋蚕茧重转化率继代表现（表9-3）

表9-3 秋养茧重转化率继代表现调查（%）

年份	品种	区号								$\sum x$	$\overline{x}$
		1	2	3	4	5	6	7	8		
1989	8821	17.87	17.77	17.86	17.81	17.85	17.86	17.66	17.80	142.48	17.81

续表

年份	品种	区号								Σx	x̄
		1	2	3	4	5	6	7	8		
1989	海青	17.06	17.06	17.18	16.69	16.63	17.16	16.95	17.04	135.77	16.97
	青6号	15.42	15.50	15.53	15.58	15.44	15.19	15.13	15.42	123.21	15.40
	抗病2号	13.93	13.93	13.86	13.93	13.93	13.93	13.93	13.93	111.37	13.92
1990	8821	17.97	17.98	17.95	18.00	17.95	17.92	17.96	18.00	143.73	17.97
	海青	17.04	17.08	17.16	17.12	16.70	16.70	17.08	17.08	135.96	17.00
	青6号	15.50	15.42	15.60	15.51	15.44	15.20	15.12	15.42	123.21	15.40
	抗病2号	13.93	13.96	13.88	13.92	13.95	13.89	13.94	13.96	111.43	13.92
1991	8821	18.18	18.20	18.16	18.23	18.14	18.09	18.20	18.24	145.44	18.18
	海青	17.10	17.14	17.22	17.18	16.98	16.90	17.06	17.12	136.70	17.09
	青6号	15.56	15.48	15.68	15.56	15.50	15.26	15.18	15.48	123.70	15.46
	抗病2号	14.07	14.00	13.92	13.96	13.99	13.93	13.96	14.00	111.83	13.98
1992	8821	18.29	18.30	18.35	18.18	18.22	18.41	18.36	18.14	146.26	18.28
	海青	17.00	17.12	17.10	17.16	16.68	16.72	17.12	17.06	138.96	17.37
	青6号	15.51	15.42	15.56	15.60	15.52	15.16	15.10	15.32	123.19	15.40
	抗病2号	13.93	14.00	13.86	13.91	13.98	13.90	13.96	13.96	111.53	13.94

4年秋养，茧重转化率4个品种排列顺序一致，即8821＞海青＞青6号＞抗病2号。除8821逐年提高外，其余3个品种4年表现差异不大。

9.4.1.4 秋蚕茧层生产率继代表现（表9-4）

表9-4 秋养茧层生产率继代调查（%）

年份	品种	区号								Σx	x̄
		1	2	3	4	5	6	7	8		
1989	8821	2.12	2.13	2.10	2.08	2.09	2.11	2.12	2.14	16.89	2.11
	海青	1.78	1.79	1.80	1.76	1.74	1.78	1.79	1.76	14.20	1.78
	青6号	1.50	1.60	1.55	1.54	1.56	1.57	1.50	1.58	12.40	1.55
	抗病2号	1.50	1.46	1.47	1.53	1.47	1.48	1.50	1.47	11.88	1.49
1990	8821	2.15	2.06	2.13	2.09	2.28	2.29	2.12	2.09	17.21	2.15
	海青	1.79	1.79	1.64	1.70	1.79	1.79	1.81	1.81	14.12	1.77
	青6号	1.56	1.55	1.57	1.56	1.54	1.53	1.51	1.55	12.37	1.55

续表

年份	品种	区号 1	2	3	4	5	6	7	8	$\sum x$	$\bar{x}$
1990	抗病 2 号	1.49	1.48	1.48	1.48	1.48	1.48	1.48	1.49	11.86	1.48
1991	8821	2.20	2.19	2.22	2.18	2.16	2.14	2.24	2.18	17.51	2.19
	海青	1.79	1.75	1.70	1.81	1.72	1.78	1.79	1.75	14.09	1.76
	青 6 号	1.56	1.57	1.55	1.56	1.59	1.54	1.52	1.60	12.49	1.56
	抗病 2 号	1.50	1.52	1.49	1.47	1.49	1.46	1.50	1.46	11.89	1.49
1992	8821	2.27	2.27	2.26	2.31	2.22	2.20	2.19	2.24	18.02	2.25
	海青	1.78	1.76	1.70	1.80	1.70	1.76	1.79	1.78	14.07	1.76
	青 6 号	1.56	1.57	1.58	1.54	1.56	1.56	1.52	1.57	12.46	1.56
	抗病 2 号	1.48	1.47	1.49	1.46	1.43	1.49	1.50	1.51	11.86	1.48

连续 4 年调查秋蚕茧层生产率，显著性检验结果（检验过程略）和秋养茧重转化率完全一致，即 4 个品种差异极显著，品种间显著差异性一致，即 8821 ＞海青＞青 6 号＞抗病 2 号。8821 经逐代选择，表现值递增了 0.14 个百分点，平均每代增加了 0.02 个百分点，相对平均每代增加 0.83%，秋期增加速度明显不如春期，只是春期的 1/2。

通过对饲料效率两个指标的连续调查，结果证明，品种间差异有很好的稳定性，即基因决定性作用。同时，8821 连续继代选择，饲料效率稳定地逐代增加，说明选择有效。

9.4.2　柞蚕饲料效率的杂交优势

以 8821、8822、青 6 号和四青及其杂交种 8821×四青、四青×8821、8822×青 6 号、青 6 号×8822 的 F_1、F_2 为试材，采用干量折合法，以尖柞 2 年生叶做饲料，调查全龄茧重转化率和茧层生产率。

分析 F_1 试验结果可以发现，茧重转化率正反交无明显差异。两对杂交组合 F_1 平均只差 0.01 个百分点，F_2 代 8821×四青和四青×8821 只差 0.05 个百分点，而 8822×青 6 号和青 6 号×8822 则完全相同。

同样，分析茧层生产率，结果则不同，正、反交有明显的差异，F_1 正反交相对差 4.06%，F_2 正反交平均相对差 1.60%。说明茧层生产率有偏父遗传的特性。

$$\text{依据杂交优势率（%）} = \frac{\bar{F_1} - \frac{1}{2}(\bar{P_1} + \bar{P_2})}{\frac{1}{2}(\bar{P_1} + \bar{P_2})} \times 100$$

计算茧重转化率的杂交优势率分别为

F$_1$（8821× 四青）=7.85%

F$_1$（8822× 青 6 号）=8.15%

F$_2$（8821× 四青）=3.92%

F$_2$（8822× 青 6 号）=2.80。

F$_1$ 平均杂交优势率为 8.00%，F$_2$ 平均杂交优势率为 3.36%，F$_2$ 比 F$_1$ 杂交优势率下降了 58.00%，或者说 F$_2$ 的杂交优势率只有 F$_1$ 的 42.00%。

同理计算茧层生产率的杂交优势率分别为：

F$_1$（8821× 四青）=6.49%

F$_1$（8822× 青 6 号）=6.52%

F$_2$（8821× 四青）=1.63%

F$_2$（8822× 青 6 号）=2.72%

茧层生产率 F$_1$ 杂交优势率平均为 6.51%，F$_2$ 平均为 2.18%，F$_2$ 比 F$_1$ 平均下降了 66.51%，即 F$_2$ 的杂交优势率只是 F$_1$ 的 33.49%。

总体来看，柞蚕饲料效率杂交优势率不高，F$_2$ 比 F$_1$ 又迅速下降，说明主基因无明显的显隐关系，微效基因的互补或显性作用明显，而微效基因累加作用即固定遗传方差占的份额较小。茧重转化率正反交无明显差异，而茧层生产率有偏父遗产的特性。

9.4.3   柞蚕饲料效率的遗传力

在杂交优势率试验的基础上，增加回交 B$_1$、B$_2$，调查全龄茧重转化率与茧层生产率，统计亲本、F$_1$、F$_2$、B$_1$、B$_2$ 两指标表现型方差，分别依据下列公式计算遗传力。

广义遗传力（甲法）$h^2(\%) = (V_{F_2} - V_{F_1})/V_{F_2} \times 100$

广义遗传力（乙法）$h^2(\%) = [V_{F_2} - \frac{1}{2}(V_{P_1} + V_{P_2})]/V_{F_2} \times 100$

狭义遗传力 $h^2(\%) = [2V_{F_2} - (V_{B_1} + V_{B_2})]/V_{F_2} \times 100$

甲法估算茧重转化率与茧层生产率广义遗传力平均分别为 96.42% 和 70.36%，乙法估算二者分别为 90.36% 和 66.08%。总平均茧重转化率的广义遗传力为 93.39%，茧层生产率广义遗传力为 68.22%。就是说，可遗传方差，茧重转化率远远高于茧层生产率。

茧重转化率，8821× 四青 =86.96%，四青 ×8821=89.01%，8822× 青 6 号 =87.68%。青 6 号 ×8822=83.03%，平均为 86.67%；茧层生产率，8821× 四青 =50.96%，四青 ×8821=59.21%，8822× 青 6 号 =54.93%，青 6 号 ×8822=65.58%，平均为 57.69%。反交均比正交高，即以高饲料效率品种为父本，以一般品种为母本遗传力高，意味着该性状的选择以饲料效率高的为父本，效果会好些。

广义遗传力，正反交相差，茧重转化率平均是 2.73%，茧层生产率平均是 9.45%。说明以提高茧层生产率为育种目的的性状，应以高饲料效率材料作父本进行杂交为宜。

另外，饲料效率两项指标遗传力差异很大，广义遗传力茧重转化率比茧层生产率高

25.17 个百分点，狭义遗传力高 30.50 个百分点，说明茧重转化率选择相对会更容易些，且在早期选择有效。茧层生产率可通过连续多代定向选择，最终固定下来。

两项指标在遗传方差中，平均可固定遗传方差茧重转化率占 94.41%，茧层生产率占 84.54%，二者均较高，说明通过杂交固定，选择提高较容易。

9.4.4 柞蚕饲料效率的遗传基因作用分析

柞蚕饲料效率是一个复合性状，是全茧量、茧层量、食下量、消化量多指标的集体体现，涉及多种酶参与下的消化、吸收、转化等一系列的生理、生化反应过程。为此，从道理上讲，控制此性状的基因应是一个较复杂的组合，或者说多基因共同作用，通过继代表现、杂交优势、遗传力及选择效果等实际研究，初步认为柞蚕饲料效率基因作用有如下特点。

9.4.4.1 主基因作用特点明显

柞蚕饲料效率这一性状，以往无任何直接选择或间接选择的实践，应该说现存的品种或材料，就该性状来说，还是一个很自然的群体，各种组合型的基因效率也是以一定的比率关系延续着。

在品种选育过程中，一般 3~4 代这一性状就大部分得到固定，以后提高幅度均不大。用 $n=(\overline{P_1}-\overline{P_2})/8(V_{F_2}-V_{F_1})$ 反复试验推定，主基因对数始终在 1~2 之间，在选择过程中，个体之间差异极明显，没有复杂的分离现象，大群体调查，基本上有差异程度不同的 3~4 种类群出现，并且个体间调查数据无正态分布倾向。几大类群有明显间断，14 个品种比较试验也可看出明显地分成几个类群，而没有连续性，为此认为主基因对数不多，1~2 对的可能性较大。

主基因作用表现另一明显特征是，无显隐关系，无论杂交、回交，子代无任何一个亲本型表现倾向。主基因作用效果是累加的。遗传力高，特别是可固定遗传方差两项指标至少在 84% 以上也证明了这一点。

9.4.4.2 有多基因作用

作为像饲料效率这样的综合经济性状，推测一对或一种基因很难完全控制这么复杂的生理生化反应过程，所以所谓的主基因作用是相对的，只能说其影响份额占有较大部分。

多基因作用的一个例证就是杂交优势明显，然而占有份额并不多。其中，茧重转化率占 8.40%，茧层生产率为 6.51%。

对照种抗病 2 号无选择繁殖继代，年份间茧重转化率差异不显著。为此说明 8821、8822 饲料效率的提高是选择的效果。8821、8822 选择效果与趋势完全一致，春养平均每代提高 0.07 个百分点，相对每代增加 0.04%。秋养每代增加 0.04 个百分点，相对每代是 0.02%，就是说选择效果进展很缓慢，但是每代选择效果并不同，随着世代的增加，选择效果降低。前 4 年 2 个品种平均每代选择效果是 0.09 个百分点，而后 4 年平均只有 0.01 个百分点，只是前 4 年的 1/9。说明随着选择代数的增多，与基因型的纯合，选择效果迅速下降。

茧层生产率选择效果总体表现趋势与茧重转化率一样，只是每代相对选择效果比茧重转化率要高得多，选择效果下降的速度比茧重转化率也慢得多。这与二者遗传力的强弱结果是一致的，也说明控制茧层生产率的基因作用关系更复杂。

9.4.4.3　性染色体基因与质基因的部分作用

调查亲本与杂交组合雌性、雄性各 20 个个体，平均饲料效率差异说明：①茧重转化率亲本及杂交 F_1 差异不大，平均 4 个亲本、4 个杂交组合 F_1 雌性、雄性茧重转化率分别是 17.25% 和 17.27%，差 0.02 个百分点，相对开差也只有 0.12%；②茧层生产率雄性大于雌性，其中 4 个亲本平均雄性比雌性高 0.32 个百分点。相对高 18.98%，F_1 4 个组合平均雄性高于雌性 0.31 个百分点，相对高 17.13%。

由此说明，茧层生产率有偏父遗传现象，而雌性、雄性间 F_1 基因型的差异无非是性染色体基因或质基因的差异。

9.5　柞蚕主要性状与饲料效率的相关性

研究柞蚕主要性状包括生命力性状和主要经济性状与饲料效率的关系，旨在寻求高饲料效率品种选育可直接或间接利用的指标，在提高饲料效率的同时，兼顾其他性状的巩固和提高，以保证育成品种的实用性。

9.5.1　产卵性能与饲料效率

柞蚕卵量的多少，既是繁殖系数的直接体现，又在一定程度上反映了品种生命力的强弱，具有生物性状与经济性状的双重性。

9.5.1.1　造卵、产卵性能与饲料效率

选择 16 个代表性的品种或材料，春、秋各 8 次重复，调查造卵数、产卵数、食下量，统计造卵、产卵效率及全龄茧重转化率与茧层生产率。春季统计 16 个品种，平均单蛾造卵数 318.3 粒，品种间相对最大开差 55.69%，造卵量平均为 2.72g，品种间最大相对开差为 62.00%，平均产卵为 245.6 粒 / 头，产卵量为 2.21g/ 头，相对最大开差分别为 70.16% 和 72.78%。每克柞叶平均造卵数为 6.44 粒，产卵数平均为 5.15 粒，品种间相对最大开差分别为 52.25% 和 64.68%，远远超过饲料效率两项指标品种间的开差。

秋季统计 16 个品种，每克柞叶造卵效率（粒）平均为 7.15 粒，产卵数平均为 5.69 粒，分别比春季高 0.71 粒 /g 和 0.54 粒 /g，品种间最大开差分别为 45.80% 和 37.58%，比春蚕开差分别少 6.44 和 27.10 个百分点。

秋季由产卵体现的饲料效率，16个品种由高到低依次是海青＞（8821·8822）×吉大＞8821×8822＞吉大＞8822＞8821＞青6号＞三里丝＞白茧1号＞胶蓝＞吉黄＞白蚕＞鲁红＞抗病2号＞多丝4号，与春季品种间差异性基本一致。

两季16个品种，产卵效率与2项饲料效率各自指标的平均值，统一按品种饲料转化率大小排序，则：（1）8821×8822＞（8821·8822）×吉大＞8821＞8822＞海青＞吉大＞鲁红＞吉黄＞胶蓝＞青6号＞白蚕＞四青＞三里丝＞白茧1号＞抗病2号＞多丝4号。

春秋两季成虫的产卵粒数，饲料效率较高的前6个品种平均是337.03粒/头，而饲料效率较低的后6个品种平均是236.82粒/头，前者平均每头蛾比后者多产100.21粒，相对高42.31%，说明产卵量与饲料效率有良好的一致性。统计造卵数基本趋势也如此。

9.5.1.2　卵的孵化性能与饲料效率

卵的孵化性能有两个标志，一是孵化率，二是孵化整齐度。孵化性能在一定程度上反映出品种生命力的强弱。为此选用6个品种，春、秋各8次重复，调查产卵数、不受精卵数、死胚数、普通孵化率、1h孵化率、实用孵化率，并用干量折合法调查全龄茧重转化率与茧层生产率，取各品种总平均数，其中8821、8822平均产卵量337.28粒/蛾，比青6号相对高13.83%，比多丝量品种多丝4号相对高49.43%。高饲料效率杂交种8821×8822、（8821·8822）×吉大更有绝对优势，比青6号相对高20.91%。并且可以看到杂交优势，如8821×8822和其双亲比，杂种优势率为7.24%。

调查1h孵化率，旨在了解和掌握孵化整齐度。结果证明高饲料效率纯种和青6号差异不显著，高饲料效率杂交种有明显优势。

实用孵化率品种间差异倾向性与1h孵化率完全一致。

其他如不受精卵率、死胚率等，高饲料效率品种均有一定的优势性。这些指标的调查结果与茧重转化率完全一致，与茧层生产率高低除青6号和多丝4号排序有变外，其余也基本一致。就是说，柞蚕产卵数、产卵效率及卵的孵化性能，品种间的差异性与饲料效率有一定的正相关性，而未发现有负相关。这至少可以说，随着饲料效率的提高，卵期性状不会逆向发展。

9.5.2　龄期经过与饲料效率

柞蚕的龄期经过是一项主要经济性状，它与饲料效率的关系如何？是否可在饲料效率选择过程中，直接或间接地利用幼虫龄期经过这一性状，作为标记，进行选择以达到提高饲料效率的目的，就此进行了以下两项试验。

9.5.2.1　品种间龄期经过的差异与饲料效率

试验选用16个品种，春秋分别调查全龄经过与5龄经过日数，并与各品种的饲料效率调查同时进行，如图9-1所示。

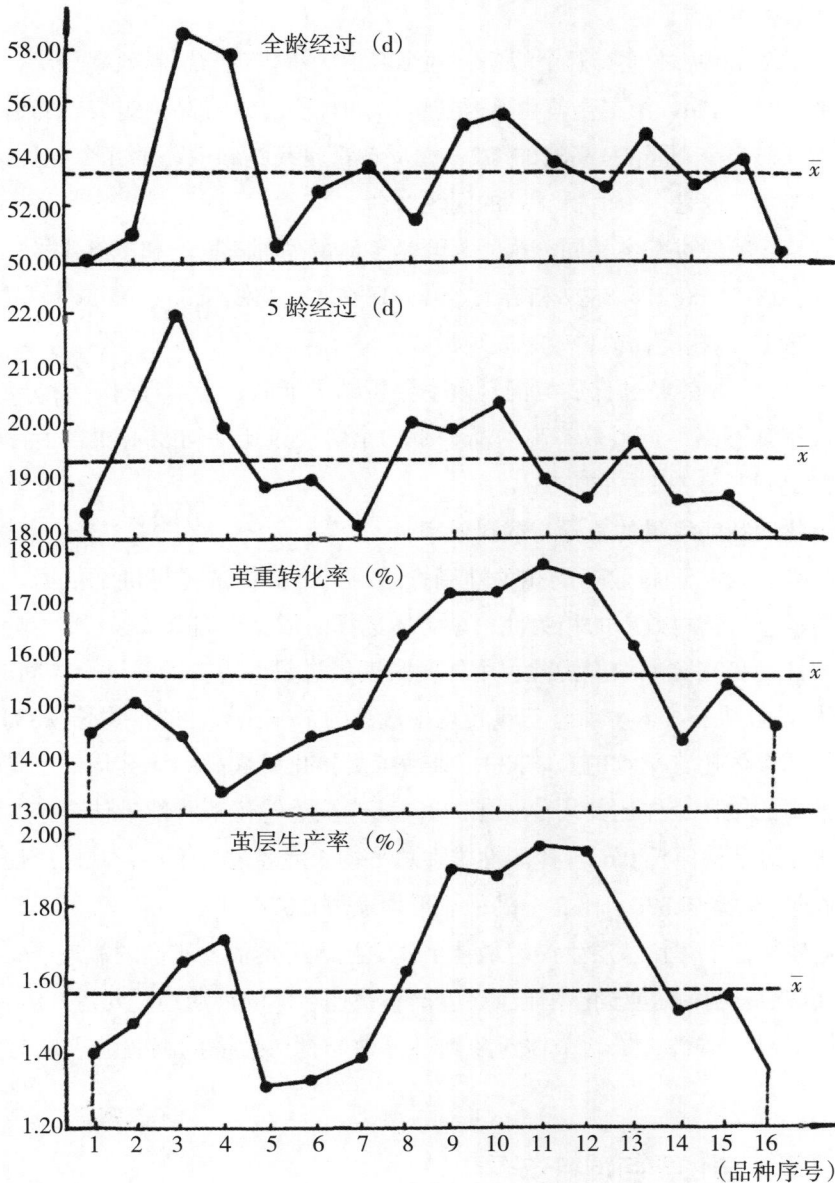

图 9-1　龄期经过与饲料效率品种间变化趋势

茧层生产率有两个高峰：第一峰高出平均线的有两个品种，都是多丝量品种三里丝和多丝 4 号，高出的幅度较小，只有 0.035 个百分点。而第二高峰有 6 个饲料效率较高的品种，高出平均线，平均高出 0.218 个百分点，是第一高峰的 6.24 倍。

茧重转化率只有一个大的超出平均线的高峰，同样由饲料效率较高的 6 个品种组成，超出平均线 1.45 个百分点，相对值高 9.40%。从饲料效率两项指标品种间的表现趋势看，差别是茧层生产率多一个小高峰，高出值也极小。因此，可以说饲料效率两项指标表现，品种间趋势基本一致。

5龄经过日数，也基本上有两个峰值，两个峰值大小表现与饲料效率相反，即第一峰值大，超过平均线1.47d，第二高峰由8号、9号、10号、13号品种组成，峰值较小，比平均线只超出0.73d，只是第一高峰的1/2，相反却都是高饲料效率的4个纯种，即海青、8821、8822、吉大，这是一个值得深思的问题。

全龄经过与5龄经过基本相同，第一高峰是多丝量品种三里丝和多丝4号，第二高峰是海青、8821、8822、8821×8822和吉大。第一高峰比平均线长3d，第二高峰只长0.84d，不足第一高峰的1/3。相反，饲料效率表现最高。

通过全龄经过、5龄经过日数与饲料效率分析结果证明，全龄经过、5龄经过太长或太短、饲料效率都不高，饲料效率高的品种平均全龄经过比平均线（相当于青6号）长0.84d，比5龄经过长0.73d左右。

9.5.2.2　个体间龄期经过的差异与饲料效率

品种间龄期经过与饲料效率的相关性调查结果，为群体选择提供了依据。同样，调查个体间龄期经过与饲料效率的相关性，是个体选择的依据。因全龄经过、5龄经过与饲料效率的相关性趋势完全一致。为此，个体间龄期经过只调查5龄经过个体间的差异，3个品种各春秋养60头蚕，春养雌性茧重转化率最高的个体比雌性的平均长0.83d，茧层生产率最高的雌性个体比其平均值长1.33d；雄性茧重转化率最高的比其均值也是长0.83d，茧层生产率最高的雄性个体比其均值长1.38d；秋养茧重转化率雌性最佳个体5龄经过比雌性群体龄期经过平均值长0.6d。比雌性雄性总平均5龄经过长1.1d，雄性最佳个体比雄性总体平均龄期经过长0.33d，比3个品种总平均值短0.07d。

茧重转化率最佳个体比茧层生产率最佳个体更接近平均值，雌性的靠近0.6d，雄性的靠近0.75d。也就是说，茧重转化率比茧层生产率最佳个体的龄期经过要短0.5～1.0d。

秋养不同品种，雌性、雄性个体5龄经过日数与饲料效率的相关性表现与春养完全一致。

9.5.3　食下量、消化率与饲料效率

食下量与消化率（消化量占食下量的百分比）是检验柞蚕对饲料消耗与利用的基本指标。过去有些蚕生理学、解剖学资料也部分地介绍过，但大多是就单一品种、树种或季节进行的试验研究，缺少系统性，所以很难直接用来分析与柞蚕饲料效率的关系。

9.5.3.1　食下量与饲料效率

选择16个品种，春、秋蚕各8次重复，调查食下量与饲料效率，取各品种平均值，以大小为序，16个品种依次为：8821×8822＞（8821·8822）×吉大＞8822＞8821＞三里丝＞吉大＞青6号＞鲁红＞白茧1号＞抗病2号＞多丝4号＞四青＞胶蓝＞吉黄＞海青＞白蚕。

表9-5 春、秋养食下量、饲料效率平均值调查结果

品种	1	2	3	4	5	6	7	8	9	10	11	12	13	14	15	16	Σx	x̄
食下量(g/头)	63.20	60.26	60.25	60.07	56.60	55.59	54.54	52.26	52.22	51.75	51.48	50.52	49.84	48.71	46.06	45.28	858.25	53.14
茧重转化率(%)	17.22	17.06	17.00	16.13	14.42	16.13	14.38	15.33	14.38	14.06	13.29	14.60	14.90	15.02	16.24	14.63	246.08	15.38
茧层生产率(%)	1.91	1.87	1.85	1.86	1.64	1.64	1.36	1.52	1.36	1.31	1.57	1.41	1.42	1.48	1.59	1.34	25.12	1.57

由表 9-5 可以看出，前 4 位品种食下量最多，茧重转化率、茧层生产率也最高，食下量与饲料效率无肯定的反比关系，而后的品种表现则很不规律，如海青食下量占第 15 位，而饲料效率两项指标却占第 4 位和第 6 位。由此表明，食下量与饲料效率无正比关系可言。总体上饲料效率两项指标曲线趋势基本一致，即随着食下量的减少而下降。在食下量平均线以下都各有一个品种出现一个小峰值，海青两项指标均超过平均线，其中茧层生产率超过平均线不到 0.1 个百分点，相对值只有 6.00%，而茧重转化率超 0.86 个百分点，相对超平均线 5.59%。由此可见，通过控制食下量提高饲料效率几乎是不可能的。那么是否可以说食下量越多，饲料效率会越高呢？就品种间而言，已调查的 16 个品种有这样的趋势，但个体间的调查发现，食下量特多的，饲料效率并不高。

9.5.3.2 消化率与饲料效率

由于春、秋蚕消化率除了量上有变化外，品种间差异倾向完全一致，故这里只分析秋蚕消化率与饲料效率的关系，结果见表 9-6。

表 9-6　秋养不同品种消化率与饲料效率调查结果

品种	1	2	3	4	5	6	7	8	$\bar{x}$	茧重转化率（%）	茧层生产率（%）
8821	19.82	19.71	19.76	18.02	19.90	19.64	19.73	19.69	19.79	17.81	2.15
8822	19.80	19.86	19.75	19.91	19.86	19.68	19.81	19.76	19.80	17.82	2.13
8821×8822	19.95	19.86	19.90	19.96	19.84	19.88	19.94	19.90	19.90	17.96	2.19
（8821·8822）× 吉大	19.70	19.80	19.24	19.65	19.82	19.74	19.84	19.79	19.76	17.82	2.14
吉大	19.10	19.12	19.16	19.13	19.18	19.04	19.17	19.18	19.15	16.85	1.83
三里丝	17.60	17.48	17.60	17.54	18.47	17.80	18.12	17.68	17.78	15.12	1.89
鲁红	18.74	18.56	18.64	18.68	18.62	18.63	18.71	18.67	18.66	16.46	1.74
青 6 号	19.50	19.82	17.69	17.82	18.33	17.34	17.96	18.00	17.92	15.40	1.55
白茧 1 号	17.35	17.46	17.35	17.54	17.43	17.32	17.50	17.36	17.41	14.97	1.51
海青	18.84	18.76	18.84	18.96	18.92	18.84	18.88	18.84	18.86	16.97	1.77
胶蓝	18.00	18.24	18.16	18.19	18.27	17.94	18.14	18.10	18.13	15.60	1.58
四青	17.69	17.76	17.85	17.82	17.74	17.76	17.80	17.82	17.78	15.29	1.56
吉黄	18.31	18.19	18.26	18.30	18.28	18.37	18.30	18.31	18.29	15.73	1.66
抗病 2 号	17.16	17.10	17.08	17.14	17.15	17.12	17.14	17.16	17.13	14.73	1.48
多丝 4 号	17.52	17.48	17.32	17.36	17.30	17.41	17.42	17.38	17.40	13.92	1.76
白蚕	17.80	17.86	17.76	17.82	17.90	17.91	17.80	17.78	17.83	15.33	1.52

统计 16 个品种，秋蚕消化率平均值为 18.47%，品种间最大开差为 2.77 个百分点，相对开差为 16.17%；平均茧重转化率为 16.09%，比消化率平均值低 2.38 个百分点，相对值低 12.89%，反之，茧重转化率约占消化率的 87.11%，差别的部分可能是由于生命活动的消耗或蚕茧水分与树叶水分不同所致。

总体上看，消化率与品种的茧重转化率及茧层生产率有明显的正相关关系，从中发现高饲料效率的品种，消化率与茧重转化率的开差小，比如 8821、8822、（8821·8822）×吉大、8821×8822，这些品种消化率平均为 19.81%，茧重转化率平均为 17.85%，二者差 1.96 个百分点，比总平均数二者之间的差少 0.42 个百分点，茧重转化率低的 4 个品种为多丝 4 号、抗病 2 号、白茧 1 号、三里丝，消化率平均值为 17.41%，茧重转化率为 14.60%，二者差 2.72 个百分点，比茧重转化率高的品种二者的差高出 0.76 个百分点。特别是多丝量品种三里丝和 371，茧重转化率只是消化率的 82.55%，比平均值低 5 个百分点。可见多丝量品种用于生命活动所需能量较多。当然，这里面或许也有茧层多而茧层含水量少于蛹体的原因。从数据变化分析发现消化率与饲料效率呈正相关，随着消化率减少，饲料效率迅速降低；茧层生产率总体随着消化率的减小而平稳下降。

9.5.4 茧质性状与饲料效率

全茧量、茧层量、茧层率是柞蚕最重要的 3 个经济性状，影响到农民、种场、丝厂等各方面的利益，因而备受关注。而不同品种的全茧量、茧层量、茧层率与饲料效率的关系如何，也就成为选育高饲料效率品种所应探讨的问题。

9.5.4.1 全茧量与饲料效率

16 个品种，春、秋各 8 次重复，全茧量由大到小排序，发现全茧量、茧重转化率、茧层生产率 3 项指标最优 5 个品种表现完全一致，即全茧量最重的 5 个品种饲料效率也最高，并且品种间差异性也基本一致。而后 11 个品种全茧量逐渐减少，饲料效率两项指标则变化无序。其中茧重转化率有 3 个小峰值出现，茧层生产率又有两个明显峰值。这里面出现一个令人深思的问题，5 个全茧量重的品种，饲料效率也最佳，而后则无规律性。由此是否说明全茧量在达到一定高值后与饲料效率有必然的一致性呢？还是随着全茧量的再增高，饲料效率会再有所改变呢？值得今后再研究。但在同一品种不同个体中，无论雌性或雄性，全茧量特重者，龄期经过延长，食下量增多，饲料效率并不是最高。相反，全茧量在同一品种中处于平均线以上，比最高值低 10%～15% 的，饲料效率最高。在实践中，也是这样进行个体选育的，效果也较理想，并且有助于同时兼顾生命力、茧质等性状。为此，不能认为全茧量无限制地提高，饲料效率也会随之上升。

9.5.4.2 茧层量与饲料效率

各品种茧层量，按春、秋平均值大小排序是：8821×8822 >（8821·8822）×吉大 > 8822 > 8821 >三里丝>吉大>多丝 4 号>鲁红>青 6 号>海青>吉黄>胶蓝>四青>

白茧 1 号＞抗病 2 号＞白蚕。

分析发现，共同点是前 4 位品种差异性一致，即全茧量、茧层量、茧重转化率、茧层生产率表现均最佳；其余 12 个品种茧重转化率与茧层量无必然联系；茧层生产率品种间差异变化趋势和茧层量基本一致，除青 6 号突然下降，海青明显提高外，其余品种总体随着茧层量的减少，茧层生产率呈下降趋势。

9.5.4.3　茧层率与饲料效率

比较 3 项指标可以看出，茧层率与饲料效率在最高水平时，呈明显的反比关系，而在较高水平区，即平均线以上，最高水平 1～2 个品种以下部分有一定的一致性，而低水平区，即平均线以下区，二者表现趋势基本一致。

9.6　柞蚕品种饲料效率差异的验证

在了解柞蚕饲料效率品种间的差异及与其他主要性状的相关性的同时，还需弄清为什么会有这样突出的差异，从而为柞蚕高饲料效率品种选育提供更科学的选择指标、手段与途径。

9.6.1　5 龄取食特点的差异与饲料效率

柞蚕 5 龄食下量占总食下量的 80%，并且 5 龄是体重增加、茧丝蛋白积累最关键时期。5 龄蚕体大，取食活动旺盛，也便于观察研究。而饲料效率品种间的巨大差异与 5 龄蚕的取食特点有何联系呢？

选择饲料效率差异较大的 5 个品种，春、秋分别调查单位时间内取食次数、两次取食间隔时间、每次取食持续时间。各品种在饲料老嫩、饲料量、枝长、光线与温度等力求一致的条件下，调查各指标。

每 3h 取食次数从 5 龄第 3 天到第 11 天平均最多是第 7 天，达 7.0 次，最少是第 3 天，是 4.5 次，到第 11 天为 5.2 次。每次取食持续时间从 5 龄第 3 天到第 11 天，变化规律与取食次数相同，最短每次取食平均 6min，最长是 5 龄第 7 天达 13min。每次取食间隔时间则相反。最长是 5 龄第 3 天为 33.5min。最短是 5 龄第 7 天为 13min。

不同品种 5 龄第 3 天到第 11 天每 3h：平均取食次数由少到多依次是：8821（4.9次）＜海青（5.2 次）＜吉黄（5.5 次）＜青 6 号（5.7 次）＜抗病 2 号（5.9 次）；平均每次取食时间：8821（7.6min）＜海青（8.1min）＜吉黄（8.7min）＜青 6 号（9.4min）＜抗病 2 号（10.0min）；每次取食间隔时间：8821（28.9min）＞海青（27.1min）＞吉黄（23.61min）＞青 6 号（22.6min）＞抗病 2 号（21.2min）；饲料效率两指标依次是：8821＞海青＞吉黄＞青 6 号＞抗病 2 号。经过分析可以看出：春蚕 5 龄每 3h 取食次数比秋养平均少 0.15 次。平均每次取食时间春蚕比秋蚕多 2.18min，相对多 33.44%。每次取食间隔时间秋蚕比春蚕略长，平均长 0.75min。秋蚕平均每 3h 取食次数、每次取食持续时间和取食间隔时间从 5 龄第 3 ~ 11 天的开差均比春蚕小。秋蚕平均每 3h 取食次数、每次取食持续时间和取食间隔时间与品种饲料效率差异的倾向与春蚕完全一致。由此说明，春柞蚕 5 龄第 3 ~ 11 天平均每 3h 取食次数多少，每次取食持续时间长短与饲料效率成负相关，而每次取食间隔时间长短与饲料效率成正相关。

9.6.2　饲料在蚕体内滞留时间的差异与饲料效率

食物与柞蚕肠壁接触的面积越大，时间越长，被吸收利用的就越充分。为此，选择 7 个品种，调查春秋蚕饲料在蚕体内的滞留时间与饲料效率的关系，结果发现，饲料在蚕体内滞留时间与茧重转化率、茧层生产率表现品种的差异性趋势完全一致，即随着饲料在蚕体内滞留时间的延长，饲料效率随之提高。

9.6.3　品种肠液 pH 及缓冲力的差异与饲料效率

肠液首要的功能是对食物的消化分解，保证对营养的吸收。对食物的消化和分解，首先需要各种酶的参与，特别是三大分解酶的作用至关重要。而这些酶的活力强弱无不要求在一定 pH 条件下进行，也就是说，肠液 pH 的高低会影响到酶的活性，进而影响食物中营养的吸收和利用，同时，必须有足够量的肠液将食物完全浸泡包围才有利于消化吸收。在此基础上，又由于蚕在取食过程中会带进水分和其他有机酸类物质，或由蚕体的自卫反应"吐沙"（肠液）再恢复肠液碱性作用和缓冲力，时间长短也会影响到食物的消化和吸收。

9.6.3.1　肠液量的差异与饲料效率

8 个品种取 5 龄第 7 ~ 9 天蚕，饥饿 24h，电刺法取肠液，离心除杂后，分别测量每头蚕肠液的量，8 个品种平均每头蚕电刺法一次可取肠液为 1.76ml，品种间最大开差为每头蚕 0.78ml，相对开差达 57.8%。

8 个品种肠液量依次为 8821×8822 >（8821·8822）× 吉大 > 8821 > 8822 >海青 >青 6 号、白蚕 >抗病 2 号。差异显著性检验，8821、8822 及（8821·8822）× 吉大差异不显著，青 6 号和白蚕差异不显著，即按着差异显著性 8 个品种可分为 8821×8822 > 8821、8822、（8821·8822）× 吉大 >海青 >青 6 号、白蚕 >抗病 2 号。这种品种间差异性的表现与饲料效率两项指标品种间的差异性表现完全一致。也就是说，电刺法一次可取出肠液量的多少与饲料效率有明显的正比关系。

9.6.3.2　肠液 pH 的差异与饲料效率

调查不同品种肠液的 pH 比较结果，8 个品种，肠液 pH 平均在 10 ~ 11，没有明显的差异，与饲料效率之间也看不出有明显的联系，但强健好养的品种个体间 pH 差异明显地小于普通品种，如：8821×8822、（8821·8822）× 吉大品种内，个体间平均最大开差只有 2.66%，纯种 8821、8822 平均最大开差为 7.00%，而青 6 号、海青、抗病 2 号平均为 18.77%，最差的白蚕最大开差为 22.79%。品种个体间 pH 的开差依次是：8821×8822、(8821·8822)× 吉大< 8821、8822 <青 6 号、海青、抗病 2 号<白蚕，这种差异性虽然与品种的饲料效率看不出必然的联系，但和这几个品种数年来的产量和生命力表现却是完全一致的，即品种内个体间 pH 差异越小，产量越高，生命力越强。这对丰产好养型品种选育无疑是一个可参考的指标。

9.6.3.3 肠液缓冲力的差异与饲料效率

所谓肠液缓冲力，即柞蚕自身维持肠液酸碱平衡的能力。由于酸碱直接关系到各种酶的活力，酶的活力强弱又直接关系到蚕体内生理生化反应的速度和彻底性，作为柞蚕生命代谢活动，这一最重要而复杂的生理生化反应过程与肠液缓冲力的强弱是否有必然的联系呢？

通过选择 8 个生命力及饲料效率差异较大的纯种与杂交种测试缓冲力，结果可以清楚地看出：影响肠液缓冲力的第一位因素是品种的强健性，总体上看杂交种好于纯种，强健性品种好于生命力差的品种，即肠液缓冲力是柞蚕品种或个体生命力强弱的重要标志。肠液缓冲力与饲料效率明显相关，8 个品种除白蚕外，均表现出正相关关系，即 8821×8822 ＞ (8821·8822)× 吉大＞ 8821 ＞ 8822 ＞海青＞青 6 号＞抗病 2 号＞白蚕，就是说强健好养的品种中，肠液缓冲力越强，饲料效率越高。这可能是由于柞蚕放养在野外，因饲料、雨水及其他因素的影响，会在一定程度上干扰肠液的酸碱平衡，而这种平衡关系受影响的程度不同，对饲料的消化吸收和利用也有一定的影响。

9.6.3.4 恢复肠液 pH 原值时间长短的差异与饲料效率

众所周知，柞蚕放养在野外，雨水、饲料等因素会在一定程度上影响肠液的 pH，同时"吐沙"也是柞蚕一种较普遍的自卫反应，那么，"吐沙"即肠液吐出后，需多少时间才能再恢复 pH 原值是一个值得探讨的问题。

将用电刺法取出肠液后的柞蚕再正常喂叶，每个品种分 5 组，测试 8 个品种 pH 恢复到原值所需的时间，8 个品种各经 5 次重复，测得电刺法取出肠液后，肠液恢复 pH 原值的时间总平均为 8.25h，但品种间差异极显著，最大开差达 4h。

恢复 pH 原值所需的时间首先取决于品种或个体的强健性。如杂交种 8821×8822、(8821·8822)× 吉大，蚕体最强健，肠液恢复 pH 原值的时间也最短，相反，白蚕生命力最差，恢复 pH 原值的时间也最长。在强健性品种中，恢复 pH 原值的时间与饲料效率成正相关，高饲料效率品种平均比对照短 20% 以上。

9.6.3.5 恢复肠液缓冲力时间长短的差异与饲料效率

柞蚕肠液的碱性作用强弱，除了与 pH 高低有关外，维持 pH 相对平衡的能力，即缓冲力的强弱更为重要。因为柞蚕不断地取食，特别是 5 龄，取食量大，食物中的有机酸类物质不断地中和肠液中的碱性，如何保持其 pH 的相对稳定，即体现出品种强健性，也可能对饲料效率产生影响。为此，与肠液恢复 pH 所需时间同样调查肠液恢复缓冲力的时间，电刺法取出肠液后，肠液恢复缓冲力的时间，8 个品种平均为 14.45h，比肠液恢复 pH 原值的时间长 7.20h，相对长 87.27%，就是说，肠液取出后使肠液恢复缓冲力所需的时间是恢复 pH 原值的 1.8 倍以上。

可见，pH 原值恢复了并不等于缓冲力恢复了。

恢复缓冲力所需的时间与品种强健性及饲料效率的关系和恢复 pH 原值时间结果基本一致。

9.6.4　品种消化管的结构差异与饲料效率

食物进入蚕体后，消化分解与吸收的工作都是在消化管中完成的。那么，饲料效率不同的品种，消化管结构是否会有差异呢？

9.6.4.1　肠壁内、外表面差异

对消化管的解剖观察发现，高饲料效率品种 8821、8822、8821×8822 和（8821·8822）×吉大，一个共同的特点，外表面粗而不光滑。肌肉束粗而多，整环形或半环形，皱褶多，肠壁也显得格外厚。相反，青 6 号壁薄光滑，褶皱少而小，肌肉束也细而少。中肠内高饲料效率品种由于皱褶多而深，显得凸凹不平，杯状与筒状细胞也有排列错落不齐之感。

9.6.4.2　中肠伸缩性的差异与饲料效率

各品种取中肠 2cm 长，用镊子使其伸到最大长度时，量其长度，横向幅度的伸缩性也同样测量，纵向伸缩性测量结果：6 个品种，中肠伸缩性差异极显著，其中 8821×8822 最好，占原长的 20%，其次是 8821、8822，占原长度的 18% 左右，再次是吉大，占原长的 15%，最差的是青 6 号，只占原长的 8.5%，可见中肠纵向伸度与饲料效率的表现完全一致，伸缩性强有利于食物在中肠内滞留，滞留时间越长，越有利于食物营养的充分吸收。这一试验结果与柞蚕不同品种取食间隔时间和食物在蚕体内滞留时间长短的试验结果完全一致。横向伸缩性，品种间和品种内开差较大，未发现有一定的规律性。

9.6.4.3　消化管长、短、粗、细的差异与饲料效率

同样解剖各品种消化管，测量中肠长度与幅度，前、后肠长度，6 个品种，中肠长度平均为 6.01cm/ 头，内径长平均为 0.91cm/ 头，品种间中肠长度最大开差为 2.13cm/ 头，相对差 47.87%，内径长度差 0.23cm/ 头，相对差 29.87%，总体上看，中肠越长，饲料效率越高，中肠长度依次是（8821·8822）＞8821＞8822＞（8821·8822）×吉大＞吉大＞青 6 号，这和饲料效率品种间的差异倾向完全一致。

另外，从内径与长度比看，高饲料效率的 5 个品种平均为 14.30%，而一般品种青 6 号内径与长度比为 20.22%，二者相差 5.92 个百分点，相对差 41.03%，可见中肠细长的饲料效率高。也正是细而长的中肠使饲料有充分的消化、分解、吸收的机会，导致饲料效率

提高。这一解剖试验结果，为高饲料效率品种的选择与培育提供了一个很有参考价值的指标，同时也很好地说明了品种间饲料效率差异的一个重要的内因所在。6 个品种前肠、后肠长度差异极显著，其中前肠平均长度为 0.86cm/ 头，品种间最大开差为 0.53cm/ 头，相对开差为 72.60%，后肠平均长度为 2.23cm/ 头，品种间最大开差为 1.37cm/ 头，相对开差为 103.79%。4 个高饲料效率品种前肠平均长 1.14cm/ 头，比普通品种长 0.41cm/ 头，相对长 56.16%，后肠平均长度为 2.51cm/ 头，比青 6 号长 1.19cm/ 头，相对长 90.15%。这一结果和中肠长度及中肠内径与中肠长度比的测量结果完全一致，即饲料效率高的品种前肠、后肠长度要比一般品种长 0.5 ~ 1.0 倍。

9.6.5 肠液中主要消化分解酶活力的差异与饲料效率

柞蚕品种饲料效率的高低，最终必然会体现在脂肪、蛋白质和糖三大营养素的吸收利用效率上。这种差异是否决定于消化与分解能力。即肠液酶活力的差异？为此，测定两年生蒙古柞饲养的 5 龄盛食期柞蚕肠液中脂肪酶、淀粉酶、蛋白酶的活力。

9.6.5.1 脂肪酶活力的差异

分析 6 个品种稀释后的肠液（酶液）脂肪酶平均活力为 1.98×10^{-4}，品种间最大开差 0.22×10^{-4}，相对开差为 11.58%，就平均值表面上看，青 6 号＞ 8821×8822 ＞吉大＞ 8821 ＞（8821·8822）× 吉大＞ 8822。可见，肠液中脂肪酶活力与饲料效率无正相关关系。具体差异性比较结果，只有青 6 号酶活力与其他品种有明显差异，其他品种间无明显差异。而饲料效率相反，青 6 号最差，吉大次之，最好的是 8821×8822，其次是 8821。由此可以说，肠液中脂肪酶活力的测定结果看不出与饲料效率有何必然联系。

原因可能有 3 个方面：其一是肠液中脂肪酶活力即使品种中最低值也足以满足分解消化柞叶中脂肪的需要；其二可能是高饲料转化效率的品种，脂肪的吸收利用率并不高；其三是与分解消化无关，而是品种吸收能力的差异。

9.6.5.2 淀粉酶活力的差异

测定各品种淀粉酶活力，6 个品种，α- 淀粉酶活力，平均为 2.99mg 糖 /mL 酶液，品种间开差较大，开差为 0.43mg 糖 /mL 酶液，相对开差为 15.69%。其中高饲料效率的两个纯种 8821、8822 平均为 3.15mg 糖 /mL 酶液，比一般品种青 6 号高 0.41mg 糖 /mL 酶液，相对高 14.96%。

品种间的差异性倾向为 8821 ＞ 8822 ＞ 8821×8822 ＞（8821·8822）× 吉大＞吉大＞青 6 号。经检验，8821、8822、8821×8822、（8821·8822）× 吉大 4 个品种差异不显著为第一档，吉大为第二档，青 6 号最差为第三档，档次之间差异极显著。α- 淀粉酶活力测试结果与饲料效率品种间差异性完全一致。

（α+β）- 淀粉酶总活力平均为 3.79mg 糖 /mL 酶液，品种间最大开差为 1.07mg 糖 /mL 酶液，相对开差为 31.56%。品种间差异性，高饲料效率品种 8821、8822、8821×8822、

(8821 · 8822) × 吉大 4 个品种间差异不显著，平均为 3.95mg 糖 /mL 酶液，比一般品种青 6 号高 0.56mg 糖 /mL 酶液，相对开差为 16.52%。

就是说，通过 α− 淀粉酶和（α+β）− 淀粉酶的活力测定证明，此酶活力越强，品种的饲料效率越高。

9.6.5.3　蛋白酶活力的差异

用分光光度法测蛋白酶活力，统计 6 个品种肠液蛋白酶活力平均为 6.94×10^3 酶活力单位，品种间最大开差为 2.82×10^3 酶活力单位，相对开差为 55.95%，这是肠液中三大分解酶活力开差最大的。

高饲料效率纯种平均为 7.31×10^3 酶活力单位，比一般品种青 6 号高 2.27×10^3 酶活力单位，相对高 45.04%。

高饲料效率杂交种 8821 × 8822 及（8821 · 8822）× 吉大均表现有一定的杂交优势，前者优势率为 6.84%，后者优势率为 11.57%，这也是与脂肪酶和淀粉酶表现不同的，总体上看，蛋白酶的活力强弱与饲料效率品种间差异倾向一致。

9.6.6　蚕粪中主要营养残留量的差异

柞蚕饲料效率的高低，具体地说，就是从饲料中相对吸收利用营养的多少。在同等饲料质量条件下，同一营养，吸收得多，蚕粪中剩的就少。为此，测定蚕粪中营养物的残留量及与品种饲料效率的相关性。

9.6.6.1　蚕粪中脂肪残留量的差异

采用索氏提取法测定不同品种蚕粪中脂肪残留量，统计 6 个品种蚕粪中平均脂肪残留量为 2.16%，品种间最大开差为 0.24 个百分点，相对开差为 11.59%。

这一测试结果与肠液中酶的活性测试结果恰恰相反，即酶活性最强的青 6 号，蚕粪中脂肪含量最大，即饲料中脂肪被吸收利用最差。由此证明，柞蚕对饲料中脂肪的利用效率与肠液中酶活力无关。

同时，6 个品种青 6 号的饲料效率最差，脂肪的利用水平也最低，其他 5 个高饲料效率品种无大差异，说明饲料效率高的品种，脂肪利用水平也高，因为蚕粪中脂肪含量，高饲料效率品种少 0.18%，高低饲料效率品种平均开差为 7.89%。由此证明，饲料效率不同的品种，脂肪的消化吸收与利用水平有差异，这种差异的产生与脂肪酶活力无关，那么，就只能是蚕体对脂肪的吸收与利用能力不同了。

9.6.6.2　蚕粪中总糖残留量的差异

用 3，5− 二硝基水杨酸比色法测定 4 个树种，6 个蚕品种蚕粪中总糖残留量。辽东柞饲养，6 个品种，蚕粪中总糖含量平均为 14.22%，品种间最大开差为 3.31 个百分点，相对开差为 25.09%，其中高饲料效率两个纯种平均为 13.56%，比一般品种青 6 号少 2.94 个百分点，相对含量少 21.68%。尖柞饲养，6 个品种，蚕粪中总糖含量平均为 13.87%，比辽东柞平均少 0.35 个百分点，相对少 2.52%，品种间最大开差为 2.38 个百分点，相对开差为 18.21%。同样两个高饲料效率纯种 8821、8822 平均为 13.37%，比一般品种青 6 号少 2.08 个百分点，相对含量少 15.56%。

栎柞饲养，6 个品种平均含糖总量为 14.01%，比尖柞高 0.14 个百分点，本来栎柞质量不如尖柞，反而蚕粪中总糖含量又比尖柞高。说明栎柞淀粉营养利用水平不如尖柞，品种间最大开差为 1.78 个百分点，相对开差为 13.14%，比尖柞少得多。但品种间差异倾向同辽东柞、尖柞完全一致，两个高饲料效率品种 8821、8822 平均为 13.65%，与最差品种青 6 号相对开差为 12.34%。这种开差也小于其他 2 个树种。

蒙古柞饲养，6 个品种测得蚕粪中总糖含量平均为 14.53%，是 4 个树种中蚕粪总糖含量最高的。品种间最大开差是 1.66 个百分点，相对开差为 11.79%，其中高饲料效率的 2 个纯种和 2 对杂交种总平均为 14.23%，比一般品种青 6 号低 1.52 个百分点，相对低 9.66%。可见 4 个树种中，蚕粪总糖含量显然最高，但品种间差异却最小。

4 个树种、6 个品种蚕粪中总糖残留量平均为 14.16%，高饲料效率 2 个纯种和 2 对杂交种平均为 13.84%，而饲料效率较低品种青 6 号平均为 15.77%，相对开差为 13.95%。这和消化液中淀粉酶活力的差异性完全一致。就是说，高饲料效率的品种，肠液中酶活力强，蚕粪中总糖残留最少，相反，吸收利用率高，这是品种间饲料效率差异的又一证据。

9.6.6.3　蚕粪中蛋白残留量的差异

用双缩脲法测定蚕粪中蛋白残留量，结果 6 个品种，辽东柞饲养，蚕粪蛋白含量平均为 4.90%，品种间最大开差为 1.79 个百分点，相对开差为 40.22%。这是用辽东柞饲养测得蚕粪中三大营养残留量品种间开差最大的。

高饲料效率纯种 8821、8822 平均为 4.56%，比一般品种青 6 号相对低 36.84%，杂交种 8821×8822、(8821·8822)×吉大平均为 4.52%，相对比青 6 号低 27.56%。这一点表现和肠液蛋白酶活性一致，即有一定的杂交优势，并且杂交优势率二元杂交种小于三元杂交种。因为 8821×8822 用辽东柞饲养，蚕粪蛋白含量比双亲相对低，只有 0.88%，而 (8821·8822)×吉大则相对比双亲低 5.99%。

用尖柞饲养，6 个品种蚕粪中蛋白质含量平均为 4.18%，比用辽东柞饲养低 0.72 个百分点，品种间最大开差为 2.17 个百分点，相对开差为 58.81%，比辽东柞饲养高 16.61 个百分点。

4 个树种、6 个蚕品种，蚕粪中蛋白质含量总平均为 4.54%，高饲料效率纯种 8821、8822 平均为 4.19%，一般品种青 6 号平均为 6.05%，一般品种比高饲料效率品种纯种相对高 44.39%。这充分体现出高饲料效率品种在饲料蛋白质利用的巨大优势。

高饲料效率二元杂交种的蚕粪蛋白质含量比其亲本相对低 2.10%，三元杂交种比纯种相对低 2.86%。由此可见，蛋白质吸收利用效率有杂交优势，且三元杂交种大于二元杂交种。

不同品种蚕粪中蛋白质残留量的测定结果与蛋白酶活力测定结果完全一致。在三大营养和其酶活力测定结果中，蛋白质残留量品种间差异最大。而且，测定各品种蚕粪中游离氨基酸几乎为零，说明蛋白质的吸收利用水平关键在蛋白酶能否把饲料蛋白质足量地分解成氨基酸。因为只要分解成氨基酸，就会近乎 100% 被吸收。

9.7 柞蚕高饲料效率品种的选育示例

我国是世界柞蚕生产第一大国（占总产量的 90%），掌握世界上最先进的柞蚕生产实用技术。全国可利用的柞蚕场近百万公顷。按理论值计算，每公顷蚕场应产柞蚕茧近 400kg，而实际产量只有 90kg 左右，不足理论值的 1/4。这与柞蚕生产大国的地位很不相称。

为提高我国柞蚕场资源的利用效率，自 1988 年，柞蚕饲料效率探索性研究开始，至 1998 年世界柞蚕界首例高饲料效率品种 8821、8822 及其杂交种（8821·8822）× 选大宣告育成并进入实用化。

由于有柞蚕饲料效率测试方法、评价指标、性状相关、遗传及其差异验证性研究的突出进展作为品种选育的直接依据，所育成的品种在饲料效率大幅度提高的同时，又兼顾了其他性状，蚕民、种场和丝厂均有较好的收益，使该品种普及速度极快。投入农村中间示范推广 3 年，至 1998 年，应用面积已占全国柞蚕总面积的 50%。取得了突出的经济效益。

9.7.1 育种目标

9.7.1.1 核心指标

饲料效率比现行品种相对提高 15%。

9.7.1.2 经济指标

全茧量、茧层量、生丝量、产茧量和产卵量比现行最优品种相对提高 10%。

9.7.2 选育方法

9.7.2.1 干量折合法测定柞蚕的饲料效率

通过多品种多次重复试验证明，干量折合法比传统的鲜叶对照法减少试验误差 60%，提高工作效率 50%，比干量法减少误差 30%，提高工作效率 70%，又可实现当代选择。试验精确度、工作效率的提高及优良个体的直接继代性选择，使得饲料效率室内外同步选择得以实现。

9.7.2.2 饲料效率评价指标的确立

家蚕饲料效率的评价是以茧层生产率为核心，这是茧层与蛹体价值的巨大开差和收购价格以茧层率为中心依据所定的。柞蚕蛹体与茧层价格虽有开差，但差别比家蚕小得多，收购计价又是以鲜茧重量为主要依据。特别是综合利用兴起使蛹的利用价值不断提高，故柞蚕饲料效率评价指标确定两个，即茧重转化率（鲜茧重占食下鲜叶量的百分率）、茧层生产率（鲜茧茧层量占食下鲜叶量的百分率），且在选择过程中二者按 7∶3 的积分比重进行。

9.7.2.3　用饲料效率遗传规律与基因作用特点指导选育

根据饲料效率遗传力高，主基因作用突出的特点，在品种选育过程中首先予以选择固定，根据茧层生产率偏父遗传现象，相应采用雌雄对号交的方法，获得了更为理想的选择效果。

9.7.2.4　室内外结合，按积分实现综合性状平衡选择

同一品种、同一蛾区取 10% 的种卵室内选择，着重于饲料效率指标的提高，而对应 90% 的卵山上放养，进行生命力和经济性状的选择，前 5~6 代，室内选择饲料效率指标按 70%，山上其他性状按 30% 的积分进行，以后逐步过渡到山上综合性状占 70%，室内饲料效率指标占 30% 的积分进行选择。这是由于饲料效率性状稳定之后，选择效果逐渐降低，而其他生命力与经济性状选择效果相对持续时间较长的缘故。

9.7.2.5　利用饲料效率与其他性状的相关性，采用相应选择措施，获取最佳选择效果

①利用饲料效率与食下量的非直线相关性和柞蚕山上放养，食下量非人为所能控制的实际，在国内外首次采用不限制食下量的方法，果然收到他人所未取得的效果，确保了生命力、全茧量、产卵量等指标与饲料效率的同步提高。

②利用消化率与饲料效率突出的正相关性，始终把消化率作为饲料效率的参考指标进行选择。

③利用 5 龄盛食期蚕取食持续时间、取食间隔时间及食物在蚕体内滞留时间长短与饲料效率的相关性，在个体选择中予以优先留用，提高选留个体的准确性。

④根据饲料效率差异验证研究结果，随时通过解剖、酶活力及蚕粪中营养残留量的测定来检验选择效果，确保选择成效。

9.7.3　技术路线

通过柞蚕饲料效率测定方法与评价指标的创造，为高饲料效率品种选育提供了技术上的保障，通过品种、个体、雌雄间饲料效率差异性研究，证实了柞蚕高饲料效率育种基因资源的丰富性。由此，从技术和资源上探明高饲料效率品种选育的可能性。

通过饲料效率继代表现、杂交优势、遗传力及基因组成特点研究，获取柞蚕高饲料效率品种选育的理论依据；通过柞蚕饲料效率与产卵、造卵、孵化、龄期经过、茧质、食下量、消化率、单位时间内食叶次数、每次食叶持续时间等主要性状的相关性研究，获取间接选育指标，实现直接与间接选择相结合；通过柞蚕不同品种与饲料树种效率的交互作用研究，证明高饲料效率品种对饲料树种的广泛适应性，同时又获得了较好的育种素

材。至此，证实了柞蚕高饲料效率育种的可行性。

在品种选育过程中，实现 3 个同步，即：继代选择中的室内外选择同步，综合性状鉴定中的品种比较、缫丝试验、抗性试验、杂交组合评选同步，大规模繁种与农村生产试验同步。

通过饲料在蚕体内滞留时间、肠液理化性质、消化管解剖性状、酶活力测定及蚕粪中营养残留量的测定研究，验证饲料效率差异的真实性和引起饲料效率差异的内因。

具体选育技术路线如图 9-2 所示。

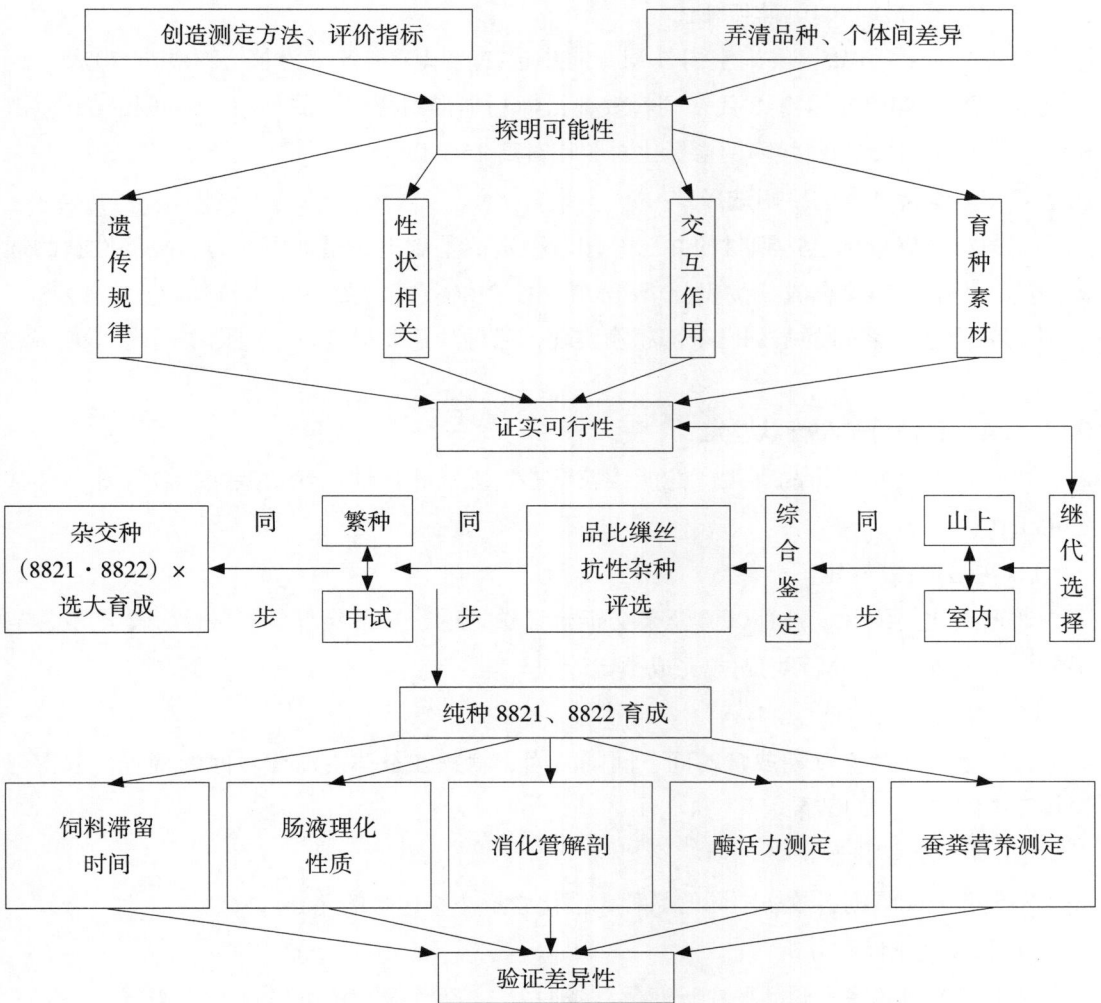

图 9-2　高饲料效率品种选育技术路线示意图

9.7.4　选育经过

柞蚕高饲料效率品种选育主要经历了 5 个阶段，各阶段选择与研究重点有明显的不同。

9.7.4.1　材料的创造与确定

1988 年秋，在青 6 号中发现茧大、茧层率高、蚕体强壮的蛾区 1 个，留雌雄茧各 10 粒，同年在胶蓝 × 四青 F$_2$ 中，选择蚕体大、体色偏绿的雌雄茧各 20 粒，结合饲料效率测定方法研究，经 1989—1990 年 4 代选择以饲料效率高的个体继代，1991 年参与多品种饲料效率比较试验，发现其饲料效率指标平均比青 6 号相对高 10% 以上，因饲料效率最高而保留下来，代号分别为 8821（青 6 号选优个体）、8822（胶蓝 × 四青选优继代个体）作为育种素材。

9.7.4.2　核心性状的选择与纯化

自 1991 年春开始，实施室内外饲育同步选择，以饲料效率为核心（积分 70%），连续选择，到 1994 年共 4 年 8 代，饲料效率指标基本得到稳定，品种内个体间相对开差由 8% 降到 2% 以下，饲料效率两指标比对照相对高 15% 以上。

9.7.4.3　综合性状的平衡选择

在饲料效率指标已达到目的并已经相对稳定的基础上，增加生命力、经济性状的选择强度，山上放养综合成绩按积分 70%，室内按 30%（饲料效率）进行选留。自 1995 年春到 1996 年秋，各目的指标已全部超额实现，品种的重要形态特征纯化率也达到 99.90% 以上。

9.7.4.4　品种检验与性状鉴定

1995—1997 年进行品种生产性能比较试验、缫丝、抗性试验及杂交组合评选与性状鉴定工作。

（1）主要性状鉴定

通过品比、缫丝、抗性试验及杂交组合评选证明，主要指标饲料效率、全茧量、茧层量、生丝量、产茧量等均超额完成预定计划。

（2）相关性状调查

再度进行 5 龄盛食期取食时间、间隔时间、食物在蚕体内滞留时间的调查，取得与饲料效率测定一致的结果。

（3）消化管解剖验证

发现并证实了饲料效率不同的品种，消化管形态结构上的差异。

（4）肠液理化性质分析

证明了饲料效率不同品种在肠液量、缓冲力、恢复缓冲力时间等方面的差异。

（5）肠液三大消化酶活力测定

发现了淀粉酶、蛋白酶活力与饲料效率高低差异的一致性。

（6）蚕粪中 3 类营养物质残留量的测定

通过蚕粪中 3 类营养物质残留量的测定，找到了饲料效率差异的直接物证。

9.7.4.5 繁种与农村生产试验阶段

1995 年开始繁种，1996 年进入农村中试，3 年来共繁种 2200 多万粒，农村养蚕约 12 万把，其节省蚕场和增产增收作用得以充分证实。

9.7.5 选育结果

9.7.5.1 饲料效率的比较与优势杂交组合的确定

（1）多品种饲料效率比较试验结果

选择 14 个有代表性的品种，春、秋各两次试验，每个品种每次设 8 个重复区，春秋各取平均值，结果见表 9-7。

表 9-7 纯种饲料效率比较试验结果（%）

	品种	8821	8822	海青	选大	三里丝	鲁红	白茧1号	胶蓝	四青	吉黄	抗2	371	白蚕	青6号	$\bar{x}$
春	茧重转化率	16.21	16.19	15.5	15.41	13.72	14.60	13.79	14.20	13.91	14.31	13.39	12.66	13.93	14.02	14.42
	茧层生产率	1.56	1.56	1.41	1.44	1.38	1.29	1.20	1.25	1.26	1.30	1.13	1.37	1.16	1.23	1.32
秋	茧重转化率	17.80	17.83	17.67	16.85	15.12	16.06	14.97	15.60	15.29	15.73	14.73	13.92	15.30	15.49	15.88
	茧层生产率	2.14	2.13	1.97	1.81	1.89	1.71	1.51	1.58	1.56	1.66	1.48	1.76	1.52	1.55	1.73

14 个品种，春、秋蚕平均茧重转化率分别为 14.42% 和 15.88%，茧层生产率分别为 1.32% 和 1.73%，最佳品种均为 8821 和 8822。秋蚕期二者的茧重转化率分别比 14 个品种的平均值高 1.92 和 1.94 个百分点，比对照种青 6 号分别高 2.40 和 2.42 个百分点。此外，明显高于平均值的品种只有海青和选大。

（2）饲料效率优势杂交组合评选

用 4 个高饲料效率品种组成 2 元杂交种 5 个，3 元杂交种 2 个，4 元杂交种 2 个，春养 F_1，秋养 F_2，连续两年调查饲料效率，结果见表 9-8。

表 9-8 高饲料效率杂交组合评选试验结果（%）

品种	F_1		F_2	
	茧重转化率	茧层生产率	茧重转化率	茧层生产率
8821 × 8822	16.80	1.62	18.22	2.21
8821 × 海青	16.21	1.54	17.43	2.09
8822 × 海青	16.22	1.55	17.44	2.10

续表

品种	F₁		F₂	
	茧重转化率	茧层生产率	茧重转化率	茧层生产率
8821×选大	16.08	1.52	17.18	1.96
8822×选大	16.10	1.53	17.20	1.98
(8821·8822)×选大	16.42	1.59	18.06	2.16
(8821·8822)×海青	16.50	1.60	18.05	2.17
(8821·8822)×(选大·海青)	15.80	1.50	17.00	1.95
(8821·选大)×(8822·海青)	15.63	1.52	17.01	1.90
抗2×青6号	14.50	1.26	15.50	1.60

就饲料效率看，最优组合是二元杂交种8821×8822，其次是三元杂交种（8821·8822）×选大，（8821·8822）×海青。后两个三元杂交种之间差异不显著。同时证明所有杂交组合均显著高于对照。

为了明确饲料效率优势组合生产实际应用的可行性，经2年4代（F₁两代，F₂两代）调查，主要生产性能取其平均，结果见表9-9。

表9-9 高饲料效率杂交组合生产性能调查结果

品种	产卵量（粒）	孵化率（%）	收蚁结茧率（%）	虫蛹统一生命率（%）	全茧量（g）	茧层量（g）	产量（g/粒）
8821×8822	356	97.50	50.60	97.63	10.0	1.16	1756.33
(8821·8822)×选大	351	98.06	54.85	98.50	9.99	1.10	1867.12
(8821·8822)×海青	340	98.16	53.12	98.64	9.64	0.98	1709.03
抗病2号×青6号	291	99.10	46.06	98.38	8.73	0.82	1159.59

3个组合孵化率、虫蛹统一生命率与对照差异不显著，收蚁结茧率、产量、千粒茧重、茧层量均优于对照。其中最优组合为（8821·8822）×选大，产量比对照高61.10%，扣除产卵粒数的差异，仍比对照高33.67%，其次为8821×8822，扣除产卵数等因素，比对照增产23.87%。可见从饲料效率和生产性能考虑，（8821·8822）×选大为最优组合。

9.7.5.2 新品种饲料效率最终选育结果

1995—1997连续3年对高饲料效率品种进行6次测定，每个品种每次测定设10个重复区，最终结果见表9-10。

表 9-10　春养饲料效率测定结果

品种	茧重转化率（%）				茧层生率（%）			
	1995 年	1996 年	1997 年	$\bar{x}$	1995 年	1996 年	1997 年	$\bar{x}$
8821	16.22	16.28	16.29	16.26	1.57	1.59	1.61	1.59
8822	16.19	16.26	16.20	16.22	1.55	1.56	1.54	1.55
选大	15.40	15.39	15.42	16.40	1.44	1.45	1.48	1.46
（8821·8822）× 选大	16.42	16.30	16.33	16.35	1.59	1.62	1.60	1.60
青 6 号	14.02	14.08	14.10	14.07	1.23	1.24	1.25	1.24
抗病 2 号 × 青 6 号	14.50	14.38	14.62	14.50	1.26	1.28	1.24	1.26

　　春养纯种 8821、8822，茧重转化率比青 6 号分别高 2.19 和 2.15 个百分点，茧层生产率分别高 0.35 和 0.31 个百分点。杂交种（8821·8822）× 选大两指标分别比青 6 号高 2.28 和 0.36 个百分点。即用高饲料效率纯种或杂交种，春养可比现行品种节省蚕场近 1/5，或者说提高资源利用效率近 20%。

　　同样秋养 3 年调查结果见表 9-11。

表 9-11　秋养饲料效率测定结果

品种	茧重转化率（%）				茧层生率（%）			
	1995 年	1996 年	1997 年	$\bar{x}$	1995 年	1996 年	1997 年	$\bar{x}$
8821	17.81	17.90	17.80	17.89	2.15	2.14	2.17	2.15
8822	17.82	17.80	17.91	17.84	2.13	2.10	2.16	2.13
选大	16.85	16.80	16.79	16.87	1.83	1.80	1.85	1.83
（8821·8822）× 选大	18.06	18.06	18.10	18.07	2.16	2.19	2.17	2.17
青 6 号	15.40	15.38	15.39	15.39	1.55	1.54	1.57	1.55
抗病 2 号 × 青 6 号	15.50	15.71	15.48	15.56	1.60	1.62	1.59	1.60

　　纯种 8821、8822 茧重转化率比青 6 号分别高 2.50 和 2.45 个百分点，茧层生产率分别高 0.60 和 0.58 个百分点，杂交种（8821·8822）× 选大两个指标则分别比青 6 号高出 2.68 和 0.62 个百分点。可见高饲料效率品种秋养比一般品种更具优越性，两指标平均比一般品种高出 1/4，即利用高饲料效率品种，同样的产茧量可节省蚕场 1/4。

　　1995—1997 年连续 3 年，即春秋各 3 次调查造卵效率（每食下 1g 柞叶造卵粒数）、产卵效率（每食下 1g 柞叶产卵粒数），每次每个品种调查 15 个蛾区，取平均值，结果见表 9-12。

表 9-12　造卵效率、产卵效率调查结果（粒 /g）

品种	茧重转化率				茧层生率			
	1995 年	1996 年	1997 年	$\overline{x}$	1995 年	1996 年	1997 年	$\overline{x}$
8821	6.98	7.01	6.86	6.95	5.56	5.60	5.70	5.62
8822	7.02	7.05	7.08	7.05	5.59	5.58	5.80	5.62
选大	7.42	7.43	7.36	7.40	5.83	5.83	5.76	5.81
（8821·8822）× 选大	7.52	7.62	7.48	7.54	6.23	6.30	6.26	6.26
青 6 号	6.82	6.90	6.76	6.83	5.42	5.36	5.45	5.41
抗病 2 号 × 青 6 号	6.73	7.00	6.80	6.84	5.46	5.50	5.42	5.46

造卵效率与产卵效率两指标 8821、8822 相对比青 6 号分别高 2.49% 和 3.89%，即高饲料效率纯种略优于一般品种，而杂交种（8821·8822）× 选大分别比对照高 10.40% 和 15.72%，比一般品种具有显著优势。

9.7.5.3　生命力性状选育结果

1995—1997 年调查纯种，1996—1998 年调查杂交种，单蛾产卵量、孵化率、收蚁结茧率、虫蛹统一生命率、龄期经过等，取 3 年平均值春秋调查结果见表 9–13、表 9–14。

表 9-13　春养生命力性状调查表

品种	产卵量 （粒）	孵化率 （%）	龄期经过 （日 / 时）	收蚁结茧率 （%）	虫蛹统一生命率 （%）
8821	384	97.68	51/13	41.68	98.34
8822	365	97.31	51/9	43.07	98.42
选大	323	96.48	51/4	40.10	96.36
青 6 号	313	97.40	51/16	42.01	97.76
（8821·8822）× 选大	401	97.88	49/16	59.00	98.91
抗病 2 号 × 青 6 号	321	97.85	48/13	49.13	98.86

8821、8822 春养除单蛾产卵量比青 6 号相对高 19.65%，龄期经过长半天左右外，其余生命力指标均相当或略优于青 6 号，杂交种（8821·8822）× 选大比对照种（抗病 2 号 × 青 6 号）产卵量相对高 24.92%，收蚁结茧率高 9.87 个百分点，其他指标也相当或略优于抗病 2 号 × 青 6 号。

表9-14　秋养生命力性状调查表

品种	产卵量 （粒）	孵化率 （%）	龄期经过 （日／时）	收蚁结茧率 （%）	虫蛹统一生命率 （%）
8821	281	98.25	49/10	45.01	97.01
8822	272	97.60	50/10	42.44	97.33
选大	261	96.68	49/3	39.60	96.72
青6号	248	97.78	48/8	42.31	95.30
（8821·8822）× 选大	303	98.24	47/14	50.98	98.09
抗病2号 × 青6号	262	98.25	46/10	43.12	97.90

与春养基本相似，8821、8822产卵量比青6号增加11.49%，其余指标略优于青6号，杂交种（8821·8822）× 选大，单蛾产卵量比抗病2号 × 青6号增加15.65%，收蚁结茧率高7.86个百分点。

春秋平均产卵量8821、8822比青6号高15.57%，杂交种（8821·8822）× 选大春秋平均单蛾产卵量增加20.29%，收蚁结茧率高9个百分点。可见，产卵量、产茧粒数指标均大幅度超额完成计划指标。

9.7.5.4　茧质性状选育结果

1995—1997年春秋分别调查茧质情况，每年调查15个区，取3年平均值结果见表9-15。

表9-15　茧质性状调查结果

品种	春			秋		
	全茧量 （g）	茧层量 （g）	茧层率 （%）	全茧量 （g）	茧层量 （g）	茧层率 （%）
8821	8.63	0.75	8.69	11.66	1.32	11.40
8822	8.68	0.80	9.22	11.59	1.30	11.30
选大	7.66	0.65	8.48	10.10	1.06	10.50
青6号	7.57	0.64	8.53	9.93	1.07	10.79
（8821·8822）× 选大	8.28	0.79	9.54	11.48	1.36	11.85
抗病2号 × 青6号	7.60	0.64	8.42	9.85	1.00	10.15

8821、8822春秋养全茧量比青6号重15.89%，（8821·8822）× 选大秋养比抗病2号 × 青6号重16.54%，茧层量纯种平均增加21.93%，杂交种增加31.10%，已超额完成了全茧量、茧层量增加10%的指标。

9.7.5.5　新品种产茧量、茧层产量选育结果

在表9-15调查的同时，统计纯种与杂交种茧层产量、鲜茧产量结果见表9-16。

表9-16　鲜茧茧层量、鲜茧产量统计表

品种		8821	8822	选大	青6号	(8821·8822)×选大	抗病2号×青6号
春	产茧量（g）	1349.20	1327.84	957.22	969.51	1917.44	1172.81
	茧层量（g）	117.25	122.38	81.23	81.97	182.94	98.76
秋	产茧量（g）	1448.93	1305.80	1009.24	1018.81	1729.96	1093.32
	茧层量（g）	164.03	146.47	106.87	109.78	204.94	110.99

品比试验结果，春秋平均鲜茧产量（8821·8822）×选大比抗病2号×青6号增产60.65%，扣去产卵数差异因素仍增产35%以上，增产茧层量84.89%，扣除产卵数差异因素，仍增产茧层量50%以上。同理两个纯种也比青6号两指标平均增产35%以上。可见8821、8822及其杂交种（8821·8822）×选大不但饲料效率高，而且增产效果也极其显著。

9.7.5.6　缫丝性状与抵抗性选育结果

（1）缫丝试验

1997年百粒茧缫丝试验结果见表9-17。

表9-17　高饲料效率杂交种（8821·8822）×选大缫丝结果

品种	解舒率（%）	解舒丝长（m）	茧丝长（m）	鲜茧出丝率（%）	丝干量（g）	纤维公量（g）	生丝回收率（%）
（8821·8822）×选大	65.36	700.77	1088.13	6.89	70.40	116.08	67.34
青6号	59.20	543.73	923.43	6.14	56.41	97.82	64.03

高饲料效率杂交种（8821·8822）×选大，各项成绩均突出地优于青6号，其中解舒率高6.16个百分点，解舒丝长相对增加28.88%，茧丝长增加17.84%，鲜茧出丝率高0.75个百分点，生丝量增加24.80%，纤维公量增加18.67%，即在不增加任何成本的前提下，应用高饲料效率杂交种可提高缫丝收益20%以上。

（2）抵抗性试验

对高饲料效率品种8821、8822及其杂交种（8821·8822）×选大进行脓病、软化病、微粒子病感染抵抗性试验证明，8821对微粒子病有较强的抵抗性，致死中量和感染死亡率均成倍地优于青6号，杂交种（8821·8822）×选大对软化病抵抗性较强，其余指标与青6号相当或略优于青6号。

9.7.5.7　繁种试验

1995 年秋开始在所内试繁 8821×8822 种茧 97.3 千粒，繁对照种青 6 号 21.36 千粒，投入种蛾分别为 700 蛾和 200 蛾，单蛾产种茧粒数 8821×8822 比青 6 号相对增加 30.15%。

1996 年春开始，先后在本所、刘家河蚕种场、吉林蚕业站、永吉县蚕业站、蛟河县蚕业站、桦甸县蚕业站、舒兰县蚕业站、清原县蚕种场、铁岭农校等单位组织繁种，具体情况见表 9–18 ~ 表 9–20。3 年共繁 8821×8822 种茧 22 947 千粒，平均比对照产种茧粒数增加 24.85%，单蛾产茧量增加 40.56%，3 年增产种茧 5737 千粒，增加种茧重量 104 638kg，按双母种茧平均 24 元 /kg 计，则增加收益 251.132 万元。

9.7.5.8　农村生产试验

1996—1998 年 3 年来，在内蒙古、黑龙江、吉林、辽宁、山东等 5 省 12 市 36 县（市、区）开展了大规模的农村生产试验，1998 年秋，农村应用（8821·8822）× 选大新品种养蚕 59 867 把，超过全国总量的 50%。随机抽样实地调查 200 多个乡镇 2600 多把，3 年共养蚕 119 668 把，共收获蚕茧 81 051 307kg，春养平均增产 45.49%，秋养平均增产 30.48%，总计增产春蚕茧 89 659 千粒，秋增产大茧 18 081 325kg（详见表 9–21 ~ 表 9–26）。

表 9-18　1996 年繁种试验结果调查

单位	季节	品种	投种量（蛾）	产总茧数（千粒）	单蛾产茧数（粒）	干粒茧重（kg）	单蛾产茧量（g）	增产幅度（%）
辽宁省各单位	春	8821、8822	380	45.60	120	7.2	864.0	135.85
		青 6 号（CK）	100	9.50	95	6.7	636.5	100.00
	秋	8821×8822	20 000	15 600	78	11.64	907.92	147.33
		青 6 号（CK）	200	12.30	61.5	10.02	616.23	100
吉林市站	春	8821、8822	1500	213	142	6.5	923.0	129.505
		选大（CK）	500	57.5	115	6.2	713.0	100.00
	秋	8821×8822	1500	1050	70	11.21	785.0	138.20
		选大（CK）	3000	186	62	9.51	567.0	100.00
永吉县站	秋	8821×8822	12 000	816	68	11.32	769.0	153.20
		选大（CK）	2000	110	55	9.13	502.0	100.00
蛟河市站	秋	8821×8822	3000	207	69	11.21	773.0	151.30
		选大（CK）	800	42.4	53	9.65	511.0	100.00

续表

单位	季节	品种	投种量（蛾）	产总茧数（千粒）	单蛾产茧数（粒）	干粒茧重（kg）	单蛾产茧量（g）	增产幅度（%）
Σx		8821×8822	51 880	3891.60	73.42	9.85	723.18	138.26
		CK	6600	416.7	63.14	8.48	530.38	100.00

表 9-19　1997 年繁种试验结果调查

单位	季节	品种	投种量（蛾）	产总茧数（千粒）	单蛾产茧数（粒）	干粒茧重（kg）	单蛾产茧量（g）	增产幅度（%）
辽宁省各单位	春	8821×8822	100	11.8	118	8.6	1014.8	132.39
		青6号（CK）	100	10.5	105	7.3	766.5	100.00
	秋	8821×8822	600	61.8	103	11.82	1217.46	123.13
		青6号（CK）	100	9.6	96	10.3	988.8	100.00
吉林市站	春	8821×8822	1000	176	110	6.7	737	127.90
		选大（CK）	800	76	95	6.1	579	100.00
	秋	8821×8822	30 000	2220	74	11.25	833	142.80
		选大（CK）	2000	126	63	9.25	583	100.00
永吉县站	春	8821×8822	3400	357	105	6.6	693	131.50
		选大（CK）	2000	170	85	6.2	527	100.00
永吉县站	秋	8821×8822	40 700	2849	70	11.00	770	136.20
		选大（CK）	18 000	990	55	10.25	564	100.00
刘家河种场	秋	8821×8822	2600	316	121.5	11.26	1368.09	136.27
		青6号（CK）	3200	318	99.4	10.10	1003.94	100.00
蛟河市站	秋	8821×8822	4400	317	72	11.10	800	140.90
		选大（CK）	4000	220	55	10.31	567	100.00
磐石市站	秋	8821×8822	3000	225	75	11.20	840	142.60
		选大（CK）	2000	116	58	10.15	589	100.00
Σx		8821×8822	81 300	5988.80	74.25	11.27	836.79	148.35
		CK	29 300	1461.6	56.07	10.06	564.06	100.00

表 9-20 1998 年繁种试验结果调查

单位	季节	品种	投种量（蛾）	产总茧数（千粒）	单蛾产茧数（粒）	干粒茧重（kg）	单蛾产茧量（g）	增产幅度（%）
吉林市站	春	8821×8822	4000	325	89.3	7.6	678.68	129.86
		选大（CK）	2000	156	78	6.7	522.6	100.00
	秋	8821×8822	50 000	3680	73.60	11.80	868.48	134.49
		选大（CK）	20 000	1230	61.5	10.5	645.75	100.00
永吉市站	春	8821×8822	5000	405	81	7.4	599.4	116.43
		选大（CK）	2000	156	78	6.6	514.8	100.00
	秋	8821×8822	60 000	4500	76	11.75	893	127.99
		选大（CK）	25 000	1710	68.4	10.2	697.68	100.00
刘家河种场	秋	8821×8822	3000	345	115	11.64	1338.6	136.59
		选大（CK）	1000	98	98	10.0	980	100.00
磐石市站	秋	8821×8822	4000	325	81.25	11.72	952.25	138.34
		选大（CK）	800	54	67.5	10.20	688.5	100.00
蛟河市站	秋	8821×8822	12 000	1250	100.4	11.30	1134.5	129.71
		选大（CK）	6000	500	83.3	10.50	874.65	100.00
清原蚕种场	秋	8821×8822	2000	168	84	11.80	991.2	138.62
		选大（CK）	800	54.5	68.1	10.5	715.05	100.00
辽宁铁岭农校	秋	8821×8822	3000	250	83.3	11.75	978.78	139.43
		选大（CK）	800	54	67.5	10.4	702.0	100.00
舒兰市站	秋	8821×8822	10 000	1050	105	11.3	1186.5	139.92
		选大（CK）	5000	80	80	10.6	848	100.00
桦甸市站	秋	8821×8822	15 000	1500	100	11.30	1130	130.48
		选大（CK）	6000	490	81.7	10.60	866.02	100.00

※ 春养平均增产蚕茧粒数 23.16%，秋增产种茧量平均 35.06%。

3 年来，因饲料效率高 18% 以上，实际节省蚕场 90 亩 / 把 ×119 668（把）×18%=1 938 621 亩，3 年春增加种茧产值 130 元 / 千粒 ×89 659 千粒 =1165.567 万元。

3 年秋增加蚕茧产值 5 元 /kg×18 081 325kg=9040.6625 万元。生丝增值 130 元 /kg×81 051 307kg×5%（鲜茧出丝率）×20%（生丝增加量）=10 536.669 9 万元。

表9-21　农村生产推广成绩总结

年份	季节	投种总量（kg 或千粒）	养蚕把数	调查把数	平均单产（kg 或千粒）	调查CK把数	CK单产	千克（千粒）增产量	增产总量（千粒或 kg）
1996	春	153	102	32	27.67	19	26.70	0.97	148
	秋	4236	1144	80	236.86	47	175.90	60.87	257 845
1997	春	6460	5569	1455	24.32	96	21.68	2.64	17054
	秋	157 107	45 145	422	214.03	146	173.19	40.84	6 416 250
1998	春	9410	7841	327	32.30	187	24.60	7.70	72 457
	秋	197 562	59 867	886	235.01	255	177.26	57.74	114 072
合计	春	16 023	13 512	504.5	28.10	302	24.33	3.77	89 659
	秋	358 905	106 156	1388	28.63	448	175.48	33.15	18 081 325

※ 春茧蚕（8821·8822）× 选大 303 946 千粒，据调查有 35% 未售出，故只有 65% 投产。

不计种场繁种、制种增效，3 年在不增加任何成本的前提下新增收益 20 742.899 4 万元，即 2.074 亿元。

表9-22　1996 年农村生产试验结果调查

地区	品种	春				秋			
		把数	投种（kg）	总产量（千粒）	单产（千粒或 kg）卵	把数	投种（千粒）	总产（kg）	单产（千粒或 kg）茧
吉林永吉县	（8821·8822）× 选大	4	5	197.5	39.5	35	133	35 680	268.3
	CK（选大）	4	4.5	164.3	36.5	20	78	16 083	206.2
山东烟台市	（8821·8822）× 选大	2	3	94.8	31.6	10	32	8208	256.5
	CK（方山黄）	4	6	170.4	28.4	8	26	5205.2	200.2
辽宁凤城市	（8821·8822）× 选大	8	10.5	288.8	27.5	6	24	5837	243.2
	CK（青 6 号）	2	3	73	24.33	4	16	3301	206.3
辽宁宽甸县	（8821·8822）× 选大	8	12	308	25.6	6	24	5216	217.35
	CK（青 6 号）	3	4.5	110	24.4	5	15	2795	186.3
辽宁岫岩县	（8821·8822）× 选大	5	7.25	150	21.7	11	40	6948	173.7
	CK（青 6 号）	3	5	106	21.2	7	24	1120	146.67
辽宁海城市	（8821·8822）× 选大	5	9.8	268	27.34	12	42	7984	190.1
	CK（青 6 号）	3	4.5	112	27.88	3	12	1591	132.6

续表

地区	品种	春				秋			
		把数	投种 (kg)	总产量 (千粒)	单产 (千粒 或 kg) 卵	把数	投种 (千粒)	总产 (kg)	单产 (千粒或 kg) 茧
Σx	(8821·8822) × 选大	32	47.55	1316	27.67	80	275	69 873	23 686
	CK	19	27.5	735.4	26.70	47	171	30 095	175.99

※ 平均每千粒种茧增收蚕茧 60.87kg，相对增产 34.59%。

表 9-23 1997 年春农村生产试验结果调查

地点	品种	把数	投种量 (kg)	总产 (千粒)	单产 (千粒或 kg) 卵
吉林永吉县	(8821·8822) × 选大	8	11	404.25	36.75
	选大	3	4.5	141.00	31.26
吉林蛟河市	(8821·8822) × 选大	6	8	194	34.30
	选大	3	4	107	26.70
山东栖霞	(8821·8822) × 选大	2	1.5	60	39.80
	方山黄	3	2.25	74	32.90
山东牟平	(8821·8822) × 选大	2	1.5	58	38.70
	方山黄	3	2.25	87	38.80
辽宁大石桥市	(8821·8822) × 选大	13	13.9	328	23.60
	丰杂 1 号	1	1.5	28	18.70
辽宁海城市	(8821·8822) × 选大	33.5	38.05	653	22.41
	丰杂 1 号	13	19	333	17.50
辽宁岫岩县	(8821·8822) × 选大	39	43.35	958	22.10
	青 6 号 × 抗二	44	54.2	1122.5	20.71
辽宁丹东振安区	(8821·8822) × 选大	7	7.0	203	29.00
	青 6 号 × 抗二	14	15	355	25.35
辽宁宽甸县	(8821·8822) × 选大	11	14.85	383	25.79
	青 6 号	4	4.5	105	23.33
辽宁凤城市	(8821·8822) × 选大	24	29.15	652	22.36
	青 6 号、丰杂 1 号	8	9.6	180	18.75

续表

地点	品种	把数	投种量（kg）	总产（千粒）	单产（千粒或 kg）卵
$\sum x$	（8821·8822）× 选大	145.5	168.30	4093.25	24.32
	CK	96	116.80	2532.50	21.68

表 9-24　1997 年秋农村生产成绩调查

地点	品种	把数	投种量（kg）	总产（千粒）	单产（千粒或 kg）卵
吉林永吉县	（8821·8822）× 选大	40	160	42 944	268.4
	选大	8	32	6278	196.2
吉林蛟河市	（8821·8822）× 选大	32	120	35 784	298.2
	选大	8	30	6390	213.0
山东栖霞	（8821·8822）× 选大	5	18	3791	210.6
	方山黄	6	21	4437	211.3
山东牟平	（8821·8822）× 选大	6	21	3749	178.5
	方山黄	4	10	1365	136.5
辽宁大石桥市	（8821·8822）× 选大	21	10.5	13 977	231.0
	丰杂 1 号	1.5	5	700	140.0
辽宁海城市	（8821·8822）× 选大	16.5	52.5	7281	138.6
	丰杂 1 号	10.5	30.5	2740	89.8
辽宁岫岩县	（8821·8822）× 选大	118	418.5	72 307.5	172.7
	选大，青 6 号	38	142.5	20 867	146.3
辽宁丹东振安区	（8821·8822）× 选大	35	122	27 930	228.9
	选大，青 6 号	22	69.5	10 668	153.5
辽宁宽甸县	（8821·8822）× 选大	40	133.5	29 089	217.9
	选大，青 6 号	14	51	9328	182.9
辽宁凤城市	（8821·8822）× 选大	92.5	299	61 699	206.3
	选大，青 6 号	14	52	8329	160.2
黑龙江双城	（8821·8822）× 选大	8	32	8557	267.4
	丰杂 1 号（二化一）	4	16	3424	214.0

续表

地点	品种	把数	投种量 （kg）	总产 （千粒）	单产 （千粒或 kg）卵
内蒙古扎兰屯	（8821·8822）×选大	8	32	7296	228.0
	丰杂 1 号（二化一）	4	16	2976	186.0
$\sum x$	（8821·8822）×选大	422	1469	314 404	214.03
	CK	146	475.5	77 501	173.19

表 9-25　1998 年春农村生产试验统计调查

地点	品种	把数	投种量 （kg）	总产 （千粒）	单产 （千粒或 kg）卵
吉林省吉林市	（8821·8822）×选大	20	30	920	30.67
	选大	10	15	350	22.32
山东烟台	（8821·8822）×选大	6	5	163	32.60
	方山黄	8	6	181	30.10
辽宁铁岭市	（8821·8822）×选大	8	8.5	228	28.40
	丰杂 1 号	10	11	287	26.10
辽宁抚顺市	（8821·8822）×选大	20	18.25	693	37.46
	丰杂 1 号	7	7	185	26.43
辽宁丹东市	（8821·8822）×选大	106	117.4	4007	34.13
	选大、青 6 号	66	83.55	2111	25.27
辽宁鞍山市	（8821·8822）×选大	129	166	4882	29.41
	丰杂 1 号	77	96.4	2306	23.92
辽宁营口市	（8821·8822）×选大	22	29.5	936	29.59
	丰杂 1 号	8	7.25	210	28.97
辽宁大连市	（8821·8822）×选大	8	6.5	259	39.85
	丰杂 1 号、方山黄	3	4	123	30.75
辽宁本溪市	（8821·8822）×选大	8	9.5	313	32.60
	青 6 号	4	5	129	25.80
辽宁辽阳市	（8821·8822）×选大	6	7.5	251	33.50
	青 6 号、丰杂 1 号	3	4	115	28.70

续表

地点	品种	把数	投种量（kg）	总产（千粒）	单产（千粒或kg）卵
$\sum x$	(8821·8822) × 选大	327	391.65	12 632	32.30
	丰杂 1 号	187	239.2	5897	24.65

表 9-26　1998 年秋农村生产成绩调查

地点	品种	把数	投种量（千粒）	总产（kg）	单产（kg或千粒）茧
内蒙古扎兰屯	(8821·8822) × 选大	6	24	4704	196.0
	丰杂 1 号（二化一）	6	24	4344	181.0
黑龙江双城	(8821·8822) × 选大	8	32	6448	201.5
	丰杂 1 号（二化一）	6	24	4020	167.5
吉林省吉林市	(8821·8822) × 选大	51	203	73 890	369.99
	选大	16	71.3	18 350	257.36
山东烟台	(8821·8822) × 选大	20	71	13 940	196.34
	方山黄	12	40	7400	185.00
辽宁铁岭市	(8821·8822) × 选大	28	99	21 463	216.80
	丰杂 1 号	10	36	6710	186.40
辽宁抚顺市	(8821·8822) × 选大	33.5	106	26 856.5	253.36
	丰杂 1 号	17	75	13 744.5	183.26
辽宁本溪市	(8821·8822) × 选大	12	48	9432	196.5
	青 6 号	6	24	3912	163.0
辽宁丹东市	(8821·8822) × 选大	323.5	1106.4	252 094.6	227.85
	选大，青 6 号	89	327	50 098.5	153.17
辽宁鞍山市	(8821·8822) × 选大	355.5	1084.7	237 732.5	219.17
	丰杂 1 号	67	231.5	43 441	187.65
辽宁营口市	(8821·8822) × 选大	18	52.5	11 337	215.94
	丰杂 1 号	12	31.5	3968	125.97
辽宁辽阳市	(8821·8822) × 选大	11.5	38.4	12 870	336.5
	丰杂 1 号	6	22	4640	211.0

地点	品种	把数	投种量（千粒）	总产（kg）	单产（kg 或千粒）茧
辽宁大连市	（8821·8822）× 选大	19	57.2	15 979	279.35
	方山黄、青 6 号	8	24	4280	178.33
Σx	（8821·8822）× 选大	866	2922.2	686 746.6	235.01
	CK	255	930.3	164 908	177.26

※ 平均增产 32.58%。

9.7.5.9 新品种形态特征与适应性选育结果

（1）主要形态特征

① 8821。幼虫体背苹果绿色，体侧鹦鹉绿色，气门线蝶黄色，气门上线疣状突起海天蓝色，气门下线疣状突起飞燕菜蓝色。各眠起蚕头部灰白色，停食时头胸部昂起，似坐狮状，胸部格外健壮发达。

成虫雌蛾桂皮棕色，雄蛾淡桂皮棕色，蛹体浅黑褐色，茧大而圆，色偏淡。

② 8822。幼虫体背宝石绿色，体侧琉璃绿色，气门上线橄榄黄绿色，头壳沙石黄色，成虫雌蛾古铜黄色，雄蛾山鸡褐色，蛹体黑褐色，茧大色淡。

③（8821·8822）× 选大。幼虫体背橄榄黄绿色，体侧鹦鹉绿色，气门上线佛手黄色，下线疣状突起晴山蓝色。成虫雌蛾岩石棕色，雄蛾山鸡褐色，茧象牙黄色，蛹黑褐间有黄褐色。

纯种 8821、8822，杂交种 8821×8822 共同特征是蚕大、茧大、蛾大，重量和体积比青 6 号平均大或重 20% 左右，卵形状与青 6 号相似，略重，每克卵数平均比青 6 号少 5 粒。

（2）对饲料的适应性

柞蚕所利用的饲料大都为自然次生柞林的鲜叶。由于气候、土壤等原因，各地都有自己的主导树种，这是人类不易改变的。高饲料效率品种食用不同饲料树种，饲料效率表现情况直接影响到品种的应用前景与适用地区性。调查不同树种与不同蚕品种饲料效率结果见表 9-27。

表 9-27 新品种不同树种饲料效率表现调查结果（%）

品种	性状	8821	8822	青 6 号	（8821·8822）× 选大	选大	抗病 2 号 × 青 6 号
麻栎	茧重转化率	20.53	20.32	16.05	20.42	19.08	16.08
	茧层生产率	1.98	1.96	1.51	1.96	1.76	1.52
辽东栎	茧重转化率	17.72	17.73	15.60	17.62	17.60	15.58
	茧层生产率	1.86	1.87	1.32	1.75	1.62	1.33

续表

品种	性状	8821	8822	青6号	(8821・8822)×选大	选大	抗病2号×青6号
槲栎	茧重转化率	14.93	14.94	13.16	14.92	14.71	13.18
1.35	茧层生产率	1.34	1.35	1.08	1.32	1.26	1.07
蒙古栎	茧重转化率	16.39	16.40	14.09	16.36	15.85	14.10
	茧层生产率	1.53	1.54	1.24	1.50	1.34	1.25
$\bar{x}$	茧重转化率	17.39	17.36	14.73	17.33	16.79	14.74
	茧层生产率	1.68	1.68	1.29	1.63	1.44	1.29

※ 表中数据系两年春秋每个品种各10次重复的平均值。

试验结果表明，高饲料效率品种的饲料效率优势没有饲料树种的特异性。纯种8821、8822茧重转化率、茧层生产率分别比青6号高2.63和0.39个百分点，杂交种（8821・8822）×选大比抗病2号×青6号分别高2.63和0.39个百分点。

（3）新品种适应地区

农村生产和区域试验结果证明，高饲料效率柞蚕新品种适应所有二化性地区，即全国柞蚕90%以上的分布地区。但该品种在山东试验增产幅度小于辽宁、吉林、黑龙江和内蒙古，说明该品种在辽宁以北更有优势。但该品种因龄期比对照长1d左右，加上春茧蛹期羽化积温高15℃左右，二者综合作用结果：秋蚕期相对晚熟5d左右。故在吉林中部以北或其他高山冷凉地区（约占二化地区10%）二化二放应慎用。

（4）养蚕技术要点

由于蚕大，活泼强健且5龄3~9d食叶集中，结茧齐速，应注意适当稀放，种茧繁育应注意早提蚕。龄期偏长、春茧积温高，在无霜期较短的吉林中部和辽宁个别高山冷凉地区应用要突出抓早，如春小蚕室内育，勤移蚕，夏制种晚间适当补温等。

配制杂交种。由于秋茧蛹体更大，比一般品种羽化积温多15~18℃，故需早出库加温以调节羽化期。同时由于该品种特别耐粗饲料，可用大树收蚁、窝茧等。故应尽量延长蚕场轮伐周期，以保护蚕场树势，饲料效率高，单位面积增产达20%以上，故在按计划生产时，可适当减少投种量和蚕场用量。

9.7.6　柞蚕饲料效率的遗传规律研究

9.7.6.1　柞蚕饲料效率的继代表现

选择饲料效率差异较大的4个品种，经1989—1992年连续4年8代试验，每代8次重复，测定各品种饲料效率表现，无论春养、秋养，茧重转化率、茧层生产率表现始终是8821＞海青＞青6号＞抗二。同一品种不同年份继代表现最大开差小于5%，说明柞蚕饲料效率两指标表现有良好的继代稳定性，作为品种性状利用是可行的。

9.7.6.2 柞蚕饲料效率的杂交优势表现

以8821、8822、青6号、四青、8821×青6号、8821×四青、8822×四青、8822×青6号4个亲本、4对杂交组合为材料，各8次重复，分别调查亲本，F_1、F_2茧重转化率与茧层生产率，结果证明，F_1茧重转化率有8.00%的杂交优势，F_2下降到3.36%，减少4.64个百分点，但略高于双亲平均值。茧层生产率F_1优势率为6.51%，F_2下降到2.18%，减少4.33个百分点，高于双亲的平均值，说明就饲料效率方面，F_1、F_2都可利用。

同时调查F_1饲料效率发现，茧重转化率正反交无明显差异，而茧层生产率有偏父遗传现象。

9.7.6.3 柞蚕饲料效率的遗传力

同样以8821、8822、青6号、四青为亲本进行杂交，F_1、F_2，回交B_1、B_2共36个材料各8次重复，分别计算广义与狭义遗传力，结果：

茧重转化率平均广义遗传力为93.39%，狭义遗传力平均为88.18%，茧层生产率广义遗传力平均为68.22%，狭义遗传力平均为57.69%，二者可固定遗传方差占总遗传方差的比重均较高，分别为94.41%和84.54%。

9.7.6.4 控制柞蚕饲料效率的基因作用分析

①经多个组合反复测算，结果发现，控制柞蚕饲料效率主基因作用突出，用 $h=(P_2-P_1)/8(V_{F_2}-V_{F_1})$ 推定结果为：有一对主基因作用。基因之间有累加作用，而非显隐关系。

②多代选择有效，证明除主基因作用外有微效基因作用。试验分析证明，性染色体基因对茧层生产率的作用为15.31%，并有极少细胞质基因作用。同时，其他常染色体除主基因作用外，也有约20%的微效基因作用。这是因为累代选择到选择效果不明显止，约需15代，提高幅度相对为18%~20%。

9.7.7 柞蚕饲料效率与部分性状相关性研究

9.7.7.1 卵期性状与饲料效率的相关性

选择饲料效率不同的品种或杂交种16个，春、秋各8次重复，调查造卵数、产卵数、造卵效率和产卵效率、孵化率等分别与饲料效率的关系发现，总体上看，随着饲料效率的提高，造卵、产卵效率与量也相应增加。按茧重转化率春秋养平均值大小，16个品种依次是8821×8822＞（8821·8822）×选大＞8821＞8822＞海青＞选大＞鲁红＞吉黄＞胶蓝＞青6号＞白蚕＞四青＞三里丝＞白茧1号＞抗病2号＞371。

6个高饲料效率品种平均造卵数、产卵数、造卵效率与产卵效率分别为417.1粒/蛾、373.03粒/蛾、7.61粒/g叶、6.00粒/g叶。而饲料效率较差的6个品种4项指标分别为330.26粒/蛾、236.82粒/蛾、6.41粒/g叶、5.04粒/g叶。高饲料效率品种平均比一般品种分别高26.29%、42.31%、18.72%、19.05%。可见高饲料效率品种的造卵、产卵性能也具有突出的优越性。当然，饲料效率与造卵、产卵性能又不是完全的直线关系。饲料效率第五位的品种海青，造、产卵性能最佳，饲料效率最差的品种371，造、产卵性能也最差。就是说，总体上造、产卵性能与饲料效率有一致性，高饲料效率品种仍有再提高造、产卵性能的可能性。

卵的孵化性能主要是孵化整齐度和孵化率。调查6个品种各8次重复春秋平均值结果，高饲料效率品种在受精率、1h孵化率（整齐度）、实用孵化率等均相当或略优于青6号，8821×8822、（8821·8822）×选大有明显的杂交优势。

9.7.7.2　龄期经过与饲料效率的关系

16个品种各20头蚕，春秋分别调查全龄经过，分析与饲料效率的关系。全龄经过、5龄经过最长或最短的饲料效率较差。如龄期经过最长的三里丝，茧重转化率倒数第四，茧层生产率也只达到中等水平；龄期经过最短的品种白蚕，茧重转化率倒数第六，茧层生产率倒数第二，而3个高饲料效率品种8821、8822、海青，全龄经过、5龄经过均比其16个品种平均值长0.8d，即龄期经过略长的，饲料效率相对较高。

同一品种不同个体龄期经过比平均值长0.5～1.0d的，茧重转化率最高，比平均值长1.0～1.5d的茧层生产率最高。在品种选育过程中，我们也正是按着这一结果进行个体选择的，并收到极理想的选育效果。

9.7.7.3　食下量、消化率与饲料效率的相关性

16个品种春秋各8次重复，调查食下量、消化率与饲料效率，对照分析发现：

①食下量与饲料效率无必然联系。这一试验结果打破了人们传统的思维定律。食下量最多的品种，饲料效率反而最高，如8821、8822、（8821·8822）×选大。相反，食下量最少的抗病2号，饲料效率最差。当然，也有食下量较少而饲料效率较高的，如海青，食下量占第15位，而饲料效率两指标分别占第4位和第6位。

根据这一意外的试验结果，打破惯例，采用不限制食下量提高饲料效率的选育方法，收到饲料效率与茧质、生命力等性状同步提高的效果。这是我们柞蚕饲料效率品种选育能够在国际蚕业界率先育成品种，并实现产业化之关键措施之一。

②消化率与饲料效率调查结果证实，二者呈正相关关系，相关系数达0.8以上，是高饲料效率品种选育最有利的间接评价指标。

9.7.7.4　茧质性状与饲料效率的相关性

同样调查16个品种的全茧量、茧层量、茧层率与饲料效率的关系发现，就一个品种来说，全茧量与茧重转化率有一定的正相关趋势，极端性个体例外。茧层量、茧层率与茧层生产率也有同样趋势，但不属必然联系。实际品种选育中，淘汰极端性个体有一定效果。

9.7.8 柞蚕饲料效率品种间差异验证性研究

柞蚕 5 龄取食量占全龄的 80%，是蚕体重增加与营养积累最关键的时期。饲料效率差异也主要体现在 5 龄。

为此，调查研究柞蚕不同品种 5 龄取食特点，食物在蚕体内滞留时间、消化管解剖学特征、消化液理化性质、酶活力及蚕粪中营养残留量等，以图弄清品种间差异内因。

9.7.8.1 柞蚕饲料效率不同品种 5 龄取食特点的差异

①五龄第 3 ~ 11 天，每 3h（春、秋各 5 次重复）平均取食次数 8821（5.13）＜海青（5.36）＜吉黄（5.61）＜青 6 号（5.88）＜抗病 2 号（6.10），与饲料效率排序正好相反，即单位时间内，五龄取食次数越少，饲料效率越高。

②五龄第 3 ~ 11 天，平均每次取食持续时间（分），5 个品种依次是 8821（6.89）＜海青（7.20）＜吉黄（7.57）＜青 6 号（8.07）＜抗病 2 号（8.47）。可见，每次取食持续时间越长，饲料效率越低。

③五龄第 3 ~ 11 天，平均每两次取食间隔时间（分）依次是 8821（28.56）＞海青（27.05）＞吉黄（24.63）＞青 6 号（23.15）＞抗病 2 号（21.8）。即两次取食平均间隔时间长短与饲料效率高低表现趋势完全一致。

9.7.8.2 饲料在蚕体内滞留时间的差异

以 5 龄盛食期蚕饥饿 24h 后，喂叶到第一粒粪排出时间和停食后最后一粒蚕粪排出时间的平均值为饲料在蚕体内滞留时间。用 7 个饲料效率差异较大的品种，春秋各 5 次重复，各品种平均值结果见表 9-28。

表 9-28　饲料在蚕体内滞留时间与饲料效率调查结果

品种	8821×8822	(8821·8822)×选大	8821	海青	青 6 号	吉黄	抗病 2 号	$\bar{x}$
滞留时间（h）	6.96	6.90	6.85	6.20	5.21	5.77	5.04	6.28
茧重转化率（%）	17.54	17.24	17.02	16.24	14.71	15.02	14.06	15.98
茧层生产率（%）	1.92	1.88	1.86	1.59	1.39	1.48	1.31	1.63

饲料在蚕体内滞留时间长短与饲料效率两指标高低趋势完全一致，这可能是饲料在蚕体内滞留时间越长，被分解、吸收就越充分之故。

9.7.8.3 饲料效率不同的品种 5 龄肠液理化性质的差异

8 个品种盛食期（第 7 ~ 9 天）饥饿 24h，电激法取出消化液，每个品种各 5 次重复，调查各品种平均每头蚕每次取液量、肠液 pH、缓冲力及取液后恢复缓冲力的时间和恢复 pH 的时间，结果见表 9-29。

表 9-29　肠液理化性质与饲料效率的相关性

品种	8821	8822	8821×8822	(8821·8822)×选大	海青	青6号	抗病2号	白蚕
肠液量（mL/头）	2.01	1.96	2.13	2.04	1.70	1.43	1.35	1.43
pH	10.41	10.35	10.21	10.39	10.46	10.55	10.71	10.98
缓冲力	1.15	1.11	1.22	1.21	1.09	1.06	1.00	0.35
恢复 pH 时间（h）	7.40	7.60	6.60	6.80	8.60	8.80	9.40	10.80
恢复缓冲力时间（h）	14.40	14.60	12.20	12.40	15.80	16.60	17.60	20.00
茧重转化率（%）	17.81	17.82	17.96	17.82	16.97	15.40	14.73	15.33
茧层生产率（%）	2.15	2.13	2.19	2.14	1.77	1.55	1.48	1.52

可见，每头蚕肠液含量的多少、缓冲力的强弱、恢复 pH 和缓冲力的时间长短除白蚕外，与饲料效率表现高低完全一致（白蚕生命力较差），在品种选育过程中，经常以此 4 项指标作为在饲料效率调查一致时的参考指标，效果较好。同时，pH 品种间平均值大小与饲料效率无必然联系，但高饲料效率品种或强健好养品种个体间差异极小。

9.7.8.4　饲料效率不同品种消化管解剖性状的差异

解剖饲料效率不同的 6 个品种，观察中肠内外部形态、中肠伸缩性等，发现。

①高饲料效率品种中肠表现肌肉束粗而多，整环形或半环形皱褶多，粗而不光滑，中肠内面皱褶多而深，杯状与筒状细胞排列有凸凹不平、错落不齐之感。

②中肠纵向伸缩性。高饲料效率品种伸缩性强，最大伸长可达原长的 20%，而一般品种只有原长的 8.5%。

③中肠长度与内径长度之比的差异。高饲料效率品种中肠长度平均比一般品种长 47.87%，内径长度相对长 29.87%，而长与宽的比例，高饲料效率品种平均为 14.30%，一般品种为 20.22%，同时，前肠、后肠的长度，高饲料效率品种平均比一般品种长 50% 以上。

消化管中肠伸缩性强及相对细长是高饲料效率品种饲料在蚕体内滞留时间长的内因。同时，饲料与消化管接触的机会越多，时间越长，相对被吸收利用的就可能越充分。

9.7.8.5　饲料效率不同的品种消化酶活力的差异

测定 6 个品种各 5 次重复，肠液中脂肪酶、淀粉酶、蛋白酶活力结果见表 9-30。

表 9-30　肠液消化酶活力测定结果

品种		8821	8822	8821×8822	(8821·8822)×选大	选大	青6号
消化酶活力	脂肪酶	1.90	2.04	2.02	1.98	1.95	2.12
	α-淀粉酶	3.17	3.13	3.02	3.01	2.89	2.74
	α+β淀粉酶	4.46	3.70	3.92	3.72	3.53	3.39
	蛋白酶	7.62	7.00	7.81	7.86	6.28	5.04
饲料效率（%）	茧重转化率	17.81	17.82	17.96	17.82	16.85	15.40
	茧层生产率	2.15	2.13	2.19	2.14	1.81	1.55

　　肠液中脂肪酶活力测定结果，未发现与饲料效率有必然联系，而淀粉酶、蛋白酶活力与饲料效率呈显著的正相关关系。高饲料效率品种8821、8822及其杂交种，淀粉酶活力平均比青6号高12.23%和16.52%，蛋白酶活力平均比青6号高15.53%。

9.7.8.6　饲料效率不同的品种蚕粪中主要营养残留量的差异

　　饲料效率的高低，归根结底是从同质饲料中吸收营养的多少，吸收得多，蚕粪中剩的就少，反之，剩的就多。为此，测定蚕粪中营养物质残留量是品种饲料效率高低的最直接物证。

　　分别用辽东栎、麻栎、槲栎、蒙古栎饲养6个饲料效率不同品种并各5次重复，即每项内容100次试验，取其平均值结果见表9-31。

表 9-31　蚕粪中营养残留量的测定结果

品种	8821	8822	选大	8821×8822	(8821·8822)×选大	青6号
脂肪	2.07	2.13	2.12	2.16	2.16	2.31
总糖	13.47	13.91	14.22	13.62	13.98	15.77
蛋白质	4.14	4.24	4.62	4.14	4.07	6.05
茧重转化率（%）	17.81	17.82	16.85	17.96	17.82	15.40
茧层生产率（%）	2.15	2.13	1.81	2.19	2.14	1.55

　　高饲料效率品种蚕粪中脂肪残留量平均比青6号相对少7.87%，总糖残留量相对少24.92%，蛋白质残留量比青6号少29.88%。三大营养在蚕粪中残留量高饲料效率品种比一般品种显著的少，说明被吸收利用的多。总糖和蛋白质残留量与酶活力成正比，说明两种消化酶分别将淀粉分解成单、双糖，把蛋白分解成氨基酸是消化液、吸收、利用的关键。而脂肪的利用几乎与脂肪酶活力无关，说明蚕消化液中脂肪酶活力足够用。同时，在16个品种蚕粪中未测到游离氨基酸，说明只要蛋白酶能将饲料中蛋白质分解成氨基酸就可被全部吸收。所以用消化液中淀粉酶和蛋白酶活力测定可以准确地检测饲料效率的选择

效果。当然，直接的验证还是测蚕粪中营养物质残留量更为科学可靠。

毫无疑问，柞蚕饲料效率差异验证性研究，为进一步培育高饲料效率品种提供了可靠的依据，也填补了该学科国内外研究的空白，为提高柞蚕场资源的利用效率开辟了新的途径。

10　柞蚕早熟种质资源的创新与利用研究

柞蚕早熟性状是柞蚕新品种选育的一个重要经济性状，具有早熟性状的柞蚕品种，不易遭受霜的危害，使柞蚕相对的在较好的环境条件下饲养，获得较好的营养条件，促进蚕的发育，增强蚕的体质，故放养者认为早熟性品种体质强健，抗病好养，结茧率高，不管什么年头，产量往往稳定，形成一个稳产性品种。但早熟性品种也有其不利一面，由于食叶时间短，茧质往往较差，茧层率低，不易获得特大丰收。柞蚕品种小黄皮、小白蚕、小杏黄、鲁杂 2 号、海青、柞早 1 号、豫早 4 号、早熟 2 号、早 418 等都是较好的早熟品种，具有幼虫龄期经过短的特性。

10.1　柞蚕早熟品种选育的必要性

柞蚕种是柞蚕生产的物质基础，品种的优良性状是提高柞蚕茧产量和质量的关键因素。柞蚕野外放养受环境条件影响很大，放养柞蚕的龄期越长，不仅需要的饲料越多，而且受到霜冻危害和被病原物感染的概率也越大，直接影响到柞蚕茧生产的效益。因此，选育和推广早熟、多抗、丰产的柞蚕新品种，可减轻或避免二化二放蚕区柞蚕病害和早霜冻给柞蚕茧生产造成的损失。同时，利用这类品种通过春种南繁、秋茧北放的模式，可以部分代替柞蚕二化一放用种，解决部分二化一放蚕区的柞蚕用种难题，从而更加有效地利用北方大面积的柞林资源发展柞蚕产业。

10.2　柞蚕早熟性状的遗传

朱有敏等以幼虫全龄期经过时间差异较大的 2 个品种 8821 与宽青及其杂交 F_1 和 F_2 代为材料，于秋蚕期调查各组材料的幼虫全龄期经过时间，并采用 4 世代联合分析法进行幼虫早熟性状的杂种优势率计算及幼虫全龄期经过时间受控基因遗传模型分析与遗传参数估算。结果表明，柞蚕幼虫早熟性状的杂种优势率仅为2.95%，幼虫全龄期经过时间受控于多个微效基因，即为多基因遗传模型，不存在主效基因的作用，而且受环境条件的影响较大，环境方差为3.723，遗传方差为1.391，多基因的遗传率为27.15%。研究结果提示：柞蚕育种过程中对早熟性状的选择比较困难，需要经过多代的累加选择而逐渐固定。

10.3　熟性表现与主要经济性状的相关关系

薛炎林等1978年以柞蚕品种小黄皮、小白蚕、小杏黄、鲁杂2号、青6号、三里丝、柞早1号、辽青、克青、青黄1号及其某些杂交组合为材料，测定亲代和子代的早熟性状相关关系，早熟性状和主要经济性状、生活力之间的相关关系。

10.3.1　早熟性和亲本的关系

子代幼虫龄期经过的长短受亲代幼虫龄期经过长短的制约，即亲本幼虫龄期经过长，子代幼虫龄期经过也长，并且不同组合的杂种第1代龄期经过长短次序与各不同亲本龄期经过长短次序大体一致，有一定的相关趋势，但也有例外的情况，似乎在早熟性方面品种之间存在着遗传传递能力强弱之分，有的单交组合F_1的龄期经过介于两亲之间而偏向于早熟亲本，这也说明了有些早熟亲本对后代的影响比晚熟亲本的影响更大些，故在选育早熟品种时应尽量选用早熟性状遗传传递能力强的品种为材料。

10.3.2　早熟性状和一些主要经济性状的相关关系

早熟性和全茧量、茧层量、产卵量、每克卵量、千粒茧重等等都有一定的相关性，由于龄期经过短其全茧量轻，其他相应的经济性状也随之变化，所以我们在选择早熟品种时，必须是全茧量轻，千粒茧重轻，产卵量少，每克卵粒数多。

10.3.3　早熟性状和茧层率的相关关系

早熟性和全茧量有一定的相关性，全茧量和茧层率之间在全相关中呈不相关，所以早熟性和茧层率之间没有一定的相关性，即有可能在早熟性品种中选择茧层率高的品种，这就为选育早熟、茧层率高的品种提供了依据。

10.3.4　早熟性状和生命率的相关关系

全茧量和卵期死胚率，不受精率皆有一定的相关性，全茧量重的死胚率高，全茧量轻的死胚率低，全茧量和不受精也呈一定的正相关，这和实际放养资料调查结果是一样的，即早熟品种的幼虫生命率、孵化率都较高，死笼率也低，所以选择早熟性品种，有利于提高生活力。

早熟性状的遗传是有其一定规律可循，如果我们选择早熟品种，既重视早熟亲本的选择，又加强其经济性状的选择，在一般的规律内找出其特殊的性质，即在龄期短的个体内选择茧层率高的是可以达到选育的目的。

10.4 柞蚕新品种柞早 1 号的选育示例

10.4.1 选育目标及育成经过

10.4.1.1 选育目标

要求培育出产茧量、生活力相当于青黄 1 号（或当地现行种），千克卵茧层量提高 10%～20%，龄期经过（包括春秋两季蚕）比青黄 1 号短 7d 左右的早熟性柞蚕新品种。

10.4.1.2 育成经过

1963 年秋采用小黄皮为母本，鲁杂 2 号为父本杂交选育而成。培育初期主要从群体中选择结茧早的个体，然后在营茧早的个体中，注意选择蛹期经过和龄期经过短的个体。到第 4 代早熟性个体基本稳定后，建立系谱进行系统选择。经过 8 年 15 代的连续选育，已趋稳定，春秋蚕期经过比青黄 1 号短 6～7d，生活力略高于青黄 1 号，茧质一般。从第 16～21 代在稳定早熟、生命力强的性状前提下，注意茧质的选择。从早熟蛾区中，选出茧质好的个体，采用对号交，使其茧质亦有一定的提高。

经过一系列的选育措施，茧层率达 11% 以上，每千克卵茧层量比青黄 1 号提高 10% 以上。龄期经过、生活力、茧质等性状基本稳定。初步达到了预期目标。

10.4.2 选育结果与分析

10.4.2.1 小区选育结果（表 10-1）

从小区试验结果表明，柞早 1 号（简称早 1）经过 20 多代的选择培育，龄期短、体质强、产量高、茧质好的优良性状基本稳定。从几个主要指标来看，虫蛹统一生命率达 98% 以上，发病率、死笼率只占 1%～2%，说明体质的强健程度已经接近或超过现行品种青黄 1 号，茧质方面除全茧量略低于青黄 1 号外，茧层量、茧层率均高于青黄 1 号，早 1 是偏早熟品种，青黄 1 号属中熟性品种，而两者茧质基本相似，说明早 1 更具有突出的优点。再从综合项目来看，早 1 的千克卵收茧量为 634kg，千克卵茧层量为 71kg，分别比青黄 1 号提高 30% 和 12% 以上。全龄经过（包括春秋两季）比青黄 1 号短 6～7d。

表10-1 小区试验成绩调查

年份	品种	季别	单蛾产卵(粒)	实用孵化率(%)	发病率(%)	死笼率(%)	虫蛹生命率(%)	结茧数(粒)	收蚁结茧率(%)	龄期(日:时)	茧质 全茧量(g)	茧质 茧层量(g)	茧质 茧层率(%)	卵收茧 收茧量(kg)	卵收茧 指数(%)	卵收茧 茧层量(kg)	卵收茧 指数(%)	干粒茧重(kg)
1963	早1	秋	285	96.9	0.1	1.7	98.2		48.1		8.83	0.94	10.62					
1973	早1	春	299	97.9	0	0.2	99.8	99	36.9	59:22	6.95	0.66	9.46	321.3	97.08	20.94	91.56	6.5
	早1	秋	289	96.6	2.1	0.4	97.5	145	55.4	41:22	9.15	1.06	11.54	536.9	85.46	61.95	93.13	9.1
	青黄1号	春	283	97.7	0.2	0.2	99.6	92	37.3	61:17	8.17	0.71	8.69	254.2	100	22.87	100	7.9
	青黄1号	秋	355	97.9	1.5	0.4	98.1	182	56.8	44:3	10.38	1.10	10.59	628.2	100	66.52	100	10.2
1974	早1	春	322	98.6	0.3	1.0	98.7	142	45.3	58:6	6.58	0.69	10.45	265.6	102.33	27.76	124.82	6.4
	早1	秋	261	92.6	0.2	0.3	99.5	147	64	52:17	8.35	0.89	10.71	539.5	150.46	57.78	159.70	8.3
	青黄1号	春	366	93.5	0	0.3	99.7	145	44.3	59:23	7.0	0.60	8.57	259.6	100	22.24	100	6.6
	青黄1号	秋	276	90.3	0.5	1.5	98.0	91	39.0	56:5	8.9	0.90	10.09	358.6	100	36.18	100	9.0
1975	早1	春	292	97.6	0.8	0	99.1	183	67.1	57:15	7.13	0.67	9.37					6.9
	早1	秋	260	96.6	0.3	1.2	98.4	179	74.4	43:10	8.23	0.92	11.17	634.4	103.72	70.87	112.60	8.1
	青黄1号	春	311	98.4	1.6	0	98.4	149	56.1	59:2	7.54	0.69	9.12					7.3
	青黄1号	秋	259	97.6	2.3	1.1	96.6	144	58.3	45:10	8.99	0.93	10.29	611.7	100	62.91	100	9.0

10.4.2.2　生产鉴定结果

表 10-2　所实习种场试放成绩（秋季）

年份	品种	种级	把数	产毛茧 实数（粒）	产毛茧 指数（%）	产种茧 实数（粒）	产种茧 指数（%）	茧层率（%）	干粒重（kg）
1972	早1	双母	1	15 100		10 240			
	对照	双母	4	19 825		14 175			
	早1	原种	1	25 345		16 885			
	对照	原种	26	36 369		26 261			
1973	早1	双母	1	29 000	115.6	23 230		10.00	11.0
	对照	双母	6	25 093	100			11.00	10.8
	早1	原种	450 蛾	84 000	1420	70 933		11.32	9.5
	对照	原种	9	59 170	100			10.28	10.0
1974	早1	双母	3	18 605	96.98	14 168	89.4	11.35	9.0
	对照	双母	17	19 197	100	15 847	100	9.90	9.5
	早1	原种	2	47 472	96.30	41 342	99.12	10.77	8.5
	对照	原种	20	49 292	100	41 710	100	10.34	8.9
1975	早1	双母	2.5	21 460	90.0	20 484	100.0	11.36	8.6
	对照	双母	17	23 847	100	20 469	100	10.91	9.9
	早1	原种	3	64 196	91.9	57 866	101.4	12.06	8.4
	对照	原种	8	69 864	100	57 068	100	11.08	8.8

表 10-3　西丰小城蚕种场试放成绩（1973 年秋）

品种	种级	把数	把产毛茧		把产种茧	
			实数（粒）	指数（%）	实数（粒）	指数（%）
早 1	原种	2	70	175.0	55	183.3
青黄 1 号	原种	1	40	100	30	100
早 1	原种	2	70	116.7	55	157.1
青 6 号	原种	1	60	100	35	100

从表 10-2、表 10-3 中看出，所实习种场经 4 年的试放成绩来看，除 1972 年低于青黄 1 号外，其余均超过或接近青黄 1 号的水平。从西丰种场试放来看，较青黄 1 号相比增产显著。化蛹率高、生命力强、劣茧少。

表 10-4　1975 年各地试放成绩

地点	品种	季别	种级	把数	把产毛茧		把产种茧		干粒茧重（kg）
					实数（粒）	指数（%）	实数（粒）	指数（%）	
所实验种场	早 1	春	单母	2			7743	87.0	
	对照			4			8897	100	
	早 1	秋	双母	7	22 700	100.4	19 700	95.6	9.0
	对照			31	22 600	100	20 600	100	9.5
丹东郊区蚕种场	早 1	春	单母	3	5045	100.1	4209	94.0	
	对照			0.3	5040	100	4480	100	7.5
	早 1	秋	单母	1.5	9621	85.3	9180	97.8	
	对照			2.5	11 276	100	9388	100	
	早 1	秋	双母	5	17 236	84.91	14 104	88.0	8.5
	对照			5.5	20 299	100	16 021	100	9.5
	早 1	秋	原种	1.5	42 294	61.27	41 646	69.9	9.5
	对照			10.5	69 030	100	59 550	100	9.7
东沟县长安蚕种场	早 1	春	双母	1.5	19 789	162.9	15 360	153.7	
	对照			3	12 150	100	10 000	100	
	早 1	秋	双母	2.5	14 224	102.8	12 931	105.5	8.7
	对照			3.5	13 843	100	12 262	100	9.5
	早 1	秋	原种	3.5	44 412	87.4	37 162	87.9	8.4
	对照			4.5	50 814	100	42 302	100	9.7

续表

地点	品种	季别	种级	把数	把产毛茧		把产种茧		千粒茧重(kg)
					实数(粒)	指数(%)	实数(粒)	指数(%)	
营口县建一乡厢方村	早1	春	双母	2	8540	141.1	8015	176.0	6.5
	对照			1.5	6054	100	4554	100	7.0
	早1	秋	双母	3	5205	173.2	4772	171.5	9.0
	对照			1	3005	100	2783	100	9.2
庄河县仙人洞蚕种场	早1	秋	原种	1	56 470	92.6	48 980	79.5	
	对照			5	71 010	100	61 650	100	
宽甸县长甸城村种场	早1	秋	原种	1			70 275	240.3	9.0
	对照			2			29 250	100	9.0
凤城县凤山乡二龙一组	早1	秋	原种	2			67 350	104.4	
	对照			2			64 500	100	
丹东蚕业研究所	早1	秋	原种	410蛾	46 500	111.8	41 500	131.5	
	对照			250蛾	30 000	100	19 300	100	
	早1	秋	双母	2	19 096	211.2	15 524	246.5	
	对照			1	8635	100	6298	100	

从表 10-4 各地试放结果看出，除春放 5 把单母产种茧低于对照外，春放 4.5 把双母产种茧平均比对照增产 12.4%。秋放 22 把双母产种茧比对照平均增产 11.6%。秋放 12 把原种平均比对照增产 2.9%。

1971 年曾请有育种经验的蚕民于天凤同志来所同我们一起搞育种，他认为"早1"的蛾子光好（血液清晰）放不漏。其他单位也普遍反映较好。

10.4.2.3　杂交性能鉴定

杂交试验是从 1972 年开始的。分别与青黄 1 号、三里丝、小杏黄、小白蚕杂交，表现杂种优势高，增产效果明显。同时在生产实践中，东沟县合隆乡翟家堡子村蚕民技术员白日亮利用早1同青 6 号杂交，连续 4 年把产超 750kg。通过小区试验和农村 74 把的生产鉴定，认为青黄 1 号交早1增产效果最为显著，平均增产 20% 以上，见表 10-5、表 10-6。

表10-5　杂交增产小区试验成绩调查

| 年份 | 季别 | 品种 | 千克卵收茧粒数 | | 千克卵产茧量 | | 千克卵茧层量 | | 收蚁结茧率(%) | 千粒茧重(kg) |
			实数(千粒)	指数(%)	实数(kg)	指数(%)	实数(kg)	指数(%)		
1972	春	青黄1号×早1	34.025	140.33	179.2	138.9	13.9	136.5	36.5	5.6
		对照	24.135	100	129.0	100	10.2	100	24.2	5.0
	秋	青黄1号×早1	18.695	72.6	205.0	88.0	20.5	92.9	15.7	8.5
		对照	26.350	100	233.0	100	22.0	100	27.8	8.9
1973	春	青黄1号×早1	36.759	104.9	252.7	97.3	22.0	95.3	36.8	7.6
		对照	34.910	100	259.7	100	23.1	100	34.4	7.5
	秋	青黄1号×早1	74.145	110.3	711.2	104.8	77.7	110.3	64.7	10.3
		对照	66.685	100	687.8	100	70.4	100	56.7	10.5
1974	春	青黄1号×早1	28.885	130.6	198.1	125.4	20.1	141.1	33.4	6.7
		对照	22.400	100	157.9	100	14.3	100	23.3	7.0
	秋	青黄1号×早1	64.345	114.9	556.7	115.7	57.9	116.1	57.5	8.6
		对照	56.141	100	481.0	100	49.9	100	49.8	8.6
1975	春	青黄1号×早1	38.031	119.9	271.9	118.9	25.5	136.7	37.8	7.0
		对照	30.875	100	229.2	100	18.7	100	30.4	7.0
	秋	青黄1号×早1	72.895	101.6	607.5	95.8	67.0	99.4	69.3	8.4
		对照	72.320	100	634.4	100	67.4	100	64.2	8.9

注：对照种均为青黄1号。

表10-6　青黄1号×早1农村生产试验（1975年）

| 地点 | 把数 | 投种量 | 产茧量(kg/把) | 产值(元/把) | 千克投种产茧 | | 单位投种产值 | |
					实数(kg)	指数(%)	实数(元)	指数(%)
东沟杨家六组	4	5500粒	537.0	753.53	195.3	163.5	137.01	225.1
东沟三级台三组	6	4500粒	454.0	475.74	202.0		105.72	
东沟杨家三组	5	5000粒	244.2	257.74	97.7		51.48	
庄河向阳村	16	23kg	446.0	489.4	193.3	109.8	106.19	104.0
营口厢房村	10	16kg	227.0	228.6	141.8	146.8	71.44	
东沟新农村	11	1481头	351.0		422.2			
凤城陡岗子村	15	1853头	668.9	728.3	720.9	99.0	393.02	102.3

10.4.3　特征、特性及技术要求

特征特性：2 化性、4 眠。蛾色为黄褐色，体型中等。蚕体色为青黄色，生活力及抗逆性强，杂交优势强。茧型中等。全年龄期经过比青黄 1 号短 6 ~ 7d，属偏早熟品种。

技术要求：蚕期发育快，营茧时间短，要注意管理。繁种时要加强淘汰晚批蚕，巩固其早熟性状。

10.4.4　结论

柞早 1 号是偏早熟优良品种，全年龄期比青黄 1 号短 6 ~ 7d。具有体强、好养、高产的特点。杂交优势高，与青黄 1 号杂交平均增产 20% 以上。该品种可在无霜期偏短的地区推广应用，提倡制杂交种。

11　柞蚕种质资源的化性改造与利用研究

柞蚕是半野生的经济昆虫，幼虫期放养在野外，所以生命活动受自然条件的制约。柞蚕在长期的系统演化过程中，为了种群的生存、繁殖与发展，形成了与外界环境条件相适应的生物学特性。化性是柞蚕在自然条件下，1 年中所发生世代数的特性。1 年中只发生 1 个世代的特性称一化性，1 年中发生 2 个世代的特性称二化性，1 年中发生 3 个世代以上的特性称多化性。柞蚕因每个世代的生活周期较长，在自然条件下，只有一化和二化。

11.1　柞蚕化性的地域分布

顾青虹（1940）研究认为，柞蚕化性有明显的分界线，即 N35° 为分界线，35° 以北地区为二化性地区，35° 以南地区为一化性地区，35° 线附近为化性不稳定地区。苏伦安（1980）研究表明，在地域上，柞蚕有一个化性不稳定的活动带，从山东的泰安市（N36°09′）经河南的林县（N36°），至甘肃的平凉（N35°25′），即从东北偏西南走向的一条自然产生二化性柞蚕的最南界，在此线以北的山东、河北、辽宁、吉林、黑龙江、内蒙古自治区等省区饲育的柞蚕为二化性，把这一区域称为二化性地区。从山东的莒县（N35°）经河南的嵩县（N35°05′），至甘肃的天水（N34°25′），即从东北微偏西南走向的一条自然产生一化性柞蚕的最北界。此线以南的河南、江苏、浙江、安徽、贵州、四川、云南、广西壮族自治区等省区饲育的柞蚕称为一化性柞蚕，将这一区域称为一化性地区。在柞蚕一化性北界线和二化性南界线之间，相距约一个纬度的区域是柞蚕的化性不稳定地带，是一化性和二化性的过度区域。在该区域内，既分布有一化性柞蚕品种，又分布二化性柞蚕品种。柞蚕化性表现的地区性，是自然条件对化性综合作用的结果。当年柞蚕种起源于胶东半岛，恰在化性分界线左右，属于化性不稳定地区，一开始就有两种不同的化性类型存在。在逐渐向北、向南的传播过程中，不同的自然条件逐渐造就了两个化性不同的群体。把两地蚕种交换放养，其化性表现则逐渐地回归到引入地的化性。但在两个化性区域内，又都有与其相反的化性表现个体。尽管比例很小，但每年都有。由此说明柞蚕的化性是遗传的，同时又受环境的影响。

11.2 柞蚕化性的影响因素及其规律

对柞蚕化性有影响的环境因素是多方面的，如光照、温度、湿度，加上养蚕地区、季节、饲料树种和蚕本身各变态期对环境条件反应敏感性的差异。这些因素综合作用最终体现在化性表现上就非常复杂而不规律。为研究柞蚕化性的遗传规律，辽宁省蚕业科学研究所姜德富等（1988—1992）就不同地区、季节、光照、温度、叶质对化性的影响做了较全面的研究与分析。

11.2.1 饲养地区、季节对柞蚕化性的影响规律

全国各柞蚕区相互引种调查品种原产地化性表现与引入地区当代化性表现情况：

①同一品种，越往北移，一化率越低；②南方一化性品种移到北方二化地区，当代一化率只有 60%～70%，北方二化性品种移到南方一化地区，当代一化率就达到 30%～60%，继续放养，逐渐趋于移入地的化性。

连续调查一化性和二化性柞蚕品种在不同季节饲养的化性继代表现情况：

①不论一化性品种、二化性品种，随着养蚕时间的推后，一化率显著提高；②一化性品种随着养蚕时间变化，一化率变化较小，从春养到秋养只增加不到 5 个百分点，而二化性品种从春养一化率的 0.82% 增加到秋养 99.60%。

11.2.2 光照周期对柞蚕化性的影响规律

柞蚕化性表现的地区性，体现着诸多环境因子的综合作用。而这些环境因子对化性的影响作用并不等同。诸多学者认为光照起主导作用。在柞蚕卵期、稚蚕期、5 龄壮蚕期、蛹期进行光照处理，调查其对柞蚕化性表现的影响。试验表明，光照周期对柞蚕化性表现的影响是突出的，在卵、稚蚕、壮蚕和蛹期作用又是有区别的。其中，卵期、稚蚕期和蛹期长光照有利于滞育，并且光处理影响程度依次是壮蚕期＞卵期＞稚蚕期＞蛹期。根据这个实验结果，5 龄壮蚕期在长光照条件下放养，对巩固提高一化率有极佳的效果。与此同时，无论是卵期、稚蚕期，还是壮蚕期、蛹期，光照周期作用都未使柞蚕化性表现出 100% 的滞育或 100% 的不滞育，说明自然条件作用的有限性。

11.2.3 5 龄壮蚕饲养温度对柞蚕化性的影响规律

柞蚕春养和秋养一化率有重大区别，春、秋 5 龄壮蚕期环境中除了光照不同外，温度也是一个重要的因素。不同温度饲养 5 龄蚕，一化性表现趋势是随着温度的提高而降低，

二化性品种室内 30℃饲养和山上自然放养，一化率无明显差异，而在 23℃和 19℃下饲养则一化率与前二者有极显著差别，19℃饲养二化性品种春养一化率高达 20%，一化性品种 19℃饲养其一化率相当于早秋养，而 23℃和 30℃饲养其一化率略高或低于山上放养。总的影响趋势，二化性品种和一化性品种基本一致，在 16~20 个百分点之间。

11.2.4　饲养树种及叶质对柞蚕化性的影响规律

饲养柞蚕的主要树种有尖柞、槲柞、蒙古柞和辽东栎，不同树种叶质有很大的区别。在同一地区用不同的柞树饲养春柞蚕一化性品种四青和二化性品种青 6 号。试验表明，4 种柞树对春柞蚕的化性表现，仅有微弱的影响差别。以一化性品种四青和二化性品种青 6 号 4 眠起蚕为材料，分别用尖柞的嫩叶、适熟叶、老叶在同等条件下放养。试验表明，叶质对柞蚕化性表现有一定的影响，一化性品种用嫩叶与老叶饲养其一化率相差为 8 个百分点，二化性品种开差为 1.5 个百分点，趋势是叶子越成熟，一化率越高。

综上所述，季节对化性影响最大，二化性品种春养一化率只有 0.50% 左右，而秋养几乎 100% 滞育。一化性品种春养一化率 95% 左右，秋养也几乎完全滞育，这是环境条件中光照、温度等共同作用的结果。在环境条件中，光周期起主要作用，是温度作用的 2 倍以上，是叶质作用的 5 倍以上。

11.3　柞蚕化性的继代表现

姜德富等（1988—1992）连续调查了一化性和二化性各 4 个柞蚕品种在春养和早秋养的化性继代表现。结果表明春养时，二化性品种 4 年 4 个品种平均一化率在 0.70% 左右，不同年份和品种间最大开差不到 0.5 个百分点，一化性品种 4 年 4 个品种一化率平均在 90% 以上，年份与品种间最大开差为 10% 左右。而在 7 月 18 日收蚁的早秋养，二化性品种一化率平均在 70% 以上，年份与品种间开差高达 15%，一化性品种平均一化率在 98% 以上，年份与品种间最大开差不到 5%。由此说明，品种的化性遗传特性起主导作用，柞蚕的化性具有相当程度的遗传稳定性。

11.4　柞蚕化性的遗传力

20 世纪 90 年代初，姜德富等用二化性品种 882、一化性品种四青和吉黄为亲本，组成 4 个杂交组合，即 882×四青、四青×882、882×吉黄、吉黄×882，测算亲本化性表现型方差 V_{P_1}、V_{P_2}、V_{P_3}，杂种表现型方差 V_{F_1}、V_{F_2}，回交表现型方差 V_{B_1}、V_{B_2}。依据以下公式估算遗传力。

①广义遗传力（甲法）：

$$h^2(\%) = \frac{V_{F_2} - V_{F_1}}{V_{F_2}} \times 100\%$$

②广义遗传力（乙法）：

$$h^2(\%) = \frac{V_{F_2} - \frac{1}{2}(V_{P_2} + V_{P_1})}{V_{F_2}} \times 100\%$$

③狭义遗传力：

$$h^2(\%) = \frac{2V_{F_2} - (V_{B_2} + V_{B_1})}{V_{F_2}} \times 100\%$$

亲本表现型方差：春养 3 个亲本，各 8 次重复，调查一化率，结果见表 11-1。

表 11-1 杂交亲本一化率调查结果

品种	一化率（%）									
	1	2	3	4	5	6	7	8	$\sum x$	$\bar{x}$
四青	85.82	91.28	99.35	96.66	90.67	99.73	95.43	85.36	744.30	93.04
吉黄	91.98	91.93	96.55	92.19	80.04	97.65	90.30	94.78	735.42	91.93
882	0.82	0.90	0.80	0.83	0.78	1.57	0.18	0.38	6.26	0.78

由表 11-1 数据计算亲本表现型方差结果是：

V_{P_1}（四青）=322.08

V_{P_2}=（吉黄）=206.29

V_{P_3}（882）=1.16

杂交 F_1、F_2 表现型方差：前一年早秋养 882× 四青、四青 ×882、882× 吉黄、吉黄 ×882 F_1，第 2 年春养亲本及 F_1、F_2（在同一柞园）调查一化率，结果见表 11-2。

表 11-2 杂交试验 F_1、F_2 一化率调查结果

品种	F_1							F_2						
	1	2	3	4	5	$\sum x$	$\bar{x}$	1	2	3	4	5	$\sum x$	$\bar{x}$
四青 ×882	70.02	70.86	78.35	62.30	74.22	355.75	71.15	58.90	48.99	59.84	37.01	62.66	267.40	53.48
882× 四青	56.88	84.88	70.48	65.57	66.88	344.69	68.93	35.43	53.36	71.23	38.73	68.88	267.63	53.52
吉黄 ×882	51.47	75.54	83.18	74.40	67.17	351.77	70.35	72.68	68.07	35.54	31.23	65.27	272.79	54.56

品种	F₁							F₂						
	1	2	3	4	5	$\sum x$	$\bar{x}$	1	2	3	4	5	$\sum x$	$\bar{x}$
882×吉黄	63.25	68.18	66.66	58.95	80.47	337.51	67.50	49.75	50.62	65.10	29.45	69.46	264.38	52.88

统计表 11-2 数据，杂交试验 F_1、F_2 表现型方差分别是：

① V_{F_1}（四青 ×882）=140.95　　② V_{F_1}（882× 四青）=417.50

③ V_{F_1}（吉黄 ×882）=573.10　　④ V_{F_1}（882× 吉黄）=260.56

⑤ V_{F_2}（四青 ×882）=445.50　　⑥ V_{F_2}（882× 四青）=1095.59

⑦ V_{F_2}（吉黄 ×882）=1531.61　　⑧ V_{F_2}（882× 吉黄）=988.09

回交 B_1、B_2 表现型方差：以四青 ×882、882× 四青 F_1 为母本，分别与双亲回交，同时春养 B_1、B_2 代，调查化性表现，结果如表 11-3。

表 11-3　四青 ×882、882× 四青回交一化率调查结果

品种	B₁							B₂						
	1	2	3	4	5	$\sum x$	$\bar{x}$	1	2	3	4	5	$\sum x$	$\bar{x}$
（四青·882）× 四青	72.38	90.16	83.45	80.44	81.42	407.85	81.57	60.87	88.70	63.50	74.99	68.77	356.83	71.37
（四青·882）×8882	23.77	48.59	37.56	38.72	38.44	187.08	37.42	26.12	43.85	48.59	32.10	31.37	180.03	36.41
（882·四青）× 四青	75.44	71.32	73.56	85.07	90.78	396.17	79.23	69.37	91.30	74.12	40.34	75.97	351.11	70.22
（882·四青）×882	30.88	34.98	38.38	29.60	28.52	162.36	32.47	5.35	61.12	35.75	30.54	27.96	160.70	32.14

统计表 11-3 数据，杂交试验 B_1、B_2 表现型方差分别是：

① V_{B_1}（四青·882）× 四青 =163.08　　② V_{B_1}（四青·882）×882=313.84

③ V_{B_1}（882·四青）× 四青 =276.00　　④ V_{B_1}（882·四青）×882=67.59

⑤ V_{B_2}（四青·882）× 四青 =492.38　　⑥ V_{B_2}（四青·882）×882=353.57

⑦ V_{B_2}（882·四青）× 四青 =1384.77　　⑧ V_{B_2}（882·四青）×882=1590.46

同样调查 882× 吉黄、吉黄 ×882 分别与双亲回交 B_1、B_2，一化率结果如表 11-4。

表 11-4 吉黄 ×882、882× 吉黄回交一化率调查结果

品种	B₁							B₂						
	1	2	3	4	5	$\sum x$	$\bar{x}$	1	2	3	4	5	$\sum x$	$\bar{x}$
(吉黄·882) × 吉黄	81.84	79.18	69.62	72.32	85.68	388.64	77.73	55.55	80.38	32.35	95.13	69.27	332.68	56.07
(吉黄·882) ×882	37.45	31.29	11.38	60.86	35.33	176.31	35.26	26.04	32.66	56.84	8.08	42.24	165.86	33.17
(882·吉黄) × 吉黄	66.32	79.38	60.45	84.26	70.04	360.45	72.09	44.17	79.84	50.91	68.84	78.62	322.38	64.48
(882·吉黄) ×882	22.45	47.62	27.00	32.62	34.71	164.40	32.88	20.05	15.26	56.86	33.85	24.08	150.10	30.02

计算吉黄 ×882、882× 吉黄回交 B_1、B_2 表现型方差分别是：

① V_{B_1}（吉黄·882）× 吉黄 =177.24　　② V_{B_1}（吉黄·882）×882=1246.55

③ V_{B_1}（882·吉黄）× 吉黄 =374.24　　④ V_{B_1}（882·吉黄）×882=364.05

⑤ V_{B_2}（吉黄·882）× 吉黄 =2306.12　　⑥ V_{B_2}（吉黄·882）×882=1323.18

⑦ V_{B_2}（882·吉黄）× 吉黄 =1051.52　　⑧ V_{B_2}（882·吉黄）×882=1087.59

比较系统地调查了亲本和杂交 F_1、F_2 代以及回交 B_1、B_2 代的表现型方差，由此，测算出柞蚕化性的遗传力，结果见表 11-5 和表 11-6。

表 11-5 柞蚕化性广义遗传力统计结果

甲法（%）				乙法（%）			
四青 ×882	882× 四青	吉黄 ×882	882× 吉黄	四青 ×882	882× 四青	吉黄 ×882	882× 吉黄
68.36	61.89	62.58	73.63	63.72	85.25	93.23	89.50

甲法统计柞蚕化性广义遗传力平均为 66.62%，乙法计算结果平均为 82.93%，总平均为 74.77%。

表 11-6 柞蚕化性狭义遗传力统计结果

（四青·882）× 四青	（882·四青）× 四青	（四青·882）× 882	（882·四青）× 882	（吉黄·882）× 吉黄	（882·吉黄）× 吉黄	（吉黄·882）× 882	（882·吉黄）× 882
52.72	48.44	50.19	48.66	37.85	55.71	32.24	53.87

从遗传力统计结果看，广义遗传力乙法计算数据显著高于甲法，是由于乙法采用的是双亲表现型方差，而其一亲本 882 本来就是二化性品种，一化率极低，表现型方差

极小之故；广义遗传力平均为74.77%，说明柞蚕化性表现型方差中环境因素的影响占25.23%；广义遗传力与狭义遗传力差别为27.01个百分点，是遗传方差中基因显性方差及互作方差之和；狭义遗传力为47.76%，是基因的累加方差决定的，占总可遗传方差的63.88%。

11.5　柞蚕化性遗传基因分析

基于前述试验，姜德富等由四青、882及882×四青、四青×882的亲本与F_2的表型方差，推算出控制化性的主基因约有2.17对，由882、吉黄、882×吉黄、吉黄×882各自的表型方差，推算出控制化性的基因对数约1.23对，二者平均值为1.7对，故认为，实际控制柞蚕化性的主基因应有2对。至于微效基因在柞蚕化性遗传中的作用，姜德富等人通过相关试验研究认为，柞蚕的化性有2对主基因控制，同时还有相当于0.5～1.0对微效基因在起作用。主基因作用一化对二化呈显性，而微效基因一化对二化却并非显性，也并非完全的累加作用。试验亦发现，无论纯种或杂交种F_1代柞蚕一化率，雌柞蚕均高于雄柞蚕，其中F_1代雌比雄平均高1.12个百分点，纯种平均高1.62个百分点；F_1表现为明显的偏母遗传，雌、雄平均一化率，一化品种作母本时正交比反交高0.84个百分点；杂交优势明显，F_1一化率比亲本平均高20多个百分点。既然有偏母遗传，杂交种F_1常染色体基因相同，产生原因无非是由于性染色体基因和细胞质基因所致。还可推断，控制化性的主基因存在于常染色体上。

11.6　柞蚕一化地区二化性品种的选育

为了充分利用我国南方柞林资源，发挥其无霜期长，热能资源丰富的优势，改造化性表现的自然性而开展了一化地区二化性品种选育的实践活动。

11.6.1　选育目标

以二化率稳定在90%以上为核心指标，茧质性状、生命力等相当或略优于当地一化性品种。

11.6.2　选育的技术路线

采用短光照继代选择，以逐步纯化二化性个体的遗传性，淘汰生态型二化性个体，使得在一化地区表现出稳定遗传的二化性。

11.6.3　选育材料

一化地区二化品种，选育材料的获得有三条途径，第一是直接用当地一化性品种二化性个体继代选育；第二是引进北方二化性品种选择在一化地区表现二化性的个体继代提高；第三是利用一化性品种与北方二化性品种杂交，表现二化性的个体继代选择与纯化。

11.6.4　一化地区二化性品种的例证

1959 年河南省南召蚕业试验场，以本省一化性品种 "39" 为父本，以山东省二化性品种 "胶蓝" 为母本杂交选择二化性个体（非滞育蛹）继代，在短日照条件下经 7 年 14 代连续选择，育成了二化率达 98% 左右的 "蓝二化" 和 "白二化" 两个新品种。

11.7　柞蚕二化地区一化性品种的选育

为了充分利用我国北方大面积的柞林资源，针对 "二化一放" 存在的留种难，制种成绩差（水肚蛾多、不交尾蛾多，短腿缺足多，孵化率低）常常营茧后再羽化，原料茧损失重和产量不高不稳的问题，开展了二化地区一化性实用品种的选育工作。

11.7.1　育种目标

以滞育率为核心指标，要求春养达到 95%，早秋养 98%，产量、茧质、缫丝成绩优于二化一放，其他指标相当于二化一放。

作为二化地区一化性品种选育的核心目的，是要从根本上（遗传）改变柞蚕化性的自然性，在二化地区育成的一化品种必须在一年中任何季节放养，其一化率达到 95%，这是与二化一放本质的区别。

11.7.2　育种材料

以当地二化性主导品种（或早秋养）滞育蛹为材料，继代选择育种的较多，因其原始品种在当地有很好的适应性，容易兼顾产量、化性与生命力等诸多性状；引用南方一化性品种，继代选择纯化或与当地品种杂交，以滞育蛹为材料进行二化地区一化品种选育，也有成功的例证。

11.7.3　育种的技术路线

因为光照是影响柞蚕化性表现最主要的环境条件，壮蚕期长光照，易表现二化性，而短光照则易表现滞育性，所以根据这一化性表现规律，采用长光照逆向选择的技术路线，来提高选择效果，获得真实遗传的材料，而那些非遗传型的个体会迅速地被淘汰掉，进而保证育成品种化性表现的稳定性。

巩固化性与提高生命力是一对矛盾，连续春养，一化性得到巩固和提高，但茧变小，茧层变薄（春养、气候、叶质差），繁种成绩与生命力下降。反之，连续几代早秋或秋养，生命力得到恢复，而化性因无法选择（几乎 100% 滞育）而逐渐下降，超过 3 代再春养，一化率就可由 95% 下降到 75%。

为解决这一问题，辽宁是采用"两春一秋"，即连续两代春养巩固化性，一代早秋养恢复生命力，而吉林早秋蚕收蚁比辽宁早，加上养蚕期光照比辽宁时间长，温度偏高，可"一春一秋"。而黑龙江、内蒙古，生产上全是年养一次蚕，相对光照时间更长，早秋养也可达到选择提高化性的目的，故采用两秋一春即可解决巩固化性与恢复生命力的矛盾。

11.7.4　育种例证

早在 20 世纪 60 年代初，农业部就组织了由辽宁省蚕业科学研究所牵头，吉林、黑龙江、内蒙古蚕科所参加的柞蚕二化地区一化性品种选育联合攻关。"八五""九五"期间国家计委又给辽宁省蚕科所下达了"柞蚕二化地区一化品种选育"攻关研究任务。在近 40 年的实践中，上述 4 个研究所都相继育成了自己的品种或材料，有的已达到实用化水平。

11.7.4.1　"龙青一号"

黑龙江省蚕业研究所安洪章等人，1964 年从宾县二化性品种"青黄 1 号"中，选择滞育蛹为材料，利用 6 月、7 月份自然温度，长光照进行继代选择与培育。于 1972 年育成在我国最北方黑龙江地区一化率达 90% 以上的一化性品种"龙青一号"。

龙青一号蚕体青黄色，蛾色黄褐，龄期经过较青黄 1 号长 2~3d，属晚熟性品种。产量和生命力相当或略优于青黄 1 号，全茧量比青黄 1 号重约 8%，茧层率高 0.85 个百分点，茧丝长比青 6 号长 22%。

11.7.4.2　吉黄 1 号

吉林省蚕业科学研究所宫宝山等人，以 1972 年从辽宁引进的一化性品种"松黄"为母本，以从山东日照县蚕种场引进的"日照"为父本，在夏季长光照条件下，经 15 代选择培育，育成了一化率达 93.78% 的二化地区一化性品种"吉黄 1 号"。虫蛹统一生命率平均为 97.39%，春养全茧量、茧层率比二化性品种青 6 号相对高 10% 以上。解舒率、解舒丝长相对高 20% 以上，炼减率相对低 40% 以上，强伸率达 27.5%。

11.7.4.3　"四青"及"四青 × 吉黄"

1965 年，辽宁省蚕业科学研究所战青芳等人以青黄 1 号春养滞育蛹为材料，蚕期在 6 月份长日照下，继代选择，并先后在内蒙古、黑龙江 6 月、7 月更长日照条件下进行选择，于 1974 年初步育成了一化性品种"四青"，春养一化率 95%，早秋养达 99%。该品种由于学术上的争论，一直未被审定，工作处于停滞状态。到 1988 年，春养一化率下降到只有 70% 左右，且蚕体色、蛾色、发育都参差不齐。为此，1988 年始，辽宁省蚕业科学研究所姜德富等人开始着手四青品种的整理工作，至 1992 年使四青一化率恢复到春养 95.6%，收蚁结茧率达 50.15%，产量比青 6 号增加 11.37%，达到实用化水平。

四青属于长光照滞育类型的一化性品种，发育齐速，偏早熟，茧色偏淡，耐低温储藏，出丝率、解舒率、生丝量均比二化一放高 10% 以上。

1991 年，他们分别以松黄、鲁黄、吉黄 1 号和四青等 4 个一化性品种为材料，组配成 6 个二元杂交品种进行评选，于 1994 年评选出最优组合"四青 × 吉黄"，育成了第一对二化地区一化性杂交种。该品种春养一化率达 95%，早秋养达 99.98%，虫蛹统一生命率达 98.86%。茧丝长 885.49m，解舒丝长 561.87m，解舒率 63.43%，鲜茧出丝率 6.60%，比对照高 0.64 个百分点，产量比对照增加 29.53%。

另外，他们还先后以二化性品种 882 为父本，以一化性品种四青为母本选育杂交后代，初步育成了一化性品种 883，春养一化率达到 90% 以上，其全茧量、产卵量比二化品种青 6 号高 10% 以上，产量及缫丝性能也略优于一化品种四青。

同时以 882 为父本，以吉黄 1 号为母本杂交选育的黄蚕系统品种 901、青黄蚕系统 902 和从"四青"中分离选育出的 931、932 及组配成的三元杂交种，春养一化率均稳定在 90% 以上。

11.7.4.4　辽四、辽 8

2005 年，辽宁省蚕业科学研究所，以 9906 为父本，以四青为母本杂交选育，经 11 代连续选择培育，育成了春养一化率达到 85% 以上，早秋养一化率达到 95% 以上的二化地区一化性品种"辽四"。该品种早秋养产卵量为 313 粒，孵化率为 95.84%，千粒茧重为 10.95kg，克卵收茧量为可 333.19g。从 883 中选留较大雌雄个体，对号交留种，经 11 代的选择培育，育成了春养一化率达到 85% 以上，早秋养一化率达到 95% 的二化地区一化性品种"辽 8"。该品种早秋养产卵量为 312 粒，孵化率为 95.87%，千粒茧重为 10.98kg，克卵收茧量为 315.99g。

11.8　柞蚕二化地区一化性新品种 883、932 及早秋 214 的选育示例

我国北方有极为丰富的柞林资源（是目前实用蚕场面积的 5~8 倍）。因无霜期短，不能年养两次柞蚕，只好人为地控制二化种茧，进行二化一放。二化一放制种成绩差（劣蛾多，交配率低），孵化率低，抗病性差，产量不稳，再加之秋摘茧后羽化，造成原料茧价值损失，使二化一放养蚕效益、缫丝效益低，浪费资源多，应用普及 50 多年，养蚕量只占全国总面积的 10% 左右。20 世纪 60 年代，农业部组织辽宁省蚕科所牵头，吉林、

黑龙江、内蒙古 3 所参加的一化品种选育攻关研究，各所相继育成了龙青、吉黄、四青等一化性品种，因巩固化性与提高生命力的矛盾，加之纯种投产、繁种难，茧小，产量不理想而未能大面积应用。

为了充分有效地开发利用北方柞林资源，缓解老蚕区资源与生产需求的矛盾，实现柞蚕生产的可持续发展，作为国家计委、科技部"九五"重点攻关专题 – 柞蚕二化地区一化性品种选育研究专题，在"八五"攻关育成二化地区第一对一化性杂交种四青 × 吉黄的基础上，经 5 年努力，进一步弄清了柞蚕化性表现规律，依此建立起柞蚕二化地区一化性品种选育的关键技术，即化性综合因素逆向选择、新品种选育、繁种、生产、养蚕季节的科学变换，杂交优势在繁种与生产中兼用。育成了二化地区一化性新品种 883、932 及其杂交种 (883·932) × (四青·吉黄)。新品种在产卵量、茧层量、产茧量、出丝量、一化率等项指标上全面超过国家"九五"攻关合同指标，达到完全取代二化一放的实用化水平。

11.8.1　选育目标

"九五"国家攻关合同要求总体目标是：育成春养一化率达 95%、早秋养一化率达 98%，产卵量、茧层量、产茧量、出丝量比二化一放增产 10% 以上的纯种 2 个，杂交种 1 对。

11.8.2　选育技术

11.8.2.1　化性综合条件逆向选择

1989—1992 年，根据柞蚕化性选择提高速度慢，稳定性差的实际，进一步开展了柞蚕化性表现的地区性、季节性及光照、温度、叶质对化性的作用特点，弄清了影响化性各因素间的主次关系，确定了选育一化品种最佳养蚕地区、季节、卵期、蚕期的光照周期与叶质条件，采用综合的最佳化性逆向选择技术，使柞蚕化性选择提高的速度增加了 1 倍以上。新创造的 4 个育种材料不超过 6 代，春养一化率均达到 95%，早秋养达到 98% 以上，而历史上所有一化品种一化率达到该水平，均需经 12 代以上的选择。

11.8.2.2　巩固化性与恢复生命力的统一

1989—1992 年，通过柞蚕化性表现规律研究，弄清了化性表现的继代稳定性、杂交优势、偏母遗传及无选择条件下，自然回归性，控制柞蚕化性的基因对数，微效基因作用及性染色体基因、质基因作用特点，并测算出化性广义与狭义遗传力。

由此，以一化性品种为母本，二化性品种春养滞育材料为父本杂交，分别于 1989 年、1990 年创造出新材料 3 个，即 883、901、902，通过基因重组，性状互补，使新品种化性不断提高的同时，生命力也始终保持较高的水平。

采用 61211 养蚕季节变换，既巩固提高了化性，又恢复强化了生命力，提高了育成品种的实用性，从创造材料开始，连续 6 代春养提高巩固化性，第 7 代早秋养用于恢复生命力，检验生产性能，而后在品种保育中采用两春一秋养蚕模式，使化性选择与生命力提高统一起来，然后利用连续两代春养种根早秋养繁种，早秋养投产，可保证生产上有较高的产量和稳定的化性。采用这种选育、繁种、生产、养蚕季节变换模式，4 个纯种，3 对杂交种一化率春养超过 95%，早秋养超过 98%，杂交种产量也比对照高 20% 以上。

11.8.2.3 杂交优势的兼用

实践证明，柞蚕理想的杂交种，优势率可达 10% ~ 30%，利用杂交优势体现在二化地区一化品种应用上有两点特殊性。

第一，可有效地解决一化品种繁种难问题。年养 1 次柞蚕，用种量大，一化品种繁种用的种根是连续两代以上的春种茧，茧小、产卵量少，孵化率低，繁种成绩差，采用单交种繁种可大幅度提高繁种质量与产量。解决了繁种难的问题，打开了一化品种应用普及的方便之门。

第二，一化品种，年养一次柞蚕，无二化二春养 F_1，秋养 F_2，杂交优势下降，蚕发育不齐，原料茧缫丝性状不整之忧。

为保证繁种与生产兼用杂交优势，1995—1999 年，同时展开了优势二元杂交种、三元杂交种、四元杂交种的选配，至 1999 年选育出最优二元杂交种 883 × 932、四青 × 吉黄，四元杂交种（883 · 932）×（四青 · 吉黄），繁种用二元杂交种，生产用四元杂交种，3 年大规模丝茧生产实践证明，繁种与丝茧生产兼用杂交优势，早秋蚕的产量不但可以大幅度超过二化一放，甚至也可达到或超过二化秋蚕的产量与效益。

11.8.3 选育结果

11.8.3.1 柞蚕化性基础研究

（1）柞蚕化性表现的地区性

将不同产地的一化性和二化性品种南北互引，异地放养，发现化性表现有质的区别。南方一化性品种（一化率 99% 以上）移到黑龙江，一化率只有 43.80%，而辽宁的二化性品种移到南方（河南），当代一化率就达 57.81%，所有品种越往北移一化率越低。由此证明，二化地区选育一化性品种，只能在北方长光照地区，即辽宁或辽宁以北。

（2）柞蚕化性表现的季节性

同一品种春养、早秋养、秋养，调查一化率，春养最低，其中一化性品种 95%，二化性品种只有 0.60% 左右，而秋养一化性品种一化率几乎 100%，二化性品种也达 99% 以上。由此确定选择巩固化性的最佳季节为春季。

（3）光周期对化性影响的主导作用

在光照、温度、叶质等环境因素中，经研究证实，光照周期对化性的影响起主导作用，约占 75% 的份额，温度和叶质各占 10% ~ 15% 之间。

通过卵期、稚蚕期、5 龄壮蚕期、蛹期采用每日不同光照时间处理发现，卵期和 5 龄壮蚕期最敏感，作用也最突出，卵期长光照有利于滞育，每日 18h 以上光照，一化率是自然光照或每日 8h 以上光照的 3.71 倍。5 龄壮蚕期短光照有利于滞育，每日 16h 以上光照，一化率只是每日 8h 以下或全暗的 1/27 以下。可见卵期采用短光照，5 龄壮蚕期采用长光照有利于化性的纯化与巩固，稚蚕期和蛹期作用不突出，故可采用自然条件。

（4）温度与叶质对化性的影响

稚蚕期高温，状蚕期低温，有利于滞育。适熟叶、优质叶有利于滞育。适当利用嫩叶或槲柞等叶质较差的饲料对提高一化率有利。

（5）柞蚕化性的主动回归性

在无选择条件下（早秋养、秋养）连续两代，再春养一化率将下降约 5 个百分点，早秋养下降 0.5 ~ 1.2 个百分点。为此，要保证早秋原料茧一化率 98% 以上，最多只能连续早秋养两代，即一代繁种，一代丝茧生产。

（6）柞蚕化性的遗传力

通过两个一化品种，一个二化品种同时养亲本，杂交 F_1、F_2，回交 B_1、B_2，计算广义遗传力平均为 74.77%，说明化性表现型方差中环境因素影响占 25.23%。这就是化性表现与环境关系密切的又一依据。计算狭义遗传力平均为 47.76%，只占广义遗传力的 63.88%，即有 1/3 以上遗传方差是因基因显性与互作引起的，将随着品种的纯化而消失，这就是一化性品种必须不断的选择巩固化性的依据。

（7）控制柞蚕化性的基因组成

控制柞蚕化性的主基因经反复测算，大致有 2 对，位于常染色体上，同时常染色体上还有多对微效基因。柞蚕化性偏母遗传是由位于性染色体（W）上的基因引起的，影响一化率的差异为 1.93 个百分点，细胞质基因影响甚微，影响一化率约为 0.14 个百分点。

据此，以一化品种为母本，以二化性品种为父本杂交，选育一化性品种，既有利于选择巩固化性，又有利于兼顾生命力。

11.8.3.2　纯种化性与生产性能试验结果

（1）纯种一化率选育结果

连续春养、早秋养 4 个纯种，每个品种 6 次重复，每个重复 3g 卵，调查一化率结果见表 11-7。

表 11-7　纯种一化率小区试验结果（%）

品种	1997 年		1998 年		1999 年		$\bar{x}$	
	春	早秋	春	早秋	春	早秋	春	早秋
883	95.95	100	98.73	100	97.95	100	97.54	100
932	95.89	98.36	99.17	100	97.89	100	97.65	99.45

续表

品种	1997 年		1998 年		1999 年		$\overline{x}$	
	春	早秋	春	早秋	春	早秋	春	早秋
901	95.64	99.10	96.13	98.26	97.32	99.26	96.36	98.97
902	95.12	100	96.03	99.80	97.12	100	96.09	99.93
青 6 号	1.32	78.19	0.45	87.73	0.56	75.12	0.78	80.35

4 个纯种无论春养或早秋养一化率均超过 95% 和 98% 规定的合同指标。

（2）纯种小区生产性能试验结果

调查 4 个纯种（每个品种 6 次重复，每次重复收蚁 300 头，连续 3 年），主要生产性能结果见表 11-8。

表 11-8　纯种早秋养生产性能试验结果

品种	年份	产卵量（粒）	孵化率（%）	收蚁结茧率（%）	全茧量（g）	茧层量（g）	龄期经过（d.h）	收茧量（g/ 区）	收茧层量（g / 区）
883	1997	315	90.37	33.94	10.70	1.26	48.10	1089.47	128.29
	1998	294	93.14	43.16	10.71	1.30	49.8	1086.73	168.32
	1999	297	94.89	50.37	9.37	1.19	50.10	1415.90	179.82
932	1997	321	89.35	34.09	10.35	1.24	48.8	1058.49	126.81
	1998	306	93.72	45.78	10.46	1.18	49.4	1436.58	162.06
	1999	295	95.64	47.62	9.23	1.08	49.8	1318.57	154.29
901	1997	297	87.32	32.64	9.26	1.10	48.7	906.74	98.90
	1998	280	90.16	41.75	8.74	0.98	48.10	1094.68	81.92
	1999	291	89.12	44.23	8.63	1.00	49.6	1146.44	132.69
902	1997	278	86.17	32.16	9.14	0.96	48.10	881.83	92.62
	1998	289	86.64	40.32	8.47	0.95	49.8	1024.53	114.91
	1999	291	90.16	45.65	8.64	0.94	49.9	1183.25	128.73
青 6 号（二化一）	1997	280	79.56	30.33	9.53	1.02	47.6	850.76	92.80
	1998	262	83.97	39.03	10.70	1.14	47.2	1261.53	113.48
	1999	260	83.22	41.29	8.46	0.84	46.17	1047.94	104.05

统计表 11-8 资料可见，所有一化品种早秋养主要生产性能均优于二化一（青 6 号），其中 883、932 表现最突出，二者产卵量、孵化率、收蚁结茧率、产茧量、茧层量相对比对照分别高 13.11%、14.98%，12.83%、12.94%，15.24%、15.24%，23.16%、20.68%，

44.23%、34.16%。全面超额完成原定增产 10% 的合同指标。

11.8.3.3　优势杂交组合的评选

用最优纯种 883、932 和以前育成的四青、吉黄组成二元杂交种 6 对，三元杂交种 12 对，四元杂交种 3 对。以二化杂交种青 6 号 × 抗病 2 号为对照，以春养早秋养一化率和早秋养生产性能优劣为依据，确定最优组合。

（1）优势杂交组合一化率试验结果

连续 3 年，每年 6 次重复，每个重复 3g 卵，春养、早秋养一化率调查结果见表 11-9。

表 11-9　优势杂交组合一化率调查结果　　　　　　　　　　　　　　　%

品种	1997 年		1998 年		1999 年		$\bar{x}$	
	春	早秋	春	早秋	春	早秋	春	早秋
883 × 932	95.38	99.16	97.12	100	96.03	100	96.18	99.72
四青 × 吉黄	95.72	98.63	95.16	100	95.00	100	95.29	99.54
883 ×（四青·吉黄）	95.36	100	96.76	100	95.49	98.42	95.87	99.47
（883·932）×（四青·吉黄）	95.64	98.63	98.00	100	96.74	100	96.79	99.54
青 6 号 × 抗病 2 号	0.64	76.53	0.75	80.12	0.68	79.10	0.69	78.58

春养 4 个一化杂交种平均一化率为 96.03%，早秋养平均为 99.57%，均超过 95%、98% 的计划指标，所有品种，所有年份也均达到或超过计划指标，可完全保证大面积生产的需求。

（2）优势组合主要生产性能试验结果

早秋养每个组合 6 次重复，每次重复收蚁蚕 300 头，连续 3 年，以青 6 号 × 抗病 2 号（二化一）为第一对照（CK₁），青 6 号 × 抗病 2 号（秋蚕）为第二对照（CK₂），调查主要生产性能结果见表 11-10。

由表 11-10 可见，所有一化杂交组合，主要生产性能均显著优于青 6 号 × 抗病 2 号（二化一），与青 6 号 × 抗病 2 号秋蚕相比只有孵化率不如对照，其他指标，达到甚至超过青 6 号 × 抗病 2 号秋蚕水平，为了方便比较分析，取表 11-10 3 年主要生产性能指标平均值对照统计结果，见表 11-11。

表 11-10 优势组合主要生产性能试验结果

品种	年份	产卵量（粒）	孵化率（%）	收蚁结茧率（%）	全茧量（g）	茧层量（g）	龄期经过（d.h）	产茧量（g/区）	产茧层量（g/区）
883×932	1997	360	90.12	42.36	10.12	1.32	47.6	1286.05	167.75
	1998	364	91.63	48.73	10.34	1.29	48.8	1511.60	188.59
	1999	341	92.43	50.12	9.96	1.26	48.9	1497.59	189.45
四青×吉黄	1997	301	91.64	40.13	9.74	1.10	46.2	1318.54	132.43
	1998	318	94.74	45.64	9.63	1.09	47.2	1172.60	149.24
	1999	312	95.85	50.19	9.42	1.00	47.2	1418.37	150.57
883×（四青·吉黄）	1997	361	89.10	39.43	10.00	1.26	47.6	1182.90	149.05
	1998	354	91.13	47.64	9.79	1.24	47.8	1399.19	177.22
	1999	331	93.71	50.16	9.84	1.20	48.3	1480.72	180.58
（883·932）×（四青·吉黄）	1997	352	89.52	40.72	10.18	1.28	47.2	1243.59	156.36
	1998	334	90.56	48.63	9.76	1.24	47.10	1423.89	180.91
	1999	342	94.31	52.15	9.89	1.21	46.12	1535.07	189.31
CK₁	1997	287	76.43	36.12	8.24	0.98	46.12	892.88	106.72
	1998	276	81.42	40.07	8.07	0.96	46.8	970.09	115.40
	1999	279	86.36	41.62	9.01	1.09	46.12	1124.99	136.10
CK₂	1997	241	98.13	38.13	9.26	1.16	49.10	1059.25	132.69
	1998	256	97.62	45.16	9.48	1.20	49.8	1273.51	162.58
	1999	263	99.00	50.12	9.39	1.14	50.1	1411.88	171.41

表 11-11 一化优势组合生产性能与二化一、二化秋蚕对比分析结果

项目		883×932	四青×吉黄	883×（四青·吉黄）	（883·932）×（四青·吉黄）	CK₁	CK₂
产卵量（g）	x（粒/只）	362	310	349	343	281	253
	x/CK₁	128.83	110.32	124.19	122.06	100	90.04
	x/CK₂	143.08	122.53	137.94	135.57	11.07	100
收蚁结茧率（%）	x	47.07	45.32	45.74	47.17	39.27	44.47
	x/CK₁	119.86	115.47	116.48	120.12	100	113.24
	x/CK₂	105.84	10.197	102.85	106.07	88.31	100

项目		883×932	四青 × 吉黄	883×(四青·吉黄)	(883·932) × (四青·吉黄)	CK_1	CK_2
产茧量 (g)	x (g/区)	1431.75	1303.17	1354.27	1400.85	995.99	1248.19
	x/CK_1	143.75	130.84	135.97	140.65	100	125.32
	x/CK_2	114.79	104.40	108.50	112.23	79.79	100
产茧层量 (g)	x (g/区)	181.93	144.08	168.88	175.52	119.28	155.56
	x/CK_1	152.52	120.79	141.61	147.15	100	130.42
	x/CK_2	116.75	92.63	108.56	112.83	76.68	100

所有一化杂交种产卵量、收蚁结茧率、产茧量、茧层量均比对照（二化一）相对高 10% 以上，四元杂交种（883·932）×（四青·吉黄）比对照相对高 20% 以上，与二化秋蚕青 6 号 × 抗病 2 号相比，单蛾产卵量、产茧量、茧层量也高 10% 以上。在所有一化杂交种中除单交种四青 × 吉黄，茧层产量达到二化秋蚕 92.63% 而外，其余全部指标也达到或超过二化秋蚕杂交种青 6 号 × 抗病 2 号水平。养早秋蚕能在产量与经济效益上全面达到二化秋蚕水平，应该说是历史性的突破，为开发利用我国北方大面积柞林资源提供了最基本的动力 – 养蚕效益，也从根本上解决了二化一放产量低、效益差、浪费资源多的问题，全面实现了二化地区一化育种研究的目的，也为我国柞蚕生产实现合理布局提供了物质条件。

11.8.3.4　抗病性对比试验结果

针对早秋蚕正值高温多雨，室内养蚕自然死亡率高，添毒测定诱发抵抗性误差大的实际，对新选育品种采用小区与大面积生产自然发病率对照调查的方法，了解和验证新品种的抗病性。

（1）小区自然发病情况调查结果

每个品种设 6 个区，每区 3g 卵，连续 3 年于 5 龄盛食期到结茧前调查脓病、软化病。结茧化蛹后每区取 100 粒茧，调查蛹微粒子病率，取平均值，结果见表 11–12。

表 11–12　新品种小区自然发病情况调查结果（%）

病类	年份	四青 × 吉黄	883×932	(883·932) × (四青·吉黄)	青 6 号 × 抗病 2 号 (二化一)
脓病（NPV）	1997	3.24	2.12	2.00	4.20
	1998	0	1.10	0.80	1.23
	1999	1.00	1.24	1.60	0.90
	$\bar{x}$	1.41	1.55	1.50	2.13

续表

病类	年份	四青 × 吉黄	883×932	(883·932) × (四青·吉黄)	青6号 × 抗病2号 (二化一)
软化病	1997	6.13	5.86	5.04	16.78
	1998	4.20	3.98	3.20	10.12
	1999	3.60	2.47	1.96	8.67
	$\bar{x}$	4.64	4.10	3.40	11.85
微粒子病	1997	0.20	0.30	0	0.30
	1998	0	0	0.20	0.50
	1999	0.20	0	0	0
	$\bar{x}$	0.13	0.10	0.07	0.30

小区试验，一化性品种脓病自然发病率少1/3，软化病少3倍。微粒子病蛹率均较低，未发现有明显差异。

（2）大面积生产自然发病情况调查结果

在结茧前，每个地区随机抽样3把，每把调查蚕1000头，蛹100头，取平均值结果见表11-13。

表11-13 新品种大面积丝茧生产自然发病情况（%）

病类	年份	(883·932) × (四青·吉黄)			青6号 × 抗病2号 (二化一)		
		永吉	宽甸	凤城	永吉	宽甸	凤城
脓病 (NPV)	1997	1.26	2.14	4.96	3.74	4.85	8.12
	1998	0.12	0.63	1.24	1.38	2.06	4.05
	1999	0.64	1.26	2.17	2.16	3.78	5.26
	$\bar{x}$	0.67	1.34	2.79	2.43	3.56	5.81
软化病	1997	2.64	3.05	4.78	8.27	9.76	19.12
	1998	0.24	2.16	3.17	4.24	4.93	6.94
	1999	4.16	2.14	4.60	12.63	9.64	14.36
	$\bar{x}$	2.35	2.45	4.18	8.38	8.11	13.47
微粒子病	1997	4.26	11.73	18.16	6.13	16.74	20.12
	1998	5.65	16.13	19.24	8.60	17.12	20.68
	1999	4.32	14.16	15.26	4.20	15.74	18.63
	$\bar{x}$	4.74	14.01	17.55	6.31	16.53	19.81

大面积丝茧生产调查证明，四元杂交种（883·932）×（四青·吉黄）对三大病害抵抗性均高于对照青 6 号 × 抗病 2 号（二化一），其中脓病自然发病率低 2.64 倍，软化病低 3.34 倍，微粒子病蛹率相对少 17.49%。

11.8.3.5 农村生产试验结果

1997—1999 年，在辽宁、吉林、黑龙江 3 省二化一放地区 6 个县、14 个乡（镇），共养新品种 1668 把，以当地最优二化一用种为对照，调查 823 把，各地区取平均值见表 11-14。

表 11-14 新品种大面积生产试验结果

地区	年份	（883·932）×（四青·吉黄）					CK				
		把数	千粒	kg	kg（把）	一化率（%）	把数	千粒	kg	kg（把）	一化率（%）
黑龙江	1997	2	156.84	1646.82	823.41	99.82	2	128.32	1193.38	59669	91.24
	1998	10	860.50	8949.20	894.92	99.64	6	413.70	3723.30	620.55	96.13
	1999	13	979.60	10 285.80	791.22	99.74	5	329.34	2978.07	595.61	92.43
吉林市	1997	13	925.60	9811.36	754.72	99.64	3	167.13	1537.60	512.53	89.14
	1998	51	3733.22	39 189.60	768.60	99.71	6	358.13	3294.80	549.13	88.63
	1999	92	6283.60	63 464.36	689.83	99.43	10	601.63	6759.88	675.99	90.12
辽宁宽甸	1997	10	763.16	7936.80	793.69	99.75	2	192.16	1721.75	573.92	88.61
	1998	139	10 536.20	11 0130.29	792.11	99.14	21	1289.20	11 731.72	588.65	89.36
	1999	163	12 356.48	126 036.10	773.23	99.36	30	2044.30	17 499.24	583.31	90.12
辽宁凤城	1997	36	1916.46	17 939.54	548.32	99.43	10	526.12	1787.69	478.77	81.24
	1998	139	10 683.04	108 539.63	780.86	99.96	31	1916.12	17 436.69	562.47	81.23
	1999	155	10 896.50	108 529.14	700.19	99.25	46	2319.44	19 676.74	427.76	86.24

3 省 6 县大面积生产试验证明，四元杂交种（883·932）×（四青·吉黄），所有地区，所有年份，早秋养一化率均达到 99% 以上，说明该品种化性已得到稳定巩固。

新品种平均把产茧 74.26 千粒，759.26kg，对照只有 63.37 千粒，561.28kg，相对增产丝茧粒数 17.81%，增产丝茧重量 35.27%。每把平均增产蚕茧 197.98kg，按每千克 5.5 元计，在不增加任何投入的前提下，每把蚕增收 1088.89 元，3 年累计投放新品种 1668 把，共产丝茧 1 266 445.68kg、增产蚕茧 330 230.64kg，获益 181.63 万元。

11.8.3.6 新品种缫丝试验结果

以农村丝茧生产的蚕茧为材料，进行百粒茧缫丝试验，结果见表 11-15。

表 11-15 新品种缫丝试验结果

品种	茧丝长 (m)	解舒率 (%)	解舒丝长 (m)	回收率 (%)	丝干量 (g)	纤维公量 (g)	出丝率 (%)
883	1087.08	71.59	777.84	71.61	60.95	109.59	7.19
932	1034.71	68.16	715.69	67.15	57.85	104.28	6.97
（883·932）×（四青·吉黄）	986.45	67.04	661.32	61.19	58.08	100.86	6.78
青 6 号 × 抗病 2 号（二化一）	833.44	58.90	491.13	56.58	47.63	94.62	5.87

新品种解舒性能与生丝产量均优于对照，鲜茧出丝率比对照高 0.91 个百分点，等量原料茧，增丝 15.50%。3 年累计多出丝 1 266 445.68kg×0.91% 丝 / 茧 =12 524.66kg 丝。按每千克丝 150 元计，则 3 年累计获益 187.8699 万元，相当于新品种养每把蚕增丝一项就获益 1126.32 元。

11.8.3.7 新品种主要形态特征与适应性选育结果

（1）新品种主要形态特征

① 883：青黄蚕，幼虫体背苹果绿色，体侧鹦鹉绿色，各眠起蚕头部灰白，5 龄壮蚕胸部昂起，似座狮状。成虫雌蛾桂皮棕色，雄蛾淡桂皮棕色，蛹体黄褐色，茧大偏白。

② 932：青黄蚕，5 龄幼虫体背橄榄黄绿色，体侧浅鹦鹉绿色，蛹多为黄褐色，雌蛾杧果棕色，雄蛾淡杧果棕色，茧米黄色偏淡。

③（883·932）×（四青·吉黄）：幼虫淡黄色，体背姜黄色，体侧香蕉黄色，茧色灰褐偏白。雌蛾桂皮棕色，雄蛾淡棕叶色。

（2）新品种对饲料的适应性

883、932 及其杂交种（883·932）×（四青·吉黄），取食活泼，耐粗饲料，只要不吃光，就不会发生跑坡窜枝现象，无论用麻栎、辽东栎、蒙古栎、槲栎，都有较好的丰产性。

（3）新品种适应地区

在辽宁、吉林、黑龙江大面积试验证明，新品种在所有二化一放地区都有较强的丰产性，增产茧粒数 15% 以上，重量 30% 以上，且越往北，增产幅度越大。因此，新品种适应所有二化一放地区推广使用。

（4）养蚕技术要点

纯种 883、932 相对蚕体较大，5 龄 3～9d 食叶集中，应注意适当稀放，杂交种（883·932）×（四青·吉黄），发育齐速，结茧快，注意早移蚕，早窝茧。

配制杂交种时，883×932 比四青 × 吉黄龄期长 1～2d，应注意早收蚁，蛹期积温高 15℃左右。故应适当早出库，保证配制四元杂种时，成虫期恰好相逢。

由于早秋蚕叶质适熟，雨量充沛，故可适当用大树收蚁养蚕，轮伐周期可延至 6 年，芽棵不用，以保持树势，提高饲料应用效益。

12 柞蚕蛹丝兼用型种质资源的创新与利用研究

柞蚕是我国最具特色的泌丝类经济昆虫之一，用柞蚕茧生产丝绸使柞蚕业维持了上千年的历史。随着科技的进步以及人们对昆虫资源综合利用价值的认识和关注，柞蚕的幼虫、蛹、蛾以及生产的茧丝等还被广泛地应用于食品、医药、植保等领域。特别是柞蚕作为营养丰富的食用昆虫日益受到消费者的喜爱。近年来生产的柞蚕茧约有 90% 作为蚕蛹食品被消费，柞蚕业的主副产品市场已经发生了根本性变化。为了适应这一变化，国内二化性柞蚕放养地区辽宁、吉林、黑龙江等选育出多个可蛹丝兼用，抗逆性和丰产性能好的大茧型柞蚕品种。辽宁省蚕业科学研究所于 1998 年选育出大型茧兼高饲料效率品种 8821 和 8822，2015 年选育出大型茧兼耐微粒子病品种辽蚕 582；吉林省蚕业科学研究院于 1997 年选育出蛹丝兼用的大型茧品种选大 1 号，之后相继选育出选大 2 号～选大 4 号；黑龙江省蚕业科学研究所于 2000 年选育出大型茧品种龙蚕 1 号。河南省蚕业科学研究院于 2011 年和 2014 年选育出一化性大型茧品种豫大 1 号及杂交种豫大 5 号。

12.1 二化性蛹丝兼用型柞蚕品种选大一号的育成示例

12.1.1 选育经过

12.1.1.1 供试材料

1987 年秋，从吉林省柞蚕实验种场青 6 号母种的种茧中，依据育种指标分别选取茧形端正雌（14g 以上）、雄（10g 以上）各 100 粒为试验的第一部分材料。1988 年秋蚕制种期，再次从该场的大量发蛾中，选取色泽纯正、鳞毛厚、体态雄健有力、体形大的优良雄蛾 100 只为第二部分材料。

12.1.1.2 选育方法和过程

以分区饲养系统分离法为主，用现行优良品种青 6 号做对照，一般设 10 个以上重复小区或与选大一号相应的数量，并力求各种条件与技术处理相对一致。首先把上述试验材料经 2 代混合放养，按育种指标个体选择，增加优良性状同质结合的机会。1989 年转入蛾区系统选育后，以整体试验材料平均值为基准，先选出符合育种指标，性状优良的蛾区，然后对选留区的茧质逐粒剖茧调查。春选雌茧 10g 以上，雄茧 8g 以上；秋选雌茧 14g 以上，雄茧 10g 以上的个体继代。对个别出现特别优良的蛾区或个体进行对号交配，以使该性状得以较快提高。与此同时也适当顾及茧层重这一相关性状。经 3 年 6 代整个群体逐渐接近或达到育种指标。1992 年以后的各代进行异蛾区交配、蛾区选择，去两头留中间提高群体整齐度，使之逐步趋于稳定。采用类似的方法在 4 个变态期，进行了相应的选择，并做了抗病指数测定和茧丝质鉴定。

12.1.2　实验室成绩鉴定

表 12-1　选大一号与青 6 号 5 年茧质调查比较

年份	季别	品种	全茧量（g）	茧层量（g）	茧层率（%）	干粒茧重	
						实数（kg）	指数（%）
1989—1993（平均）	春	选大一号	9.02	0.71	7.87	9.02	112.47
		青 6 号	8.02	0.63	7.86	8.02	100
	秋	选大一号	11.52	1.21	10.50	11.52	109.19
		青 6 号	10.55	1.12	10.62	10.55	100

如表 12-1 所示，综合 5 年平均成绩比较，选大一号全茧重春 9.02g，较青 6 号的 8.02g 重 1g，提高 12.47%；秋为 11.52g，较青 6 号的 10.55g 重 0.93g，提高 9.19%。经显著性 t 测定，选大一号全茧量春秋均极显著高于对照品种青 6 号。再就组成全茧量的蛹体重和茧层量分项比较分析（秋茧），全茧重较青 6 号增重 0.97g，而蛹体重增加 0.87g，占增重比例的 89.69%；茧层量增加 0.09g，占增重比例的 9.28%。说明，由于对全茧量这一性状的有效选择培育，选大一号不仅蛹体重增重，而且丝量也有所提高，具有蛹丝兼用的优良特性。

12.1.2.1　单蛾产卵量及收茧量均高于青 6 号

如表 12-2 所示，5 年平均选大一号单蛾产卵春为 326 粒，秋为 296 粒，分别比青 6 号多 36 粒和 39 粒，分别提高 12.41% 和 15.18%。经显著性测定春秋产卵数均极显著高于对照品种青 6 号。选大一号单蛾收茧量，春茧比青 6 号提高 19.51%，秋茧比青 6 号提高 14.94%。经显著性测定均极显著高于对照品种青 6 号。幼虫龄期经过春秋蚕均比青 6 号延长 1d 左右。

表 12-2   选大一号与青 6 号单蛾产卵及收茧成绩比较

年份	季别	品种	单蛾产卵数（粒）	实用孵化率（%）	单蛾收茧数		收蚁结茧率（%）	龄期经过（d:h）
					实数（粒）	指数（%）		
1989—1993（平均）	春	选大一号	326	97.46	98	119.51	32.56	54:09
		青 6 号	290	96.42	82	100	30.80	53:13
	秋	选大一号	296	99.39	100	114.94	39.18	50:16
		青 6 号	257	99.44	87	100	36.67	49:10

12.1.2.2   生命力与青 6 号相近

此外，虫蛹统一生命率选大一号与青 6 号均在 95% 以上，幼虫生命率及死笼率也极为接近。1991 年委托辽宁省蚕业科学研究所对其感染 NPV 做了抗病指数测定，选大一号抗病力为青 6 号的 1.74 倍，说明选大一号并没有因全茧重的增加而导致生活力下降。

12.1.2.3   选配杂交组合

将选大一号分别与杏黄、882、小黄皮、青 6 号组配 4 对杂交组合（表 12-3）。

表 12-3   杂交组合单蛾收茧量杂交种优势率比较

杂交组合	每蛾平均收茧数（粒）				VR
	P_1	P_2	MP	F_1	
选大一号 ×882	114	103	109	122	11.39
选大一号 × 杏黄	114	76	95	106	11.16
选大一号 × 小黄皮	114	90	102	106	3.92
选大一号 × 青 6 号	114	102	108	112	3.70

结果 F_1 代平均收茧量均超过双亲均值，其中选大一号 ×882、选大一号 × 杏黄 2 对杂交组合优势率较大。

12.1.2.4   茧丝质鉴定

于 1992 年、1993 年连续两年委托辽宁省柞蚕丝绸研究所做了单粒缫丝鉴定。选大一号茧丝长为 1147m，比青 6 号的 963m 长 184m，提高 19%；解舒丝长为 481m，较青 6 号的 356m 长 125m，提高 35.11%；百粒茧纤维公量 72.5g，较青 6 号的 53.18g 重 18.32g，提高 34.45%。

12.1.3 繁种生产试验

于 1991 年春在吉林省柞蚕实验种场进行了少量母种试放（表 12-4），结果选大一号的全茧重、单蛾收茧量均显著高于对照种青 6 号。1992 年春秋各放 10 把，亦同样表明选大一号收茧量、全茧量高。

表 12-4   选大一号与青 6 号春放母种主要成绩比较表   （1991 年省蚕种场）

品种	蛾数（只）	每蛾产卵（粒）	每蛾收茧		茧质成绩			
			实数（粒）	指数（%）	全茧量（g）	茧层量（g）	茧层率（%）	千粒重（kg）
选大一号	90	304	100	114	8.80	0.91	10.34	8.80
青 6 号	100	280	88	100	8.00	0.81	10.12	8.00

母种鉴定之后，1993 年委托二化一放地区的敦化市蚕业站进行了 20 把原种试放（表 12-5）。

表 12-5   选大一号与青 6 号二化一放原种试放产量比较   （1993 年敦化市）

品种	放养把数（把）	每把投种量（kg）	单产（千粒）	总产茧量		千粒重（kg）	茧层率（%）
				实数（千粒）	指数（%）		
选大一号	20	1	45.29	905.80	124.87	10.10	10.86
青 6 号	20	1	36.27	725.40	100	9.20	10.72

选大一号全茧重 10.10g，较青 6 号的 9.20g 重 0.9g，即千粒重重 0.9kg。千克卵产茧量为 45.29 千粒，较青 6 号的 36.27 千粒提高 24.87%，同样表现出茧大高产的特性。

12.1.4 区域试验（农村中试）

经对敦化市 1991—1993 年 3 年 500 余把农村生产调查（表略），选大一号平均把产 603.76kg，较青 6 号的 471.21kg 增产 132.55kg，提高 28.13%。千粒茧重平均为 10.87kg，较青 6 号的 9.58kg 重 1.29kg，突出表现出茧大、蛹重、产量高的特点。

为了拓宽选大一号的应用范围，与辽宁省蚕业科学研究所蚕保室协作，与该所新培育出的"抗病二号"新品种配制杂交组合，1991—1993 年 3 年在辽宁省的凤城、岫岩等 5 个市县 20 多个乡镇大面积生产中试 2000 把，经部分调查与同时同地放养的青 6 号相比平均增产 16% ~ 20%。选大一号无论是纯种还是以此配制的一代杂种，无论是春秋蚕还是二化一放，经 3 年于吉林、辽宁、黑龙江三省近万把中间试验与同时同地青 6 号相比，一般平均增产 16% ~ 25%，获很高的经济收益和社会效益，深受广大蚕民的欢迎。现已作为主推品种之一正在东北三省蚕区推广应用。

12.1.5　讨论

蚕的各种特征特性都是基因型和环境条件共同作用的结果。选大一号是以提高全茧重为主要目标，很大程度受环境条件左右，因此在选育过程中，既注意到与投产后的生产条件相接近，又要考虑便于茧大性状充分显现的良好条件。并于1991年始在吉林省高寒山区进行"二化一放"特殊条件下的选择培育，增强其适应性，最终达到春、夏、秋均宜放养，具有广泛适应性的优良品种。

12.2　一化性大茧型柞蚕新品种豫大1号的选育及杂交组合豫杂5号的组配

河南省是我国主要的一化性柞蚕产区之一，年放养柞蚕种卵12t，年产茧量约4500t，居全国第2位，柞蚕产业年综合效益高达15亿元。但是，目前河南蚕区放养的柞蚕品种仍是20世纪80年代选育的品种，不仅品种单一，而且种性退化严重，品种的抗逆性差，蚕茧产量和品质下降，严重影响了河南蚕区柞蚕业的可持续发展。此外，河南蚕区现行的河33、河39等柞蚕品种是适合生产丝绸原料茧的品种，不能满足食用柞蚕蛹市场迅速拓展的需求。为了选育适合在一化性柞蚕区放养的蛹、丝兼用大茧型柞蚕品种，我们以全茧量、千粒茧质量为主要考核指标，兼顾生命力性状（收蚁结茧率），通过系统分离、高温环境选拔等育种技术与措施，历经15年15代育成一化性大茧型柞蚕新品种豫大1号，并继续进行为期3年的杂交组合组配试验，筛选出优良杂交组合豫杂5号。

12.2.1　新品种选育经过

12.2.1.1　亲本选择及纯种选育

河33（黄蚕血统，一化性）是自1959年以来河南蚕区的当家柞蚕品种，具有适应性强、生产性能优的特点。自1994年开始，以河33为亲本材料，以全茧量和千粒茧重为主要考核指标，并兼顾生命力性状，通过系统分离的方法选育新品种。

1994—1995年，供试亲本材料按照混合制种、混合放养的方式进行个体选择。1996年，供试材料采取蛾区育的方式，在饲养的蛾区中选择优良的大茧型个体留种继代（雌茧9g以上，雄茧7g以上）。在蛹期将选留个体置于42℃环境条件下10h，进行耐高温性选拔，通过淘汰死亡或不能正常发育的个体（淘汰率15%左右），筛选出对高温具有较强耐受性的个体留种。在对全茧量进行选拔的基础上兼顾茧层量的选择，经过6年6代，选拔出的群体达到育种考核目标。2001年，开始采用5蛾区饲育（母种繁育）进行蛾区、个体选择，并进行异蛾区交配。2002—2005年，进行小区品种饲养比较试验、繁育试验、农村生产鉴定和丝质鉴定。所有试验均按常规进行，至少 4 次重复。2011 年育成的蛹、丝兼用一化性大茧型柞蚕新品种，通过柞蚕新品种审定后命名为豫大 1 号。

12.2.1.2　杂交组合选配

目前河南蚕区仍以柞蚕纯种放养为主，杂交种的放养量不到 20%。为了充分利用杂种优势提高柞蚕产量，自 2007 年开始，我们同时以选配体质强健、高产好养、易繁育、茧型大、茧丝品质优等综合性状优良的杂交组合为目标，将豫大 1 号与一化性柞蚕放养区的 5 个主推品种（101、河 39、河 41、川 06、川 08）组配成 5 对杂交组合，筛选综合性状优良的组合。其中 101 为贵州蚕区的当家品种；河 39 和河 41 均是河南蚕区的主要品种；川 06 和川 08 来自四川省通江县柞蚕种场。引种试验表明柞蚕品种 101 也适应在河南蚕区放养，而且近些年该品种在河南的很多蚕区已成为主要的放养品种，因此，在杂交组合的选配中我们以该品种作为对照进行比较试验。通过连续 3 年的杂交组合评比试验（所有试验均按常规进行，至少 4 次重复），确定优势杂交组合为豫大 1 号 × 101，2014 年通过审定后命名为豫杂 5 号。

12.2.2　新品种豫大 1 号的主要性状和试验成绩

12.2.2.1　主要形态特征和生物学特性

豫大 1 号为黄蚕系统，一化性，四眠。卵壳乳白色，椭圆形略扁。蚁蚕头壳红褐色，体色黑色，5 龄期幼虫体背呈香蕉黄色，体侧呈新禾绿色，气门线呈淡可可棕色。雌蚕体长 83.03mm，体幅 18.96mm，体质量 26.70g；雄蚕体长 77.94mm，体幅 17.48mm，体质量 21.40g。茧淡黄褐色，长椭圆形，蛹黑褐色，有些年份蛹体呈黄褐色，蛹期发育有效积温为 260℃。克卵数量 118 粒，卵期发育有效积温为 132℃，实用孵化率 94.11%，普通孵化率 95.62%，不受精卵率 3.19%。

12.2.2.2　品种比较试验成绩

小区品种比较试验成绩（表 12-6）显示，豫大 1 号的单蛾产卵数量比对照品种河 33 提高 17.07%，全茧量提高 14.72%，增幅显著；反映品种生命力的收蚁结茧率指标，豫大 1 号则比河 33 提高了 24.10 个百分点，显示出了体质强健的特点。

表 12-6　柞蚕新品种豫大 1 号的小区品种比较试验成绩（2002—2005 年）

品种	全龄经过 (d:h)	单蛾产卵数量 （粒）	全茧量 (g)	茧层率 (%)	结茧率 (%)	干粒茧质量 (kg)
豫大 1 号	52:7	240	8.65	11.51	76.21	8.55
河 33	52:12	205	7.54	11.12	52.11	7.46

12.2.2.3　繁育试验成绩

2002—2003 年对豫大 1 号进行母种试繁试验，表现出较好的繁育性能（表 12-7）。与对照品种河 33 相比，豫大 1 号的单蛾产卵数量提高了 13.33%，全茧量提高了 11.90%，单蛾收茧数量增加了 14.88%，千粒茧质量增加了 13.64%。

表 12-7　柞蚕新品种豫大 1 号的母种繁育试验成绩（2002—2003 年）

品种	单蛾产卵数量（粒）	全茧量（g）	茧层率（%）	单蛾收茧数量（粒）	千粒茧质量（kg）
豫大 1 号	255	9.12	11.59	139	8.75
河 33	225	8.15	11.51	121	7.70

2004—2005 年委托河南省南召县蚕业局、方城县蚕业科学技术指导站对豫大 1 号进行原种试繁，两地的繁育成绩如表 12-8 所示。柞蚕新品种豫大 1 号的全茧量为 8.06g，比对照品种河 33 提高 13.36%；千克卵产茧量达到 179.93kg，比河 33 增产 15.30%。放养试验结果也显示了该品种不仅具有较好的繁育性能，而且还具有较强的地区适应性及丰产性。

表 12-8　柞蚕新品种豫大 1 号的原种生产鉴定成绩（2004—2005 年）

品种	卵量（kg）	孵化率（%）	全茧量（g）	茧层率（%）	千克卵产茧量（kg）
豫大 1 号	40	95.05	8.06	11.09	179.93
河 33	40	96.49	7.11	10.81	156.05

12.2.2.4　农村多年多点生产鉴定成绩

从 2003 年开始，分别在河南省南召县、方城县 5 个乡镇的 17 个自然行政村连续 3 年进行豫大 1 号的多点农村生产放养试验（表 12-9）。

表 12-9　柞蚕新品种豫大 1 号的农村生产放养成绩（2003—2005 年）

品种	卵量（kg）	孵化率（%）	全茧量（g）	茧层率（%）	千克卵产茧量（kg）
豫大 1 号	420	96.21	8.80	11.62	205.9
河 33	420	96.02	7.93	11.43	176.5

与对照品种河 33 相比，豫大 1 号的千粒茧质量提高了 10.97%，千克卵产茧量提高 16.66%，表现出茧型大、产量高的特点。3 年的农村多点生产放养试验也表明该新品种具有良好的稳产性能。

12.2.2.5 缫丝鉴定成绩

2005 年在辽宁省蚕业科学研究所进行豫大 1 号蚕茧的缫丝鉴定（表 12-10）。

表 12-10　柞蚕新品种豫大 1 号的茧丝品质鉴定成绩（2005 年）

品种	一粒茧丝长（m）	解舒丝长（m）	百粒茧纤维公量（g）	鲜茧出丝率（%）	生丝公量（g）	解舒率（%）	生丝回收率（%）
豫大 1 号	933.60	323.60	88.12	7.20	51.49	34.60	64.85
河 33	829.47	315.05	76.46	6.50	41.41	38.09	60.11

豫大 1 号的各项茧丝质成绩均优于对照品种河 33，其中百粒茧纤维公量比河 33 增加 11.66g，鲜茧出丝率比河 33 高 0.70 个百分点，鲜茧出丝率提高 10.77%，生丝回收率比河 33 高 4.74 个百分点，一粒茧丝长比河 33 增加 104.13m，生丝公量比河 33 增加 10.08g。

12.2.3　新品种杂交组合豫杂 5 号的主要性状和试验成绩

12.2.3.1　主要形态特征和生物学特性

豫杂 5 号为黄蚕系统，一化性，4 眠 5 龄。卵壳乳白色，椭圆形略扁。蚁蚕头壳红褐色，体色黑色，5 龄期幼虫体背呈香蕉黄色，体侧呈新禾绿色，气门上线呈淡可可棕色，有个别青黄蚕出现。雌蚕体长 84.02mm，体幅 19.52mm，体质量 27.65g；雄蚕体长 78.86mm，体幅 18.36mm，体质量 21.81g。克卵数量 109 粒，卵期发育有效积温为 132℃，实用孵化率 91.45%，普通孵化率 95.82%，不受精卵率 2.03%。

12.2.3.2　评比试验成绩

将豫大 1 号与一化性柞蚕放养区目前的 5 个主推品种（101、河 39、河 41、川 06、川 08）组配成 5 个杂交组合，采用卵量育，筛选综合性状优良的组合。2007—2009 年进行各杂交组合的评比试验（表 12-11）。

表 12-11　柞蚕新品种杂交组合豫杂 5 号的评比试验成绩（2007—2009 年）

杂交组合	全龄经过（d:h）	产卵量（g）	结茧率（%）	全茧量（g）	茧层率（%）	干粒茧质量（kg）
豫大 1 号 ×101（豫杂 5 号）	48:8	2.38	48.25	8.43	11.37	8.39
豫大 1 号 × 川 06	45:8	2.37	45.73	8.16	11.34	8.18
豫大 1 号 × 川 08	45:16	2.36	45.17	8.24	11.17	8.20
豫大 1 号 × 河 39	48:7	2.39	47.11	8.39	11.29	8.30
豫大 1 号 × 河 41	45:15	2.26	35.74	8.19	12.38	8.16
101（CK）	47:12	1.67	40.96	7.53	10.84	7.49

在 5 个杂交组合中，豫杂 5 号的结茧率和千粒茧质量均为最高。与对照品种 101 相比，豫杂 5 号的结茧率提高了 7.29 个百分点，全茧量和千粒茧质量分别增加了 11.95% 和 12.02%。

12.2.3.3　农村多年多点生产鉴定成绩

2010—2013 年，分别在河南省南召县、鲁山县的 3 个乡镇的 8 个自然行政村进行新品种杂交组合豫杂 5 号的农村多点生产试验，主要成绩如表 12-12 所示。

表 12-12　柞蚕新品种杂交组合豫杂 5 号的农村生产鉴定成绩（2010—2013 年）

杂交组合	卵量（kg）	孵化率（%）	全茧量（g）	茧层率（%）	千克卵产茧量（kg）
豫杂 5 号	850	98.41	8.38	11.41	399.84
101（CK）	420	96.69	7.65	11.27	338.13

与当地现行放养的柞蚕品种 101 相比，豫杂 5 号的千粒茧质量提高了 9.54%，千克卵产茧量增产 18.25%，表现出茧型大、茧层厚、产量高的特点。

12.2.3.4　缫丝鉴定成绩

2014 年，在辽宁省蚕业科学研究所进行豫杂 5 号蚕茧的缫丝鉴定试验，各项茧丝品质性状成绩均优于对照品种 101（表 12-13）。

表 12-13　柞蚕新品种杂交组合豫杂 5 号的茧丝品质鉴定成绩（2014 年）

杂交组合	一粒茧丝长（m）	解舒丝长（m）	百粒茧纤维公量（g）	鲜茧出丝率（%）	生丝公量（g）	解舒率（%）	生丝回收率（%）
豫大 5 号	1056.15	421.45	93.41	7.61	64.63	39.94	69.19
101（CK）	924.95	359.74	86.53	7.17	58.12	40.02	67.19

其中一粒茧丝长增加 131.20m，解舒丝长增加 61.71m，百粒茧纤维公量增加 6.88g。

12.2.4　讨论

为了适应柞蚕产业多元化发展的新需求，我们以河南蚕区现行柞蚕品种河 33 为亲本材料，利用系统分离的育种方法，选育出了蛹、丝兼用的大茧型新品种豫大 1 号，新品种比河 33 的全茧量提高了 14.72%，农村生产鉴定中千克卵产茧量增产 16.66%。进一步利用一化性柞蚕放养区的 5 个主推品种与豫大 1 号组配杂交组合，依据杂交组合评价试验成绩筛选出优良组合豫大 1 号 ×101，审定后命名为豫杂 5 号。豫杂 5 号的综合生产性能优良，农村生产鉴定中千克卵产茧量比现行品种 101 增产 18.25%。

柞蚕在野外放养，虽然蚕场的环境、气候条件与放养技术等外界因素对柞蚕的生长发育影响较大，但品种内在的遗传因素对其生命力仍起着决定性作用，收蚁结茧率就是体现柞蚕品种综合生命力的一个便于考核的指标。因此，在新品种的选育过程中我们以收蚁结茧率为考核指标，对新品种的体质强健性进行选择，使豫大 1 号的收蚁结茧率比对照品种河 33 提高了 24.10 个百分点，杂交组合豫杂 5 号的收蚁结茧率比对照品种 101 提高了 7.29 个百分点。此外，在杂交组合的评比试验中，5 个杂交组合的收蚁结茧率在 35.74% ~ 48.25%，较一般年份低，其原因是河南省 2007—2009 年均为高温干旱年份，造成了供试杂交组合及对照品种 101 的产量较低。

农村生产试验结果表明豫大 1 号及其杂交组合豫杂 5 号适合用于河南省蛹、丝兼用柞蚕茧的生产。我们还在湖北省随州蚕区和四川省巴中蚕区进行了新品种的放养试验，结果表明其具有良好的适应性和丰产性能。需要注意的是，在生产杂交组合的过程中，对交品种 101 种茧的暖种时间应比豫大 1 号迟 2 ~ 3d，以保证 2 个品种的出蛾时间一致。

13　柞蚕杂种优势的研究与利用

13.1　杂种优势研究与利用

杂种优势（hybrid vigor，heterosis）是生物界中普遍存在的一种自然现象。杂种优势是指两个在遗传性上不同的品种（系）或自交系进行杂交，所产生的杂种后代，在生长势、抗逆性、生活力、适应性以及品质和产量等方面超过双亲的现象。

人类在长期的生产实践当中，很早就发现了动、植物杂种优势现象。中国早在后魏时期，在贾思勰所著的《齐民要术》一书中就记载了马与驴杂交产生骡子，骡与双亲马和驴比较，体大健壮、更耐粗食和强役，生命力更强，表现出强大的杂种优势。

Darwin 利用 10 年的时间，观察了自花受精和异花受精的变异，研究了 30 个科 57 个物种的不同植物亲本与其杂交后代在种子株高、结实率、发芽率和生活力等方面的差异，提出了"自花受精对后代有害和异花受精对后代有利"的结论。

Shamel（1898—1902）、East（1908）、Shull（1902—1909）和 Collins（1910）等先后进行了玉米自交系的选育和杂种优势的研究。East 和 Shull 也同时在研究玉米自交与杂交的作用，他们指出，玉米在自交后会表现出衰退现象。

家蚕的杂种优势利用早在我国明代宋应星所著的《天工开物》（1673）一书中就有记载，书中说："今寒家有将早雄配晚雌者，幻出嘉种，一异也"，这就是说，用一化性雌蚕与二化性雄蚕交配获得了良种的意思，这是杂种优势在蚕业应用上最早的记载。1845年以后，达尔文的进化论盛行，人们已经知道不论是动物还是植物，不同的品种一经杂交就可以提高其产量。自此以后，杂种优势在蚕业上的研究和应用也逐渐增多。1910 年家蚕方面就开始应用一代杂交种，从 1920 年以后，家蚕在杂种优势的利用上已相当普遍，一代杂交种迅速普及，这对蚕业来说，是一项划时代的成果。

在家蚕生产上，陆星桓认为遗传结构不同的两个纯合个体杂交，其 F_1 代一般具有两个最显著的特点：一是 F_1 代各个体间的性状和特性表现高度的一致性；二是 F_1 代比之亲本生长势强，如生长发育快，体质强、体格大，抗逆性、繁殖能力强，产卵多等。

13.2　柞蚕的杂种优势现象

柞蚕杂种优势有其自身的特点，F_1 代表现高度的一致性，其生长势强大，尤其是抗逆能力的增强，使之保苗率、结茧率均有大幅度的提高。但某些性状，如茧层量、龄期经过、茧层率等往往表现为双亲的中间值。从柞蚕经济性状的杂种优势表现分析，大致有如下几个方面。

卵期：不受精卵率低，死胚卵少，实用孵化率高；对不良环境抵抗力强。

幼虫期：把握力强，稚蚕遗失率低，眠起齐一；龄期经过缩短，收蚁结茧率高。

蛹期：蛹体饱满，死笼率低；健蛹率高；茧形匀整齐一，茧色偏淡，单位卵量（或蚁蚕量）茧层量高，全茧量、茧丝长、丝量均有提高。

成虫期：羽化集中齐一，羽化率高；蛾寿命长，蛾质优良，成熟卵多；产卵快，产下卵数多。

13.3　柞蚕杂种优势发生的时间、强度与外界环境条件的关系

柞蚕在卵期即有明显的杂种优势产生。为了明确柞蚕杂种优势最早产生的时间，薛炎林等 1971 年利用 γ 射线处理不同时间产下的卵，0~1h 开始，每间隔 1h，用 5000R γ 射线处理杂种卵和双亲纯种产下的卵，结果表明用 0~1h 处理的杂种卵有一定孵化能力，并明显高于纯种（表 13-1）。

表 13-1　不同品种对 γ 射线的抗逆力（5000R）

品种	处理卵数（粒）	卵粒数（g）	孵化蚕数（头）	孵化率（%）
青黄 1 号	400	100	10	2.5
小白蚕	430	108	1	0.2
青黄 1 号 × 小白蚕	194	97	36	18.5
小白蚕 × 青黄 1 号	220	110	26	11.8
宽青	171	86	0	0
青黄 1 号 × 宽青（正反交混）	380	95	17	4.4

表明柞蚕杂种优势在胚胎期就开始产生。杂种优势最明显的表现是在幼虫期，其优势的表现随龄期的增长而增强。从龄期经过看（中、晚熟品种），1~2 龄的眠起时间、发育

速度杂种与纯种无明显差异；但到 3 龄期较纯种缩短 6 ~ 9h，4 龄开始缩短 24h 左右，到 5 龄结束则缩短 72h 左右。若秋蚕后期遇低温、早霜及柞叶早烘等不利环境条件，杂种与纯种的龄期经过差异更大，晚熟品种尤其显著。1987 年王凤成等测定了柞蚕体重优势（图 13-1）。

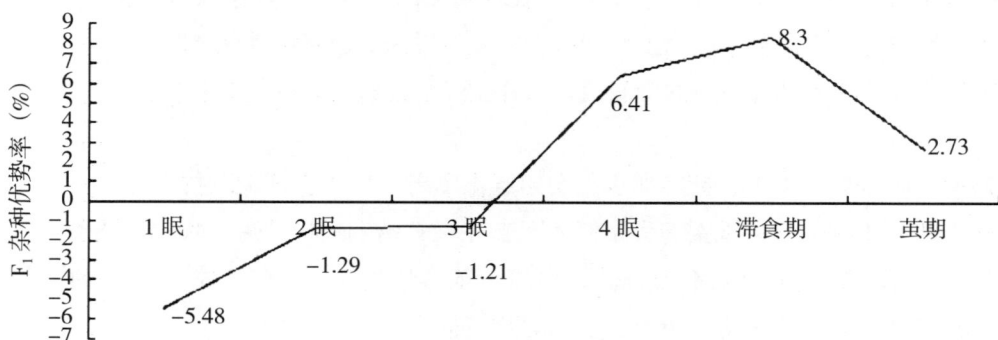

图 13-1　柞蚕各龄蚕体重及茧重杂种优势表现

结果表明，柞蚕各龄体重优势表现不一，4、5 龄期体重的优势要明显高于 3 龄前各龄优势。此外，柞蚕杂种优势也随世代的增加而递减，杂种 F_1 代优势最强，F_2 后各代由于基因的分离和重组，使种群中含有不同比率的双亲基因型的纯合体，表现双亲各自的特征、特性和生长势，从而在生长势上将小于 F_1 代。通过对柞蚕杂种优势进一步的研究，柞蚕杂种优势和双亲的纯度、差异及外界环境等条件关系密切。如辽宁省现已推广的杂交种中，近 1/2 是青蚕血统与黄蚕血统的杂交种，目的是充分利用双亲在血缘关系、形态特征、生理特性的较大差异，获得较高的杂种优势。在柞杂 9 号选育时发现，利用近交系材料配置的杂交种较以互交复壮材料配置的杂交种优势要高，说明亲本的纯度越高，杂种优势越明显。柞蚕放养于野外，其经济性状的杂种优势表现与外界环境因子密切相关，良好的外界条件常在一定程度上掩盖了杂种优势的表现，杂种优势率就低；而相对恶劣的环境条件则使杂种优势表现更明显。因而表现同一个杂交种因放养地区不一，杂种优势表现各异。在二化性地区放养一化性与二化性的杂交种，可使茧层量等性状显著提高。基于上述认识，就为不同养蚕地区安排品种提供了依据。

13.4　柞蚕杂种优势产生的原因

柞蚕虽放养于野外，但其杂种优势显得极有规律。据李铁樵、任兆光、王凤成等人的研究表明，柞蚕主要经济性状的杂种优势表现，以单位卵量（蚁量）收茧量、茧层量为最高，以茧层率、龄期经过优势最低。这表明柞蚕杂种优势是由内在因子即基因所控制和决定的。

半个多世纪以来，人们提出了众多假说以解释杂种优势现象。

13.4.1　显性假说

显性假说早期以布鲁斯（A.B.Bruce，1910）和琼斯（D.F.Jones，1917）等为代表。他们认为多数显性基因比隐性基因更有利于个体的生长和发育，不同纯系（自交系）杂交，双亲的显性基因全部聚集在杂种中产生互补作用，从而导致杂种优势。杂合个体进行自交或近交就会增加子代纯合体出现的机会，暴露出隐性基因所代表的有害性状，因而造成自交衰退。由于杂种优势涉及许多基因，而有害的隐性基因和有利的显性基因难免相连锁，所以要把有利基因全部以纯合状态集中到一个纯合品系几乎是不可能的。显性假说得到了许多试验结果的验证。但是，这一假说也存在着缺点，它只考虑基因的显隐性关系，仅适用于解释由显隐性基因控制的质量性状杂种优势。数量性状一般不是由显性基因和隐性基因所控制的，所以显性假说不能有效地解释数量性状杂种优势的遗传机制。显性有利基因的作用大体分为 3 个方面：

（1）显性等位基因对不利隐性基因的抑制作用

由于突变，在自然界中经常产生不利的隐性基因，应当指出的是，由突变产生的不利隐性等位基因本身具有相对的含义。第一，这里所说的是生物中有害表现型变异，只有当这种等位基因处于纯合状态下才会产生不利作用，而在杂合状态时它们是无害的；第二，显性等位基因对生物的生长和发育的影响取决于其所处的外界环境条件，也就是说显性基因有利只是相对的；第三，等位基因效应的表现受到"遗传背景"的制约，也就是说受其他基因互作的制约。

（2）显性基因的累加效应

显性基因具有累加效应，且每个增效基因的累加值相等。

（3）非等位基因的互作效应

①互补作用。互补作用是指两种或两种以上的非等位显性基因同时存在时，才出现某一性状，当只有一种基因是显性，或两对基因都是隐性时，则表现为另一种性状，发生互补作用的基因称为互补基因。

②累加作用。累加作用是指两种显性基因同时存在时产生一种性状，单独存在时，分别表现相似的另一性状。

③重叠作用。重叠作用是指不同对基因互作时，显性基因对表现型产生相同的影响，即只要有一个显性基因存在时，就表现相同的表现型。这类表现相同作用的基因，称为重叠基因。如果杂交涉及两对重叠基因，F_2 产生 15:1 的分离比例。

④显性上位作用。两对独立遗传基因共同对一对性状发生作用，而且其中一对基因对

另一对基因的表现有遮盖作用，这种情况称为上位作用。上位作用与显性相似，因为这两者都是一个基因掩盖了另一个基因的表达，区别是显性是一对基因中的一个掩盖了另一个的作用，而上位效应是非等位基因间的掩盖作用。起遮盖作用的基因称上位基因，被遮盖的基因称下位基因。一对基因中，只要有一个显性基因，就能掩盖其他对基因的作用，这种上位作用称显性上位作用（只有在上位基因不存在时，被掩盖的基因（下位基因）才得以表现）。

⑤隐性上位作用。在两对互作的基因中，其中一对隐性基因对另一对基因起上位作用。F_2代群体出现9/16：3/16：4/16的分离比。

⑥抑制作用。抑制作用是指在两对独立基因中，其中一对显性基因本身并不控制性状的表现，但对另一对基因的表现有抑制作用，称为抑制基因。

13.4.2 超显性假说

超显性假说，也称等位基因异质结合假说。这个假说的概念最初是由沙尔（G.H.Shull）和伊斯特（E.M.East）于1908年分别提出的，他们一致认为杂合性可引起某些生理刺激，因而产生杂种优势。伊斯特于1936年对超显性假说作了进一步说明，指出杂种优势来源于双亲基因型的异质结合所引起的等位基因间的互作。根据这一假说，等位基因间没有显隐性的关系。杂合等位基因的相互作用显然大于纯合等位基因间的作用。假定一对纯合等位基因A_1A_1能支配一种代谢功能，生长量为10个单位；另一对纯合基因A_2A_2能支配另一种代谢功能，生长量为4个单位。杂种为杂合等位基因A_1A_2时，将能同时支配A_1和A_2所支配的两种代谢功能，于是可使生长量超过最优亲本而达到10个单位以上。这说明异质等位基因优于同质等位基因的作用，可以解释杂种表现超过最优亲本的现象。虽然超显性假说得到许多实验结果验证，但是该假说也存在一些局限性。超显性假说只考虑了基因位点内异质等位基因间的相互作用（显性效应）对杂种优势的作用。实际上，不同基因位点之间相互作用（上位性效应）也是决定杂种优势的一个重要遗传因素（R.A.Fisher，1949；K.Mather，1955）。

（1）杂合等位基因对的互补作用

当两个等位基因在遗传功能上有这样的差异，即他们的基因产物、酶蛋白在催化活性上以及在新陈代谢的功能上有本质的区别。每一种纯合子（A_1A_1和A_2A_2）只能合成一种酶蛋白，而杂合子（A_1A_2）能合成两种蛋白。在这方面，它们的功能可以互相补充，从而给了杂合子一定的优越性。

（2）杂合性能选择生物合成的线路

选择生物合成线路是杂合子的另一个优势，在相对不同的条件下同一个基因位点的两个等位基因能催化同一种生物化学反应，例如，一个等位基因能在比较低的温度下，而另一个等位基因是在比较高的温度下。当杂交后，不论外界环境温度如何变化，这个反应都能顺利完成。因此，在这个性状上杂交种是有杂种优势的。

（3）杂合性能够合成适量的重要生命物质

合成适量的生命物质是杂合子的又一个优势。当一个等位基因是亚效等位基因时，其活性表现不足，而另一个等位基因是超效等位基因，有比正常基因更高的活性。杂合子具有较高的生物合成活性，可以合成必要的生命物质。如果一个等位基因是无效等位基因，这种基因在纯合时能够产生致死效应，而另一个等位基因是超效等位基因，那么其杂合子会表现出良好的结果。

13.4.3 遗传平衡理论

Mather（1942，1955）提出了基因平衡假说，Tulbin（1964，1967，1971）在此基础上发展为遗传平衡理论，其基本观点是：杂种优势形成的原因比较复杂，考虑到细胞核与细胞质以及遗传基因的互作，个体发育与系统发育的联系以及环境条件对性状发育的影响等，其核心论点是不同基因型的相互作用，改变了基因组的遗传平衡，认为杂交种，是经选择创造出来的一种遗传平衡得相当好的异质结合体系，因而表现出杂种优势。

13.4.4 异质结合理论

异质结合理论是 1910 年 G.H.Shull 等在研究达尔文学术观点基础上，根据自己工作的研究结果提出的。其基本观点是，玉米在自交下促进了遗传同质结合，而在自交系间杂交导致遗传异质结合。由于异质性配子的相互结合对生理上的刺激作用，从而产生了杂种优势。两种配子的异质性越大，产生的杂种优势也就越大。Shull 从生理学的观点上来说明杂种优势产生的原因，认为异质结合状态是对有机体生理活性的刺激作用。后来，A.F.Shull 把配子的异质性具体归结到杂合子上，认为杂种优势是"一个改变了的细胞核和一个相对未改变的细胞质相互作用的结果"。

13.4.5 有机体生活力理论

有机体生活力理论是根据米丘林和李森科的研究提出来的，米丘林在选育耐寒果树品种的育种实践中，总结出这样的规律。即"在两个不同的种间，或属同一个种但原产地相距甚远的两个变种之间杂交，获得的所有杂交种对新地区的环境条件总是表现出具有强大的适应能力"。而"同一个植物种的两个近亲变种杂交，所获得的杂交种对新地区的适应性都比较弱"。米丘林运用这一规律进行杂交亲本的选择，运用相应的环境条件来控制杂交种性状的发育。借此，米丘林选育出适应性很广和杂种优势很强的果树新品种。

李森科通过黑麦试验提出了新的论点：其一，认为遗传性和生活力是有机体的两种不同属性，生活力"决定于受精时相结合的性细胞的差异程度"。在一定条件下，这种差异程度越大，有机体的生活力就越强，并把杂种优势看作是生活力很强的一种表现形式。

其二，认为造成杂种优势的那些性细胞，其差异的主要原因在于外界环境或生活条件的作用。生长在相同条件下的有机体之间与生长在不同条件下的有机体之间相比，其性细胞的差异要小。用这样的有机体进行杂交，其杂交种的生活力强，杂种优势也强。从而李森科认为，"在卵细胞受精时，造成胚的生活力强的那些性细胞，其差异的根本原因，就是祖代有机体，特别是直接产生该性细胞的亲代有机体同化了所在的环境条件"。

13.5 柞蚕杂种优势的度量

为了便于柞蚕杂交育种工作，必须用适当的方法来度量杂种优势的表现程度。实践中，常用杂种效果、杂种优势率、杂种优势指数、势能比值、超亲杂种优势率、竞争优势率来度量。由于柞蚕生产中应用杂种 2 代较为普遍，因而 F_2 代的度量也是必要的（表13-2）。

13.5.1 杂种效果（δ）

前已述及，把杂种 1 代生长强度的提高称为杂种优势，而柞蚕 F_2 代同样具有一定的杂种优势，因此杂种效果（δ）应为 F_1（或 F_2）的表型值减去双亲平均值（MP）。其表达式为：

$\delta =F_1$（或 F_2）$-MP$（MP 也可称中亲值）

表13-2 柞蚕茧质等经济性状的杂种效果

品种	性别	全茧量		茧层量		茧层率		蛹体重	
		春	秋	春	秋	春	秋	春	秋
多丝 2 号 × 小白蚕	♀	0.7375	0.0145	0.0832	0.0415	0.3209	0.2876	0.6312	0.0665
	♂	0.7650	0.2615	0.1072	−0.0245	0.5811	−0.6910	0.6537	0.3015
	$\bar{x}$	0.7378	0.1378	0.0954	−0.033	0.4510	−0.4887	0.6425	0.1840
小白蚕 × 多丝 2 号	♀	1.1063	0.1545	0.1495	0.0215	0.7256	0.2385	0.9387	0.1455
	♂	0.5175	0.5165	0.1085	0.0385	1.0198	−0.2310	0.4312	0.4935
	$\bar{x}$	0.7984	0.3353	0.1292	0.0300	0.8727	0.0038	0.6850	0.3195

从表13-2 中可以看出，同一组合正反交的同一性状杂种效果大小不同，因而在评选组合时必须同时考虑正反交的杂种效果，依杂种效果的均值来选择优良组合。但由于不同性状的计量单位不一，因而它不能进行同一组合各性状间的杂种优势比较，对此，杂种优势率的概念也相继提出。这里还需指出 $\delta =F_1$（或 F_2）$-MP$ 只是一个数学表达式，除了数量性状以外，其他性状，尤其是质量性状很难用亲本的数值做出对杂种效果大小的推定，因

为杂种效果的大小除了考虑亲本的平均值外，还取决于亲本间生理生化的遗传差异。

13.5.2　杂种优势率（V·R）

为了消除杂种效果的性状单位，用杂种效果与双亲平均值相比得到的结果来度量杂种优势，该比值的百分率称杂种优势率。它可以比较多种性状的杂种优势大小，其表达式为：

$$V \cdot R\ (\%) = \frac{F_1\ (\text{或 } F_2)\ -MP}{MP} \times 100\%$$

柞蚕同一品种不同性状的杂种优势不同（表13-3），以万头蚁蚕结茧数、万头蚁蚕茧层量的杂种优势率为最大，结茧率、解舒丝长、茧丝量居中，茧丝长、解舒率、单蛾产卵量略低。据王凤成等1987年春的试验结果，同一性状的杂种优势率因不同血统组合方式而异，千克卵收茧量、实用孵化率的杂种优势率，青蚕组合分别为6.98%和1.23%，黄蚕组合分别为26.37%、11.91%，青、黄异血统杂交组合分别为44.04%和13.33%，表明异血统杂交优势强。

表13-3　杂种优势表现

项目	产卵数（粒）	孵化率（%）	幼虫发育速度	幼虫生命率（%）	万头蚁蚕结茧数（千粒）	万头蚁蚕茧层量（kg）	全茧量（g）	茧层量（g）	茧丝长（m）	茧丝量（g）
MP	204	90.30	0.021	96.28	5.077	3.183	6.12	0.63	805	0.46
F₁	212	95.99	0.022	97.99	6.881	4.535	6.16	0.66	867	0.54
V·R（%）	3.88	6.30	1.88	1.78	35.53	42.48	0.65	5.10	7.70	17.39

13.5.3　杂种优势指数（V·I）

F₁（或 F₂）表型值与双亲平均值的比率称杂种优势指数。其表达式为：

$$V \cdot I\ (\%) = \frac{F_1\ (\text{或 } F_2)}{MP} \times 100\%$$

从表达式看，优势率与优势指数二者相差100%，所度量的杂种优势及其比较效果实质是相同的。而优势指数计算简便，因此，采用优势指数来度量杂种优势也是很普遍的。任兆光等1979—1981年，对青黄蚕品种主要经济性状的杂种优势指数即以此法调查的，其结果（表13-4）与李铁樵调查的柞蚕品种各性状优势率趋势基本相同。

表 13-4　柞蚕各经济性状优势指数调查（%）

项目	优势指数（V·I）	变幅
单蛾产卵数	105.03	81.34 ~ 119.27
单蛾产卵量	105.34	82.77 ~ 116.18
收蚁结茧率	114.33	95.37 ~ 145.60
千克卵收茧数	115.73	90.41 ~ 136.86
千克卵产茧量	117.86	92.47 ~ 157.61
千克卵茧层量	119.64	92.47 ~ 159.94
全茧量	103.00	99.29 ~ 108.40
茧层量	104.67	100.00 ~ 122.28
茧层率	101.28	98.21 ~ 104.63
全龄经过	98.93	95.82 ~ 105.82

13.5.4　势能比值（P·R）

势能比值除了用来度量杂种优势的大小外，还能进一步对亲本和杂种优势关系做出一定分析，其表达式为：

$$P \cdot R = \frac{\delta}{\frac{1}{2}(P_1 - P_2)} = \frac{2\delta}{P_1 - P_2} = \frac{2(F_1 \text{ 或 } F_2 - MP)}{P_1 - P_2}$$

由上式推得：F_1 或 $F_2 = 1/2 P \cdot R (P_1 - P_2) + MP$

当 P_1 与 P_2 差值越大时，F_1（或 F_2）值也越大，说明双亲的遗传差异越大，杂种优势越明显。可见双亲的遗传差异对杂种优势的明显影响。同时势能比值还可以衡量双亲性状的显性效应，当 $P \cdot R = 0$ 时，$F_1 = 0$；$P \cdot R = \pm 1$ 时，则正负向完全显性；$P \cdot R$ 在 0 ~ ±1 间，为正负向部分显性，刘治国等（1991）在研究柞蚕品种多丝 2 号与小白蚕的杂种优势时指出，茧质性状的势能比值总趋势为 0 ~ 1 之间，小白蚕 × 多丝 2 号大于多丝 2 号 × 小白蚕，春蚕高于秋蚕。全茧量、蛹体重为正向部分显性，而茧层量、茧层率因正反交、蚕期及性别等而异，多呈正向部分显性。

13.5.5　超亲杂种优势（S·P·H）

柞蚕杂种 F_1（或 F_2）的产量及其他性状的表型值，超过双亲中大值亲本，这种优于双亲表型的现象叫超亲优势，以超亲优势率来度量。所谓超亲优势率是指 F_1 表型值与大值亲本的差值同大值亲本的比率。其表达式为：

$$S \cdot P \cdot H (\%) = \frac{F_1 (\text{或 } F_2) - Ph}{Ph} \times 100\%$$

$$Ph= \frac{F_1(或\ F_2)\ 期望值}{1+S \cdot P \cdot H}$$

式中 Ph 为大值亲本表型值。应用超亲杂种优势与优势率、优势指数来度量杂种优势的大小，其结果基本一致。优势率、优势指数越高，超亲优势越明显。辽宁省蚕业科学研究所任兆光等对柞杂 5 号 2 代茧丝质性状的杂种优势调查结果（表 13–5）表明，除茧丝纤度外，其他 6 个性状表现明显超亲优势，说明该品种茧丝质性状优于双亲。

表 13–5   柞杂 5 号 2 代茧丝质性状优势

项目	超亲优势（S·P·H）	杂种优势率（V·R）	竞争优势（C·V·R）
茧丝长	3.91	6.36	3.91
解舒丝长	16.83	20.41	24.21
解舒率	7.49	13.09	19.30
出丝率	2.96	4.51	6.10
生丝干量	7.64	11.82	16.34
总纤维量	4.56	7.00	9.56
纤度	−1.20	5.10	12.06

由于超亲优势率低于杂种优势率，所以用超亲优势率选择杂交最优亲本比用杂种优势率更能使拟配制组合达到计划指标，因而比优势率更具有实用价值。

13.5.6   竞争优势率（C·V·R）

竞争优势率是属生产范围的概念。柞蚕杂交种之所以能在生产上推广应用，不仅在主要经济性状上具有较强的杂种优势，而且还要超过品比试验的对照种（通常为当地主推品种），这种超过对照表型值的百分率，叫竞争优势率。其表达式为：

$$C \cdot V \cdot R\ (\%) = \frac{F_1(或\ F_2) - CK}{CK} \times 100\% \qquad （式中 CK 为对照种值）$$

一个杂交种是否有生产实用价值，不仅要看它是否具有杂种优势和超亲优势；而且应具有竞争优势，最终才具有生产实用价值。柞杂 5 号（表 13–5）就茧丝性状而言，其超亲优势和竞争优势（CK：青 6 号）十分明显，表明该杂种更具茧丝的实用价值。因而在利用杂交种时，需在掌握杂种优势基础上，着重考虑竞争优势，才能育成新的具有生命力的杂交种。

13.6　柞蚕杂种优势的利用途径

从杂种优势产生的原因中，我们可以知道杂种是否有优势，有多大杂种优势，在哪方面表现优势，杂种群体中各个体是否都能表现程度相同的优势，所有这些问题都取决于杂交用的亲本种群及其相互配合情况。如果亲本群体缺乏优良基因或亲本群体纯度很差；或双亲群体在主要经济性状上基因频率无大差异；或在主要经济性状上双亲群体所具有的基因，是显性与上位效应都很小；或缺乏充分发挥杂种优势的外界放养条件，就不可能表现出理想的杂种优势。因此杂种优势利用的完整概念，既包括纯种繁育又包括杂交制种等一整套内容。辽宁省蚕业科学研究所育成柞蚕多丝量品种柞杂 9 号，就是按着纯种选育 – 配合力测定 – 杂交种投产这一选育路线育成的。其模式见图 13–2。

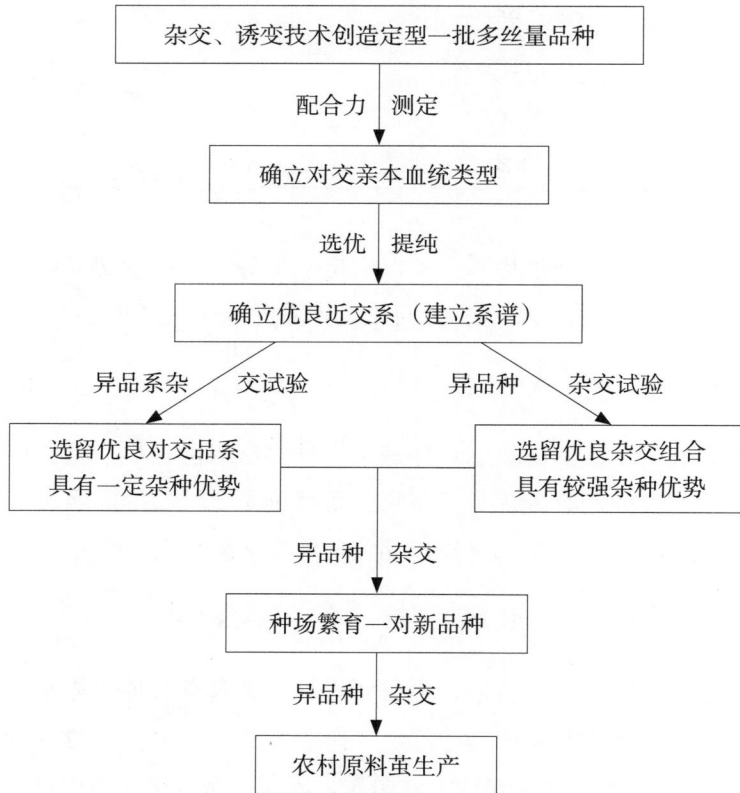

图 13-2　柞杂 9 号选育技术路线

13.6.1　杂交亲本种群的选优与提纯

这是杂种优势利用的一个最基本环节。杂种必须能从亲本获得优良的、高产的显性和上位效应大的基因，才能产生显著的杂种优势，选优就是通过选择，使亲本种群中原有的优良、高产基因频率尽可能增大；提纯则是通过近交，使亲本种群在主要性状上纯合子的基因频率尽可能增加，个体间差异尽可能减小。选优和提纯相辅相成。在选育柞杂 9 号时就是对亲本多丝 3 号、多丝 4 号进行选优和提纯，并建立各自的近交系，建系的目的是提高茧层率和使每个品种内各近交系间有遗传开差，使系间杂交具有一定杂种优势以利繁种。原多丝 3 号品种体质较弱，常有一种小翅蛾分离，影响群体生产水平，在 1982 年设立近交系后，很快将其分离并淘汰，多丝 3 号的生活力水平很快得以恢复。由于柞杂 9 号的选育目的是提高茧层率，其选育指标为茧层率达 13%，所以在选育前就做了茧质的遗传参数测定，以明确茧层率的遗传规律，在选优和提纯的同时，结合杂交试验和配合力测定，加快了柞杂 9 号的选育进度。

13.6.2　配合力测定

由于在柞蚕生产中应用了杂交种，给育种工作带来了一系列概念和方法的转变。利用纯种投入丝茧生产时，品种选育主要考虑的是纯种本身的经济性状、经济价值。例如丰产性和对当地气候条件的适应性。而利用杂交种生产，要有成对的杂交亲本，除了考虑品种本身的经济性状以外，还要考虑亲本间的杂交后代要具有高水平的生活力和丰产性能。通过杂交，体现出的这种性能就叫配合力，也就是不同品种通过杂交能获得的杂种优势程度。因为配合力高的品种杂种优势率一般也高，而测定配合力的方法一般是利用成熟的模式，所以测得的数据稳定可靠。还由于各品种间的配合力是不一样的，因此配合力往往作为柞蚕育种选择亲本的一项主要选择指标。

配合力通常用杂种 1 代所表现的产量水平来表示。表现高产的为高配合力，表现低产的为低配合力。只有配合力高，并且其他性状也好的品种，才能组配成高产稳产的优良杂交种。

13.6.2.1　配合力的种类及其测定分析

配合力分一般配合力和特殊配合力两种。其测定方法（分析方法）一般有完全双列杂交法、不完全双列杂交法及顶交测验法。由于顶交测验法仅能测定一般配合力，只有在品种、品系过多时采用，初选出有希望材料后再应用前两种方法测定，以缩小试验规模。柞蚕配合力测定常用完全双列杂交法，此法可提供比较充分的信息，常用于数量性状的遗传和育种问题的研究。

（1）一般配合力（g.c.a）

在亲本选配研究中，一般配合力系指某一亲本在一系列的杂交组合中，对杂种后代的某一性状所产生的平均表现。如果一个品种与其他各品种杂交经常能得到较好的杂种效果，这就是说它的一般配合力好，其效应是指双亲加性基因的遗传效应，而加性效应有利于更好的选择亲本，因此分析不同品种主要经济性状的一般配合力效应，在理论和实践上对育种工作都有重要意义。1981年辽宁省蚕业科学研究所薛炎林等采用 Griffing (1956) 4模式Ⅰ，对柞蚕6个品种15个组合7个性状的一般配合力效应相对值作了分析，结果见表13-6。

表13-6　柞蚕6个品种7个性状一般配合力效应相对值

项目		青6号	多丝3号	辽柞1号	81004	白茧	小白蚕
千克卵产茧量		-18.944	2.988	25.949	-7.716	3.199	-5.687
千克卵茧层量		-20.879	9.007	32.098	-8.866	0.117	-11.482
龄期经过		0.274	1.828	1.645	-0.137	0.959	-2.650
孵化率		0.784	0.583	-3.071	3.706	2.816	-3.657
全茧量	♀	1.281	0.782	4.847	-1.009	2.535	-8.434
	♂	1.917	-0.225	3.512	-3.258	3.228	-5.173
茧层量	♀	-0.967	7.048	10.826	-1.428	-0.466	-15.049
	♂	-0.843	6.132	9.341	-3.159	-0.693	-10.760
茧层率	♀	-0.985	3.350	3.057	-0.168	-1.627	-3.622
	♂	-1.678	3.200	3.281	0.176	-1.806	-3.174

测定结果表明，柞蚕不同品种同一性状一般配合力很不相同，这显示了不同品种间的差异。由于是加性基因作用的结果，这个差异就可以作为选择亲本的依据，然后根据育种目标选择所需的亲本。如需要选择千克卵产茧量高的指标为材料，就应选择辽柞1号为亲本，需要选择龄期短的就可以选择小白蚕。

同一品种不同性状间一般配合力大小也不相同。如以辽柞1号为例，以其效应值的相对值（表13-5）相比较，性状的一般配合力以千克卵茧层量为最高，其次是千克卵产茧量，再次为茧层量，最低为龄期经过和孵化率。从这一品种各性状配合力大小可以看出，辽柞1号的主要品种特点是产量及蚕茧质量高，而龄期经过略长，孵化率略低。这一配合力计算结果和实际情况相符。同一品种各性状的不同配合力反映了一个品种的特点，也说明了某一品种在后代的必然表现，所以和辽柞1号组配的组合其千克卵茧层量都高；与小白蚕组配的组合，其子代一般都表现早熟。通过一般配合力的分析可以看出一般配合力高的性状其选择效果较好，亲本的良好性状容易在后代稳定，而一般配合力低的性状不易从亲本表现对后代做出估计。

（2）特殊配合力（s.c.a）

特殊配合力指亲本品种在特定组合中对杂种后代某一性状平均值产生偏离的情况，即两个特定品种之间杂交所能获得超过一般配合力的杂种优势。决定这种配合力的，通常非加性效应处于主导地位，它包括显性效应、超显性效应、上位效应等；其中显性效应和超显性效应只有在基因杂合状态下才表现，所以这两个效应是不能固定的。通过柞蚕特殊配合力测定结果（表13-7）可知，杂种后代的性状表现很难从亲本的平均效应推测得出，要依具体的组合而定；而且特殊配合力的偏离情况和杂交组合实际值不尽一致，某些优势高的组合并不都是特殊配合力高的组合，特殊配合力高的组合，其杂种优势也并不一定就大。但特殊配合力是用性状的绝对值估算的，所以在亲本选择时，利用绝对值判断组合的优势就显得更有意义。另外，特殊配合力高的组合除可以利用其 F_1 的杂种优势外，如果是加性 × 加性的上位性影响，则还可以选出优异的后代。

表13-7　柞蚕各性状特殊配合力效应相对值（薛炎林等，1981）

组合	千克卵		龄期经过	孵化率	全茧量		茧层量		茧层率	
	产茧量	茧层量			♀	♂	♀	♂	♀	♂
1×2	2.035	1.782	1.042	−3.226	2.142	1.387	1.919	4.667	0.043	0.919
1×3	8.995	3.895	−2.066	6.236	−3.192	−1.221	−6.480	−6.346	−1.687	−2.283
1×4	−7.449	−7.119	0.631	−3.641	−1.816	−1.676	−0.874	−3.548	0.456	−0.879
1×5	−6.409	−3.984	0.174	0.904	2.923	−0.149	4.576	4.038	0.985	2.398
1×6	2.876	5.443	0.219	−0.273	−0.059	1.654	0.845	1.346	0.201	−0.158
2×3	8.855	12.485	0.951	2.432	2.063	4.811	2.349	5.839	−0.357	0.121
2×4	−19.413	−21.284	0.539	2.861	−2.704	−2.631	−2.411	−3.671	−0.246	−0.359
2×5	7.841	0.696	−1.563	−5.278	−1.300	−0.546	−0.107	0.245	0.662	1.141
2×6	0.729	−2.669	−0.969	3.211	−0.203	−3.026	−1.797	−7.097	−0.596	−1.823
3×4	0.267	2.707	−0.375	−4.289	0.249	−4.168	1.658	−0.087	0.663	2.110
3×5	−1.928	−4.704	−0.649	3.286	−0.369	0.736	−1.443	−1.608	−0.444	−1.390
3×6	−16.183	−14.385	2.139	−7.665	1.251	−0.166	3.977	2.185	1.822	1.440
4×5	7.261	6.522	1.317	0.715	2.002	3.446	0.737	0.490	−0.573	1.782
4×6	19.336	19.161	−2.112	4.354	2.267	5.024	0.845	6.905	−0.797	0.907
5×6	−6.759	−7.541	0.722	0.374	−3.257	−3.492	−3.973	−3.181	−0.633	0.369

注：表中1、2、3、4、5、6分别代表品种青6号、多丝3号、辽柞1号、81004、白茧、小白蚕。

　　通过两种配合力的综合分析，还能看出亲本的互补作用。当两个品种的一般配合力互有高低，在相互杂交时各性状的特殊配合力均较高，在优点方面可以产生互补，所以用这样的双亲杂交，可以出现综合性状方面特殊配合力高的组合，这对优良杂交组合评选具有一定意义。

13.6.2.2　双列杂交配合力的简便估算

　　用格列芬法估算配合力，其运算过程比较复杂，有时为了迅速粗略地了解供试材料的一般配合力和特殊配合力，可采用四川农学院杨允奎（1965）提出的配合力简便估算法，其结果与格列芬法基本一致。

（1）一般配合力效应的简便估算法

在估算一个品种（或品系）某性状的一般配合力效应值时，即用这个品种或品系与其他若干品种或品系配制的杂交组合所得该性状的平均值，与整个试验所有杂交组合该性状的公共均值相比较，以其差示之。

现以薛炎林等1981年的试验资料作以比较（表13-8）。参试的6个品种所组成的15个组合的千克卵产茧量均数为420.48kg，含青6号的组合均数为356.76kg，其简易一般配合力值为356.76−420.48=−63.72，其他各品种依次见表13-8。从表中可以看出，两种估算法的结果其规律性是一致的，不论哪个品种二者的比值都在0.8左右，因而通过简易法估算的一般配合力，可以了解掌握品种的杂交配合能力。

表13-8 一般配合力效应值估算比较

品种	总值（kg）	平均值（kg）	简便法（g·c）	格列芬（g·c）	简（g·c）/格（g·c）
青6号	1783.80	356.76	−63.72	−79.66	0.7999
多丝3号	2152.71	430.54	10.06	12.57	0.8003
辽柞1号	2538.76	507.75	87.27	109.07	0.8001
81004	1972.67	394.53	−25.95	−32.44	0.7999
白茧	2156.26	431.25	10.77	13.45	0.8007
小白蚕	2010.48	402.10	−18.38	−22.99	0.7995

（2）特殊配合力效应的简便估算

求一个杂交组合产量的特殊配合力效应，应当用这个组合的某性状的平均数，与父本和母本所涉及的杂交组合该性状平均数的差值表示。

组合青6号 × 多丝3号的产量平均数为361.75kg，其母本品种青6号所涉及的组合产量均数为：（361.75+487.73+⋯+277.06）/5=1783.80/5=356.76kg；同样其父本多丝3号所涉及的组合产量均数为：2152.71/5=430.54kg，那么青6号 × 多丝3号组合特殊配合力效应值为：1/2[（361.75−356.76）+（361.75−430.54）]=−31.90，其他组合依次见表13-9。

表13-9 组合实际与不同法测定的特殊配合力效应值比较

组合	格列芬（s·c）	列序号	简易法（s·c）	列序号	实际值（kg）	列序号
4×6	81.3068	1	48.047	5	446.36	6
1×3	37.8240	2	55.470	3	487.73	4
2×3	37.2365	3	110.225	1	579.37	1

组合	格列芬（s·c）	列序号	简易法（s·c）	列序号	实际值（kg）	列序号
2×5	32.9715	4	48.580	4	479.48	5
4×5	30.5315	5	19.140	7	432.03	8
1×6	12.0940	6	−49.490	12	329.93	12
1×2	8.3565	7	−31.900	10	361.75	11
2×6	3.0665	8	−3.188	8	413.13	9
3×4	1.1225	9	47.100	6	498.24	3
3×5	−8.1100	10	65.390	2	534.89	2
1×5	−26.9510	11	−66.675	13	327.33	13
5×6	−28.4210	12	−34.570	11	382.53	10
1×4	−31.3235	13	−98.580	15	277.06	15
3×6	−68.0460	14	−16.390	9	438.53	7
2×4	−81.6310	15	−93.550	14	318.98	14

利用简易法测定的特殊配合力效应值与格列芬法的结果规律性不甚一致，但与组合的实际值比较，其规律性较为一致。

13.6.3 杂种优势预测

不同品种间的杂种效果差异很大，最终需通过配合力测定才能确定。但测定配合力工作比较繁杂，不可能所有品种间都进行杂交试验，因此在配合力测定之前，应有个大致的估计，只有那些估计希望较大的品种和组合才能正式列入配合力测定，这样可以节省很多人力、物力。杂种效果一般通过下述几方面预测：

①据经验推断，柞蚕不同血缘类型、不同特征的种群间杂交，往往因其在主要性状上基因频率差异较大，而获得较大的杂交优势。

②长期与外界隔绝（或封闭种群间）及不同化性的品种间杂交，常常可以获得较强优势的品种。

③品种在近交时衰退比较严重的性状，遗传力较低，通过杂交可以获得较高的杂种优势。

④品种的主要经济性状变异系数小，杂交效果好。

13.7 柞蚕杂种优势在生产中的应用

长期以来，利用杂种优势已成为增加柞蚕茧产量和改善茧丝品质的一项重要技术措施。而且在生产实践过程中，随着对柞蚕杂种优势现象的认识逐步深化，利用方法的逐步改进，这项措施正日益发挥着重要作用。

13.7.1 柞蚕生产中利用一代和二代杂交种

最初，利用柞蚕的杂种优势，都是采取简单的杂交办法，即单杂交种。种场繁殖两个不同的纯种，再将这两个纯种杂交，应用单交种生产丝茧。当然这对两个亲本的选择有一定要求，首先是这两个品种杂交后能适应当地的外界环境条件和放养水平；其次是品种的遗传性状必须稳定，因不纯的亲本会影响杂种优势的发挥；再是两品种的性状差异一定要大，血缘关系要远，且配合力必须高。

目前，在辽宁较好的二元杂交种有柞杂 7 号、柞杂 9 号；山东有青黄 × 胶蓝、烟 6 × 789 等。一化性地区的河南有豫杂 2 号及豫杂 3 号等。由于柞蚕生产的特殊性，在辽宁、山东等二化性地区，放养春蚕的目的是提供秋蚕用种，而秋蚕放养才获得原料茧，因此在利用杂种优势时，也就有了两种方式：一是春蚕放养两个纯种，秋天放养 F_1；二是春蚕放养 F_1，秋蚕放养 F_2。鉴于这两种方法各有利弊，因而人们对其认识和利用也就不同，以后者的利用率居高。

第 1 种方法的优点是秋蚕饲养 F_1 代，一致性强，易管理，产量也高。但春蚕饲养纯种，产量就较低，尤其是一个良好的组合，其双亲的龄期经过有一定差异，不易做到蛾期同时相遇。另外制种期过于集中短促，也难以做到蛾期调配控制，以致杂交不彻底而影响秋蚕产量。

第 2 种方法则优点较多：

①杂种优势的利用率高。春蚕就放养 F_1，容易获得丰收，从而保证了秋蚕用种，这是符合群众的经验 – 秋蚕的丰收必须在春蚕丰收的基础上提供充足的优良种茧，才有可能实现。

②春养 F_1 可使春蚕龄期经过缩短（较长龄亲本），一般能早 3d 左右，时间上的缩短，对秋蚕来说是宝贵的，可使秋蚕提早收蚁，避免秋蚕后期低温及其带来的不利因素，使蚕儿在叶质硬化早烘前结茧，保证蚕在 5 龄期有良好的饲料条件和强健的体质。

③春蚕放养 F_1，使蚕儿发育齐、结茧也齐，这就减少了秋蚕的末批蛾，提早了秋蚕晚批蚕的放养时间，避免晚蚕受叶质早烘及早霜的威胁。

④春养 F_1 使下代（F_2）的卵粒数明显增多，卵量可增加 20% 左右，提高了繁种系数，这样就可以适当减少春蚕放养把数，有利于柞树的生长。

⑤春养 F_1，蚕儿的生命力强、结茧率高，茧的雌性比例亦高，蛾质好，这不仅提高了秋蚕的种质，同时也能扩大秋蚕的放养量。

⑥制种方法简化。由于春季配制 F_1 卵，蛹期调节比较方便，可利用外界低温自然调节，秋制 F_1 自交种就可以，无需再行调节。

13.7.2 柞蚕三元及四元杂交种的应用

单交种在生产中应用，虽受到蚕农的欢迎，但因为这种杂种利用方式没有照顾到繁种方面，种场繁殖纯种，产量较杂交种低，因而影响种场的积极性。而丝量多、茧层率高的品种尤其如此。所以目前在柞蚕生产中积极提倡三元或四元杂交种，以兼顾种场的经济效益。目前，辽宁、山东、河南等柞蚕主产区的多元杂种的应用状况不一，辽宁省在生产中应用的多元杂交种有柞杂 8 号、辽双 1 号、多元多丝 1 号、(8821·8822)×选大、丰杂一号等等。山东省曾先后在生产中应用了多个多元杂交组合，增产幅度在 15%～30%。一化性地区河南省，20 世纪 80 年代末育成了三元杂交种豫杂 4 号，其增产幅度为 20%～30%，20 世纪 90 年代初又育成了一个多丝量四元杂交种（豫 7 号·豫 6 号）×（河 41·741）。

柞蚕在多元杂种利用方面与家蚕有所不同。除一化性地区多元杂交种的应用同家蚕外，在广大的二化性地区，则因繁种方式的不同，出现了两种应用方法。一是种场春繁纯种，秋繁单交种 F_1，翌年春配置多元杂交种，春育 F_1，秋养 F_2。此法优点是繁育单交种 F_1，种群较齐一、纯正、产量高，多用于易养型纯种。二是根据柞蚕野外放养特点和品种特性，如多丝量品种等，产卵量低、纯种较难饲养等弱点，采用两个单交种种场繁育两代（F_1、F_2），翌年春互交组合成四元杂交种，以增加杂种繁育代数，减少纯种繁育量。如辽宁省蚕业科学研究所 1991—1995 年选育的柞蚕多丝量新品种多元多丝 1 号，其优点是使柞蚕从繁种到原料茧生产可以多次充分利用杂种优势，提高蚕茧产量和质量。所组成的多元杂交种和单交种相比，除了种场繁种产量和质量的明显优势外，在原料茧生产方面也不比单交种差。从多元多丝 1 号与柞杂 9 号各经济性状表现比较结果（表 13-10）可以看出，多元杂交种比二元杂交种收蚁结茧率明显提高，死笼率降低。多元多丝 1 号的综合经济性状也明显优于柞杂 9 号，春蚕千克卵收茧数多元多丝 1 号比柞杂 9 号高 6.80%。秋蚕千克卵收茧量高 13.70%；千克卵茧层量比柞杂 9 号，春秋分别高 8.72% 和 15.12%，由于多元杂交种遗传基础丰富，保持了相当的杂合性，使种群对不良自然环境有较大的适应性，因而新品种多元多丝 1 号在连续多年的多点产比及区域试验中都表现出稳产、高产的品种特性。

表 13-10　多元多丝 1 号与柞杂 9 号各经济性状比较（1991—1993 年）

季别	品种	实用孵化率（%）	收蚁结茧率（%）	死笼率（%）	全茧量（g）	茧层量（g）	茧层率（%）	千克卵				
								茧层量（kg）	指数（%）	收茧数量（千粒）	（kg）	指数（%）
春	多元多丝1号	97.25	70.56	3.20	7.270	0.810	11.14	58.72	108.72	73.37		106.80
	柞杂9号	94.14	68.44	5.72	7.240	0.820	11.44	54.01	100.00	68.70		100.00
秋	多元多丝1号	98.48	76.51	3.21	8.670	1.173	13.53	102.62	115.12		759.08	113.70
	柞杂9号	98.08	66.86	3.81	8.430	1.130	13.40	89.14	100.00		667.59	100.00

注：春为收茧数（千粒），秋为收茧量（kg）。

13.7.3　多元杂交种增产机制简析

柞蚕多元杂交种应用的基本原理是多次利用杂种优势。柞蚕从纯种生产到杂交种生产，形成了 3 种模式。

第 1 种模式是科研单位提供单一纯种，种场繁育纯种，大茧生产也利用纯种，这种模式杂种优势利用率为零。

第 2 种模式是科研单位提供两个纯种，种场繁育两个纯种，大茧生产利用单交种，这种模式较上一模式明显的优点是在大茧生产中利用了杂种优势，但其缺点是某些杂种的亲本虽然配合力高，但纯种难养，这就限制了优良杂种的推广。

第 3 种模式就是多次利用杂种优势，即在种场繁育单交种，农村利用多元杂交种生产，使杂种优势利用率得到进一步提高。而且多元杂交种较二元杂交种的基因类型多，遗传基础丰富，从而能适应不同自然环境，表现抗病、抗逆等优良特性。

在选育应用多元杂交种时，也应该注意：

①各亲本品种遗传性必须十分稳定，最好各品种遗传力大的同性状差异要小，以免后代分离，个体差异太大而影响多元杂交种的实用价值。

②理论上多元杂种的产量估计可依各亲本间组成的单交种的平均成绩来预测，家蚕在该方面应用取得了较好的效果，但柞蚕有其特殊性，即利用杂种二代生产，因而预测方法尚需进一步探讨。

③适当控制杂种优势的表现，一般单交原种宜同血统品种间杂交，而配置多元杂交

种应采取异血统单交种互交，以使原料茧生产获得最大的杂种优势。

13.8　柞蚕茧质性状杂种优势分析示例

13.8.1　试验材料

选用柞蚕新品种辽蚕 582（P_1）及抗大（P_2）和宽青（P_3）3 个各具特性的品种为亲本。

13.8.2　试验方法

（1）试验设计

按完全双列杂交设计，于 2009 年春配制了包括亲本（P）和杂交组合（F_1）的一套遗传材料，并于同年秋配制了包括亲本（P）和杂交组合（F_1、F_2）遗传材料，采用完全随机区组设计，3 次重复，饲料与试验管理一致。结茧后调查茧质性状（全茧量、茧层量和茧层率）。

（2）统计分析方法

应用数量性状的加性 – 显性遗传模型及统计分析方法对柞蚕亲本及其杂交后代茧质性状的平均数进行估算和分析：①用 MINQUE（1）法估算各项遗传效应的方差分量；②预测各性状的群体平均优势和群体超亲优势及杂种优势世代数，上述分析采用 Jackknife 方法计算各遗传参数的估计值和标准误，t 测验对遗传参数做统计检验。

13.8.3　试验结果

（1）柞蚕茧质性状的方差分析

表 13-11　柞蚕 3 个亲本及其杂交后代 3 个茧质性状的平均表现

基因型	全茧量（g）	茧层量（g）	茧层率（%）
P_1	10.940	1.121	10.242
P_2	9.034	0.890	9.848
P_3	8.198	0.849	10.348
$P_1 \times P_2$（F_1）	10.213	1.050	10.297
$P_1 \times P_3$（F_1）	9.939	1.057	10.614
$P_2 \times P_3$（F_1）	9.435	1.007	10.667
$P_1 \times P_2$（F_2）	9.737	0.997	10.243
$P_1 \times P_3$（F_2）	9.555	0.995	10.413
$P_2 \times P_3$（F_2）	9.188	0.929	10.110

由表 13-11 可见，F_1 代的全茧量和茧层量大部分介于双亲之间，且趋于高值亲本，F_2 代的全茧量和茧层量全部低于 F_1 代，说明 F_2 代表现为自交衰退现象，F_1 代的茧层率表现出高于高值亲本的现象，F_2 代有减弱的趋势。

表 13-12 柞蚕茧质性状方差分量及其对表现型方差的比率的估值

方差	全茧量		茧层量		茧层率	
	估值	标准误	估值	标准误	估值	标准误
V_A	0.5799**	0.0726	0.0052**	0.0007	0	0
V_D	0.1481**	0.0173	0.0043**	0.0003	0.0715*	0.0119
V_e	0.1272*	0.0283	0.0027+	0.0011	0.0684*	0.0181
V_P	0.8552**	0.0646	0.0122**	0.0017	0.1399*	0.0197
V_A/V_P	0.6781**	0.0542	0.4243**	0.0487	0	0
V_D/V_P	0.1731*	0.0330	0.3551**	0.0385	0.5112*	0.1076
V_e/V_P	0.1488*	0.0257	0.2206*	0.0561	0.4888*	0.0776

注：** 表示 1% 显著水平，* 表示 5% 显著水平。

由表 13-12 可见，全茧量和茧层量的 V_A、V_D 均达到极显著水平，表明这 2 个性状同时受加性效应和显性效应的影响。这 2 个性状的加性方差占表型方差的比率（V_A/V_P）分别为 67.81% 和 42.43%，显性方差占表型方差的比率（V_D/V_P）分别为 17.31% 和 35.51%，表明这 2 个性状受加性基因的控制，而显性基因仍有一定的影响。茧层率则主要受显性基因的控制，显性方差占表型方差的比率为 51.12%，由此可见，全茧量和茧层量这 2 个性状同时受到加性基因和显性基因的控制，既可在常规聚合育种中通过世代综合选择使加性效应得以稳定遗传，也可以在杂种优势利用上充分发挥这 2 个性状显性效应的育种潜力，由于茧层率主要受显性基因的控制。因此，在杂种优势利用上有较大潜力。

表 13-13 柞蚕茧质性状加性效应（A_i）、显性效应（D_i）的预测值

亲本	全茧量		茧层量		茧层率	
	A_i	D_i	A_i	D_i	A_i	D_i
I=1	0.5899**	0.1923+	0.0582**	0.0081	0	−0.1317
I=2	−0.1247	−0.3747*	−0.0228	−0.0708**	0	−0.3176**
I=3	−0.4652*	−0.5527**	−0.0354*	−0.0844**	0	−0.2304*

由表 13-13 可见，亲本辽蚕 582 的全茧量和茧层量有较高的正向加性优势，表明这个材料适合作为高全茧量和高茧层量育种的杂交亲本，全茧量有微弱的正向显性效应，茧

层量和茧层率的显性效应不显著；亲本抗大的全茧量和茧层量的加性效应不显著，3个茧质性状有较低的显性效应值，并且达到显著和极显著水平；亲本宽青的全茧量和茧层量有较低的加性效应，全茧量、茧层量和茧层率有较低的显性效应。

表 13-14　柞蚕杂交组合茧质性状显性效应的预测值

组合	全茧量	茧层量	茧层率
	D_{ij}	D_{ij}	D_{ij}
$P_1 \times P_2$	0.1406	0.0251+	0.1111+
$P_1 \times P_3$	0.1227+	0.0357*	0.2057
$P_2 \times P_3$	0.4719*	0.0864*	0.3629**

由表 13-14 可见，3个杂交组合的3个茧质性状的显性效应预测值均为正值，说明3个杂交组合的茧质性状表现为正向杂种优势，其中组合 $P_2 \times P_3$ 的3个茧质性状有较高的显性效应值，且达到了显著和极显著水平，有较强的杂种优势。

（2）柞蚕茧质性状的杂种优势分析

表 13-15　柞蚕茧质性状的杂种优势（%）

性状	Pre (F₁)	Pre (F₂)	Hpm (F₁)	Hpm (F₂)	Hpb (F₁)	Hpb (F₂)
全茧量	9.8512	9.6061	5.1017*	2.5508*	−4.8056+	−7.3564*
	(9.4881~10.2119)	(9.0203~10.0960)	(2.41~9.74)	(1.21~4.87)	(−11.71~5.27)	(−13.28~0.4)
茧层量	1.043	0.9939	9.8682*	4.9342*	0.4905	−4.4440+
	(1.0221~1.0544)	(0.9401~1.0262)	(5.68~16.5)	(2.84~8.25)	(−6.64~14.56)	(−10.35~6.31)
茧层率	10.5663	10.3398	4.3827*	2.1913*	3.7833*	1.5920*
	(10.4509~10.7027)	(10.283~10.3842)	(3.25~6.16)	(1.62~3.08)	(2.35~5.74)	(0.72~2.66)

注：** 表示 1% 显著水平，* 表示 5% 显著水平。

由表 13-15 可以看出，F₂ 代茧质性状的表型值均低于 F₁ 代的表型值，F₁ 和 F₂ 代的群体平均优势均达到了显著水平，表现为正向平均优势，其中以茧层量的群体平均优势表现最高，强优组合的 F₁ 代为 16.5%，F₂ 代为 8.25%；其次是全茧量，群体平均优势最小的是茧层率。F₂ 代表现为自交衰退现象，杂种优势约为 F₁ 代的 50%，个别杂交组合可在 F₂ 代加以利用。由表 13-14 还可以看出，3个茧质性状的群体超亲优势以茧层率表现最高，群体超亲优势的 F₁ 和 F₂ 代分别为 3.78% 和 1.59%。全茧量的群体超亲优势最小，F₁ 和 F₂ 代分别为 −4.81% 和 −7.36%。茧层量的群体超亲优势 F₁ 代不显著，F₂ 代为 −4.44%。

14　柞蚕良种繁育

14.1　柞蚕良种繁育的意义和任务

14.1.1　柞蚕良种繁育的意义

柞蚕良种繁育指采用科学的方法繁殖柞蚕优良品种，扩大蚕种数量，保持和提高蚕种质量，为柞蚕茧生产提供优质蚕种。柞蚕良种繁育是柞蚕育种工作的继续，是柞蚕品种选育在生产中的具体体现。良种繁育是品种选育的继续和发展，"繁"是扩大种子的数量，是量的增多："育"是保持和提高良种的种性，是质量上的保证，两者相互联系、相辅相成。

新品种经育种部门育成后，必须经过蚕种生产部门来繁殖、扩大蚕种数量，保持原品种的固有特征特性，通过科学的繁育方法不断提高种性，满足柞蚕茧生产的需要。柞蚕良种繁育对于新品种的种性保持和提高、新品种的普及和推广以及柞蚕茧生产都是不可缺少的重要一环，对柞蚕茧的丰收具有重要意义。

14.1.2　柞蚕良种繁育的任务

柞蚕良种繁育的任务是根据柞蚕茧生产的需要，运用科学的方法，及时地繁育出适合不同地区自然条件和生产水平的具有该品种固有性状的优良品种，满足柞蚕茧生产的需要。同时，良种繁育还可起到新品种的示范、推广作用。

各级蚕种生产部门在生产过程中，要采用先进的技术手段，通过正确、严格的选择，保持并进一步提高品种的优良特性，克服品种的某些缺点，创造良好的繁育条件，使品种的优良性状得到充分发挥。优良品种不是永久不变的，它有相对稳定的一面，也有因环境诸因素的影响而变化的一面。不变是相对的，变是绝对的。在繁育过程中，不仅要保持其优良性状，还要防止其退化变劣，巩固并提高固有的优良性状，充分发挥良种的增产作用。

蚕种的生产要有计划性，既要根据丝茧生产对蚕种的需求、蚕种的繁育系数等来决定蚕种的生产数量，还应根据历年蚕种的生产计划、当年丝绸市场、柞蚕蛹等的消费情况决定当年生产计划，蚕种的繁育系数是指单位卵量或蛾区平均生产的蚕种数量。

14.2　柞蚕良种繁育的程序与分工

14.2.1　柞蚕良种繁育程序

柞蚕良种繁育程序分为母种（super elit sillkworm）、原种（elit silkworn egg）、普通种（eggs for silk production）3级。母种和原种是繁育用种，母种分保育母种和繁育母种。保育母种是育种单位或繁种单位采用单蛾区饲养方式，累代选择繁育的母种，或指作为蚕种继代和生产繁育母种用种。繁育母种是用于繁育原种的母种，是生产普通种的上代种级；普通种主要用于丝茧生产，二化性地区各级蚕种每年要繁育2次，因春季生产是为秋季繁殖同级种茧提供种茧，秋季生产才是为下一级种生产提供种茧，所以母种，原种和普通种要经过3年半的时间鉴定，繁育7代后才投入丝茧生产。一化性地区则每年繁育1代。

20世纪90年代以后，由于柞蚕微粒子病的蔓延，原种、普通种的微粒子病发生率有偏高的倾向。一部分繁种单位开始采用由母种到普通种的二级繁种程序，减少了繁育代数，在某种程度上降低了微粒子病发生率。

14.2.2　柞蚕良种繁育分工

母种由省蚕业主管部门指定的生态条件好、技术力量强、繁种设备优良的蚕种场或有条件的教学科研单位繁育；原种则由各市县蚕种场繁育；普通种则由乡办的蚕种场或有技术的蚕农繁育。要求繁种区与丝茧生产区严格分开，防止丝茧生产区的微粒子病蔓延。

14.3　柞蚕良种繁育的基本原则和技术要点

14.3.1　柞蚕良种繁育的基本原则

为了保证蚕种质量、适应柞蚕生产的需要，使柞蚕生产实现高产、高效、优质和可持续发展，柞蚕良种繁育要根据蚕种生产专业化、种子质量标准化、品种布局区域化和统一繁殖蚕种、统一保种暖种、统一制种、统一镜检消毒、统一供应种卵的原则进行。良种繁育应遵守或具备下列条件：

①柞蚕良种繁育要保证蚕种质量的不断提高和良种的计划供应，为柞蚕茧生产提供优良种茧。

②良种繁育场必须具备与生产规模相适应的技术、房屋及设备等条件。

③繁育的品种必须是由农作物品种审定部门审定批准的优良品种；品种要纯正、无微粒子病；在繁育过程中，要充分发挥品种的优良性状，保持并提高品种的种性。

④繁育良种的数量既要满足生产需要，又要留有余地，同时不能因过剩而浪费。

⑤柞蚕种场必须具备适合的柞园、优良树种及树形，按照柞蚕良种繁育规程，科学管理、饲养及繁育。

14.3.2 柞蚕良种繁育技术要点

柞蚕良种繁育是柞蚕生产的关键，不同的种级有不同的技术规程，应严格按技术要求进行。

（1）彻底消毒，严防蚕病

病害是影响柞蚕种质量的关键因素，通过对卵面及蚕室、蚕具消毒，能够消灭病原微生物，防止柞蚕病害发生。

（2）严格显微镜检查

繁育柞蚕良种，必须杜绝微粒子病的胚种传染。制种过程中，实行单蛾袋制种，雌蛾全部实行显微镜检查，对镜检无微粒子病的种卵，春季母种每蛾取 5 粒种卵，采用 28℃加温，孵化后研磨镜检，淘汰感染微粒子病的蛾区。母种、原种实行小蚕单蛾区饲养，孵化后每区选 5 头弱小蚕，再次制片检查，杜绝微粒子病胚种传染。

（3）严格选择，保持品种性状

在良种繁育过程中，按照品种的特征特性进行 4 个变态期的选择，卵期注重卵量、克卵粒数、卵形均匀一致；幼虫期选择，母种以蛾区选择为主，结合个体选择，注重品种固有体色、环节紧凑、血淋巴清亮、刚毛壮直等性状，淘汰杂色蚕、弱小蚕；茧期注重茧形、茧色、全茧量、茧层量、蛹体健康程度等；蛾期注重蛾的强健性和蛾体色的选择。

（4）加强管理，良叶饱食

繁育不同的种级有不同的柞园条件要求，特别是对食叶程度的要求比较严格，留有适当的柞叶，可以减少蚕病的发生，提高蚕种质量并有利于柞园的生态建设。

小蚕期选择适龄柞及适熟叶，使叶适蚕需；大蚕期食叶量大，要注意良叶饱食，适当给予成熟叶能提高茧质和蚕种的质量。春蚕注意防高温、干旱，秋蚕注意防低温冷害。

（5）加强培育，防止退化

新品种经过数年繁育后，一些优良性状会因各种因素的影响丧失或降低，即品种退化。如抗逆性、抗病性、全茧量、茧层量、产卵量、发育整齐度等失去了原品种优良性状。

造成品种退化的原因：

①机械混杂。在良种繁育过程中，各种因素如品种特征不典型、制种中雄蛾飞舞等，

都会造成机械混杂。

②不合理的人工选择。选择时偏离了本品种的固有特征、特性，失去了原有的优良性状。

③繁育环境条件不适合品种优良性状的发挥。新品种长期在不良环境下培育，新品种的优良性状得不到正常发挥甚至丧失。

④多代近亲繁殖。由于近亲繁殖，生命力、生殖力及某些生产性能下降，产量不稳定。母种生产更为严重，因其群体小，个体之间亲缘关系近，常出现同胞或半同胞自交导致品种退化。

⑤自然突变。自然突变频率虽然较小，但确有发生，也会造成品种的遗传性状发生变化。

优良品种发生退化以后，应采取科学的技术措施进行复壮（race restoration），使其恢复原有的优良特性，提高其生命力和生产力，具体的扶壮措施包括以下几个方面：

①不同温度暖茧、暖卵饲育后交配：试验表明，改变暖种及暖卵温度再进行交配，可以提高蛹的羽化率和幼虫孵化率。

②不同季节饲育的个体进行交配、不同饲料饲育后进行交配：同品种不同季节或不同饲料饲育后交配可以起到复壮的作用。

③同品种不同品系及同品种异地交配：在品种育成推广时保留2个品系，复壮时进行品系间交配，或同品种在异地繁育后进行交配均可起到复壮作用。

④同品种多雄交配可提高生命力：根据受精选择理论，采用多雄授精可提高后代生命力。

⑤系统连续地进行综合选择：在4个变态阶段，按品种固有的特征、特性，从数量与质量性状两个方面逐代进行选择。

⑥同蛾区一雄多雌交配加快品种纯合：由机械混杂而引起的品种退化，可选择本品种固有特性的优良雄蛾与同蛾区的具有本品种固有特性的多个雌蛾进行交配，可加速该品种纯合。

14.4　柞蚕良种繁育中的质量控制要求

14.4.1　各级种繁育的投种量

（1）二化性蚕区放养量

①母种。单蛾区饲养，春蚕每人放养50蛾，保育母种，秋蚕放养60蛾；双蛾母种，秋蚕不超过200蛾。

②原种。春蚕放养不超过250蛾，小蚕双蛾区育，3龄淘汰微粒子病区混育，秋蚕卵量饲养不超过1.25kg。

③普通种。卵量饲养，春蚕不超过 1.25kg，秋蚕不超过 1.5kg。

（2）一化性蚕区放养量

①母种。每人放养 100 蛾。

②原种。每人饲养卵量 0.4kg。

③普通种。每人饲养卵量 0.5kg。

（3）二化一放秋柞蚕

①母种。保育母种每人放养 80 蛾，繁育母种每人放养 130 蛾。

②原种。每人放养 600 蛾。

③普通种。每人饲养卵量 1.5kg。

14.4.2　选择淘汰

（1）蚕期微粒子病检查

各级蚕种在繁育过程中都必须进行补正检查和预知检查，发现微孢子虫孢子的蛾区整区淘汰。

（2）选择淘汰

①选卵。各级蚕种应按该品种的性能指标及质量标准，在孵化收蚁前进行选卵，卵粒大小均匀，淘汰单蛾卵数量过少或过多的蛾区，去劣留优，保持品种的特征特性。

②选蚕。各级蚕种在饲养过程中，应做好选蚕工作，及时淘汰迟眠蚕、弱小蚕、病态蚕、非本品种特征特性蚕。选留蚕标准为具有本品种固有的特征、特性，发育齐一，体色一致。

各级蚕种在收蚁时可增加 10% 的数量，保证繁种数量。

③选茧。种茧采收后，严格选出薄皮茧、畸形茧、双宫茧等。选择的茧应茧形端正，大小匀整，封口紧密，茧丝排列均匀整齐，茧衣完整。

蛹体应端正，颅顶板清白，血液清亮，黏度大，脂肪饱满，无红褐色渣点。

④选蛾。制种过程中，按照品种蛾期特征特性进行选择，淘汰病劣蛾、畸形蛾、非本品种特征特性蛾。选择的蛾应形态端正，体色一致，腹部环节紧凑，鳞毛厚密，血液清晰，背脉管不变色，翅脉坚硬，伸展有力。

14.4.3　制种形式

（1）单蛾母种

单蛾区发蛾、异蛾区交配、单蛾袋制或纸面产卵、全部镜检，制种量是放养量的 2 倍。建立谱系档案，定期复壮。

（2）双蛾母种

分区发蛾、异区交配、双蛾袋制、全部镜检，制种量比放养量多 50%。

（3）原种、普通种

认真选蛾，严格淘汰，全部进行微粒子病检查。

14.4.4 食叶量

（1）春蚕母种、原种、普通种

放养需剪移 3 次以上，小蚕食叶量不得超过墩柞叶量 1/3，大蚕食叶量不得超过 2/5，普通种不得超过 2/3。

（2）秋蚕母种

放养需剪移 3 次以上，原种和普通种需剪移 2 次以上，小蚕食叶量不得超过墩柞叶量 1/2，大蚕食叶量不得超过 3/5。

14.4.5 蚕期发病检查

（1）母种

脓病、软化病在 5 龄蚕期发病率 2% 以下，及时淘汰病弱蚕；微粒子病区必须淘汰。

（2）原种

脓病、软化病在 5 龄蚕期发病率 3% 以下，及时淘汰病弱蚕；微粒子病率在 0.5% 以下。

（3）普通种

脓病、软化病在 5 龄蚕期发病率在 4% 以下，及时淘汰病弱蚕；微粒子病率在 1% 以下。

14.5 柞蚕良种繁育场的建立

14.5.1 柞蚕良种繁育场的环境条件

柞蚕良种繁育是一种季节性强、生产集中、生产过程复杂、技术性强的工作，建立柞蚕良种繁育场需要选择合适的生态环境和地区。

（1）气象条件

建场地点要选择自然条件好的地区，该地区纬度适宜、无霜期较长，年降水量在 700mm 以上，春秋季基本上无霜冻危害，温湿度适合柞蚕生长发育。

（2）生物条件

建场地区要有成规模的柞林分布和发展前途，柞园植被良好，柞树郁闭度大，每公顷柞树约 2200 墩。

良种繁育场设在柞蚕生产区，以便示范推广和技术指导，场址要求地势高燥、土质适宜、气候少变、水源充足、交通便利等特点。

14.5.2　柞蚕良种繁育场的规模

为了保证柞蚕种质量，依其设备条件、柞林面积、技术力量的配备决定其规模。

（1）柞园

柞园数量充足，每人用柞园面积 4hm² 左右；柞树树型为中干树型，密度约为 2200 株 /hm²，树种为辽东栎、麻栎或蒙古栎；坡度低缓，南北坡向，土质肥沃；经轮伐更新，养成树枝龄分别为一年生、二年生、三年生、四年生的柞园。

（2）蚕室

蚕室必须具备与最大制种量相称的生产用房，如暖茧室、晾蛾室、产卵室、保卵室、低温室或冷库、镜检室、附属屋等。主要生产用房，要能调节温度和湿度，并且便于换气采光、消毒防病。还要准备一些其他用房，如宿舍、食堂、办公室、仓库等。

（3）用具

茧床、移蚕制种用蚕筐、晾蛾架，晾蛾用塑料纱、产卵袋、产卵纸等。

（4）设备

显微镜、冷冻机、雌蛾研磨机、测温仪、加温设备等。

（5）技术力量

一个蚕种场技术水平的高低，对于提高蚕种质量、保证蚕种生产任务的完成具有重要的意义。要配备经验丰富、技术熟练的技术员。技术员要掌握全面计划，组织蚕种生产，并能根据气候变化、品种特点，结合生产的薄弱环节及时提出切合实际的和有效的技术措施，解决生产中存在的实际问题。

14.6　柞蚕种茧检验

柞蚕种茧检验（seed cocoon inspection）是对所繁育的种茧进行质量的检查，从而确定种茧的等级，它是提高蚕种质量的措施之一。种茧检验分种茧生产单位自检和上级主管部门检验两种。生产单位要对本单位生产的种茧在蚕期和蛹期进行全面检查，填写完整的生产和检查记录交上级主管部门检验。母种由省级蚕业主管部门组织检验，原种和普通种由市县级蚕业主管部门组织检验。主管部门根据生产单位的检查结果进行全面检验或部分抽检。一次取样，一次检查，检验合格的种茧签发合格证，准予出售。不合格的种茧降级或作为商品茧出售。

14.6.1　种茧检验标准

种茧检验标准由各柞蚕生产省制定，目前尚无全国统一标准。

（1）辽宁省种茧检验标准

该标准由辽宁省农业厅于 1978 年制定，1995 年由辽宁省农业厅果蚕站修订（表 14-1）。

表 14-1 辽宁省种茧检验标准

检验项目	母种		原种		普通种	
	春	秋	春	秋	春	秋
微粒子病率	无	无	无	1% 以下	1% 以下	3% 以下
健蛹率	97% 以上	97% 以上	94% 以上	94% 以上	90% 以上	90% 以上
死笼率	5% 以下	5% 以下	7% 以下	7% 以下	9% 以下	9% 以下
全茧量	7g 以上	9g 以上	7 以上	8.5g 以上	6.6 以上	8 以上
茧层率	—	10% 以上	—	9.5% 以上	—	9% 以上
蚕期发病率	3% 以下	3% 以下	5% 以下	5% 以下	7% 以下	7% 以下
杂色蚕	无	无	剔除杂色蚕	剔除杂色蚕	剔除杂色蚕	剔除杂色蚕

注：母种分为母种 1 等（健蛹率 99% 以上）和母种 2 等（健蛹率 97% 以上）。

（2）河南省种茧检验标准

河南省种茧检验标准见表 14-2。

表 14-2 河南省各级蚕种繁育标准

项目	母种	原种	普通种
单蛾产卵量	1.8g 以上	1.6g 以上	—
孵化率	95% 以上	95% 以上	90% 以上
幼虫发病率	8% 以下	1 次发病 3% 以下	1 次发病 5% 以下
收蚁结茧率	45% 以上	35% 以上	10% 以上
种茧病毒率	无毒	2% 以下	10% 以下
健蛹率	92% 以上	87% 以上	80% 以上
全茧量	6g 以上	5.5g 以上	—
茧层率	10% 以上	9.5% 以上	—
微粒子病率	无	无	3% 以下

14.6.2 种茧检验方法

各省份根据具体情况制定了适合本省的种茧检验方法，现以二化性地区的辽宁省和一化性地区的河南省为例分述如下。

14.6.2.1 辽宁省种茧检验方法

种茧检验在 11 月上中旬，根据不同年份的气候特点可适当进行调整。

（1）抽样

种茧检验是用样本的平均数和标准差来估计总体的平均数和方差，从而说明该批种茧的质量。抽样应科学准确、具有代表性。

①抽样方法：将选好的种茧以同一个放养人为一个抽样单位统一编号，多点随机一次取样。

②抽样数量：母种 10～25 千粒抽取 100 粒。原种和普通种 30 千粒以下抽取 100 粒，31～50 千粒抽取 150 粒，51 千粒以上抽取 200 粒。

（2）主要项目的检查方法

上级监管部门组织的种茧检验，主要以秋蚕蛹期为主，检查的项目如下。

①全茧量（cocoon weight）。一粒鲜茧的质量。按抽茧数量全部称重调查。

②茧层量（cocoon shell weight）。茧层的质量，包括茧层、茧衣和茧柄的质量。将抽取的样茧剖开调查。

③茧层率（rate of cocoon shell）。茧层量与全茧量的百分比。

④千粒茧重。按抽茧数量全部称重，换算出千粒茧重。

⑤雌蛹率和健蛹率。

雌蛹率。雌蛹个数占抽检样品粒数的百分比。雌蛹率在 40% 以上为合格。

健蛹率。抽检样品中健蛹数量占抽检总数的百分比。

死笼率。抽检样品中死笼总数占抽样总数的百分比。

健蛹率检查。将抽取的样本全部撕蛹检查，撕蛹部位为蛹体背部第 3 环节处。死蚕、死蛹、伤蛹、嫩蛹、发育蛹、脂肪不饱满、变色有渣点、血淋巴黏稠度小、中肠畸形、缩膛、半蜕皮、畸形蛹等均为非健蛹。特殊年份出现的嫩蛹、活蚕及发育蛹，应根据具体情况分别处理。如数量不超过 5%，可采取补充抽样的方法。

蛹期微粒子病率。蛹期检出微粒子病数量占抽样总数的百分比。结合健蛹率调查，对母种、原种中的非健蛹全部进行显微镜检查。

经过检验合格的种茧，发放种茧合格证，准予出售。

14.6.2.2 河南省种茧检验方法

（1）调查时间

种蛾微粒子病率、单蛾产卵量在制种当时调查；孵化率在收蚁结束后立即进行调查。蚕期发病率在饲养期间调查；收蚁结茧率在采茧后调查。种茧微粒子病率、健蛹率、全茧量、茧层量、茧层率，在当年 9 月下旬调查。

（2）调查方法

①单蛾产卵量：母种逐蛾调查，原种每 100 蛾调查 10 蛾。

②孵化率：母种逐区调查，原种和普通种每区调查 200 粒卵。

③幼虫发病率：母种逐区调查，原种多点调查（10%）。

④茧质调查：每区抽取雌雄茧各 20 粒进行调查。

⑤种茧微粒子病率：母种每区抽取雌雄蛹各 5 粒，原种每区抽查雌雄蛹各 25 粒，普通种 10 千粒抽取雌雄蛹各 25 粒。

附录 1

柞蚕种质资源描述规范

1　范围

本标准规定了柞蚕种质资源的描述符及其分级标准。

本标准适用于辽宁省柞蚕种质资源的收集、整理和保存，数据标准和数据质量控制规范的制定，以及数据库和信息共享网络系统建立。

2　规范性引用文件

下列文件对于本文件的应用是必不可少的。凡是注日期的引用文件，仅所注日期的版本适用于本文件。凡是不注日期的引用文件，其最新版本（包括所有的修改单）适用于本文件。

GB/T　2260—1999　全国县及县以上行政区划代码表

NY/T　2331—2013　柞蚕种质资源保存与鉴定技术规程

自然科技资源分级归类与编码标准（动物种质资源）

3　术语和定义

《NY/T 2331—2013》界定的以及下列术语和定义适用于本文件。

3.1　护照信息　identification

柞蚕种质资源分类特征等描述信息，包括种质全省统一编号、种质名称、学名、原产地等。

3.2　标记信息　specification

柞蚕种质资源经济特征描述信息，包括种质类型、功能特性和主要用途等。

3.3 基本特征特性描述信息 descriptive information of basic characteristics

柞蚕种质资源基本情况描述信息，包括资源地信息、形态性状、生物学与生态学性状、生理生化性状和抗逆性状等。

3.4 其他描述信息 other descriptive information

除基本特征特性描述以外的有关柞蚕种质资源的信息，包括记录地、图像等。

3.5 保藏单位信息 information of conservation orgnization

柞蚕种质资源收藏单位及保存方式等信息，包括单位名称与编号、种质保存类型及保存方式等。

3.6 共享信息 sharing information

柞蚕种质资源的共享与获取方式等信息。

4 基本方法与要求

4.1 描述符类别

柞蚕种质资源描述符的类别分6类：
——护照信息，代码：1；
——标记信息，代码：2；
——基本特征特性描述信息，代码：3；
——其他描述信息，代码：4；
——收藏单位信息，代码：5；
——共享信息，代码：6。

4.2 描述符性质

描述符性质分为3类：
——M：必选描述符。所有种质资源都必须要鉴定评价的描述符；
——O：可选描述符。可视需要选用的描述符；
——C：条件描述符。只需对某一类特定种质资源进行鉴定评价的描述符。

4.3 描述符编码

由描述符类别代码加3位顺序号组成。

示例："1001"代表护照信息的第一个描述符编码，"3025"代表基本特征特性描述信息的第 25 个描述符编码。

4.4　描述符代码

描述符的代码是有序的，对数量性状的描述采用由低到高、由少到多的顺序进行，对颜色描述采用由淡到浓的顺序，对抗性的描述采用由弱至强的顺序。

4.5　描述内容

对每个描述符应有一个基本的定义或说明，数量性状指明单位，质量性状有具体的评价标准和等级划分。

5　护照信息

5.1　种质名称

每份柞蚕种质资源的中文名称。国外引进种质如果没有中文译名，可直接填写种质的外文名。描述符的编码、性质见附录 A。

5.2　种质英文名

国外引进种质的外文名和国内种质的汉语拼音名。汉语拼音连续，首字母大写。描述符的编码、性质见附录 A。

5.3　种质别名

种质资源除统一名称外所使用过的种质资源名称，包括在生产中广泛使用的俗名。描述符的编码、性质见附录 A。

5.4　统一编号

柞蚕种质资源的全省统一编号。统一编号为 14 位字符串，格式为 ZGZC216151（～216156）××××。"ZGZC" 取自"中国柞蚕" 二字汉语拼音首字母；"216151～216156"依次代表辽宁省蚕业科学研究所、沈阳农业大学、西丰县安家沟蚕种场、西丰县松树蚕种场、西丰县小城子蚕种场和个人的保藏单位 / 人编号；××××代表阿拉伯数字，为本单位 / 人保藏的种质流水号，同一单位的种质编号按育成或整理时间的先后顺序编号。描述符的编码、性质见附录 A。

注："6151～6175"为辽宁省种质资源保藏单位的全国统一编号的赋值范围。

5.5 科名

柞蚕种质资源在昆虫分类学上的科名。按照昆虫学分类，柞蚕属大蚕蛾科（Saturniidae）。描述符的编码、性质见附录 A。

5.6 属名

柞蚕种质资源在昆虫分类学上的属名。按照昆虫学分类，柞蚕属于柞蚕属（Antheraea）。描述符的编码、性质见附录 A。

5.7 种名

柞蚕种质资源在分类学上的种名。按照昆虫分类学，称为柞蚕种（Antherea pernyi Guèrin-Méneville）。描述符的编码、性质见附录 A。

5.8 原产地

柞蚕种质资源的原产地。国家以 ISO 国家代码表示，省（区）、市、县以 GB 行政区代码表示。描述符的编码、性质见附录 A。

5.9 来源地

柞蚕种质资源的来源地。包括国家、省、市和县名及来源单位全称或个人姓名，国家及行政区代码同 5.8。描述符的编码、性质见附录 A。

5.10 育种者

选育该种质的单位或个人的全称或姓名。描述符的编码、性质见附录 A。

5.11 育种亲本

培育该种质所用的亲本材料名称。描述符的编码、性质见附录 A。

5.12 育成年份

该种质首次通过国家、省级审定（鉴定、认定）或公开发表的年份；格式为 yyyymmdd。描述符的编码、性质见附录 A。

6 标记信息

6.1 资源归类编码

国家自然科技资源平台资源分级归类与编码标准中的指定编码。柞蚕为13171313101。描述符的编码、性质见附录 A。

6.2 种质类型

柞蚕种质资源类型分 5 类：

——野生资源：完全野外自然生存的柞蚕种质资源；

——地方品种：指经过长期人工选择和自然选择而适应某一地方自然条件或技术特点而留传下来的柞蚕种质资源（或品种）；

——育成品种：指运用杂交育种、系统育种、诱变育种等方法人工选择培育的生产用品种（或品系）；

——引进品种：指从国外引进的柞蚕种质资源；

——特殊遗传材料：指携带有特殊遗传基因或部分性状表现特殊的柞蚕种质资源。

——描述符的编码、性质及其分类代码见附录 A。

6.3 品种类型

柞蚕品种资源类型分 8 类：

——普通实用型：综合经济性状优良的实用柞蚕品种；

——多丝型：茧层率 12% 以上或单位重量鲜茧的纤维总量比青 6 号高 10% 以上的柞蚕品种；

——抗病型：幼虫对一种或多种病原的感染抵抗性较青 6 号高 2 倍或 2 倍以上的柞蚕品种，可按《NY/T 2331—2013》中附录 I 和附录 G 的方法鉴定；

——早熟型：幼虫全龄经过较青 6 号短 3d 或 3d 以上的柞蚕品种；

——异色茧型：茧色明显有别于正常茧的柞蚕品种；

——高饲料效率型：与青 6 号的茧重转化率质量分数大于或等于 115% 的柞蚕品种；

——大型茧：千粒茧重较青 6 号相对重 10% 以上的柞蚕品种；

——特殊遗传资源：具有某遗传特殊性的柞蚕资源品种。

描述符的编码、性质及其分类代码见附录 A。

7　基本特征特性描述信息

7.1　保存地海拔

柞蚕种质资源保存地的海拔。单位为 m。描述符的编码、性质见附录 A。

7.2　保存地经度

柞蚕种质资源保存地的经度。格式为 DDDFF，其中 D 为度，F 为分（见示例 1）。描述符的编码、性质见附录 A。

示例 1：东经 121° 36′写作"12136"。

7.3　保存地纬度

柞蚕种质资源保存地的纬度。格式为 DDFF，其中 D 为度，F 为分（见示例 2）。描述符的编码、性质见附录 A。

示例 2：北纬 39° 21′写作"3921"。

7.4　保存地年平均温度

柞蚕种质资源保存地的年平均温度。单位为℃。描述符的编码、性质见附录 A。

7.5　保存地年平均降水量

柞蚕种质资源保存地的年平均降水量。单位为 mm。描述符的编码、性质见附录 A。

7.6　化性

按《NY/T 2331—2013》中 3.8 的定义描述和 5.2.1.1 中的二化性蚕区的化性界定方法进行分类。描述符的编码、性质及其分类与代码见附录 A。

7.7　眠性

按《NY/T 2331—2013》中 3.9 和 5.2.1.2 的眠性描述与分类。描述符的编码、性质及其分类与代码见附录 A。

7.8　血统

柞蚕幼虫体色系统的分类。按《NY/T 2331—2013》中 5.2.1.3 的方法分类。描述符的编码、性质及其分类与代码见附录 A。

7.9 卵色

蚕卵表面的固有颜色。产卵后 72～96h，在自然光线下直接用肉眼观察卵色，分为白色、浅褐色、深褐色 3 个等级。描述符的编码、性质及其分级代码见附录 A。

7.10 卵长

蚕卵在长轴方向的最大长度。取平均值及长度范围，单位为 mm，精确到 0.1mm。描述符的编码、性质见附录 A。

7.11 卵幅

蚕卵在短轴方向的最大长度。取平均值及长度范围，单位为 mm，精确到 0.1mm。描述符的编码、性质见附录 A。

7.12 卵厚

一粒蚕卵的厚度。取平均值及厚度范围，单位为 mm，精确到 0.1mm。描述符的编码、性质见附录 A。

7.13 卵的胶着性

蚕卵表面有无胶着的特性，分为有胶着性、无胶着性 2 种类型。描述符的编码、性质及其分类代码见附录 A。

7.14 卵期积温

从孵卵至盛出蚕时所需的发育日积累温度。单位为℃，精确到 1℃。描述符的编码、性质见附录 A。

7.15 实用孵化率

2d 内孵化卵粒数占受精总卵粒数的百分率。单位为 %，精确到 0.01%。描述符的编码、性质见附录 A。

7.16 不受精卵率

不受精卵粒数占总产卵数的百分率。单位为 %，精确到 0.01%。描述符的编码、性质见附录 A。

7.17 蚁蚕体色

柞蚕1龄幼虫躯体的颜色。按最大相似原则，在自然光线下直接用肉眼观察蚁蚕体色，分为红色、红褐色、黑色和其他4个等级。描述符的编码、性质及其分级代码见附录A。

7.18 壮蚕体背色

柞蚕5龄盛食期幼虫体背部的颜色。按7.17方法观察，分为白色、红色、淡黄色、黄色、淡绿色、绿色、青绿色和蓝色8个等级。描述符的编码、性质及其分级代码见附录A。

7.19 壮蚕体侧色

柞蚕5龄盛食期幼虫气门线以下躯体部位的颜色。分级及其代码同7.18。描述符的编码、性质见附录A。

7.20 气门上线色

柞蚕5龄盛食期幼虫气门上线的颜色。按7.17方法观察，分为乳白色、淡黄色、黄色和淡棕色4个等级。描述符的编码、性质及其分级代码见附录A。

7.21 5龄经过

在自然环境条件下，幼虫自4眠起至营茧所经过的时间；群体按4眠幼虫起齐至营茧90%时计。格式为ddhh（见示例3），单位为d和h，精确到1h。描述符的编码、性质见附录A。

示例3：龄期经过55d8h写作"5508"。

7.22 全龄经过

在自然环境条件下，自收蚁至营茧所经过的时间；群体按收蚁至营茧90%时计。格式、单位同7.21。描述符的编码、性质见附录A。

7.23 幼虫生命率

健康蚕头数占实际放养蚕总头数的百分率。单位为%，精确到0.01%。描述符的编码、性质见附录A。

注1：实际放养蚕总头数为病、弱蚕头数与结茧蚕数（总收茧数）之和。

7.24 虫蛹统一生命率

活蛹茧粒数占实际放养蚕头数的百分率。单位为 %，精确到 0.01%。描述符的编码、性质见附录 A。

7.25 死笼率

死笼茧数占总收茧数的百分率。单位为 %，精确到 0.01%。描述符的编码、性质见附录 A。

7.26 收蚁结茧率

收茧粒数占总收蚁蚕头数的百分率。单位为 %，精确到 0.01%。描述符的编码、性质见附录 A。

7.27 5 龄茧重转化率

柞蚕的全茧量占 5 龄蚕总食下量鲜量的百分率。单位为 %，精确到 0.01%。描述符的编码、性质见附录 A。

7.28 5 龄茧层生产率

柞蚕茧的茧层量占 5 龄蚕总食下量鲜量的百分率。单位为 %，精确到 0.01%。描述符的编码、性质见附录 A。

7.29 茧色

柞蚕茧的天然颜色。在自然光线下，按最大相似原则，以肉眼直接观察化蛹后 7d 内茧的颜色，分为白色、淡黄色、淡褐色、赤褐色 4 个等级。描述符的编码、性质及其分级代码见附录 A。

7.30 茧形

柞蚕茧的整体外观形状，分为椭圆、长椭圆、短椭圆、球形 4 种类型。描述符的编码、性质及其分类代码见附录 A。

7.31 雌茧长

雌茧最突出部位的长度。取平均值及长度范围，单位为 mm，精确到 0.1mm。描述符的编码、性质见附录 A。

7.32 雌茧幅

雌茧最突出部位的宽度。取平均值及宽度范围，单位为 mm，精确到 0.1mm。描述符的编码、性质见附录 A。

7.33 雄茧长

雄茧最突出部位的平均长度。取值方法、单位同 7.31。描述符的编码、性质见附录 A。

7.34 雄茧幅

雄茧最突出部位的宽度。取值方法、单位同 7.32。描述符的编码、性质见附录 A。

7.35 全茧量

一粒鲜茧的重量，即茧壳、蜕和蛹的总重量。化蛹 7d 后调查，取蛾区或试验区的平均值，单位为 g，精确到 0.01g。描述符的编码、性质见附录 A。

7.36 茧层量

一粒鲜茧的茧壳重量，即茧层、茧衣和茧蒂的总重量。调查时期、取值方法同 7.35，单位为 g，精确到 0.01g。描述符的编码、性质见附录 A。

7.37 茧层率

茧层量占全茧量的百分率。取值方法同 7.35，单位为 %，精确到 0.01%。描述符的编码、性质见附录 A。

7.38 千粒茧重

化蛹 7d 后 1000 粒样茧的重量。取值方法同 7.35，单位为 kg，精确到 0.01kg。描述符的编码、性质见附录 A。

7.39 千克卵收茧量

平均每 1kg 种卵投入生产或试验所能获得的茧的重量。取值方法同 7.35，单位为 kg，精确到 0.01kg。描述符的编码、性质见附录 A。

7.40 茧丝长

平均一粒茧所缫取的茧丝长度，包括单粒缫茧丝长和百粒缫茧丝长。单位为 m，精确

到 1m。描述符的编码、性质见附录 A。

7.41 解舒丝长

每粒茧添绪一次所缫取的平均茧丝长度。单位为 m，精确到 1m。描述符的编码、性质见附录 A。

7.42 解舒率

解舒丝长占茧丝长的百分率。单位为 %，精确到 0.01%。描述符的编码、性质见附录 A。

7.43 茧丝纤度

茧丝的粗细程度，以一定长度的丝量表示。单位为 dtex，精确到 0.01dtex。描述符的编码、性质见附录 A。

7.44 鲜茧出丝率

缫取的生丝总重量占供试鲜茧总重量的百分率。单位为 %，精确到 0.01%。描述符的编码、性质见附录 A。

7.45 蛹体色

柞蚕蛹的天然颜色。以肉眼直接观察蛹体颜色，分为黄色、黄褐色、黑褐色 3 个等级。描述符的编码、性质及其分级代码见附录 A。

7.46 雌蛹体长

雌蛹最突出部分的平均自然长度。单位为 mm，精确到 0.1mm。描述符的编码、性质见附录 A。

7.47 雌蛹体幅

雌蛹最突出部分的平均自然宽度。单位为 mm，精确到 0.1mm。描述符的编码、性质见附录 A。

7.48 雌蛹体重

雌蛹的平均重量。精确到 0.01g。描述符的编码、性质见附录 A。

7.49 雄蛹体长

雄蛹最突出部分的平均自然长度。单位为 mm,精确到 0.1mm。描述符的编码、性质见附录 A。

7.50 雄蛹体幅

雄蛹最突出部分的平均自然宽度。单位为 mm,精确到 0.1mm。描述符的编码、性质见附录 A。

7.51 雄蛹体重

雄蛹的平均重量。单位为 g,精确到 0.01g。描述符的编码、性质见附录 A。

7.52 蛹期积温

从暖茧开始至羽化盛期所需的日积累温度。单位为℃,精确到 1℃。描述符的编码、性质见附录 A。

7.53 雌蛾体色

雌蛾体背、体侧及蛾翅整体颜色。按最大相似原则,分别目测充分展翅的雌蛾的体背侧及蛾翅整体颜色。分为白色、浅棕色、棕黄色、棕绿色、棕红色、棕褐色、黑色 7 个等级。描述符的编码、性质及其分级代码见附录 A。

7.54 雌蛾体长

雌蛾由头部突起部分至蛾腹尾端的平均自然体长。单位为 mm,精确到 0.1mm。描述符的编码、性质见附录 A。

7.55 雌蛾体幅

雌蛾腹部最突起部分的平均宽度。单位为 mm,精确到 0.1mm。描述符的编码、性质见附录 A。

7.56 雌蛾翅展

雌蛾前翅充分展开后的平均最大宽度。单位为 mm,精确到 0.1mm。描述符的编码、性质见附录 A。

7.57　雄蛾体色

雄蛾体背侧及蛾翅整体颜色。等级划分同 7.53。描述符的编码、性质及其分级代码见附录 A。

7.58　雄蛾体长

雄蛾由头部突起部分至蛾腹尾端的平均自然体长。单位为 mm，精确到 0.1mm。

7.59　雄蛾体幅

雄蛾腹部最突起部分的平均宽度。单位为 mm，精确到 0.1mm。

7.60　雄蛾翅展

雄蛾前翅充分展开后的平均最大宽度。单位为 mm，精确到 0.1mm。

7.61　蛾翅形态

蛾翅的整体外观形态特征。蛾翅完全展开后，直接肉眼观察蛾翅形态，分 7 种类型：
——常翅蛾：蛾体无异常变态，蛾翅能充分展开，翅缘整齐；
——小翅蛾：蛾的翅缘仅及正常的 90%；
——雏翅蛾：与小翅相似，但翅更小；
——皱翅蛾：蛾翅不发达，展翅不良；
——黑翅脉蛾：蛾前翅的前缘脉呈黑色或黑紫色；
——眼斑蛾：蛾后翅网状斑纹外侧有眼状半圆形斑纹；
——其他：不属于以上类型的蛾。
描述符的编码、性质及其分类代码见附录 A。

7.62　单蛾产卵数

雌蛾的单蛾平均产卵粒数。春期，调查统计中批雌蛾拆对后 48h 内，在室温 20～22℃、相对湿度 75%～80% 的避光条件下产下卵的单蛾平均粒数；秋期，调查统计中批雌蛾拆对后 24h 内，在室内自然条件下产下卵的单蛾平均粒数。单位为粒。描述符的编码、性质见附录 A。

7.63　单蛾产卵量

雌蛾的单蛾平均产卵重量。春期，在室温 20℃、相对湿度 75%～85% 条件下称取；秋期，在室内自然条件下称取。单位为 g，精确到 0.01g。描述符的编码、性质见附录 A。

7.64　产出卵率

雌蛾的产出卵粒数占造卵总粒数的百分率。单位为粒。描述符的编码、性质见附录 A。

注 2：造卵数为产出卵粒数与遗留蛾腹中的成熟卵粒数之和。

7.65　克卵粒数

平均 1 克卵的粒数。单位为粒，精确到 1 粒。描述符的编码、性质见附录 A。

8　其他描述信息

8.1　记录地址

提供柞蚕种质资源详细信息的网址或数据库记录链接。描述符的编码、性质见附录 A。

8.2　图像

柞蚕种质资源的卵、5 龄幼虫（蚕）、蛹（茧）和成虫（蛾）4 个变态期的图像信息。图像的格式为 .jpg，图像大小为 1024×768 像素。描述符的编码、性质见附录 A。

9　保藏单位信息

9.1　保存单位

柞蚕种质资源保存单位的全称。描述符的编码、性质见附录 A。

9.2　单位编号

柞蚕种质资源保存单位的内部编号。描述符的编码、性质见附录 A。

9.3　保存资源类型

保存的柞蚕种质资源类型：活体或其他。描述符的编码、性质见附录 A。

9.4　保存方式

柞蚕种质资源的保存方式：传代或其他。描述符的编码、性质见附录 A。

10　共享信息

10.1　共享方式

柞蚕种质资源共享方式分 4 类：公益性共享、合作研究共享、资源交换性共享和其他。描述符的编码、性质见附录 A。

10.2　获取途径

柞蚕种质资源获取途径分 3 种：邮寄、现场获取和其他。描述符的编码、性质见附录 A。

10.3　联系方式

获取柞蚕种质资源的联系方式包括联系人、单位、邮编、电话、E-mail 等。描述符的编码、性质见附录 A。

附录 A

（规范性附录）
柞蚕种质资源描述规范简表

表 A.1　柞蚕种质资源描述规范简表

序号	描述符类别	描述符编码	描述符	描述符性质	小数位	单位	代码	代码英文名
1	1	1001	种质名称	M				
2	1	1002	种质英文名	M				
3	1	1003	种质别名	O				
4	1	1004	统一编号	M				
5	1	1005	科名	M				
6	1	1006	属名	M				
7	1	1007	种名	M				
8	1	1008	原产地	O				
9	1	1009	来源地	M				
10	1	1010	育种者	C				
11	1	1011	育种亲本	C				
12	1	1012	育成年份	C				
13	2	2001	资源归类编码	M				
14	2	2002	种质类型	M			1：野生资源 2：地方品种 3：育成品种 4：引进品种 5：遗传材料	1: Wild race 2: Local race 3: Improved race 4:Introduced race 5:Genetic material
15	2	2003	品种类型	M			1：普通实用型 2：多丝型 3：抗病型 4：早熟型 5：异色茧型 6：高饲料效率型 7：大型茧 8：特殊遗传资源	1: Normal race 2: High filament production race 3: Disease resistant race 4: Short larva duration race 5: Special cocoon colour race 6: High food efficiency race 7: Heavy cocoon race 8: Special genetic resources

序号	描述符类别	描述符编码	描述符	描述符性质	小数位	单位	代码	代码英文名
16	3	3001	保存地海拔	O	0			
17	3	3002	保存地经度	O				
18	3	3003	保存地纬度	O				
19	3	3004	保存地年均温度	O	0			
20	3	3005	保存地年均降水量	O	0	mm		
21	3	3006	化性	M			1：一化 2：二化	1: Monovoltine 2: Bivoltine
22	3	3007	眠性	M			1：四眠 2：其他	1: Tetramolter 2: Others
23	3	3008	血统	M			1：青黄蚕血统 2：黄蚕血统 3：蓝蚕血统 4：白蚕血统	1: Yellowish-green silkworm 2: Yellow silkworm 3: Blue silkworm 4: White silkworm
24	3	3009	卵色	M			1：白色 2：浅褐色 3：深褐色	1: White 2: Light brown 3: Dark brown
25		3010	卵长	M	1	mm		
26	3	3011	卵幅	M	1	mm		
27	3	3012	卵厚	M	1	mm		
28	3	3013	卵胶着性	M			1：有 2：无	1: Yes 2: No
29	3	3014	卵期积温	M	0	℃		
30	3	3015	实用孵化率	M	2	%		
31	3	3016	不受精卵率	M	2	%		
32	3	3017	蚁蚕体色	M			1：红色 2：红褐色 3：黑色 4：其他	1: Red 2: Redish brown 3: Black 4: Others

序号	描述符类别	描述符编码	描述符	描述符性质	小数位	单位	代码	代码英文名
33	3	3018	壮蚕体背色	M			1：白色 2：淡黄色 3：黄色 4：淡绿色 5：绿色 6：青绿色 7：蓝色 8：红色	1: White 2: Light yellow 3: Yellow 4: Light green 5: Green 6: Dark green 7: Blue 8: Red
34	3	3019	壮蚕体侧色	M			1：白色 2：淡黄色 3：黄色 4：淡绿色 5：绿色 6：青绿色 7：蓝色 8：红色	1: White 2: Light yellow 3: Yellow 4: Light green 5: Green 6: Dark green 7: Blue 8: Red
35	3	3020	气门上线色	M			1：乳白色 2：淡黄色 3：黄色 4：淡棕色	1: Ivory 2: Light yellow 3: Yellow 4: Maple
36	3	3021	5龄经过	M	0	d, h		
37	3	3022	全龄经过	M	0	d, h		
38	3	3023	幼虫生命率	M	2	%		
39	3	3024	虫蛹统一生命率	M	2	%		
40	3	3025	死笼率	M	2	%		
41	3	3026	收蚁结茧率	M	2	%		
42	3	3027	5龄茧重转化率	O	2	%		
43	3	3028	5龄茧层生产率	O	2	%		
44	3	3029	茧色	M			1：白色 2：淡黄色 3：淡褐色 4：赤褐色	1: White 2: Light yellow 3: Fawn brown 4: Dark brown

序号	描述符类别	描述符编码	描述符	描述符性质	小数位	单位	代码	代码英文名
45	3	3030	茧形	M			1：椭圆形 2：长椭圆形 3：短椭圆形 4：球形 5：其他	1: Oval 2: Long–Oval 3: Short–Oval 4: Spindle–shapeds 5: Others
46	3	3031	雌茧长	M	1	mm		
47	3	3032	雌茧幅	M	1	mm		
48	3	3033	雄茧长	M	1	mm		
49	3	3034	雄茧幅	M	1	mm		
50	3	3035	全茧量	M	2	g		
51	3	3036	茧层量	M	2	g		
52	3	3037	茧层率	M	2	%		
53	3	3038	千粒茧重	M	2	kg		
54	3	3039	千克卵收茧量	M	2	kg		
55	3	3040	茧丝长	C	0	m		
56	3	3041	解舒丝长	C	0	m		
57	3	3042	解舒率	C	2	%		
58	3	3043	茧丝纤度	C	2	dtex		
59	3	3044	鲜茧出丝率	C	2	%		
60	3	3045	蛹体色	M			1：黄色 2：黄褐色 3：黑褐色	1: Yellow 2: Yellowish brown 3: Dark brown
61	3	3046	雌蛹体长	O	1	mm		
62	3	3047	雌蛹体幅	O	1	mm		
63	3	3048	雌蛹体重	O	2	g		
64	3	3049	雄蛹体长	O	1	mm		
65	3	3050	雄蛹体幅	O	1	mm		
66	3	3051	雄蛹体重	O	2	g		
67	3	3052	蛹期积温	M	0	℃		

序号	描述符类别	描述符编码	描述符	描述符性质	小数位	单位	代码	代码英文名
68	3	3053	雌蛾体色	M			1：白色 2：浅棕色 3：棕黄色 4：棕绿色 5：棕褐色 6：黑色	1: White 2: Light brown 3: Brownish yellow 4: Brownish green 5: Dark brown 6: Black
69	3	3054	雌蛾体长	O	1	mm		
70	3	3055	雌蛾体幅	O	1	mm		
71	3	3056	雌蛾翅展	O	1	mm		
72	3	3057	雄蛾体色	M			1：白色 2：浅棕色 3：棕黄色 4：棕绿色 5：棕褐色 6：黑色	1: White 2: Light brown 3: Brownish yellow 4: Brownish green 5: Dark brown 6: Black
73	3	3058	雄蛾体长	O	1	mm		
74	3	3059	雄蛾体幅	O	1	mm		
75	3	3060	雄蛾翅展	O	1	mm		
76	3	3061	蛾翅形态	M			1：常翅蛾 2：小翅蛾 3：雏翅蛾 4：皱翅蛾 5：黑翅蛾 6：眼状斑 7：其他	1: Normal 2: Small wing 3: Minute wing 4: Wrinkled wing 5: Black wing 6: Eye-like marking 7: Others
77	3	3062	单蛾产卵数	M	0	粒		
78	3	3063	单蛾产卵量	M	2	g		
79	3	3064	产出卵率	M	2	%		
80	3	3065	克卵粒数	M	0	粒		
81	4	4001	记录地址	O				
82	4	4002	图像	O				
83	5	5001	保存单位	M				
84	5	5002	单位编号	M				

序号	描述符类别	描述符编码	描述符	描述符性质	小数位	单位	代码	代码英文名
85	5	5003	保存资源类型	M			1：活体 2：其他	1: Live organism 2: Others
86	5	5004	保存方式	M			1：传代 2：其他	1: General reproduction 2: Others
87	6	6001	共享方式	M			1：公益性 2：合作研究 3：资源交换性 4：其他	1: Commonweal sharing 2: Cooperative study 3: Resources exchange 4: Others
88	6	6002	获取途径	M			1：邮寄 2：现场获取 3：其他	1: Mail 2: Field obtaining 3: Others
89	6	6003	联系方式	M				

附录 2

柞蚕种质资源保存与鉴定技术规程

1　范围

本标准规定了柞蚕种质资源保存与鉴定的内容、方法及程序。

本标准适用于柞蚕种质资源的保存及其生物学性状、主要经济性状和抗病性鉴定。

2　规范性引用文件

下列文件对于本标准的应用是必不可少的。凡是注日期的引用文件，仅所注日期的版本适用于本文件。凡是不注日期的引用文件，其最新版本（包括所有的修改单）适用于本文件。

NY/T　1625—2008　柞蚕种质量

NY/T　1626—2008　柞蚕种放养技术规程

3　术语和定义

《NY/T 1625—2008》界定的以及下列术语和定义适用于本文件。

3.1　柞蚕种质资源　tussah germplasm resources

经过长期自然演化和人工创造而形成的，可遗传给子代进行繁衍的柞蚕遗传资源。

注：它包括地方品种、育成品种、国外引进品种、野生资源种及其他遗传材料。

3.2　继代种群　filial seed population

用于柞蚕种质资源继代的卵、幼虫（蚕）、蛹（茧）、成虫（蛾）等群体。

3.3　亲系　parent line

柞蚕不同群体或个体间的血缘关系或联系脉络和途径。

3.4　收蚁　gathering of newly hatched silkworms

将蚁蚕收集起来进行饲养的技术操作。

3.5　混合卵量育　rearing of mixed amount of seed eggs

将多只继代种蛾所产的卵混合后，随机称取一定卵量作为 1 个饲育区，进行分区饲养的饲育形式。

3.6　单蛾育　single batch rearing

将单只继代种蛾所产的卵作为 1 个饲育区，进行饲养的饲育形式。

3.7　干量折合法　dry mass conversion method

通过干鲜叶的质量分数及蚕粪、残叶干量折算蚕的食下量，计算柞蚕饲料效率的方法。

3.8　化性　voltinism

柞蚕在自然条件下，一年中所发生完整世代数的特性。一年中只发生 1 个世代数的特性称为一化性；一年中发生 2 个世代数的特性称为二化性。

3.9　眠性　moultinism

柞蚕幼虫期蜕皮次数的特性。

3.10　抗病性　disease resistance

柞蚕抵御病原物侵染、扩展及危害的能力。

3.11　熟性　maturity

在自然环境条件下，柞蚕幼虫生长发育经过时间长短的特性。

4　保种方法

4.1　基本要求

妥善保存品种，不致丢失灭绝；保持品种固有性状，不致混杂或退化。

4.2　编写计划

4.2.1　饲育计划

根据保种计划，确定种质材料的饲育方法及饲育量，填写柞蚕种质资源继代饲养计划表，见附录 A。混合卵量育的种质材料设两大亲系，每代各饲育 5 个区，春蚕和秋蚕（含二化一放）每区饲育卵量各为 3.5g 和 4.0g；抗性较差的种质材料，应多养 2～3 个区。单蛾育的种质材料应饲育不少于 15 个蛾区。

4.2.2　确定区号

区号由 5 部分数字组成，各部分用短线连接：

第 1 部分为饲养年度和蚕期，年度取公历最后两位数字，春蚕期（含一化）和秋蚕期（含二化一放）分别用 1、2 代表；

第 2 部分为种质编号，用种质分类编号表示；

第 3 部分为种质保育世代，是该种质材料从列入资源种保存的当季起为第 1 世代，以后累加；

第 4 部分为亲系，用上一代的饲养区号和制种交配形式表示。

第 5 部分为饲育区号

示例：如饲养区号 051-5018-32-2×3-1，表示 5018 这份种质材料在 2005 年春蚕期已饲养了 32 代，它是当季的第 1 区，其亲系是 2004 年秋蚕期饲养的第 2 区与第 3 区的互交继代种，写作 042-5018-31-2×3；若上代为 2 号区内自交，交配形式是 2⊗；写作 042-5018-31-2⊗；以此类推。

4.3　暖茧制种

4.3.1　出库

按照种质资源保存地的气候条件及饲养时期，计划出库暖茧时间。出库后，将种茧平摊于茧床上。春季在室温 8～10℃、自然湿度条件下保护 2～3d，第 4 天开始升温暖茧；二化一放蚕区，在室内自然温湿度条件下保护。

4.3.2　穿茧

将各种质材料两亲系按饲育区雌雄分别穿串，茧串两端加挂标明种质名称、区号和雌雄的标签后，同区茧串系在一起，按种质材料依次平放于茧床上。

4.3.3　暖茧

暖茧温度 18～22℃，相对湿度 75% 左右；应定期倒茧，使种茧感温均匀，羽化齐一。春蚕暖茧从 11℃ 开始施温，每天升温 1℃，至 19℃ 保持平温；一化性蚕区温度可适当提高 2～3℃。二化一放蚕及秋蚕以自然温度暖茧，防止 28℃ 以上高温及 16℃ 以下低温，注意通风。

4.3.4 挂茧

将形态性状差异较大的种质材料依次相间排布挂茧，并在制种架笼上贴上标有种质名、亲系和区号的标签；按标签将茧串放入制种架笼内，雌、雄茧串分挂；防止种质资源混杂。

4.3.5 制种

4.3.5.1 交配方式

混合卵量育的各种质材料采用异亲系交配；单蛾育的种质材料采用异蛾区互交或同蛾区自交。

4.3.5.2 留蛾标准

淘汰苗蛾、尾蛾，按种质材料雌雄蛾标准进行初选蛾。

4.3.5.3 捉蛾晾蛾

捉蛾前，核对筐盖和筐内标签上的种质材料名称及区号与制种架上的标记内容一致后，先捉雄蛾投入筐（口径 40cm）中盖严，每筐约 30 只；雌蛾挂于架笼中晾蛾，超过 15 只时可装筐，每筐约 25 只；蛾筐内外标明种质材料名称、区号和雌雄。

4.3.5.4 交配

春期制种采用隔夜交配，秋期（含二化一放）及一化性蚕区制种采用当夜交配。春期交配室温度为 19～20℃，相对湿度 75%～80%；秋期（含二化一放）自然温度。交配时，将雌蛾投入雄蛾筐内并标明交配形式，雄蛾数应比雌蛾数多 20% 左右。

4.3.5.5 提对

交尾 40min 后，将蛾对轻轻提入晾对筐中，蛾对间距以蛾翅不相接触为宜。2 次提对后，淘汰未交配雌蛾，雄蛾装入标有种质名称、区号、日期和未交配或交配一次的蛾筐中，置阴凉处冷藏，备用。

4.3.5.6 晾对

室内光线柔和，避免强光、高温及剧烈震动等。春期晾对筐距地面 40cm 以上，温度为 18～20℃，相对湿度为 75%；秋期（含二化一放）自然温度，注意调节湿度，防止高温；晾对时间为 12h 以上。

4.3.5.7 拆对

按交配时间先后拆对。先核对筐盖与筐内的标签内容一致后，填写"选蛾记录表"，再淘汰开对蛾和不符合种质固有体征的蛾对，然后将雌、雄蛾轻轻分开后，轻震蛾筐使雌蛾充分排尿。

4.3.5.8 选蛾装袋

按《NY/T 1626—2008》的 4.5.4 标准选蛾；特殊遗传材料按其特征特性选蛾。选留的雌蛾剪去 1/2 翅后，装入附有种质名称、交配形式及产卵日期等标签的产卵袋（16cm×12cm）中单蛾产卵，记录各类蛾数。

4.3.5.9　产卵镜检

春期卵袋摆放于温度为 20～22℃，相对湿度 75%～80% 的黑暗环境中产卵；秋期卵袋悬挂于通风的室内产卵。春期产卵 48h、秋期产卵 24h 后，逐蛾进行显微镜检查，实行复检，严格淘汰微粒子病蛾卵。

4.3.5.10　填写清单

制种结束后，根据饲养计划表与选蛾记录表，核对种质材料名称、交配形式及其蚕种数量，填写制种清单。

4.4　卵期

4.4.1　选卵

选留各种质材料固有卵色、卵形的种蛾卵，淘汰卵色杂、卵量少或不良卵多的种蛾卵。

4.4.2　调查

选卵后调查各种质材料的单蛾产卵数、产卵量。混合卵量育的种质材料抽样调查 10 只种蛾；单蛾育的全部调查。

4.4.3　留种

4.4.3.1　继代种卵

按饲养计划，卵量育种质材料的两大亲系，分别从混匀的 5～6 只种蛾卵中，随机称取一定量卵作为一个区的饲育量，进行定量分区。各区种卵装入收蚁用卵袋（10cm×12cm）后，附种质名、亲系、区号及产卵日期的标签保存。单蛾育的种质根据试验内容留种。

4.4.3.2　备份种卵

从各种质材料剩余种卵中，分别称取 10～15g 或选留 10 只种蛾卵，置于 4℃、自然湿度环境中存放备用。

4.4.4　挂串记录

用系有种质材料名称标牌的尼龙绳，将 4.4.3.1 继代种卵按亲系、饲养区号顺序串成一串，记录标牌及卵袋上的标签内容于"卵期调查表"并核对。

4.4.5　暖卵

根据收蚁日期和种质材料卵的有效积温，确定暖卵日期。春蚕暖卵温度从 15℃ 起，每天升温 1℃，到 19℃ 或 20℃ 平温；一化性蚕区，可每天升温 1～2℃，到 22℃ 平温。在胚胎形成期（叫籽）相对湿度 70%～75%，反转期后为 75%～80%。秋蚕及二化一以自然温度暖卵，避免 28℃ 以上高温。暖卵时应逐日解剖胚胎，掌握卵的发育情况。

4.4.6　卵面消毒

种卵叫籽结束后，将 4.4.4 中的种卵，按种质材料名称、区号顺序依次拆下卵袋上的标签，然后将标签分别扎起包好并标上标牌名，与"饲养区卡"一起放入高压灭菌锅消毒备用。同时选择干净无毒且远离收蚁蚕室的场所，以0.8%氢氧化钠溶液轻轻揉搓种卵50s后，用18℃左右的清水迅速漂洗干净并控水，再放入24~26℃的盐酸甲醛溶液（盐酸、甲醛和水的比例为1:1:11）中浸泡30min，取出后再用20℃左右的清水冲洗2~3次，控净水，将成串的卵袋悬挂在无阳光曝晒的地方，快速晾干并核对串数、加挂标签，即可进入无毒蚕室待收蚁。

4.5　蚕期

4.5.1　柞园要求

选择坡度在35°以下的地势缓平、树种一致、密度适中的柞园。一般株行距以2.5m×2.5m为宜；树龄以2~4a为宜，干旱性地区或秋蚕期可用1~3a。

4.5.2　收蚁

4.5.2.1　蚕室蚕具消毒

收蚁前4~5d彻底冲洗收蚁或养蚕用蚕室、蚕具，将蚕室加温至26~28℃，再配制3%甲醛溶液（温度28℃），用高压喷雾器按135mL/m²用量均匀喷洒，确保蚕室内每个部位和养蚕器具喷上药液；随即用毒消散对室内进行气体消毒，门窗密闭24h后，再开启放气即可使用。

4.5.2.2　春蚕收蚁

4.5.2.2.1　编号装袋

按4.4.6中的每串卵袋上的标签内容，依次将种质名称、区号编写在牛皮纸—塑料薄膜复合养蚕袋（50cm×40cm）的一角，核对无误后，分别拆下卵袋将其外挽成1/2袋高，移入对应的养蚕袋底角，并将养蚕袋折成略大于卵袋大小，按区号顺序悬挂于铁线上。收蚁前蚕室温度20~22℃，相对湿度80%左右。

4.5.2.2.2　室内收蚁

用同一树种的芽叶，立放于卵袋口处收蚁，以卵袋宽和柞叶上端为折线向牛皮纸面折养蚕袋后，悬挂于铁线上，每日早、晚各给叶1次，湿叶需晾干再用，眠中停叶，扩大蚕座面积。嫩枝长短随蚕生长发育程度而定。

收蚁后第2天傍晚给叶前撤出卵袋并扎口，放于养蚕室继续孵化，待孵化率调查。第4天、上山前各除沙1次，一眠起齐后即可送至山上饲养，蚁场应避风向阳。

蚕室温度为24~25℃，相对湿度60%~70%；保持室内卫生，防止阳光直射。

4.5.2.3　秋蚕收蚁

秋蚕蚁场应高爽通风的柞园。将出蚕后的卵袋打开，立放于柞把中央，袋口向上，与周缘柞叶相接。同时在该柞墩下部不同方向明显处枝条上，加挂标明种质名称或编号及区号的标签。收蚁第2天下午撤卵袋时，核对柞墩上与袋上的标签信息无误后收回，5d后调查孵化率。

室外收蚁、饲养，各种质材料之间应留出 1 棵树位作为隔离带。

4.5.3　管理与调查

4.5.3.1　饲养方法

二化春、秋蚕均三移法；一化蚕为多移法。蚕期应及时匀蚕、剪移，保证饱食良叶；5 龄期幼虫活动范围较大、易窜枝或脱枝，应加强巡蚕，严防混杂。

4.5.3.2　食叶程度

按《NY/T 1626—2008》的 4.4.1.1 和 4.4.1.2 中的母种标准执行。

4.5.3.3　蚕期记载

按附录 B 和附录 C 中项目内容，调查记载。

4.5.3.4　选蚕

5 龄盛食期按照各种质材料的特征特性选蚕，淘汰非固有性状的个体，并作记录。

4.5.3.5　蚕期保护

在柞蚕病虫害发生区，应采取相应措施进行防治，同时加强鸟、鼠害的防控。

4.6　茧期

4.6.1　摘茧

营茧 90% 后应及时提蚕，5d 后摘茧。摘茧时，按种质材料及区号顺序摘茧，防止种质间或区间混杂。每区在摘下的第一粒茧的茧缔上，系上标有种质材料名称及区号的标签，装入纱袋后开始摘茧，茧摘完后，加系 2～3 个标签，封袋放阴凉处，再摘下一个区。摘下的茧应及时运回，按放养者、种质、亲系和区号等分别平摊于有隔板的茧床中保护。

4.6.2　蚕茧调查

二化性种质材料春蚕期摘茧 5d、秋蚕期摘茧 10d 后，一化性种质材料可在 15d 以后，按附录 D 所示项调查。

4.6.3　选茧

根据每份种质两亲系的各区蚕期表现，选择符合各种质材料固有特征特性的优良饲育区或蛾区，采取"卡两头，留中间"的方法，选茧型、茧色一致，茧层厚薄均匀，茧衣完整的个体留种。一般每亲系留两大子群。

4.6.4　缫丝性状调查

每 5a 选取优茧 100 粒以上，进行 1 次缫丝性状鉴定，调查丝长、解舒率、解舒丝长、纤度、出丝率等项目。也可作单粒茧缫丝调查。

4.7　资料整理存档

蚕期结束，填写"保育种质材料主要成绩表"和"保育种质材料系统成绩表"，见附录 E、附录 F，并将"饲养计划表""饲养区卡""蚕茧调查区卡"等装订成册存档。

按种质类型、系统、化性、眠性等归类进行分析比较，对各类品种的生物学性状和经济学性状作出评价，提出进一步研究方案，写出工作总结。

4.8　混杂品种的处理

对 4 个变态期发现有混杂的种质材料，除当代淘汰非固有性状的个体或蛾区外，下一代单蛾饲养 20 个以上的蛾区，选取符合固有性状的蛾区留种。必要时还应根据各种质固有特性，对其主要性状作变异系数分析，选变异系数最小的区留种。

4.9　种茧的保护与冷藏

4.9.1　夏秋期保护

一化性继代种茧应以 2～3 粒茧的厚度平摊于保种器具中。保种室温度 18～27℃为宜，避免接触 27℃以上高温。

4.9.2　冬季种茧保护

9 月下旬至 10 月上旬应将种茧摊开，北方高寒地区温度保持在 11～15℃；10 月中旬至 11 月中旬仍可采用自然温度保种，常开窗换气；11 月下旬入保种库，库温为 –2～2℃，相对湿度 50%～70%。

5　种质资源鉴定

5.1　鉴定内容

鉴定内容见表 1。

表 1　柞蚕种质资源鉴定内容

性状类型	鉴定项目
生物学性状	血统、化性、眠性、蛹期积温、卵期积温、卵色、卵长、卵幅、卵厚、卵胶着性、蚁蚕体色、壮蚕体背色、壮蚕体侧色、气门上线色、气门下线色、茧色、茧形、雌茧长、雌茧幅、雄茧长、雄茧幅、蛹体色、雌蛹长、雌蛹幅、雌蛹质量、雄蛹长、雄蛹幅、雄蛹质量、雌蛾体色、雌蛾体长、雌蛾体幅、雌蛾翅展、雄蛾体色、雄蛾体长、雄蛾体幅、雄蛾翅展、蛾翅形态
经济性状	单蛾产卵数、单蛾产卵量、造卵数、产出卵率、克卵粒数、克蚁蚕头数、普通孵化率、实用孵化率、不受精卵率、幼虫生命率、虫蛹统一生命率、死笼率、收蚁结茧率、5 龄经过、全龄经过、熟性、全茧量、茧层量、茧层率、千粒茧重、千克卵产茧量、5 龄茧重转化率、5 龄茧层生产率、茧丝长、解舒丝长、解舒率、茧丝纤度、鲜茧出丝率
抗病性	对柞蚕核型多角体病毒的抗性、对柞蚕链球菌的抗性

5.2　鉴定方法

5.2.1　生物学性状

5.2.1.1　化性

在自然条件下，一化性蚕区正常养蚕结茧，若蛹期滞育率大于或等于 90% 的种质材料为一化性；若滞育率小于或等于 10% 的种质材料为二化性。在二化性蚕区，春蚕蛹期滞育率小于或等于 5% 的种质材料为二化性；滞育率大于或等于 85% 的种质材料则为一化性。

5.2.1.2　眠性

经 4 次停食就眠蜕皮，5 龄期即营茧化蛹的称为 4 眠蚕品种。不属于 4 眠性类型的为其他。

5.2.1.3　血统

在自然条件下，按柞蚕幼虫（2~5 龄）体色可分 4 个血统：

——青黄蚕血统：幼虫体色为绿色系的种质资源；

——黄蚕血统：幼虫体色为黄色系的种质资源；

——蓝蚕血统：幼虫体色为蓝色系的种质资源；

——白蚕血统：幼虫体色为白色系的种质资源。

5.2.1.4　蛹期积温

随机抽取 100 粒茧，按 4.3.3 标准暖茧，逐日记录温度，至盛出蛾时为蛹期发育终止日期。按式（1）计算：

$$k=\sum_{i}^{n}(T_i-C) \tag{1}$$

式中：

K——发育有效积温，单位为度（℃）；

n——发育历期，单位为天（d）；

T_i——第 i 天的施温温度，单位为度（℃）；

C——发育起点温度（10℃），单位为度（℃）。

以连续 3 年的平均值表示，精确到 1℃。

5.2.1.5　卵期积温

随机抽取 100 粒卵，按 4.4.5 标准暖卵，逐日记录温度，至羽化盛期时为卵期发育终止日期。计算方法及标准同 5.2.2.4。

5.2.1.6　卵

5.2.1.6.1　卵色

在温度 20℃ 条件下，产卵后 72~96h，随机取 10 只中批蛾的卵，在自然光线下直接用肉眼观察卵色，分为白色、浅褐色、深褐色。

5.2.1.6.2　卵长

用 5.2.1.6.1 中的种卵，充分混合后随机抽取 30 粒卵，用电子数显卡尺准确测量每粒卵的长度，计算 30 粒卵的平均长度。以连续 3 年平均数表示，精确到 0.1mm。

5.2.1.6.3　卵幅

用 5.2.1.6.2 中的样卵，用电子数显卡尺准确测量每粒卵的宽度，计算 30 粒卵的平均宽度。以连续 3 年平均数表示，精确到 0.1mm。

5.2.1.6.4　卵厚

用 5.2.1.6.2 中的样卵，用电子数显卡尺准确测量每粒卵的厚度，计算 30 粒卵的平均厚度。以连续 3 年平均数表示，精确到 0.1mm。

5.2.1.6.5　胶着性

随机取拆对后的雌蛾 20 只放在产卵纸上产卵，翌日目测评估蚕卵的黏附状态，分为有胶着性、无胶着性。

5.2.1.7　蚕

5.2.1.7.1　蚁蚕体色

以肉眼观察 20 个蛾区的蚁蚕体色，分为红色、红褐色、黑色和其他。

5.2.1.7.2　壮蚕体背色

随机抽取 5 龄盛食期蚕 20 头，用色谱[①]按最大相似原则，在自然光线下以肉眼直接观察确定幼虫体背色。

5.2.1.7.3　壮蚕体侧色

用 5.2.1.7.2 中的样蚕和方法，观察确定壮蚕体侧气门线以下体侧部位的颜色。

5.2.1.7.4　气门上线色

用 5.2.1.7.2 中的样蚕和方法，观察确定壮蚕体侧气门线上线的颜色。

5.2.1.8　茧

5.2.1.8.1　茧色

在自然光线下，按最大相似原则，以肉眼直接观察化蛹后 7d 内茧的颜色，分为白色、淡黄色、淡褐色、赤褐色。

5.2.1.8.2　茧形

用 5.2.1.8.1 中的样茧及方法，观察茧的形状，分为椭圆、长椭圆、短椭圆、球形。

5.2.1.8.3　茧长

随机从 5 个试验区中分别抽取雌茧和雄茧各 10 粒，再分别用电子数显卡尺准确测量其长度，计算单粒雌茧或雄茧的平均长度。以连续 3 年的平均值表示，精确到 0.1mm。

---

① 1957 年科学技术出版社出版的《色谱》。

5.2.1.8.4　茧幅

用 5.2.1.8.3 的样茧，以电子数显卡尺分别准确测量雌茧和雄茧的突出部位宽度，计算单粒雌茧或雄茧的平均宽度。以连续 3 年的平均值表示，精确到 0.1mm。

5.2.1.9　蛹

5.2.1.9.1　蛹体色

剖开 5.2.2.8.3 中的样茧，取出蚕蛹以肉眼直接观察蛹体颜色，可分为黄色、黄褐色、黑褐色。

5.2.1.9.2　蛹体长

用 5.2.1.9.1 中的雌蛹和雄蛹，以电子数显卡尺分别准确测量并计算雌蛹或雄蛹自然蛹体的平均长度。以连续 3 年平均值表示，精确到 0.1mm。

5.2.1.9.3　蛹体幅

用 5.2.1.9.1 中的雌蛹和雄蛹，以电子数显卡尺分别准确测量并计算雌蛹或雄蛹自然蛹体的平均宽度。以连续 3 年平均值表示，精确到 0.1mm。

5.2.1.9.4　蛹体重

用 5.2.1.9.1 的雌蛹和雄蛹，分别准确称取其重量，再计算雌蛹或雄蛹的平均蛹重。以连续 3 年平均值表示，精确到 0.01g。

5.2.1.10　蛾

5.2.1.10.1　蛾体色

按最大相似原则，分别目测充分展翅的雌蛾和雄蛾的体背侧及蛾翅整体颜色。分为白色、浅棕色、棕黄色、棕绿色、棕红色、棕褐色、黑色。

5.2.1.10.2　蛾体长

随机取中批羽化的健康雌蛾和雄蛾各 10 只，分别测量其头部突起部分至蛾腹尾端的自然体长，重复 3 次，计算雌蛾或雄蛾的平均长度。以连续 3 年的平均值表示，精确到 0.1mm。

5.2.1.10.3　蛾体幅

用 5.2.1.10.2 中的样蛾，分别测量雌蛾和雄蛾胸腹部最宽部分自然宽度并计算雌蛾或雄蛾的平均宽度。以连续 3 年的平均值表示，精确到 0.1mm。

5.2.1.10.4　蛾翅展

用 5.2.1.10.2 中的样蛾，分别测量雌蛾和雄蛾的前翅充分展开后的最大宽度并计算雌蛾或雄蛾的平均宽度。以连续 3 年的平均值表示，精确到 0.1mm。

5.2.1.10.5　蛾翅形态

蛾翅完全展开后，直接肉眼观察蛾翅形态类型如下：

——常翅蛾：蛾体无异常变态，蛾翅能充分展开，翅缘整齐；

——小翅蛾：蛾的翅缘仅及正常的 90%；

——雏翅蛾：与小翅相似，但翅更小；

——皱翅蛾：蛾翅不发达，展翅不良；

——黑翅脉蛾：蛾前翅的前缘脉呈黑色或黑紫色；

——眼斑蛾：蛾后翅网状斑纹外侧有眼状半圆形斑纹；

——不属于以上类型的其他类型。

5.2.2　经济性状

5.2.2.1　单蛾产卵数

在室温 20~22℃条件下，单蛾袋中产卵48h后，常规法保护2~3d，再随机抽取10只蛾调查单蛾产卵数，求其平均数。以连续3年的平均值表示，精确到1粒。

5.2.2.2　单蛾产卵量

在室温20℃、相对湿度75%~85%条件下，称取5.2.2.1单个样本的产卵量，求其平均数。以连续3年的平均值表示，精确到0.01g。

5.2.2.3　造卵数

解剖调查5.2.2.1中各样本的遗腹卵数，按造卵数等于产卵数加遗腹卵数，计算样本的造卵数平均数。以连续3年的平均值表示，精确到1粒。

5.2.2.4　产出卵率

用5.2.2.1和5.2.2.3中的调查数据，计算雌蛾产卵粒数占造卵粒数的百分率。以连续3年的平均值表示，精确到0.01%。

5.2.2.5　克卵粒数

用5.2.2.1和5.2.2.2中的调查数据，计算1g产出卵的卵粒数及其平均数。以连续3年的平均值表示，精确到1粒/g。

5.2.2.6　克蚁蚕头数

用5.2.2.1中的样卵施温孵化后3~5h，快速称取1.5g的蚁蚕并计数，重复3次。计算1g蚁蚕的平均头数。以连续3年的平均值表示，精确到1头/g。

5.2.2.7　普通孵化率

随机取10只种蛾正常室外单蛾收蚁，按4.5和4.6的方法饲育、调查和记载。收蚁2d后，将各蛾区的卵袋扎口收回继续任其孵化，5d后分别调查迟出蚁蚕（卵）数和逐粒解剖未孵化卵鉴别记录不受精卵数、死胚卵数，计算平均普通孵化率。按式（2）计算：

$$R_{ho}=\frac{N_{ep}-N_{en}-N_{ed}}{N_{ep}-N_{en}}\times 10 \tag{2}$$

式中：R_{ho}——普通孵化率，单位为百分数（%）；

N_{ep}——单蛾产卵数，单位为粒；

N_{en}——不受精卵数，单位为粒；

N_{ed}——死胚卵数，单位为粒。

以连续 3 年的平均值表示，精确到 0.01%。

5.2.2.8　实用孵化率

调查方法、标准同 5.2.2.7，按式（3）计算：

$$R_{hp} = \frac{N_{ep} - N_{en} - N_{ed} - N_{el}}{N_{ep} - N_{en}} \times 100 \tag{3}$$

式中：R_{hp}——实用孵化率，单位为百分数（%）；

　　　N_{el}——迟出蚁蚕卵数，单位为粒。

以连续 3 年的平均值表示，精确到 0.01%。

5.2.2.9　不受精卵率

用 5.2.2.7 中的不受精卵数及产卵数的平均值，计算平均不受精卵率。按式（4）计算：

$$R_n = \frac{N_{en}}{N_{ep}} \times 100 \tag{4}$$

式中：R_n——不受精卵率，单位为百分数（%）。

以连续 3 年的平均值表示，精确到 0.01%。

5.2.2.10　幼虫生命率

从收蚁开始，每日调查记载 5.2.2.7 中各蛾区病死蚕、淘汰的弱小蚕头数，直至采茧。调查每区总收茧数，再计算平均幼虫生命率。按式（5）计算：

$$R_{ls} = \frac{N_c}{N_c + N_{sl}} \times 100 \tag{5}$$

式中：R_{ls}——幼虫生命率，单位为百分数（%）；

　　　N_c——总收茧数，单位为粒；

　　　N_{sl}——病死蚕、弱蚕、小蚕数，单位为头（粒）；

以连续 3 年的平均值表示，精确到 0.01%。

5.2.2.11　死笼率

逐一剖开 5.2.2.7 中的各区劣茧，调查其死笼茧数，计算平均死笼率。按式（6）计算：

$$R_{dc} = \frac{N_{dc}}{N_c} \times 100 \tag{6}$$

式中：R_{dc}——死笼率，单位为百分数（%）；

　　　N_{dc}——死笼茧数，单位为粒。

以连续 3 年的平均值表示，精确到 0.01%。

5.2.2.12　虫蛹统一生命率

用 5.2.2.10 和 5.2.2.11 中的调查数据，计算平均虫蛹统一生命率。按式（7）计算：

$$R_{lp}=R_{ls} \cdot (1-R_{dc}) \tag{7}$$

式中：R_{lp}——虫蛹统一生命率，单位为百分数（%）。

以连续 3 年的平均值表示，精确到 0.01%。

5.2.2.13 收蚁结茧率

用 5.2.2.7 和 5.2.2.10 中的数据，按式（8）计算：

$$R_c=\frac{N_c}{N_{ep}-N_{en}-N_{ed}-N_{el}} \times 100 \tag{8}$$

式中：R_c——收蚁结茧率，单位为百分数（%）。

以连续 3 年的平均值表示，精确到 0.01%。

5.2.2.14 5 龄经过

记载 5.2.2.7 中的各区自四眠起齐至 90% 蚕营茧所经过的时间并计算平均日、时数。以连续 3 年的平均值表示，精确到 1h。

5.2.2.15 全龄经过

方法、标准同 5.2.2.14。记载各区自孵化至营茧 90% 所经过的日、时数。

5.2.2.16 熟性

记载 5.2.2.7 中的各区自孵化至营茧 90% 所经过的日数及日平均气温，按式（1）计算蚕期有效积温。二化性种质计算第 2 世代的有效积温，以连续 3 年的平均值表示，精确到 1℃。按表 2 分级。

表 2 柞蚕种质资源熟性分级标准

级别	一化性蚕区			二化性蚕区		
	早熟性	中熟性	晚熟性	早熟性	中熟性	晚熟性
有效积温 （K）	$K \leqslant 400℃$	$400℃ < K < 460℃$	$K \geqslant 460℃$	$K \leqslant 530℃$	$530℃ < K < 610℃$	$K \geqslant 610℃$

5.2.2.17 全茧量

化蛹 7d 后随机调查 5.2.2.7 中的 5 个区，每区随机取雌雄茧各 10 粒，分别称取并计算出雌茧和雄茧的全茧量后，再求雌雄茧的平均全茧量。以连续 3 年的平均值表示，精确到 0.01g。

5.2.2.18 茧层量

用 5.2.2.17 中的样茧，分别称取并计算出雌茧和雄茧的茧层量后，再求雌雄茧的平均茧层量。以连续 3 年的平均值表示，精确到 0.01g。

5.2.2.19 茧层率

按 5.2.2.17 和 5.2.2.18 的调查数据计算平均茧层率。按式（9）计算：

$$R_{cs} = \frac{G_{cs}}{G_c} \times 100 \tag{9}$$

式中：R_{cs}——茧层率，单位为百分数（%）；

　　　G_{cs}——雌雄平均茧层量，单位为克（g）；

　　　G_c——雌雄平均全茧量，单位为克（g）。

以连续 3 年的平均值表示，精确到 0.01%。

5.2.2.20　千粒茧重

化蛹 7d 后随机取 5.2.2.7 中的 5 个区，每蛾区再随机取 100 粒（不足者全取）优茧称取总重量，计算平均千粒茧重。按式（10）计算：

$$G_{kc} = G_{hc} \times 10 \tag{10}$$

式中：G_{kc}——千粒茧重量，单位为千克（kg）；

　　　G_{hc}——百粒茧重量，单位为克（g）；

以连续 3 年的平均值表示，精确到 0.01kg。

5.2.2.21　千克卵产茧量

化蛹 7d 后，称量 5.2.2.7 中各区的收茧总重量，计算平均千克卵产茧量。按式（11）计算：

$$G_{ce} = \frac{G_{tc}}{G_e} \tag{11}$$

式中：G_{ce}——千克卵产茧量，单位为千克（kg）；

　　　G_{tc}——区产茧总重量，单位为克（g）；

　　　G_e——区卵量，单位为克（g）。

以连续 3 年的平均值表示，精确到 0.01kg。

5.2.2.22　5 龄茧重转化率

按附录 G 执行。

5.2.2.23　5 龄茧层生产率

按附录 G 方法和式（12）计算：

$$R_s = \frac{G_{cs}}{G_i} \times 100 \tag{12}$$

式中：R_s——茧层生产率，单位为百分数（%）；

　　　G_{cs}——茧层量，单位为克（g）；

　　　G_i——食下量，单位为克（g）。

以平均值表示，精确到 0.01%。

5.2.2.24　茧丝长

5.2.2.24.1　单粒缫丝

按附录 H 方法和式（13）计算：

$$L_s = \frac{N_{cs} \times 1.125}{N_{tc}} \qquad (13)$$

式中：L_s——单粒缫茧丝长，单位为米（m）；

　　　N_{cs}——供试茧缫丝总回数；

　　　N_{tc}——供试茧总粒数。

以平均值表示，精确到 1m。

5.2.2.24.2　百粒缫丝

按附录 H 方法和式（14）计算：

$$L_s = \frac{N_{cs} \times N \times 1.125}{N_{tc}} \qquad (14)$$

式中：L_s——百粒缫茧丝长，单位为米（m）；

　　　N——定粒茧数。

以平均值表示，精确到 1m。

5.2.2.25　解舒丝长

按附录 H 方法和式（15）计算：

$$L_r = \frac{L_t}{N_{tc} + N_d} \qquad (15)$$

式中：L_r——解舒丝长，单位为米（m）；

　　　L_t——茧丝总长，单位为米（m）；

　　　N_r——供试茧总粒数；

　　　N_d——落绪茧次数。

以平均值表示，精确到 1m。

5.2.2.26　解舒率

按附录 H 方法和式（16）计算：

$$R_r = \frac{L_r}{L_s} \times 100 \qquad (16)$$

式中：R_r——解舒率，单位为百分数（%）；

　　　L_r——解舒丝长，单位为米（m）；

　　　L_s——茧丝长，单位为米（m）。

以平均值表示，精确到 0.01%。

5.2.2.27　茧丝纤度

按附录 H 方法和式（17）计算：

$$S=\frac{G_{sy}}{L_t}\times 10^4 \tag{17}$$

式中：S——茧丝纤度，单位为分特克斯（dtex）；

G_{sy}——茧丝总量，单位为克（g）；

L_t——茧丝总长，单位为米（m）。

5.2.2.28　缫丝性能

按附录 H 执行。

5.2.3　抗病性

5.2.3.1　对柞蚕核型多角体病毒的抗性

按附录 I 执行。

5.2.3.2　对柞蚕链球菌的抗性

按附录 J 执行。

附录 A

（规范性附录）
柞蚕种质资源继代饲养计划表

表 A.1 柞蚕种质资源继代饲养计划表

保育单位：

种质类型：	年　季	第　页
种质编号 种质名称 　亲系 　区号		
种质编号 种质名称 　亲系 　区号		
种质编号 种质名称 　亲系 　区号		
种质编号 种质名称 　亲系 　区号		
种质编号 种质名称 　亲系 　区号		

附录 B

（规范性附录）
柞蚕种质资源继代饲养区卡 A

表 B.1　柞蚕种质资源继代饲养区卡 A

种质编号			种质名称		亲系		保护		区号	记事
					经过	合计	温度 ℃	湿度 %		
					日　时					
					眠中					
					食中					
阶段	处理			月　日　时						
暖卵经过	开始			月　日　时						
	结束			月　日　时						
饲育过程	1 龄	收蚁	月　日　时							
		眠始	月　日　时							
		眠齐	月　日　时							
	2 龄	起始	月　日　时							
		起齐	月　日　时							
		眠始	月　日　时							
		眠齐	月　日　时							

续表

阶段	处理		经过		保护		记事
饲育过程	3龄	起始	月 日 时				
		起齐	月 日 时				
		眠始	月 日 时				
		眠齐	月 日 时				
	4龄	起始	月 日 时				
		起齐	月 日 时				
		眠始	月 日 时				
		眠齐	月 日 时				
	5龄	起始	月 日 时				
		起齐	月 日 时				
		营茧始	月 日 时				
		营茧终	月 日 时				
	全龄	收蚁	月 日 时				
		营茧	月 日 时				

年　季　　　　　组别：

（正页）

附录 C

（规范性附录）

柞蚕种质资源继代饲养区卡 B

表 C.1　柞蚕种质资源继代饲养区卡 B

卵色						壮蚕体背色	
卵壳色						壮蚕体色	
蚁蚕体色							
饲养卵量							
有关生命力个体淘汰记载						偶因淘汰记载	合计
幼虫发育调查	龄别	眠起及营茧情况					
	1	收蚁					
		眠					
		起					
	2	眠					
		起					
	3	眠					
		起					
	4	眠					
		起					
	5	眠					
		起					
		营茧					
	合计						
习性记载							

保育单位：

（背页）

附录 D

（规范性附录）

柞蚕种质资源蚕茧调查区卡

表 D.1 柞蚕种质资源蚕茧调查区卡

种质编号		种质名称			区号		年	季
	茧类	重量 (g)	粒数 (粒)	粒数百分率 (%)	实际饲养头数			
产茧调查	总茧				5 龄病死头数			
	优茧				全龄病、弱蚕头数			
	薄皮茧				死笼茧（蚕、蛹）总数			
	油烂茧				结茧粒数			
	同宫茧				收蚁结茧率 (%)			
	干涸茧				幼虫生命率 (%)			
	仿蛹				普通孵化率 (%)			
	鸟兽害				实用孵化率 (%)			
	畸形茧				不受精卵率 (%)			
	千粒茧重				死笼百分率 (%)			
	千克卵收茧量 (kg)		千克卵茧层量 (kg)		虫蛹统一生命率 (%)			

续表

项目		♀		♂		♀♂	
茧质调查	全茧量 (g)	10 粒					
		单粒					
	茧层量 (g)	10 粒					
		单粒					
	茧层率 (%)						
茧形调查	茧形概评						
	茧色概评						
备注							

采茧日期：　月　日　　　　组别：

附录 E

（规范性附录）
柞蚕保育种质材料的主要成绩表

表 E.1　柞蚕保育种质材料的主要成绩表

年　　季

种质名称	亲系	区号	5龄经过(d h)	全龄经过(d h)	幼生率(%)	死笼率(%)	虫蛹率(%)	全茧量(g)	茧层量(g)	茧层率(%)	千粒茧重(kg)	千克卵收茧数(千粒)	千克卵收茧量(kg)	茧丝长(m)	解舒率(%)	解舒丝长(m)	鲜茧出丝率(%)	纤度(dtex)	备注

附录 F

（规范性附录）
柞蚕保育种质材料的系统成绩表

表 F.1　柞蚕保育种质材料的系统成绩表

种质名称　　　　收集编号　　　　分类编号　　　　来源　　　　　　　　页

亲系	区号	5龄经过(d h)	全龄经过(d h)	幼生率(%)	死笼率(%)	虫蛹率(%)	全茧量(g)	茧层量(g)	茧层率(%)	干粒茧重(kg)	干克卵收茧数粒(千粒)	干克卵收茧量(kg)	茧丝长(m)	解舒率(%)	解舒丝长(m)	鲜茧出丝率(%)	纤度(dtex)	备注

附录 G

（规范性附录）
柞蚕种质资源饲料效率鉴定

G.1　范围

本附录适用于柞蚕种质资源饲料效率鉴定。

G.2　仪器设备

电子秤（精度 0.01），八篮烘箱。

G.3　试验方法

G.3.1　取样与分区

随机取鉴定材料及对照青 6 号（或以当地当家品种为对照种）的 4 眠蚕 80～90 头，逐头称量蚕体重后按大小搭配均匀分区，每 20 头蚕为 1 个试验区，设 3 个试验区及 1 个预备区。

G.3.2　饲养与调查

采用干量折合法，单头瓶中室内育至结茧，7d 后茧质调查。每区每天称取一定量的柞叶给蚕添食，一日 2 回育，同时称取 3 包对照鲜叶，每包 10g，与每天除沙捡出的残叶一起放入 100℃烘箱中 4～5h 烘干，分别称重并记录。根据标准叶的干叶量计算鲜、干叶质量分数，再依残叶干量计算相应的残叶鲜量。以添食叶量减去残叶量计算每日食下量，并累积总食下量。

G.4　计算方法

按式（G.1）计算五龄茧重转化率（%），以平均值表示，精确到 0.01%。

$$R_{tc} = \frac{G_c}{G_i} \times 100 \tag{G.1}$$

式中：R_{tc}——茧重转化率，单位为百分数（%）；

　　　G_c——全茧量，单位为克（g）；

G_i——食下量，单位为克（g）。

按式（G.2）计算鉴定材料与对照的茧重转化率的质量分数：

$$x = \frac{R_{tc}}{R_{ck}} \times 100\%$$ (G.2)

式中：x——质量分数（%）；

R_{tc}——鉴定材料茧重转化率，单位为百分数（%）；

R_{ck}——对照茧重转化率，单位为百分数（%）。

评价标准

见表 G.1。

表 G.1　柞蚕种质资源饲料效率鉴定评价标准

质量分数（x）（%）	级别
$x \geqslant 115$	高
$115 > x \geqslant 100$	中
$x < 100$	低

附录 H

（规范性附录）
柞蚕种质资源缫丝性能鉴定

H.1　范围

本附录适用于柞蚕种质资源缫丝性能鉴定。

H.2　仪器设备

八篮烘箱，检尺器，缫丝机。

H.3　实验步骤

H.3.1　取样

从鉴定材料的 5~7 个试验区中，随机等量抽取优茧充分混合后，百粒缫再随机抽取 3 组试样，每样 105 粒（含备用茧 5 粒），单粒缫随机取试样 23 粒（含备用茧 3 粒），并对各试样称重、记录。

H.3.2　煮漂茧

将样茧放入沸水中煮 6~7 min（视茧质、茧层厚薄而定）后，再移入含有碱性解舒剂进行处理 60 min 左右，即可放在 40~42℃的温汤中进行缫丝。

H.3.3　缫丝

H.3.3.1　百粒缫

在缫丝机上，以车速 65r/min（±5r/min），绪数 4 绪，定粒 7 粒，进行试缫。测定每组样茧的落绪分布和上颣次数，观察并记录茧的解舒程度。供试茧将要添完绪时，逐绪并缫至最后一绪，绪下不能保持定粒时，结束试缫。缫得样丝，用检尺器摇取。400 回为一绞，摇至最后不足整绞时须记准零绞回数。

H.3.3.2　单粒缫

取煮漂好的一粒样茧，找出丝头，用检尺器以速度为 60r/min，摇取茧丝至蛹衬为止，记载切断次数及总回数。

H.3.4　烘验干量

将样丝放入八篮烘箱，温度控制在 100~120℃之间，50min 后即可开始进行第一次称量，每隔 5min 称量 1 次。标准规定干量的允许差：前后 2 次称量相比，公量在 200g 以上，允许差 0.2g：公量在 200g 以下，允许差 0.1g。

H.4　计算方法

按式（H.1）计算鲜茧出丝率：

$$R_{sy} = \frac{G_{sy}}{G_{fc}} \times 100 \qquad (H.1)$$

式中：R_{sy}——鲜茧出丝率，单位为百分数（%）；

G_{sy}——茧丝总量，单位为克（g）；

G_{fc}——供试鲜茧量，单位为克（g）。

以平均值表示，精确到 0.01 %。

H.5　评价标准

见表 H.1。

表 H.1　柞蚕种质资源缫丝性能鉴定评价标准

鲜茧出丝率（R_{sy}）（%）	评价级别
$R_{sy} \leqslant 5.83$	差
$5.83 < R_{sy} \leqslant 6.94$	一般
$6.94 < R_{sy} \leqslant 8.05$	优
$R_{sy} > 8.05$	优异

附录 I

（规范性附录）
柞蚕种质资源对柞蚕核型多角体病毒（ApNPV）的抗性鉴定

I.1 范围

本附录适用于柞蚕种质资源对 ApNPV 的抗性鉴定。

I.2 仪器设备

显微镜，旋涡混合器，离心机，血球计数板。

I.3 鉴定步骤

I.3.1 接种液制备

用微量注射器将鲜纯的 ApNPV 的游离态病毒注入健蛹体内后，置于 25℃恒温条件下培养，待蛹体组织细胞溃烂破裂时，镜检选择无杂菌污染的体液研磨过滤，再加无菌水以 3000r/min 反复离心，去游离态病毒与杂物，配制成浓度为（1～3×）10^9 P/mL 多角体新毒悬浊液，置 4℃冰箱保存备用。添毒前按 10 倍系列稀释成 10^8、10^7、10^6、10^5、10^4 5 种分别装入三角瓶待用。

I.3.2 接种与饲养方法

取鉴定种质材料及对照青 6 号的无毒样卵各 6 份（1.5g/ 份），于孵化前 1d，将其中 5 份分别放入 5 种浓度病毒液中，另 1 份放入无菌水（处理对照）中，浸泡 2min 后取出，分别装入无菌袋中。蚁蚕孵出后，鉴定种质与青 6 号的不同浓度处理及对照分别取 15 头蚕收蚁于罐头瓶中，重复 3 次，次日选食叶健康蚕定头（10 头）。每日喂叶 1 次，同时除沙，调查感染 ApNPV 而发病蚕数至 2 眠起结束。饲养温度 25～26℃，相对湿度 70%～75%。

I.4 计算方法

按 Reed-Muench 法计算 LC_{50}，公式（I.1）为：

$$LC_{50}=Antilg（A+B \cdot C）$$

（I.1）

式中：LC$_{50}$——半致死浓度，单位为每毫升病毒数（P/mL）；

Antilg——反对数；

A——死亡率高于 50% 的稀释度的对数；

B——稀释因子的对数；

C——比距（高于 50% 的死亡率 –50%）/（高于 50% 的死亡率 – 低于 50% 的死亡率）。

I.5　评价标准

以鉴定种质材料的 LC$_{50}$ 较对照的倍数（x）来评价其对 ApNPV 抗性。评价标准见表 I.1。

表 I.1　柞蚕种质资源对 ApNPV 抗性鉴定评价标准

抗病倍数（x）	抗病级别
$x \geqslant 3$	抗
$1 \leqslant x < 3$	中抗
$x < 1$	感

附录 J

（规范性附录）

柞蚕种质资源对柞蚕链球菌（Streptococcus pernyi sp.nov.）的抗性鉴定

J.1 范围

柞蚕种质资源对柞蚕链球菌的抗性鉴定。

J.2 仪器设备

同附录 I。

J.3 鉴定步骤

J.3.1 菌悬液制备

将斜面培养的柞蚕链球菌以无菌水稀释、匀浆后，血球计数板计数。配制成浓度为 $(5 \sim 8 \times) 10^8 P/mL$ 新毒悬浊液，置 4℃冰箱保存备用。添毒前按 2 倍系列稀释成 2^{-1}、2^{-2}、2^{-3}、2^{-4}、2^{-5} 5 种分别装入三角瓶待用。

J.3.2 接种与饲养方法

将鉴定种质材料及对照青 6 号的无毒样卵各 6 份（1.5g/份）分别装入无菌袋中，待蚁蚕孵出当日晨，将 5 种浓度的菌悬液分别均匀地涂于柞叶叶面，阴干后分别收蚁，对照区以无菌水涂叶喂蚕。不同浓度处理分别取 15 头蚕收蚁于罐头瓶中，重复 3 次，48h 后选食叶健康蚕定头（10 头）并换鲜叶饲养。每日喂叶 1 次，同时除沙，调查感染柞蚕链球菌而发病蚕数至 2 眠起结束。饲养温度 25 ~ 26℃，相对湿度 70% ~ 75%。

J.4 计算方法

同附录 I。

J.5 评价方法

以鉴定种质材料的 LC_{50} 较对照的倍数（x）来评价其对柞蚕链球菌的抗性。评价标准见表 J.1。

表 J.1　柞蚕种质资源对柞蚕链球菌的抗性评价标准

抗病倍数（x）	抗病级别
$x \geqslant 2$	抗
$1 \leqslant x < 2$	中抗
$x < 1$	感

参考文献

[1] 陈兵，康乐．昆虫对温度胁迫的适应与种群分化 [J]．自然科学进展，2005，15（3）：265-271.

[2] 陈俊山，何龙，刘书禹，等．二化地区一化性柞蚕新品种辽 8 的选育及其生物学特性 [J]．辽宁农业科学，2020，（03）：80-84.

[3] 陈俊山，何龙，刘书禹，等．二化地区一化性柞蚕新品种辽四的选育 [J]．北方蚕业，2020，41（01）：6-10.

[4] 陈丽媛，赵巧玲，沈兴家，等．家蚕地方品种线粒体基因组 A+T 丰富区的序列及分子进化分析 [J]．蚕业科学，2007，33（1）：5-13.

[5] 陈莉．柞蚕热激蛋白 90 基因的克隆与表达分析 [D]．合肥：安徽农业大学，2012：21-22.

[6] 谌苗苗，冀万杰，钟亮，等．不同柞蚕品种的热应激反应差异及 2 个热激蛋白基因的表达特征 [J]．蚕业科学，2019，45（01）：67-74.

[7] 谌苗苗．野蚕基因组研究 I[D]．沈阳：沈阳农业大学，2014.

[8] 段家龙，陆翠珍．家蚕血淋巴超氧化物歧化酶初步研究 [J]．蚕业科学，1995，22（2）：102-105.

[9] 段庆武，杨河，徐家辉，等．蛹丝兼用柞蚕品种选大一号的育成 [J]．蚕业科学，1997，（03）：187-189.

[10] 苟作旺，杨芳萍，杨文雄．作物分子标记辅助选择育种研究进展 [J]．甘肃农业科技，2007（1）：21-23.

[11] 桂慕燕，左正宏，王学民，等．RAPD 分析在绢丝昆虫亲缘关系研究中的应用 II：柞蚕品种间的遗传差异 [J]．遗传，2001，23（5）：452-454.

[12] 韩政，赵龙龙．热激蛋白与昆虫的耐热性关系研究进展 [J]．山西农业科学，2010，38（8）：92-94.

[13] 胡裕文，范琪．柞蚕核多角体病毒核多角体基因的定位和克隆 [J]．病毒学报，1987，3（2）：156-161.

[14] 姜德富，刘佩锋，姜作生，等．柞蚕高饲料效率新品种 8821、8822 及杂交种 8821·8822× 选大选育报告 [J]．北方蚕业，2002，（01）：31-34.

[15] 姜义仁，秦玉艳，石生林，等．柞蚕大型茧黄蚕新品种"沈黄 1 号"的选育 [J]．沈阳农业大学学报，2012，43（4）：472-477.

[16] 金欣，闵玉年，何淑珍，等．柞蚕白茧品种白茧 1 号选育 [J]．蚕业科学，1991，（03）：150-154.

[17] 金鑫，鲍忠赞，王华，等．高温（34℃）条件下家蚕热激蛋白基因 BmsHSP27.4 的表达变化 [J]．蚕业科学，2014，40（4）：620-626.

[18] 孔繁玲．植物数量遗传学 [M]．北京：中国农业大学出版社，2006.

[19] 李敏，王凤成，任淑文，等．柞蚕品种资源遗传多样性的 ISSR 分析 [J]．蚕业科学，2007，33（3）：456-461.

[20] 李明，王小明．分子系统学及其应用 [J]．大自然探索，1997（1）：48-51.

[21] 李树英，秦利．柞蚕病理学 [M]．沈阳：辽宁科学技术出版社，2015.

[22] 李文利，耿鹏．柞蚕传染性软腐病病毒（Iflavirus）功能蛋白的基因克隆和结构分析 [J]．蚕业科学，2014，40（5）：0843-0850.

[23] 李文利．柞蚕丝素基因转移载体的构建及转基因柞蚕的研究 [D]．大连：大连理工大学，2003.

[24] 李玉萍，王欢，武松，等．柞蚕腺苷酸转移酶基因的克隆与序列分析 [J]．蚕业科学，2009，35（2）：392-396.

[25] 李周直，沈慧娟．几种昆虫体内保护酶系统活力的研究 [J]．昆虫学报，1994，37（4）：399-403.

[26] 梁布锋，刘明富．柞蚕成虫卵巢细胞株的建立及其对病毒敏感性的研究 [J]．微生物学杂志，1997，17（4）：8-11.

[27] 梁东瑞，赵克斌，蔡毓能，等．从柞蚕软化病病蚕中分离出一种非包涵体病毒 [J]．蚕业科学，1986，（04）：242-243.

[28] 辽宁省蚕业科学研究所．中国柞蚕 [M]．沈阳：辽宁科学技术出版社，2003.

[29] 辽宁省蚕业科学研究所. 蚕业研究论文集 [M]. 沈阳：辽宁科学技术出版社，1997:179-183，185-188，189-197，207-210，237-246.

[30] 廖顺尧，鲁成. 动物线粒体基因组研究进展 [J]. 生物化学与生物物理进展，2000，27（5）：508-512.

[31] 林浩，邹柏祥，许廷森. 柞蚕细胞色素 P-450 和酰胺酶的研究 [J]. 昆虫学报，1980（04）：341-349.

[32] 刘殿锋，蒋国芳. 核基因序列在昆虫分子系统学上的应用 [J]. 动物分类学报，2005，30（3）：484-492.

[33] 刘淑珊，何龙. 柞蚕卵巢细胞原代培养及对核型多角体病毒的敏感性 [J]. 蚕业科学，1988，14（4）：224-225.

[34] 刘微，李慧君，王勇，等. 2 个柞蚕诱导型 HSP70 基因的克隆与热应激表达特征 [J]. 蚕业科学，2016，42（1）：0083-0091.

[35] 刘彦群，姜德富. 柞蚕功能基因研究进展 [J]. 蚕业科学，2008，34（3）：568-574.

[36] 刘彦群，靳向东，秦利，等. 九种绢丝昆虫线粒体 12S rRNA 基因的序列特征和系统发育分析 [J]. 昆虫学报，2008，51（3）：307-314.

[37] 刘彦群，鲁成，秦利，等. 利用 RAPD 标记分析柞蚕品种资源的亲缘关系 [J]. 中国农业科学，2006，39（12）：2608-2614.

[38] 刘彦群，鲁成，向仲怀. 4 种体色柞蚕品种遗传关系的 RAPD 分析 [J]. 蚕业科学，2006，32（1）：20-24.

[39] 刘彦群，鲁成，向仲怀. 中国柞蚕 DNA 多态性的 RAPD 分析 [J]. 蚕业科学，2002，28（4）：283-288.

[40] 刘彦群，张金山，秦利，等. 酯酶活性与柞蚕部分经济性状的关系 [J]. 沈阳农业大学学报，2002，（06）：429-432.

[41] 马文石，刘学家，需氧菌和柞蚕软化病发生的关系 [J]. 蚕业科学，1985，11（4）：231-234.

[42] 秦利，姜德富. 柞蚕蚕种学 [M]. 北京：北京师范大学出版社，2011.

[43] 商翠芳，秦利. 应用 16S rRNA 基因序列鉴定柞蚕空胴病病原菌 [J]. 蚕业科学，2011，37（5）：0931-0936.

[44] 石生林，姜义仁，杨瑞生，等. 柞蚕黄体色大茧型品种沈黄 2 号的选育及杂交组合的选配 [J]. 蚕业科学，2014，40（4）：660-665.

[45] 时号. 应用应用 16S rDNA、Cytb 和 COI 序列研究凤蝶总科昆虫的系统进化 [D]. 南京：南京师范大学，2006.

[46] 宋策，宿桂梅，赫英姿，等. 柞蚕链球菌在柞蚕世代之间的水平传播 [J]. 中国蚕业，2006，02，006：25-27.

[47] 宋宪军，聂磊，张涛，等. 柞蚕部分品种及杂交种的 RAPD 分析 [J]. 蚕业科学，2004，30（4）：428-431.

[48] 孙玲，王凤成，王秋实，等. 柞蚕线粒体 Cyt b 基因片段的序列多态性分析 [J]. 沈阳农业大学学报，2008，39（5）：628-631.

[49] 孙茜，刘朝良，朱保健，等. 柞蚕热休克蛋白 70 基因的克隆和序列分析 [J]. 激光生物学报，2011，20（2）：207-211.

[50] 王凤成，陈凤林，全振祥，等. 柞蚕新品种金凤的选育及杂交组合金凤 × 抗大的选配 [J]. 蚕业科学，2013，39（6）：1108-1114.

[51] 王凤成，刘丹梅，全振祥，等. 用 RAPD 标记分析部分柞蚕二化性品种资源的遗传多样性 [J].2009，35（1）：148-153.

[52] 王凤成，宿桂梅，赫英姿，等. 柞蚕不同品种对柞蚕链球菌抗性与经济性状相关性的初步研究 [J]. 辽宁农业科学，2002，（3）：16-18.

[53] 王莹，赵华斌，郝家胜. 分子系统学的理论、方法及展望 [J]. 安徽师范大学学报（自科版），2005，28（1）：84-88.

[54] 吴佩玉，丛培凤，魏成贵，等. 抗软化病柞蚕新品种 H8701 选育报告 [J]. 中国柞蚕，1998（2）：5-11+28.

[55] 夏润玺，曹慧颖. 高温条件下柞蚕血淋巴过氧化氢酶活性的变化 [J]. 蚕业科学，2009，35（2）：415-417.

[56] 夏润玺，李健男. 低温条件下柞蚕血淋巴过氧化氢酶（CAT）活性的变化 [J]. 沈阳农业大学学报，2002，33（4）：278-280.

[57] 夏润玺，李健男. 柞蚕血淋巴超氧化物歧化酶（SOD）活性的变化 [J]. 蚕业科学，2001，27（4）：293-296.

[58] 夏润玺，李玉萍，王欢，等. 柞蚕蛹全长 cDNA 文库的构建和随机 EST 测序分析 [J]. 蚕业科学，2009，35（3）：528-532.

[59] 向仲怀. 家蚕遗传育种学 [M]. 北京：农业出版社，1994.

[60] 小林淳，张雨清. 用家蚕核多角体病毒基因组转染家蚕细胞系 NISES-BoMo-15IIc 的有效脂质感染法 [J]. 国外农业（蚕业），1994，（03）：56-57.

[61] 徐亮，孟宪民，戚利等. 柞蚕 3 个重要经济性状的配合力分析 [J]. 蚕业科学，2009，35（03）：618-622.

[62] 徐亮，孟宪民，戚俐，等. 柞蚕全茧量的主基因 – 多基因混合遗传分析 [J]. 蚕业科学，2008（03）：435-438.

[63] 徐亮，吴艳，刘凤云，等. 柞蚕茧质性状的遗传效应与杂种优势分析 [J]. 蚕业科学，2011，37（01）：130-133.

[64] 徐亮，吴艳，孟宪民，等. 不同性别柞蚕全茧量性状的遗传差异分析 [J]. 蚕业科学，2015，41（04）：629-633.

[65] 徐亮，吴艳，孟宪民，等. 柞蚕三个茧质性状的遗传效应分析 [J]. 蚕业科学，2005，（03）：354-357.

[66] 徐亮，吴艳，戚俐，等. 柞蚕全茧量雌雄开差率的主 – 微位点组遗传分析 [J]. 蚕业科学，2014，40（03）：440-444.

[67] 徐淑荣，刘丹梅，李文利. 柞蚕谷胱甘肽硫转移酶 –theta 基因（GSTT）的克隆及其在 5 龄幼虫丝腺中的表达规律 [J]. 蚕业科学，2009，35（1）：66-70.

[68] 许廷森，邹柏祥，林浩，等. 昆虫激素调节控制的研究——尿素循环问题和保幼激素类似物对精氨酸酶的调节控制 [J]. Acta Biochimica et Biophysica Sinica，1980（04）：313-319.

[69] 杨宝山，侯庆君，王欢，等. 不同地理群银杏大蚕蛾 CO I 基因序列变异与遗传分化 [J]. 昆虫学报，2009，52（4）：406-412.

[70] 姚立虎，朱保健，刘朝良，等. 柞蚕铜锌超氧化物歧化酶基因的克隆与表达分析 [J]. 蚕业科学，2009，35（3）：547-551.

[71] 张博，谌苗苗，钟亮，等. 柞蚕的热应激行为表现及 2 个热激蛋白家族基因的表达特征 [J]. 蚕业科学，2018，44（02）：257-263.

[72] 张博，冀万杰，谌苗苗，等. 柞蚕幼虫蓝体色和青绿体色的遗传规律分析 [J]. 蚕业科学，2018，44（01）：42-48.

[73] 张博，王凤成，赵春山，等. 39 份二化性柞蚕品种资源主要数量性状的遗传多样性分析 [J]. 蚕业科学，2017，43（6）：0937-0942.

[74] 张春发，丁杰，卢长祯，等. 柞蚕抗病机制及抗病物质的研究 Ⅱ. 不同柞蚕品种滞育蛹诱导抗菌物质活性的比较 [J]. 蚕业科学，1986，13（1）：40-43.

[75] 张春发，卢长祯，丁杰，等. 柞蚕抗病机制及抗病物质的研究 Ⅲ. 柞蚕诱导抗菌物质活性与柞蚕对 NPV 感染抵抗性的相关关系 [J]. 蚕业科学，1987，13（1）：40-43.

[76] 张国德，姜德富. 中国柞蚕 [M]. 沈阳：辽宁科学技术出版社，2003.

[77] 张文龙，陈志伟，杨文鹏，等. 分子标记辅助选择技术及其在作物育种上的应用研究 [J]. 种子，2008，27（4）：39-43.

[78] 赵季英，陈忠，王清芝. 柞蚕（Antherea pernyi）丝心蛋白 mRNA 的分离纯化及其在小鼠 Ehrlich 腹

水癌无细胞体系中的活性测定 [J]. 实验生物学报，1981，（03）：217-222.

[79] 赵季英，陈忠，王清芝. 柞蚕后部丝腺信使核糖核酸的提取和分离 [J]. 蚕业科学，1981，（02）：113-116.

[80] 赵季英，王清芝，李景福，等. 栗蚕蛹 DNA 诱导柞蚕遗传变异的研究 [J]. 蚕业科学，1985，（04）：235-240+257-258.

[81] 郑茜. 家蚕受高温高湿条件胁迫的生理生化及中肠基因表达谱分析 [D]. 镇江：江苏科技大学，2013

[82] 周延清，杨清香，张改娜. 生物遗传标记与应用 [M]. 北京：化学工业出版社，2008.

[83] 朱保建，刘朝良，曹甲，等. 基于 18S rRNA 和线粒体 16S rRNA 基因序列的柳蚕进化分析 [J]. 应用昆虫学报，2010，47（2）：285-292.

[84] 朱保健，刘朝良，刘秋宁. 柞蚕核糖体蛋白基因 S3a 的克隆及表达分析 [J]. 蚕业科学，2010，36（3）：507-511.

[85] 朱军. 遗传学 [M]. 北京：中国农业出版社，2007.

[86] 朱绪伟，包志愿，郭剑，等. 一化性大茧型柞蚕新品种豫大 1 号的选育及杂交组合豫杂 5 号的组配 [J]. 蚕业科学，2015，41（06）：1023-1028.

[87] 朱绪伟，刘彦群，李喜升，等. 利用 DNA 条形码探讨云南野柞蚕的分类学地位 [J]. 蚕业科学，2008，34（3）：424-428.

[88] 朱友敏，董绪国，李青峰，等. 柞蚕强健性品种 "抗大" 的选育及杂交组合 "抗大 × 8821·8822" 的选配 [J]. 蚕业科学，2008，34（4）：756-760.

[89] 朱有敏，李青峰，董绪国. 柞蚕对 ApNPV 感染的抵抗性与部分生命力性状的相关性 [J]. 蚕业科学，2010，36（1）：165-169.

[90] Arunkumar KP, Kifayathuliah L, Nagaraju J. Microsatellite markers for the Indian golden silkmoth, Antharaea assama (Saturniidae:Lepidoptera)[J]. Molecular Ecology Resources, 2009, 9:268-270.

[91] Arunkumar KP, Sahu AK, Mohanty AR, et al. Genetic diversity and population structure of Indian golden silkmoth (Antheraea assama)[J]. PLoS ONE, 2012, 7(8):e43716.

[92] Arunkumar K P, Metta M, Nagaraju J. Molecular phylogeny of silkmoths reveals the origin of domesticated silkmoth, Bombyx mori from Chinese Bombyx mandarina and paternal inheritance of Antheraea proylei mitochondrial DNA[J]. Mo1. Phylogenet. Evol, 2006, 40(2):419 -427.

[93] Boore J L. Animal mitochondrial genomes[J].Nucleic Acids Research, 1999, 27(8):1767-1780.

[94] Chen M, Yao R, Su J F, et al. Length polymorphism and structural organization of the A+T-rich region of mitochondrial DNA in Antheraea pernyi (Lepidoptera:Saturniidae)[J]. Biochemical Systematics and Ecology, 2012, 43(1):169-177.

[95] Chen M, Chen M M, Yao R, et al. Molecular cloning and characterization of two 12 kDa FK506-binding protein genes in the Chinese oak silkworm, Antheraea pernyi[J]. Journal of Agricultural and Food Chemistry, 2013, 61(19):4599-4605.

[96] DAHLGAARD J, LOESCHCKE V, MICHALAK P, et al. Induced thermotolerance and associated expression of the heat-shock protein Hsp70 in adult Drosophila melanogaster[J]. Functional Ecology, 1998, 12(5):786-793.

[97] Galtier N, Nabholz B, Glémin S, et al. Mitochondrial DNA as a marker of molecular diversity:a reappraisal[J]. Molecular Ecology, 2009, 18(22):4541-4550.

[98] Hirai M, Terenius O, Li W, et al. Baculovirus and dsDNA induce Hemolin, but no antibacterial activity, in Antheraea pernyi[J]. Insect Mol. Biol, 2004, 13(4)399-405.

[99] Jocelyn E K, Elliott S G, Stephen T K. Lewin 基因 X [M]. 江松敏，译. 北京：科学出版社，2013:118-119.

[100] Kim C G, Zhou H Z, Imura Y, Tominaga O, et al. Pattern of morphological diversification in the Leptocarabus ground beetles (Coleoptera:carabidae) as deduced from mitochondrial ND5 gene and 28S rDNA sequences[J]. Mol. Biol. Evol., 2000, 17(1):137-145.

[101] Kim B Y, Park N S, Jin B R, et al. Molecular cloning and characterization of a cDNA encoding a novel cuticle protein from the Chinese oak Silkmoth, Antheraea pernyi[J]. DNA Seq., 2005, 16(5):397–401.

[102] Li Y P, Xia RX, Wang H, et al. Construction of a full–length cDNA library from Chinese oak silkworm pupa and identification of a KK–42–binding protein gene in relation to pupa–diapause termination[J]. International Journal of Biological Sciences, 2009, 5(5):451–457.

[103] Li Y P, Xia RX, Wang H, et al. Molecular cloning, expression pattern and phylogenetic analysis of the will die slowly gene from the Chinese oak silkworm, Antheraea pernyi[J]. Mol. Biol. Reports, 2011, 38(6):3795–3803.

[104] Liu Y Q, Li Y P, Pan M H, et al. The complete mitochondrial genome of the Chinese oak silkmoth, Antheraea pernyi (Lepidoptera:Saturniidae) [J]. Acta Biochimica Et Biophysica Sinica, 2008, 40(8):693–703.

[105] Liu Y Q, Chen M M, Li Q, et al. Characterization of a gene encoding KK–42–binding protein in Antheraea pernyi(Lepidoptera:Saturniidae)[J]. Ann. Entomol. Soc. Am., 2012, 105(5):718–725.

[106] Liu Y Q, Li Y P, Wang H, et al. The Complete Mitochondrial Genome of the Wild Type of Antheraea pernyi (Lepidoptera:Saturniidae)[J]. Annals of the Entomological Society of America, 2012, 105(3):498–505.

[107] Liu Y Q, Chen M M, Su J F, et al. Identification and Characterization of a Novel Microvitellogenin from the Chinese Oak Silkworm Antheraea pernyi [J]. PloS ONE, 2015, 10(6):e0131751.

[108] Lunt D U, Hyman B C. Animal mitochondrial DNA recombination[J]. Nature, 1997, 387(6630):217.

[109] Mahendran B, Ghosh S K, Kundu S C. Molecular phylogeny of silk–producing insects based on 16S ribosomal RNA and cytochrome oxidase subunit I genes[J]. Journal of Genetics, 2006, 85(1):31–38.

[110] SU Z H, IMURA Y, OKAMOTO M, et al. Pattern of phylogenetic diversification of Cychrini ground beetles in the world as deduced mainly from sequence comparison of the mitochondrial genes[J]. Gene, 2004, 326:43–57.

[111] Sauman I, Reppert S M. Molecular characterization of prothoracicotropic hormone (PTTH) from the giant silkmoth Antheraea pernyi:developmental appearance of PTTH—expressing cells and relationship to circadian clock cells in central brain[J]. Dev. Biol., 1996, 178(2):418–429.

[112] Wei Z J, Hong G Y, Jiang S T, et al. Characters and expression of the gene encoding DH, PBAN and other FXPRL amide family neuropeptides in Antheraea pernyi[J]. J. Appl. Entomol, 2008, 132:59–67.

[113] Yuan Q, Metterville D, Briscoe A D, et al. Insect cryptochromes:gene duplication and loss define diverse ways to construct insect circadian clock[J]. Mol. Biol. Evol, 2007, 24(4):948–955.

[114] ZhANG L J, WANG K F, JING Y P, et al. Identification of heat shock protein genes hsp70s and hsc70 and their associated mRNA expression under heat stress in insecticide–resistant andsusceptible diamondback moth, Plutella xylostella (Lepidoptera:Plutellidae)[J]. Eur J Entomol, 2015, 112 (2):215–226.